■ 高等院校信息技术应用型规划教材

计算机网络基础

主　编　刘建友
副主编　李清霞　张俊林

清华大学出版社
北　京

内 容 简 介

本书根据因特网模型(TCP/IP),参照全国计算机技术与软件专业技术资格考试中级网络工程师职业资格考试大纲,从数据通信和网络技术的高度提出问题,详细阐述各层面的技术性内容。主要包括数字信号、模拟信号、数据编码、数据交换方式、差错控制、流量控制、局域网技术、网络互联、因特网协议和应用等内容。每章之后附有对应的习题,以辅助读者加强和巩固对相关知识点的理解。

全书内容丰富新颖、图文并茂、层次清晰、语言简洁,可作为高等院校应用型本科信息技术类专业的教材,也可供从事计算机网络工作的工程技术人员学习使用。

本书封面贴有清华大学出版社防伪标签,无标签者不得销售。

版权所有,侵权必究。举报:010-62782989,beiqinquan@tup.tsinghua.edu.cn。

图书在版编目(CIP)数据

计算机网络基础/刘建友主编. —北京:清华大学出版社,2018(2021.4重印)
(高等院校信息技术应用型规划教材)
ISBN 978-7-302-48954-2

Ⅰ.①计… Ⅱ.①刘… Ⅲ.①计算机网络—高等学校—教材 Ⅳ.①TP393

中国版本图书馆CIP数据核字(2017)第293335号

责任编辑:左卫霞 王宏琴
封面设计:傅瑞学
责任校对:刘 静
责任印制:丛怀宇

出版发行:清华大学出版社
网 址:http://www.tup.com.cn,http://www.wqbook.com
地 址:北京清华大学学研大厦A座 邮 编:100084
社 总 机:010-62770175 邮 购:010-62786544
投稿与读者服务:010-62776969,c-service@tup.tsinghua.edu.cn
质量反馈:010-62772015,zhiliang@tup.tsinghua.edu.cn
课件下载:http://www.tup.com.cn,010-62770175-4278
印 刷 者:北京富博印刷有限公司
装 订 者:北京市密云县京文制本装订厂
经 销:全国新华书店
开 本:185mm×260mm **印 张**:20 **字 数**:457千字
版 次:2018年4月第1版 **印 次**:2021年4月第5次印刷
定 价:56.00元

产品编号:072058-02

前言

21世纪是一个以计算机网络为核心的信息时代。随着计算机网络技术的发展,其应用范围越来越广泛,对人类的经济、政治和文化生活产生了极其重大的影响,也为社会的发展做出了难以替代的贡献。因此,需要学习这门课程的人不断增加。

本书以因特网模型(TCP/IP)为基础,参考全国计算机技术与软件专业技术资格考试中级网络工程师职业资格考试大纲、国内外优秀教材及专著来组织内容,采用自下而上的方式,图文并茂地讲解技术性内容。在写作过程中,编者充分利用自己丰富的教学经验,对于知识点,采用直观易懂的插图来帮助学生理解与掌握,并尽可能地结合实例来阐述。本书内容丰富、新颖、图文并茂、层次清晰、语言简洁,可作为高等院校应用型本科信息技术类专业的教材,也可供从事计算机网络工作的工程技术人员学习参考。

全书共分6章。第1章是计算机网络概述,主要介绍计算机网络的定义、形成与发展,计算机网络组成,计算机网络的拓扑结构和分类,因特网,协议和标准,OSI和TCP/IP体系结构等内容。第2章介绍物理层,包括数据通信基本概念、数字传输技术、模拟传输技术、带宽利用、数据交换方式、传输介质等内容。第3章介绍数据链路层,包括差错控制技术、数据链路控制、介质访问控制技术、局域网、无线局域网等内容,在局域网中重点介绍以太网技术。第4章介绍网络层,包括网络互联设备、IP协议、地址映射、ICMP等内容,重点介绍IPv4。第5章介绍传输层,主要包括UDP、TCP、SCTP、QoS等方面的内容。第6章介绍应用层,主要是应用层协议,包括域名服务系统、远程登录、电子邮件、文件传输、万维网与超文本传输协议、简单网络管理协议等内容。为了便于学生理解、掌握并巩固相关知识点,本书在每章后面都给出一定量的练习题。

本书由广东理工学院刘建友编写第1章～第3章,李清霞编写第4章和第5章、张俊林编写第6章。由于编者水平有限,加上时间仓促,书中错漏之处在所难免,恳请广大专家和读者指点、指正。书中有些问题有待进一步深入探讨,也请各位前辈、专家、同行多提意见和建议,以利我们改进和提高本书质量。

所有意见和建议恳请发往19526761@qq.com。

广东理工学院　刘建友

2017年11月

目　录

第 1 章 计算机网络概述

21 世纪是一个以计算机网络为核心的信息时代，其主要特征就是网络化、数字化和信息化。随着计算机网络技术的发展，其应用范围越来越广泛。仅仅几十年时间，它已对人类的经济、政治和文化生活产生了极其重大的影响，也为社会的进步和发展做出了难以替代的贡献。

计算机网络是计算机技术与通信技术相结合的产物。计算机技术的发展推动了商业、工业、农业、科学与教育业的变革；数据通信技术的进步使得通信链路能够承载更快、更多的信号。因此，计算机网络服务也在向前发展，扩展功能越来越多，应用领域越来越广。

本章主要讨论下面 6 个问题：

- 计算机网络的形成与发展
- 数据通信
- 计算机网络拓扑结构与分类
- 因特网(Internet)
- 协议和标准
- 计算机网络体系结构

1.1 计算机网络的形成与发展

1.1.1 计算机网络的形成与发展历程

计算机网络从无到有，服务功能从简单到多元化，应用领域从单一到各个领域广泛应用，加快了信息技术革命，使人类快速进入信息时代，为社会进步做出了巨大贡献。计算机网络从 20 世纪 60 年代形成并发展至今，其几十年的发展历程大致分为以下 5 个阶段。

1. 第 1 阶段：计算机网络发展初期阶段

计算机网络是计算机技术与通信技术相结合的产物。1837 年，莫尔斯发明了电报；1876 年，贝尔发明了电话，1895 年，马可尼发明了无线电通信。这些技术的出现为计算机网络发展奠定了通信基础。1946 年，世界上第一台电子计算机问世，但在此后的一段时间内,由于价格昂贵以及技术保密等原因,计算机数量极少,所以在 20 世纪 50 年代,通信技术和计算机技术之间没有结合,处于独立发展的状态。

1951 年,美国麻省理工学院林肯实验室为美国空军设计半自动地面防空系统(SAGE)。该系统应美国军方要求,将远程雷达信号、机场与防空部队的信息,通过通信线路传到美国本土的一台 IBM 计算机进行处理。此项研究开启了计算机技术和通信技术相结合的尝试。该系统于 1963 年完成,被公认为计算机网络的雏形。

在计算机通信网络发展初期阶段,其形式是将一台计算机经过通信线路与若干台终端直接连接,用户通过本地终端使用远程主机。在这一阶段,开始使用多点通信线路、终端集中器以及前端处理机等现代通信技术,对后来的计算机网络发展具有重大影响。

2. 第 2 阶段:计算机网络形成阶段

20 世纪 60 年代初,古巴核导弹危机爆发,美国和苏联之间的冷战随之加剧,核毁灭的威胁成为人们日常生活的话题。在美国对古巴封锁的同时,越南战争爆发,许多第三世界国家发生政治危机。由于美国联邦经费的刺激和公众恐惧心理的影响,"实验室冷战"也开始了。

1960 年以前,美国军方的通信主要依靠电话交换网。美国国防部认为,如果仅有一个集中的军事指挥中心,万一这个中心被苏联的核武器摧毁,全国的军事指挥将处于瘫痪状态,其后果不堪设想,因此有必要设计一个分散的指挥系统——它由一个个分散的指挥点组成,当部分指挥点被摧毁后,其他点仍能正常工作;这些分散的点又能通过某种形式的通信网取得联系。1967 年,在美国计算机学会(ACM)的会议上,美国国防部高级研究计划管理局(ARPA)提出了 ARPANET 的概念,即一个由互相连接的计算机组成的网络。它的主要思想是每台主机应该连接到一台名为接口报文处理器(IMP)的专用计算机上,IMP 相互连接,各个 IMP 不仅能够与各自所连的主机通信,也能够与其他 IMP 通信。

1969 年 11 月,ARPANET 最终实现,最初的网络由 4 个节点通过 IMP 连接而成。这 4 个节点分别位于加利福尼亚州大学洛杉矶分校(UCLA)、加州大学圣巴巴拉分校(UCSB)、斯坦福研究所(SRI)和犹他州大学,由称为网络控制协议(NCP)的软件提供主机间通信。

ARPANET 采用分布式网络结构和分组交换技术进行设计,构建分组交换网络。两年后,ARPANET 建成 15 个节点,进入工作阶段。此后,ARPANET 不断发展,到 20 世纪 70 年代后期,网络节点超过 60 个,主机超过 100 台,覆盖范围跨越美洲大陆,联通美国的许多大学和科研机构,并且通过卫星信号与夏威夷和欧洲地区的计算机网络相互联通。

在此阶段,许多发达国家也在发展自己的分组交换网络。例如,1973 年的英国邮政局 EPSS 公用分组交换网络,1975 年的法国信息与自动化研究所(IRIA)CYCLADES 分布式数据处理网络,1976 年的加拿大 DATAPAC 公用分组交换网,1976 年的日本电报电话公司 DDX-3 公用数据网,等等。

3. 第 3 阶段:计算机网络标准化阶段

经过前面两个阶段的发展,人们对计算机网络组网技术、方法和理论的研究逐渐成熟,各种网络技术迅速发展,各大计算机公司纷纷发展、制定、推出自己的网络技术标准。

1974年,"蓝色巨人"IBM推出了系统网络体系结构(system network architecture,SNA),为用户提供互联互通的成套通信产品。1975年,DEC公司发布数字网络体系结构(digital network architecture,DNA)。1976年,UNIVAC发布分布式通信体系结构(distributed communication architecture,DCA)。

这些网络技术标准是相关公司的私有标准,并未开放,网络通信产品无法兼容,使得用户在投资时无所适从。为了使众多厂商之间公平竞争,解决异种网络互联时的兼容性问题,1977年,国际标准化组织(ISO)TC97信息处理技术委员会SC16分技术委员会开始着手制定国际标准——开放式系统互联参考模型OSI/RM。OSI规定了可以互联的计算机系统之间的通信协议,遵从OSI模型的网络通信产品都可以相互兼容。

4. 第4阶段:计算机网络互联阶段

20世纪80年代,计算机网络不论是广域网,还是局域网,都得到了长足的发展,网络之间的连接越来越广泛。

1) 广域网

1985年,为了满足各大学及政府机构促进研究工作的迫切要求,美国国家科学基金会(NSF)以ARPANET为基础,开始组建NSFNET。NSF出资在美国建立了6个超级计算机中心,分别是位于新泽西州普林斯顿的冯·诺依曼国家超级计算机中心(JVNNSC)、位于加州大学的圣地亚哥超级计算机中心(SDSC)、位于伊利诺伊大学的美国国立超级计算应用中心(NCSA)、位于康奈尔大学的康奈尔国家超级计算机研究室(CNSF)、匹兹堡超级计算机中心(PBC)和美国国立大气研究中心(NCAR)的科学计算分部。最初,NSF主干采用56Kb/s线路,到1988年7月,它升级到1.5Mb/s线路。

1990年,NSFNET正式取代ARPANET,并且走出大学和科研机构,开始进入社会。网络服务受到越来越多的人欢迎和使用。

1991年,美国政府认定NSFNET已没有能力支撑迅速增长的通信量,NSF不再注入资金。此时,商人们在计算机网络中发现了巨大商机,社会资金迅速进入计算机网络领域,填补空白,该领域逐步进入腾飞阶段。

2) 局域网

20世纪80年代初期,该领域逐步出现了微型机,逐步进入千家万户,计算机不再是平常人难以企及的高科技,开始平民化。微型机更适合办公和家庭环境使用,很快就对社会各方面都产生了巨大的影响。1972年,Xerox公司发明了以太网。以太网与微机相结合,使得微机型局域网快速发展。以太网将单位内部的计算机和智能设备互联,提供了办公自动化环境和信息共享平台。

随着以太网的发展,1980年2月,美国电气和电子工程师协会(institute of electrical and electronics engineers,IEEE)成立了802委员会,着手制定局域网标准,随后推出了一系列标准。IEEE制定的局域网标准很快成为国际标准。局域网从起步就拥有了一个标准化、互相兼容的环境,为以后的高速发展打下了良好基础。

5. 第5阶段:计算机网络高速发展阶段

1992年,美国成立Internet学会,并对NSFNET进行剥离,将其中对外开放的部分划入 Internet。该学会将 Internet 定义为“组织松散的、独立的国际合作互联网络，通过自主遵守计算机协议和过程支持主机对主机的通信”。

1993 年，时任美国总统克林顿认为，21 世纪必将是信息时代，美国必须站在信息时代的制高点。在这种情况下，克林顿宣布正式实施国家信息基础设施（national information infrastructure，NII）计划，在世界范围内展开了信息化领导权和制高点的争夺。

20 世纪 90 年代后期，Internet 以惊人的速度高速发展，主机数量、上网人数、信息流量呈指数形式增长。互联网创造了一个带有巨大产值的新产业，连带创造了高薪的工作机会，带动了经济运转。

1.1.2 计算机网络的定义

在计算机网络发展的不同阶段，人们对其有不同的定义，精确的定义从未统一。下面的观点能够比较准确地描述现阶段计算机网络的基本特征。

所谓计算机网络，是指将地理位置不同的具有独立功能的多台计算机及其外部设备，利用通信链路连接起来，在网络操作系统、网络管理软件以及网络通信协议的管理和协调下，实现资源共享和数据通信功能的系统。

从以上定义可以看出，计算机网络涉及多方面问题，具体说明如下。

(1) 至少有两台不同地理位置、相互独立的计算机互联。不同地理位置，是指可能在一个房间、一个小区域内，也有可能在一个城市或是全国，甚至是全球范围。

(2) 利用通信链路相连。通信线路可以是有线的，也可以是无线的，由此反映出计算机网络是计算机技术与通信技术结合的产物。

(3) 联网的计算机之间必须遵守共同的网络通信协议，才可以实现相互之间的通信。

(4) 资源共享是计算机网络的核心目标之一。这里指的资源包括计算机硬件、软件与数据，所有联网的计算机都可通过网络共享这些资源。

(5) 互联的计算机没有明确的主从关系。每台计算机既可以联网工作，也可以脱离网络独立工作；联网的计算机既可以为其他用户提供服务，也可以享受其他计算机提供的服务。

1.1.3 计算机网络的组成

计算机网络是计算机技术和通信技术相结合的产物，其核心功能是数据通信资源和共享。因此，它由两部分组成，一部分是负责数据处理的服务器与终端，另一部分是负责数据通信的通信控制处理机（communication control processor，CCP）与通信线路。所以，从逻辑功能的角度，把计算机网络划分为资源子网和通信子网，如图 1-1 所示。

1. 资源子网

资源子网由主机、终端、终端控制器、联网外设、软件资源与信息资源组成。资源子网负责全网的数据处理业务，并向用户提供各种网络资源及网络服务，包括网络的数据处理资源和数据存储资源。

主计算机系统简称主机（Host）。它可以是大型机、中型机或者小型机，是资源的拥有者。主机是资源子网的主要组成单元，通过高速通信线路与通信子网的通信控制处理

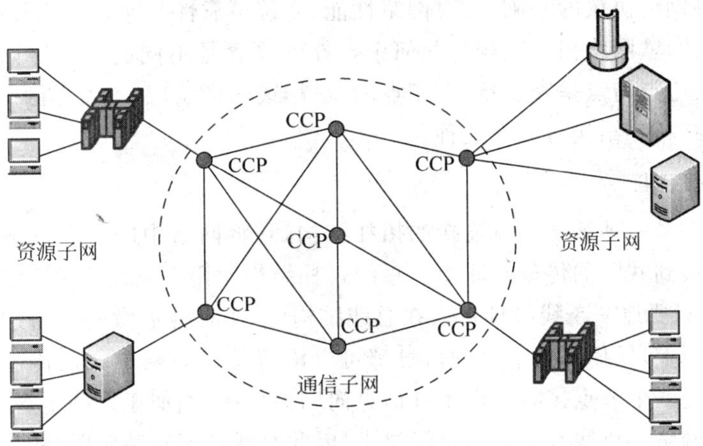

图 1-1 计算机网络组成

机相连接。主机为本地用户访问网络其他主机设备和资源提供服务，也为远程服务用户共享本地资源提供服务。

终端是用户访问网络的界面。终端可以是简单的输入、输出终端，也可以是微型计算机系统。终端可以通过主机连入计算机网络，也可以通过终端控制器或通信控制处理机连入计算机网络，是网络资源和网络服务的使用者。

2. 通信子网

通信子网由通信控制处理机(CCP)、其他通信设备和通信链路组成。通信子网主要为端节点提供数据传输、转发等通信处理任务。

通信控制处理机又称网络节点。一方面，它为资源子网中的主机、终端等设备提供连接，将其接入计算机网络；另一方面，它承担数据传输、转发等通信处理任务。

通信链路是为节点和节点之间、主机和节点之间提供通信的信道。通信链路多种多样，划分为有线和无线两种类别。

1.2 计算机网络拓扑结构和分类

计算机网络是利用通信链路将节点设备连接起来的计算机系统。节点可以是计算机，也可以是能够发送或接收数据的设备，甚至可以是一台打印机。大多数计算机网络采用分布式处理，也就是说，不是由一台大型计算机负责所有处理任务，而是将任务划分给多台独立的计算机进行处理。

1.2.1 计算机网络拓扑结构

"拓扑"一词来源于几何学。计算机网络的拓扑结构是引用拓扑学中研究与大小、形状无关的点、线关系的方法，把网络中的计算机和通信设备抽象为一个点，把传输介质抽象为一条线，由点和线组成的几何图形就是计算机网络的拓扑结构。计算机网络的拓扑结构反映出网络中各实体的结构关系，因此确定网络拓扑结构是建设计算机网络的第一步，是实现各种网络协议的基础，它对网络性能、系统可靠性与通信费用都有重大影响。

需要指出的是，网络拓扑结构与几何中拓扑的概念是不同的。在计算机网络拓扑结构中，人们只关心点与点是否连接，至于点的位置、线的形状，是不关心的。

常见的网络拓扑结构有以下几种。

1. 总线型结构

总线型结构是一种基于多点连接的拓扑结构，它将网络中的所有设备通过相应的硬件接口直接连接到共同的传输介质上。总线拓扑结构使用一条所有 PC 都可访问的公共通道，每台 PC 只要连一条线缆即可。在总线结构中，所有网上微机都通过相应的硬件接口直接连在总线上，任何一个节点的信息都可以沿着总线向两个方向传输、扩散，并且能被总线中的任何一个节点接收。由于其信息向四周传播，类似于广播电台，故总线型网络也称为广播式网络。总线有一定的负载能力，因此总线长度有一定限制，一条总线也只能连接一定数量的节点。总线型拓扑结构如图 1-2 所示。

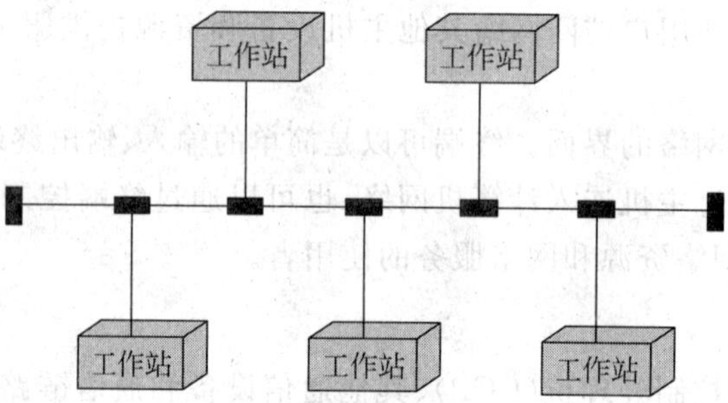

图 1-2　总线型拓扑结构

在总线两端连接的器件称为端结器（末端阻抗匹配器或终止器），主要与总线进行阻抗匹配，最大限度地吸收传送端部的能量，避免信号反射回总线而产生不必要的干扰。

总线型拓扑结构的优点如下。

(1) 结构简单、灵活，易于安装。

(2) 电缆铺设路径高效，所需电缆少。

(3) 设备量少，无源工作，组网成本低。

总线型拓扑结构的缺点如下。

(1) 所有的节点共享总线，故障诊断和隔离困难。

(2) 总线设计、安装后，新设备扩充困难。

(3) 所有的数据都需经过总线传送，总线成为整个网络的瓶颈。

(4) 总线自身的故障将导致网络系统崩溃。

(5) 分接头产生的信号反射会造成通信质量下降，必须限制连接到给定电缆的设备数目和距离。

总线型拓扑结构是早期局域网所用结构的一种，适用于计算机数目相对较少的局域网络。通常这种局域网的传输速率为 10Mb/s，网络连接选用同轴电缆。以太网(ethernet)最初采用这种结构，现在的计算机网络基本不使用该网络结构。

2. 星型结构

星型拓扑结构是一种以中央节点为中心，把若干外围节点连接起来的辐射式互联结构。各节点与中央节点通过点对点方式连接，中央节点执行集中式通信控制策略，因此中央节点相当复杂，负担也重。中心节点可以是服务器，也可以是连接设备。常见的中心节点为集线器或交换机。

星型拓扑结构的网络属于集中控制型，整个网络由中心节点执行集中式通行控制管理，各节点间的通信都要通过中心节点。每一个要发送数据的节点都将数据发送到中心节点，再由中心节点负责将数据送到目地节点。因此，中心节点相当复杂，而各个节点的通信处理负担都很小，只需满足链路的简单通信要求。星型拓扑结构如图 1-3 所示。

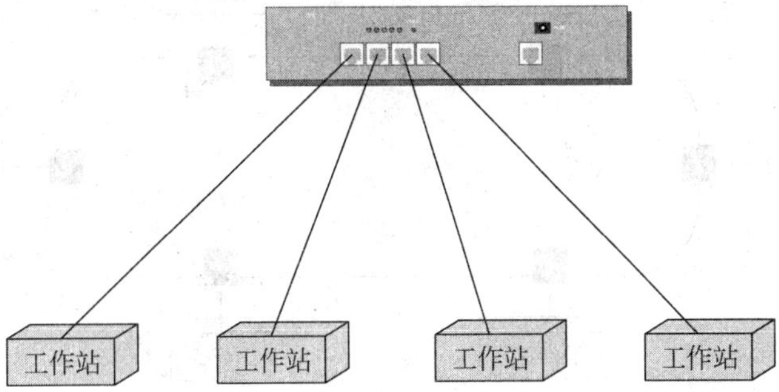

图 1-3 星型拓扑结构

星型拓扑结构适用于局域网。近年来连接的局域网大都采用这种连接方式。它以双绞线或同轴电缆作为连接线路，放置一台中心计算机，每个臂的端点放置一台 PC，所有的数据包及报文通过中心计算机通信。除了中心机外，每台 PC 仅有一条连接。星型结构需要大量电缆，在网络布线中较为常见。

星型拓扑结构的优点如下。

(1) 结构简单，易于安装，设备扩展容易。

(2) 集中控制，控制简单。任何一个站点只和中央节点相连接，因而介质访问控制方法简单，访问协议也十分简单，易于网络监控和管理。

(3) 故障诊断和隔离容易。中央节点对连接线路可以逐一隔离进行故障检测和定位，单个连接点的故障只影响一台设备，不会影响全网。

星型拓扑结构的缺点如下。

(1) 需要耗费大量的电缆，安装、维护的工作量骤增。

(2) 中央节点负担重，形成“瓶颈”，一旦发生故障，全网受影响。

(3) 各站点的分布处理能力较低。

(4) 网络共享能力较差，通信线路利用率不高。

总的来说，星型拓扑结构相对简单，便于管理，建网容易，是目前局域网普遍采用的一种拓扑结构。采用这种结构的局域网一般使用双绞线或光纤作为传输介质，符合综合布线标准，能够满足多种宽带需求。

由多个层次的星型结构连接，就组成了树型拓扑结构，其网络节点呈树状排列，整体看来就像一棵倒长的树,因而得名。一般来说,越靠近树的中心节点,对节点设备的要求越高。

3. 环型结构

环型拓扑结构是使用通信线路将各节点组成一个封闭的环,各节点直接连到环上,信息沿着环按一定方向从一个节点传送到另一个节点。环接口一般由发送器、接收器、控制器、线控制器和线接收器组成。在环型拓扑结构中,有一个控制发送数据权力的"令牌",它在后边按一定的方向单向环绕传送,每经过一个节点都要被接收、判断一次。是发给该节点的,则接收;否则,将数据送回到环中继续往下传。环型拓扑结构如图 1-4 所示。

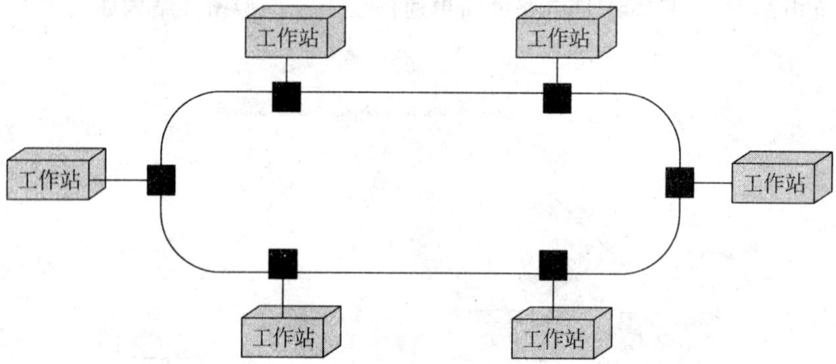

图 1-4 环型拓扑结构

环型结构中的各节点通过环路接口连在一条首尾相连的闭合环型通信线路中,环路中各节点地位相同,环路上的任何节点均可请求发送信息。请求一旦被批准,便可以向环路发送信息。环型网中的数据按照设计,主要是单向,也可以双向传输(双向环)。由于环线公用,一个节点发出的信息必须穿越环中所有的环路接口,信息流的目的地址与环上某节点地址相符时,信息被该节点的环路接口接收,并继续流向下一环路接口,一直流回到发送该信息的环路接口为止。这种信息传输方式特别适合实时控制的局域网系统。在环型结构中,每台 PC 都与另两台 PC 相连,每台 PC 的接口适配器必须接收数据后再传往另一台。因为两台 PC 之间都有电缆,所以能获得好的性能。最著名的环型拓扑结构网络是令牌环网(token ring)。

环型拓扑结构的优点如下。

(1) 电缆长度短,只需要将各节点逐次相连。

(2) 可使用光纤。光纤的传输速率很高,十分适用于环型拓扑。

(3) 所有站点都能公平访问网络的其他部分,网络性能稳定。

(4) 实时性高,传输延迟确定。

环型拓扑结构的缺点如下。

(1) 因为数据传输需要通过环上的每一个节点,所以环网中的每个节点均成为网络可靠性瓶颈。某一个节点故障,会引起全网故障。

(2) 故障检测困难。

(3) 环型网络的实现和维护复杂。

(4) 节点的加入和撤出过程复杂。

(5) 介质访问控制协议采用令牌传递的方式,在负载很轻时,信道利用率相对较低。

环型拓扑结构适用于局域网,是早期局域网经常采用的拓扑结构之一。为了提高环型拓扑结构的可靠性,人们开发出其拓展形式——双环拓扑结构,即环型结构增加一个备用环。当主环发生故障时,备用环和主环组成一个新环,提高了网络可靠性,但由于其维护困难等各种缺点的存在,现在已很少使用。

4. 网状结构

在网状拓扑结构中,各节点通过传输线互联,并且每一个节点至少与其他两个节点相连。网状拓扑结构具有较高的可靠性,但结构复杂,实现起来费用较高,不易管理和维护。特别是对于完全网状结构,每个节点都要与 $n-1$ 个节点相连,总共需要 $n\times(n-1)/2$ 条线路,线路成本高昂,所以现实中一般采用不完全网状结构,常用于广域网。网状拓扑结构如图 1-5 所示。

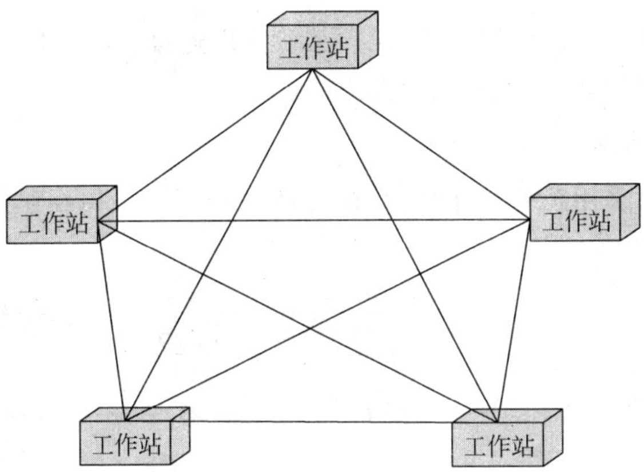

图 1-5 网状拓扑结构

网状拓扑结构的优点如下。

(1) 网络可靠性高。一般通信子网中的任意两个节点交换机之间存在两条或两条以上的通信路径,当一条路径发生故障时,可以通过另一条路径把信息送至节点交换机。

(2) 网络可组建成各种形状,采用多种通信信道、多种传输速率。

(3) 网内节点易于共享资源。

(4) 可改善线路的信息流量分配。

(5) 可选择最佳路径,传输延迟小。

网状拓扑结构的缺点如下。

(1) 控制复杂,软件复杂。

(2) 线路费用高,不易扩充。

网状拓扑结构一般用于 Internet 骨干网,使用路由算法来计算发送数据的最佳路径。

5. 蜂窝结构

蜂窝结构是无线局域网中常用的拓扑结构。它使用无线传输介质实现点到点和多点传输。蜂窝网络被广泛采用，源于一个数学结论，即以相同半径的圆形覆盖平面，当圆心处于正六边形网格的各正六边形中心，也就是当圆心处于正三角网格的格点时，所用圆的数量最少。这样形成的网络覆盖在一起，形状非常像蜂窝，因此称为蜂窝结构，如图 1-6 所示。

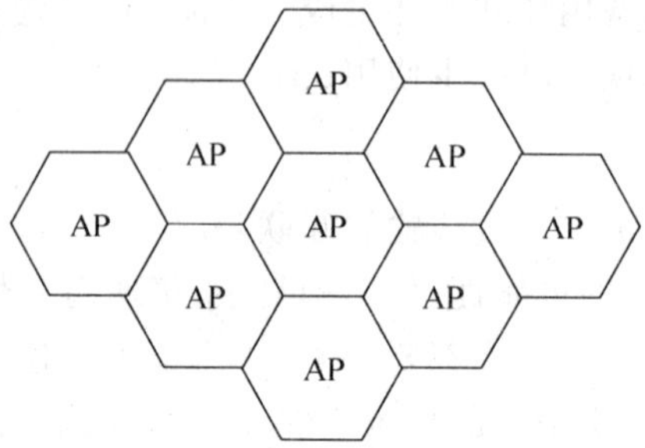

图 1-6　蜂窝拓扑结构

蜂窝拓扑结构使用无线传输介质，无须架设物理连接线路，对于不适合布线的场合非常适用。其缺点是使用范围较小，安全性不高。

6. 混合型拓扑结构

网络还可以同时采用几种拓扑结构，充分利用不同网络拓扑结构的优点，取长补短，组成混合型拓扑结构，如图 1-7 所示。

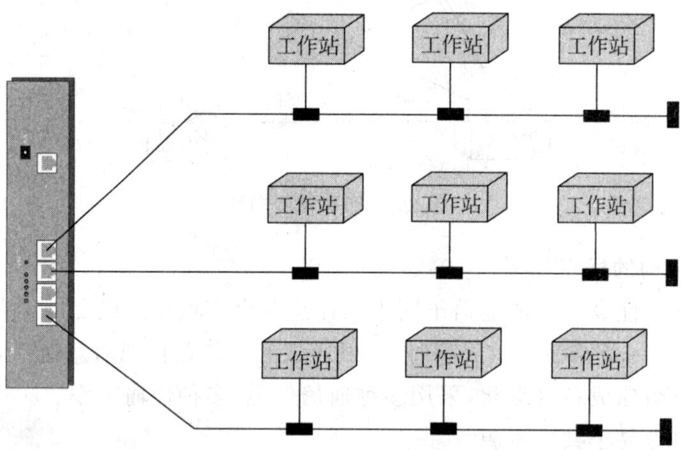

图 1-7　混合型拓扑结构

1.2.2　计算机网络的分类

计算机网络的分类方法有很多种，根据不同的指标，对计算机网络进行不同的分类。计算机网络常见分类方有以下 6 种。

1. 根据网络的覆盖范围与规模分类

根据网络的覆盖范围与规模，将计算机网络分为局域网(local area network，LAN)、城域网(metropolitan area network，MAN)和广域网(wide area network，WAN)。

局域网是指将一个局部的地理范围内(如一个房间、一幢楼、一个校园内)的计算机、终端与外部设备互联而成的网络,范围一般在方圆几米到几千米以内。局域网是封闭型的,可以由办公室内的两台计算机组成,也可以由一个公司、单位的上千上万台计算机组成,主要用来构造单位的内部网络。局域网具有数据传输速率高、延迟低、误码率低的特点,其传输速率为10～1000Mb/s或更高。

城域网是指在一个或是相近的几个城市范围内所建立的计算机通信网。通过它,将位于同一城市内不同地点的主机、数据库以及LAN等互相连接起来,以满足政府机构、学校、公司、企业等对高速率、高质量数据通信业务日益旺盛的需求,特别是快速发展起来的互联网用户群对宽带高速上网的需求。城域网的重要用途是用作骨干,为整个城市而不是为某个特定的部门服务。由于采用具有有源交换元件的局域网技术,城域网传输媒介主要采用光缆,具有传输延迟较小,传输速率高(100Mb/s以上)的特点。城域网有两个方面的作用:一是作为城市骨干网,与中国的骨干网相连;二是作为城市接入网,把本地所有的联网用户与城市骨干网相连。

广域网通常跨接很大的物理范围,覆盖范围从几十公里到几千公里,能连接多个城市或国家,或横跨几个洲,并能提供远距离通信,形成国际性的远程网络,其覆盖范围比局域网和城域网都广。例如,互联网是世界范围内最大的广域网。广域网的数据传输速率通常比局域网低,而信号的传播延迟比局域网大得多。广域网的典型速率是56Kb/s～155Mb/s,如今还有622Mb/s、2.4Gb/s,甚至更高速率的广域网;其传播延迟从几毫秒到几百毫秒(使用卫星信道时)。

2. 按照网络拓扑结构分类

按照网络拓扑结构,将计算机网络分为总线型网络、星型网络、环型网络、网状网络、蜂窝网络和混合型网络。

3. 按照网络组成元素分类

按照网络组成元素,将计算机网络分为资源子网和通信子网。

计算机网络首先是一个通信网络,各计算机之间通过通信媒体、通信设备进行数字通信。在此基础上,各计算机通过网络软件共享其他计算机上的硬件资源、软件资源和数据资源。计算机网络各组成部件主要完成两种功能,即网络通信和资源共享。把计算机网络中实现网络通信功能的设备及其软件的集合称为网络的通信子网,把网络中实现资源共享功能的设备及其软件的集合称为资源子网。

4. 按照网络数据交换方式分类

按照网络数据交换方式,将计算机网络分为电路交换网、报文交换网和分组交换网。数据交换方式在第2章2.5节进行介绍。

5. 按照网络使用对象分类

按照网络使用对象,将计算机网络分为公用网和专用网。公用网一般指由国家出资建造的大型网络,服务对象是公众,如中国的公用计算机网络。专用网一般由本单位出资建立,一般不对外提供服务,如校园网、企业网。

6. 按照网络的传输技术分类

按照传输技术，将计算机网络分为广播式网络和点对点网络。

1.3 因特网

1.3.1 因特网简介

因特网(Internet)又称国际互联网，起源于20世纪60年代的ARPANET。经过半个多世纪的发展，因特网已连接全世界大部分国家和地区，是当今最大的计算机网络。

1. Internet 发展历程

Internet的发展分为3个阶段。

(1) 第1阶段：初期研究阶段。Internet的初期阶段是ARPANET。

最初，ARPANET用于军事目的，在美国国防部高级机密保护之下，在技术上不具备向外推广的条件。美国国防部高级计划管理局要求网络必须能够经受得住故障的考验，一旦发生战争，当网络的某一部分因遭受攻击而失去工作能力时，网络的其他部分应能维持正常的通信工作。

到了1975年，ARPANET结束网络试验，移交美国国防部国防通信局正式运行。

(2) 第2阶段：标准化发展阶段。在总结第一阶段建网实践经验的基础上，研究人员开始了第二代网络协议的设计工作。

1972年，ARPANET核心组成员Vint Cerf和Bob Kahn在一个名为"网络互联项目"的研究项目上合作，并于1973年发表了一篇关于传输控制协议(TCP)的论文。这篇论文对于因特网的发展具有里程碑式的意义，文中包含封装、数据报和网关功能等概念，论述了端到端信息分组发送协议的实现。不久，专家们决定将TCP协议分成传输控制协议(transmission control protocol，TCP)和网际协议(internetworking protocol，IP)两个协议，即如今的TCP/IP协议。随后，越来越多的研究人员投入到TCP/IP协议的研究与开发之中。

1980年前后，ARPANET中所有的主机开始使用TCP/IP协议。

1983年1月，ARPANET向TCP/IP协议的转换全部完成。同年，美国国防部国防通信局将ARPANET分成两个独立的部分，一部分仍叫ARPANET，用于进一步的研究工作；另一部分组建为纯军事目的的MILnet，用于美国军方的非机密通信。

1985年，美国国家科学基金会(NSF)在ARPANET的基础上开始组建NSFNET，最终于1990年彻底取代了ARPANET。

(3) 第3阶段：开放互联阶段。1992年1月，美国成立了因特网协会(Internet Society，ISOC)，并对NSFNET进行了剥离，将其中对外开放的部分划入了Internet，并向全世界开放。

2. Internet 管理组织机构

Internet并不为任何政府部门或组织所拥有或控制，其技术(操作规则)由Internet协会(ISOC)制定。ISOC拥有几个下属组织，由这些组织执行ISOC的各种任务。

Internet 管理组织机构如图 1-8 所示。

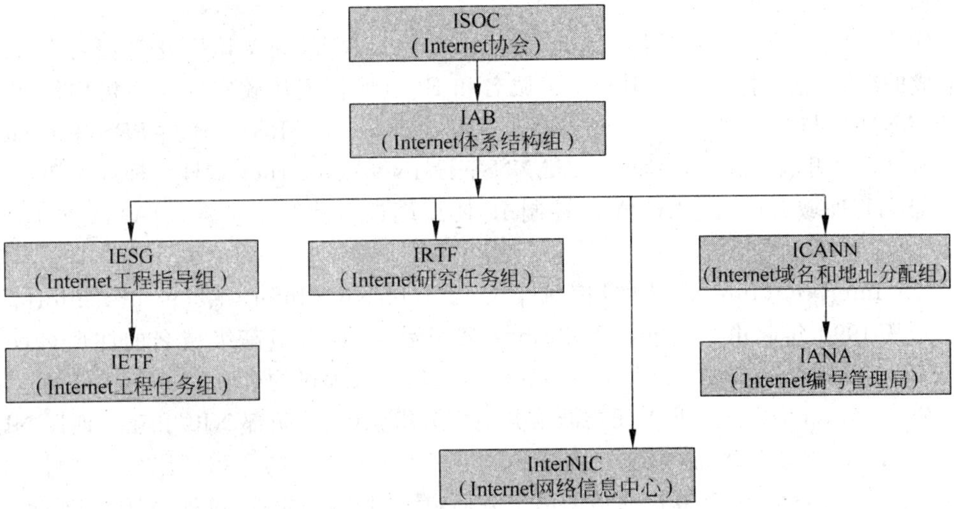

图 1-8 Internet 管理组织机构

(1) ISOC(Internet 协会)。ISOC 成立于 1992 年,是一个非政府、非营利的行业性国际组织,其总部及秘书处设在美国弗吉尼亚州莱斯顿地区(Reston),并在美国华盛顿和瑞士日内瓦设有办事处。

ISOC 成立的宗旨是为全球互联网的发展创造有益、开放的条件,并就互联网技术制定标准、发布信息、提供培训等。除此以外,ISOC 积极致力于社会、经济、政治、道德、立法等影响互联网发展方向的工作。

ISOC 是一个专业性的会员组织,由来自全世界 100 多个国家的几百个组织以及数万名个人成员组成。这些组织和个人将影响 Internet 现在和未来的技术。

(2) IAB(Internet 体系结构组)。IAB 以前称为 Internet 行动组,是 Internet 协会的技术顾问组织。IAB 成员的任命主要由 ISOC 从 IETF 和其他提名委员会的提名中确定。其任务包括任命 IETF 主席和 IESG 候选人、成立仲裁委员会、管理各种内容的编辑发行(如 RFC 文档)。这个小组定期会晤、考察由 IETF(Internet 工程任务组)和 IESG (Internet 工程指导组)提出的新思想和建议,并给 IETF 带来一些新的想法和建议。

(3) IESG(Internet 工程指导组)。IESG 获得 ISOC 的特许,可以对 IETF(Internet 工程任务组)的各项事务进行技术层面上的管理并提供各种 Internet 标准程序。IESG 也保证 ISOC 的规定和规程能顺序执行。IESG 给出关于 Internet 标准规范采纳前的最后建议。

(4) IETF(Internet 工程任务组)。IETF 是由网络设计者、制造商和致力于网络发展的研究人员组成的一个开放性组织,负责制定 Internet 技术规范。在请求注解(RFC)中, TCP/IP 协议和其他许多协议都得到充分论证,并获得足够的资料;请求注解正是由 IETF 委员会起草、论证、发行并敲定的。所有的文件都是公开、免费的,而且都可以从 IETF 网站的参考列表中查找出来。IETF 一年会晤三次,主要工作通过电子邮件组完成。IETF 分成多个工作组,每个组有特定的主题。

(5) IRTF(Internet 研究任务组)。IRTF 需要为 Internet 协议、应用程序、架构和技术的长期开发组建团队。

(6) ICANN(Internet 域名和地址分配组织)。ICANN 是为国际化管理名字和编号而形成的组织,其目标是帮助 Internet 域名和 IP 地址管理从政府向民间机构转换。当前,ICANN 参与共享式注册系统(shared registry system,SRS)。通过 SRS,Internet 域名注册过程是开放式公平竞争的。ICANN 下设 INNA(Internet 编号管理局),负责分配 IP 地址和管理域名空间。IANA 还控制 IP 协议端口号和其他参数。IANA 在 ICANN 下运作。

(7) InterNIC(Internet 网络信息中心)。InterNIC(Internet network information center)从 1993 年起由 Network Solutions 公司运作,负责最高级域名的注册(. com、. org、. net 和. edu)。InterNIC 由美国国家电信和信息管理机构(NTIA)监督,是商业部的一个分组。InterNIC 把一些责任委派给其他官方组织(如国防部 NIC 和亚太地区 NIC)。

(8) RFC(请求注解)。请求注解(RFC)是有关 Internet 的一系列注解和文件。RFC 讨论的内容包括运算和计算机通信的诸多方面,重点是网络协议、过程、程序和理念,也包括一些会议记录和观点。

1.3.2 中国互联网的发展

由于历史原因,我国互联网发展起步较晚,始于 20 世纪 80 年代末期。

1. 中国互联网发展史

1987 年 9 月 20 日,钱天白教授通过意大利公用分组交换网 ITAPAC 设在北京的 PAD 发出我国第一封电子邮件“越过长城,通向世界”,揭开了中国人使用 Internet 的序幕。

1989 年 9 月,国家计划委员会组织建立中关村地区教育与科研示范网络(NCFC),其目标是在北京大学、清华大学和中国科学院三个单位之间建设高速互联网络,并建立一个超级计算中心。此项目于 1992 年完成。

1990 年 11 月 28 日,钱天白教授代表中国正式在国际互联网络信息中心(InterNIC)的前身美国国防数据网网络信息中心(DDN-NIC)注册登记我国的顶级域名 CN。

1993 年 4 月,中国科学院计算机网络信息中心参考各国域名体系,提出我国的域名体系。

1994 年 1 月 4 日,NCFC 工程通过美国 Sprint 公司接入 Internet 的 64Kb/s 国际专线开通,实现中国与 Internet 全功能连接。从此,中国被国际上正式承认为有 Internet 的国家。

1994 年 5 月 21 日,在钱天白教授和德国卡尔斯鲁厄大学的协助下,中国科学院计算机网络信息中心完成了中国国家顶级域名(CN)服务器的设置,改变了中国 CN 顶级域名服务器一直放在国外的历史。

1994 年起,分别由国家计划委员会、邮电部、国家教育委员会和中国科学院主持,开始建设我国四大骨干网络,即中国金桥信息网、中国公用计算机网络、中国教育科研网、中国科学技术网。

1996 年 1 月，中国互联网骨干网建成并正式开通，开始提供服务。我国互联网进入应用平台建设和增值业务开发阶段。

1997 年 6 月 3 日，根据国务院信息化工作领导小组办公室的决定，中国科学院网络信息中心组建中国互联网络信息中心(CNNIC)，并成立中国互联网络信息中心工作委员会。从此，中国互联网走上了高速发展的道路。

根据中国互联网的发展历程，将其划分为以下 3 个阶段。

(1) 1987—1993 年：研究试验阶段。这个阶段的网络应用仅限于小范围内的电子邮件服务。

(2) 1994—1996 年：建设阶段。1994 年 4 月，中关村地区教育与科研示范网络工程进入 Internet。在这期间，相继建设完成中国四大骨干网络，并开始向公众服务。Internet 进入人们的生活，并在中国迅速发展。

(3) 1997 年至今：高速发展阶段。

1997 年 11 月，中国互联网络信息中心(CNNIC)发布了第 1 次《中国互联网络发展状况统计报告》。报告指出，截止到 1997 年 10 月 31 日，中国共有上网计算机 29.9 万台，直接上网计算机 4.9 万台，拨号上网计算机 25 万台；上网用户约 62 万人；CN 下注册域名数 4066 个；WWW 站点数约 1500 个；我国国际线路的总容量为 25.408Mb/s，连接的国家和地区有美国、德国、法国、日本、中国香港等。

2016 年 6 月，中国互联网络信息中心(CNNIC)发布了第 38 次《中国互联网络发展状况统计报告》。报告指出，截止到 2016 年 6 月，中国网民达 7.1 亿(含手机网民 6.56 亿)，互联网普及率达到 51.7%。网民上网方式呈多样化，手机上网使用率为 92.5%；通过台式电脑和笔记本电脑接入互联网的比例分别为 64.6%和 38.5%；平板电脑上网使用率为 30.6%；电视上网使用率为 21.1%。中文域名总数 3698 万个；.CN 域名 1950 万个，占中国域名总数比例 52.7%。中国网站总数 454 万个，其中.CN 下网站数 212 万个；主要骨干网络国际出口总带宽达 6220Gb/s；IPv4 地址达到 337608448 个。

我国互联网普及率和网络基础设施建设已经超过全球平均水平，中国 Internet 建设实现了质和量的跨越式发展。

2. 中国互联网基础设施建设

我国从 1994 年开始建设四大骨干网络，并于 1996 年相继完工。各网络发展情况如下所述。

(1) 中国公用计算机网络(CHINANET)。CHINANET 是原邮电部建设和管理的公用计算机互联网。1994 年开始在北京和上海两个电信局开展 Internet 联网工程；1995 年初与国际互联网联通，并于 5 月向社会提供服务。

CHINANET 拓扑结构分为核心层和大区层。核心层由北京、上海、广州、沈阳、南京、武汉、成都和西安 8 个城市的核心节点组成，核心节点之间为不完全网状结构，提供与国际互联网互联，以及大区之间的信息交换通路。北京、上海、广州 3 个核心层节点各设 2 台国际出口路由器与国际互联网相连，其他核心层节点设 1 台核心路由器。全国 31 个省会城市以上述节点为中心划分为 8 个大区网络。

2003 年，中国电信被拆分成南、北两大公司，原属于中国电信管理的 CHINANET 也被一分为二,南方归属中国电信,北方属中国网通。

(2) 中国教育科研网(CERNET)。CERNET 始建于 1994 年,分四级管理,分别是全国网络中心、地区网络中心和地区主节点、省教育科研网、校园网。全国网络中心设在清华大学,负责全国主干网运行管理。地区网络中心和地区主节点分别设在清华大学、北京大学、北京邮电大学、上海交通大学、西安交通大学、华中科技大学、华南理工大学、电子科技大学、东南大学、东北大学等 10 所高校,负责地区网运行管理和规划建设。

2000 年,中国下一代高速互联网交换中心在 CERNET 网络中心建成,实现了我国与国际下一代国际互联网的连接。2004 年 3 月,CERNET2 试验网开通。它是我国第一个 IPv6 主干网,也是世界上规模最大的纯 IPv6 网络。

2003 年,国家发展和改革委员会等 8 部门联合提出了建设下一代互联网示范工程(CNGI)的建议。CERNET2 是 CNGI 中最大的核心网,以 2.5～10Gb/s 的速率连接全国 25 个主要城市的 CERNET2 主干核心节点,为全国几百所高校和科研单位提供 1～10Gb/s 的高速 IPv6 接入服务,并通过中国下一代互联网交换中心 CNGI-6IX 高速连接国内外下一代互联网。CERNET2 成为我国研究下一代互联网技术、开发重大应用、推动下一代 Internet 产业发展的重要基础设施。

(3) 中国科学技术网(CSTNET)。1989 年 8 月,中国科学院承担了国家计划委员会立项的中关村教育与科研示范网络(NCFC)——中国科学技术网(CSTNET)前身的建设。1994 年 4 月,NCFC 率先与美国 NSFNET 直接互联,实现了中国与 Internet 全功能网络连接,标志中国最早的国际互联网络诞生。1995 年 12 月,中国科学院"百所联网工程"完成。1996 年 2 月,中国科学院决定正式将以 NCFC 为基础发展起来的中国科学院院网命名为中国科学技术网(CSTNET)。

CSTNET 的目标是将中国科学院在全国各地的分院的局域网互联,同时连接中国科学院以外的中国科技单位。它是一个为科研、教育和政府部门服务的网络,主要提供科技数据库、成果信息服务、超级计算机服务、域名管理服务等。

中国科学技术网是利用公用数据通信网建立的信息增值服务网,逻辑上连接各部、委和各省、市科技信息机构,是国家科技信息系统骨干网,也是国际 Internet 接入网。

(4) 中国金桥信息网(CHINAGBN)。CHINAGBN 是由原电子部吉通通信有限公司承建的互联网。1993 年 8 月 27 日,李鹏总理批准使用 300 万美元总理预备金支持启动金桥网前期工程建设。1994 年 6 月 8 日,金桥网前期工程建设全面展开。1994 年年底,金桥网全面开通。

金桥网为金关、金税和金卡等"金"字头工程服务。金关工程服务于海关报关业务,金税工程连接全国国税系统,金卡工程服务于现代化的电子货币系统。2003 年以后,金桥网并入网通公司的公用互联网。

在原来四大骨干网络的基础上,中国互联网基础设施建设经过近 20 年的飞速发展,骨干网络的数量和质量都取得举世瞩目的成绩。

1997 年 11 月,中国互联网络信息中心(CNNIC)发布了第 1 次《中国互联网络发展状况统计报告》。报告指出,中国国际出口总带宽达 25.408Mb/s,如表 1-1 所示。

表 1-1　CNNIC 第 1 次统计报告发布的骨干网络国际出口总带宽数

骨干网络名称	国际线路数(条)	国际出口带宽(Mb/s)
中国公用计算机网络(CHINANET)	16	18.768
中国教育科研网(CERNET)	4	2.256
中国科学技术网(CSTNET)	3	2.128
中国金桥信息网(CHINAGBN)	2	2.256
合计	25	25.408

2016 年 8 月，中国互联网络信息中心(CNNIC)发布了第 38 次《中国互联网络发展状况统计报告》。报告指出，中国国际出口总带宽达 6220Gb/s，如表 1-2 所示。

表 1-2　CNNIC 第 38 次统计报告发布的骨干网络国际出口总带宽数

骨干网络名称	国际出口带宽(Mb/s)
中国电信	3 817 006
中国联通	1 501 805
中国移动	787 563
中国教育和科研计算机网	61 440
中国科学技术网	53 248
中国国际经济贸易互联网	2
合计	6 220 746

1.4　协议和标准

协议和标准是计算机网络广泛使用的名词。本节先介绍协议，然后介绍标准，以及有一定影响力的标准制定单位和团体。

1.4.1　协议

计算机通信网由许多具有信息交换和处理能力的节点互联而成。要使整个网络有条不紊地工作，要求每个节点必须遵守事先约定好的有关数据格式及时序的规则。通信双方为了实现网络通信而建立的规则、约定或标准称为网络协议。

协议通常特指某一层的协议。准确地说，同等层之间的实体通信时，有关通信规则和约定的集合就是该层的协议，例如物理层协议、传输层协议、应用层协议。

网络协议(简称协议)由以下三要素组成。

(1) 语法：数据与控制信息的结构或格式。

(2) 语义：说明需要发出何种控制信息，完成何种动作，做出何种响应。

(3) 时序(同步)：事件实现顺序的详细说明。

1.4.2　标准

国际标准化组织(ISO)对“标准”的定义做出了统一规定：标准是指由一个公认的机

构制定和批准的文件。它对活动或活动的结果规定了规则、导则或特殊值，供共同和反复使用，实现在预定领域内最佳秩序的效果。标准为制造商、销售商、政府部门和其他服务提供商提供了一系列准则。数据通信标准分为事实类和法定类两种。所谓事实标准，是指未经任何组织、团体认可，但已在社会中广泛使用并被社会接受的准则。由官方认可的组织、团体制定或认可的标准称为法定标准。

1. 标准化组织

在数据通信方面，社会认可度高且有一定权威性的组织如下所述。

(1) 国际标准化组织(ISO)。ISO(International Organization for Standardization)是一个全球性的非政府组织，是国际标准化领域中一个十分重要的组织。ISO 成立于 1946 年，总部设于瑞士日内瓦。中国是 ISO 的正式成员，代表中国参加 ISO 的国家机构是中国国家技术监督局(CSBTS)。ISO 负责目前绝大部分领域(包括军工、石油、船舶等垄断行业)的标准化活动。

(2) 国际电信联盟电信标准局(ITU-T)。国际电信联盟电信标准局(Telecommunication Standardization Sector of the International Telecommunications Union, ITU-T)是一个研究和制定除无线电以外的所有电信领域设备和系统标准的国际性组织，前身是国际电报和电话咨询委员会(CCITT)。经联合国同意，1947 年 10 月 15 日，国际电信联盟成为联合国的一个专门机构，并将 CCITT 划归 ITU 的一部分，其总部由瑞士伯尔尼迁至日内瓦。

中国也是国际电信联盟的成员国之一。2014 年，赵厚麟当选为新一任秘书长，并于 2015 年 1 月 1 日正式上任，是国际电信联盟 150 年历史中的首位中国籍秘书长。

(3) 美国国家标准协会(ANSI)。1918 年，美国材料试验协会(ASTM)、美国机械工程师协会(ASME)、美国矿业与冶金工程师协会(ASMME)、美国土木工程师协会(ASCE)、美国电气工程师协会(AIEE)等组织共同成立美国工程标准委员会(AESC)，美国政府的 3 个部(商务部、陆军部和海军部)也参与该委员会的筹备工作。1928 年，AESC 改组为美国标准协会(ASA)。1966 年 8 月，改组为美利坚合众国标准学会(USASI)。1969 年 10 月 6 日，改名为美国国家标准学会(ANSI)。

虽然 ANSI 在名称上让人感觉是一个官方组织，但实际上它是一个完全私有的、非营利性的、不附属于美国政府的机构。但其所有活动都是在美国政府扶持下开展的，在世界范围具有一定的影响力。

(4) 电气和电子工程师协会(IEEE)。电气和电子工程师协会(Institute of Electrical and Electronics Engineers, IEEE)由 1884 年成立的美国电气工程师学会(AIEE)和 1912 年成立的美国无线电工程师学会(IRE)于 1963 年 1 月 1 日合并而成。

IEEE 是一个国际性的电子技术与信息科学工程师协会，是目前全球最大的非营利性专业技术学会，在全世界 170 多个国家和地区拥有超过 40 万会员。

IEEE 致力于电气、电子、计算机工程和与科学有关的领域的开发和研究，在太空、计算机、电信、生物医学、电力及消费性电子产品等领域制定了 900 多个行业标准，其目标之一是监督计算机及通信方面国际标准的制定和采纳。它是世界上具有较大影响力的国际学术组织之一。

(5) 电子工业协会(EIA)。电子工业协会(Electronic Industries Association,EIA)成立于1924年,是美国的一个电子制造商组织。EIA与美国国家标准协会(ANSI)结成联盟,并和国际电信联盟(ITU)有密切联系。EIA也是一个非营利性组织,致力于提升电子制造的影响力。

在信息技术领域,EIA为数据通信定义物理连接接口和电子信号规程做出了巨大贡献,并颁布了许多与电信和计算机通信有关的标准。

2. Internet 标准

Internet标准是经过完全测试的规范,是对Internet用户有用且被拥护的标准,是必须遵守的格式化规则。某份规范想要成为Internet标准,必须经过严格的程序。规范最初以没有官方地位的草案开始,有6个月生命期;经过Internet权威机构推荐,能以RFC的形式发表;RFC文档经过编辑,赋予一个编号,并对所有团体开放;最后,经过成熟度考查,根据其需求程度进行归类。

1.5 计算机网络体系结构

计算机网络是一种复杂而庞大的系统。为了更好地研究计算机网络,解决发展过程中遇到的各种技术问题,常用的方法就是把系统组织进行层次分解,也就是把相关功能分解开,分别解释和实现。在分层体系结构中,每一层都是一些明确定义的相互作用的集合,称为对等协议。层之间的界限是另外一些相互作用的集合,称为接口协议。

本节主要介绍OSI参考模型和TCP/IP参考模型。

1.5.1 OSI参考模型

1. OSI/RM 参考模型的提出

世界上第一个网络体系结构是由IBM公司1974年推出的系统网络体系结构(SNA)。后来其他公司相继提出自己的网络体系结构,比如DEC公司的DNA,美国国防部的TCP/IP等。在当时的计算机网络中,多种网络体系结构并存,体系结构之间无法兼容,只能与同种结构的网络互联,也就是说,如果采用IBM的结构,只能选用IBM的产品。私有网络模型带来的困难和低效性制约了计算机网络的发展。

为了促进计算机网络的发展,国际标准化组织于1977年成立了一个委员会,在已有网络体系结构的基础上,于1984年提出了一个不基于具体机型、操作系统或公司的网络体系结构,称为开放系统互联模型(open system interconnection reference model,OSI/RM),提供了一个用来进行网络系统设计的层次化框架。

2. OSI/RM 参考模型分层体系结构

OSI参考模型在划分层次时,遵循下述5点原则。

(1) 网络中各节点都有相同的层次。

(2) 不同节点、相同层次具有相同的功能。

(3) 同一节点相邻层间通过接口通信。

(4) 每一层可以使用下层提供的服务,并向上层提供服务。

(5) 不同节点的同等层间通过协议来实现对等层间的通信。

OSI 参考模型分层有许多优点。分层后,人们可以很容易地讨论和学习协议的规范细节;层间的标准接口方便了工程模块化;创建了一个更好的互联环境;降低了复杂度,使程序更容易修改,产品开发速度更快;每层利用紧邻的下层服务,更容易记住各层的功能。

OSI 参考模型是一个定义良好的协议规范集,并有许多可选部分完成类似的任务。它定义了开放系统的层次结构、层次之间的相互关系以及各层包括的可能的任务,作为一个框架来协调和组织各层提供的服务。

OSI 参考模型并没有提供一个可以实现的方法,而是描述了一些概念,用来协调进程间通信标准的制定。即 OSI 参考模型并不是一个标准,而是一个在制定标准时使用的概念性框架。

开放系统(open system)是一组协议,它允许任何两个不同系统之间相互通信,而不管其底层结构如何。建立 OSI 参考模型的目的是使不同系统间的通信变得容易,而不要求对其底层的硬件和软件的逻辑结构做任何变动。OSI 模型不是一个协议,而是一种模型,利用它可以理解并设计一个灵活、健壮和可相互操作的体系结构。OSI 模型提供了一个用来进行网络系统设计的层次化框架,它由 7 个相互独立,但互相关联的层次组成,从低到高分别是物理层(physical layer)、数据链路层(data link layer)、网络层(network layer)、传输层(transport layer)、会话层(session layer)、表示层(presentation layer)和应用层(application layer),如图 1-9 所示。

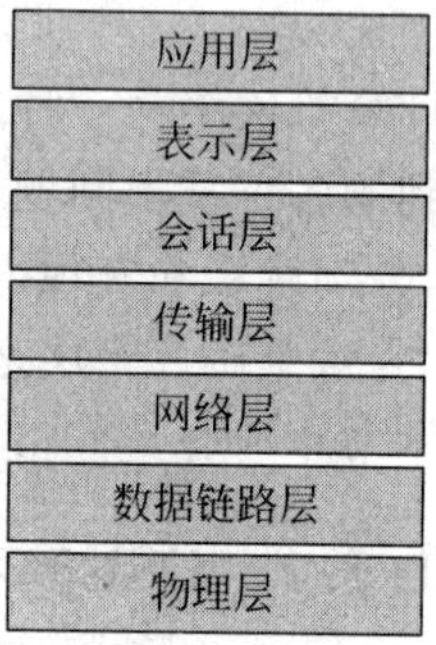

图 1-9 OSI 参考模型 7 层结构

在建立模型的过程中,设计者将传输数据的过程归结为一些最基本元素。他们确定了具有相关用途的网络功能,并将这些功能归类到一些独立的功能组,形成模型中的各个层次,每一层都定义了一系列与其他层次不同的功能。通过这种方式进行功能定义和局部化,就能建立一个既全面又有灵活性的体系结构。

在数据通信中,任何可以发送(或接收)信息的硬件或软件进程都称为实体。相互通信的两台不同机器上的同一层次称为对等实体。每一层为上一层提供的功能称为服务。接口定义下层向其相邻的上层提供的服务及原语操作,但服务的实现细节对上层是透明(不可见)的。

在 OSI 参考模型中,对等层协议之间交换的信息单元统称为协议数据单元(protocol data unit,PDU),其数据格式由每层协议决定,对等实体采用该层上的相同协议。PDU 包含来自上层的信息和当前层的实体附加的信息。这个 PDU 会被传送到下一个较低的层。OSI 参考模型中各层的数据单元如图 1-10 所示。

指定层的用户服务的数据集称为服务数据单元(service data unit,SDU),传送到接收方的同一协议层时,数据不发生变化。第 N 层服务数据单元 SDU 和上一层的协议数据单元(PDU)一一对应。根据协议数据单元数据的不同,送到接收端的指定层。

$$\text{PDU}(N) = \text{SDU}(N-1)$$

层	协议数据单元
应用层	APDU(应用层协议数据单元)
表示层	PPDU(表示层协议数据单元)
会话层	SPDU(会话层协议数据单元)
传输层	Segment(数据段)
网络层	Packet(数据包)
数据链路层	Frame(数据帧)
物理层	Bit(比特流)

图 1-10 OSI 参考模型各层协议数据单元

$$\mathrm{SDU}(N) = \mathrm{PDU}(N+1)$$

接口数据单元(interface data unit,IDU)是在相邻层接口间传送的数据单元,它由SDU和一些控制信息组成。

$$\mathrm{IDU} = \text{控制信息} + \mathrm{SDU}$$

总的来说,通信是在对等层上进行的,不能在不对称层次上通信。

OSI 参考模型把网络通信的工作分为 7 层,第 1 层～第 3 层属于 OSI 参考模型的低 3 层,负责创建网络通信链路,可以看成是网络支持层。这 3 层处理数据从一台设备传输到另一台设备的物理方面的问题,包括电气特性、物理连接、物理寻址、传输时序和可靠性；第 5 层～第 7 层为 OSI 参考模型的高 3 层,可以认为是用户支持层,允许不相关的软件系统间相互操作；第 4 层为传输层,将低 3 层与高 3 层的子功能连接起来,并保证下层是以上层能够使用的形式传输的。OSI 高层通常用软件实现,低层用硬件和软件混合实现,最低层(物理层)几乎都用硬件实现。

在 OSI 参考模型中,每层完成一定的功能,每层都直接为其上层提供服务,并且所有层次都互相支持,而网络通信可以自上而下(在发送端)或者自下而上(在接收端)双向进行。当然,并不是每一次通信都需要经过 OSI 的全部 7 层,有的甚至只需要通信双方对应的某一层。比如,物理接口之间的转接、中继器与中继器之间的连接只需在物理层中进行；路由器与路由器之间的连接只需经过网络层以下的 3 层。

通过 OSI 层,信息可以从一台计算机的软件应用程序传输到另一台的应用程序上。例如,计算机 A 上的应用程序要将信息发送到计算机 B 的应用程序,则计算机 A 中的应用程序需要将信息先发送到其应用层(第 7 层),此层将信息发送到表示层(第 6 层),再将数据转送到会话层(第 5 层),如此继续,直至物理层(第 1 层)。在物理层,数据被放置在物理网络媒介中,并被发送至计算机 B。计算机 B 的物理层接收来自物理媒介的数据,然后将信息向上发送至数据链路层(第 2 层),再转送给网络层,依次继续,直到信息到达计算机 B 的应用层。最后,计算机 B 的应用层将信息传送给应用程序接收端,完成通信过程,如图 1-11 所示。

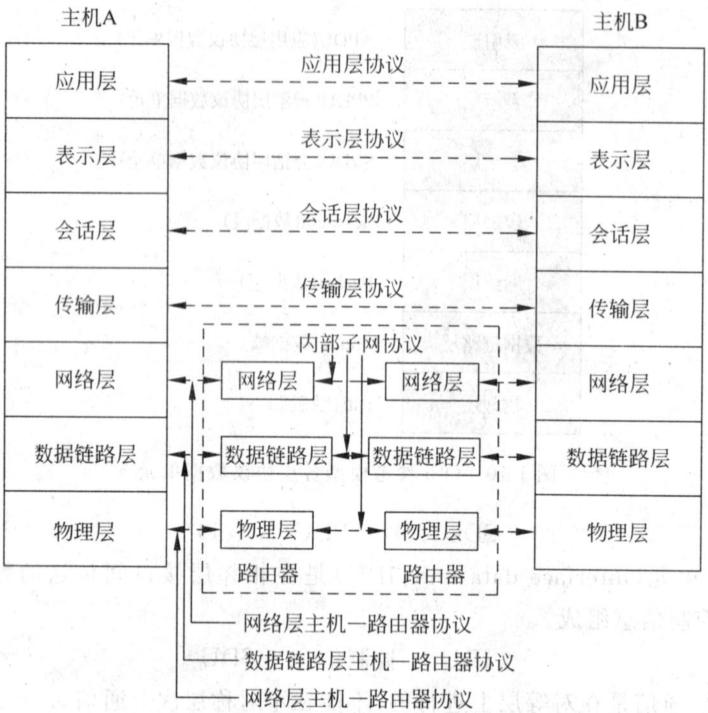

图 1-11　OSI 参考模型层次间交互

3. 数据的封装与解封装

OSI 的 7 层运用各种各样的控制信息来和其他计算机系统的对应层进行通信。这些控制信息包含特殊的请求和说明，它们在对应的 OSI 层间进行交换。每一层数据的头和尾是两个携带控制信息的基本形式。

对于从上一层传送下来的数据，附加在前面的控制信息称为头，附加在后面的控制信息称为尾。然而，为来自上一层的数据增加协议头和协议尾，对于一个 OSI 层来说不是必需的。

当数据在各层间传送时，每一层都可以在数据上增加头和尾，而这些数据已经包含上一层增加的头和尾。协议头包含有关层与层间的通信信息。头、尾以及数据是相关联的概念，它们取决于分析信息单元的协议层。例如，传输层头包含只有传输层可以看到的信息，传输层下面的其他层只将此头作为数据的一部分传递。对于网络层，一个信息单元由第 3 层的头和数据组成。对于数据链路层，经网络层向下传递的所有信息，即第 3 层头和数据都被看作是数据。换句话说，在给定的某一 OSI 层，信息单元的数据部分包含来自于所有上层的头和尾以及数据，称之为封装。

解封装是封装的逆过程。数据的接收端从物理层开始，执行与发送端相反的操作，拆解协议包，处理包头中的信息，取出所需数据并送往上一层。

例如，如果计算机 A 要将应用程序中的数据发送至计算机 B，数据首先传送至应用层。计算机 A 的应用层通过在数据上添加协议头来和计算机 B 的应用层通信。形成的信息单元包含协议头、数据，可能还有协议尾，被发送至表示层；表示层添加计算机 B 的表示层能理解的控制信息的协议头。信息单元的大小随着每一层协议头和协议尾的添加而增加，这些协议头和协议尾包含计算机 B 的对应层要使用的控制信息。在物理层，整个信息单元通过网络介质传输。

计算机 B 中的物理层收到信息单元，并将其传送至数据链路层；然后，计算机 B 中的数据链路层读取计算机 A 的数据链路层添加的协议头中的控制信息；接着，去除协议头和协议尾，剩余部分被传送至网络层。每一层执行相同的动作——从对应层读取协议头和协议尾并去除，再将剩余信息发送至上一层。应用层执行完这些动作后，数据就被传送至计算机 B 中的应用程序。这些数据和计算机 A 的应用程序所发送的完全相同，如图 1-12 所示。

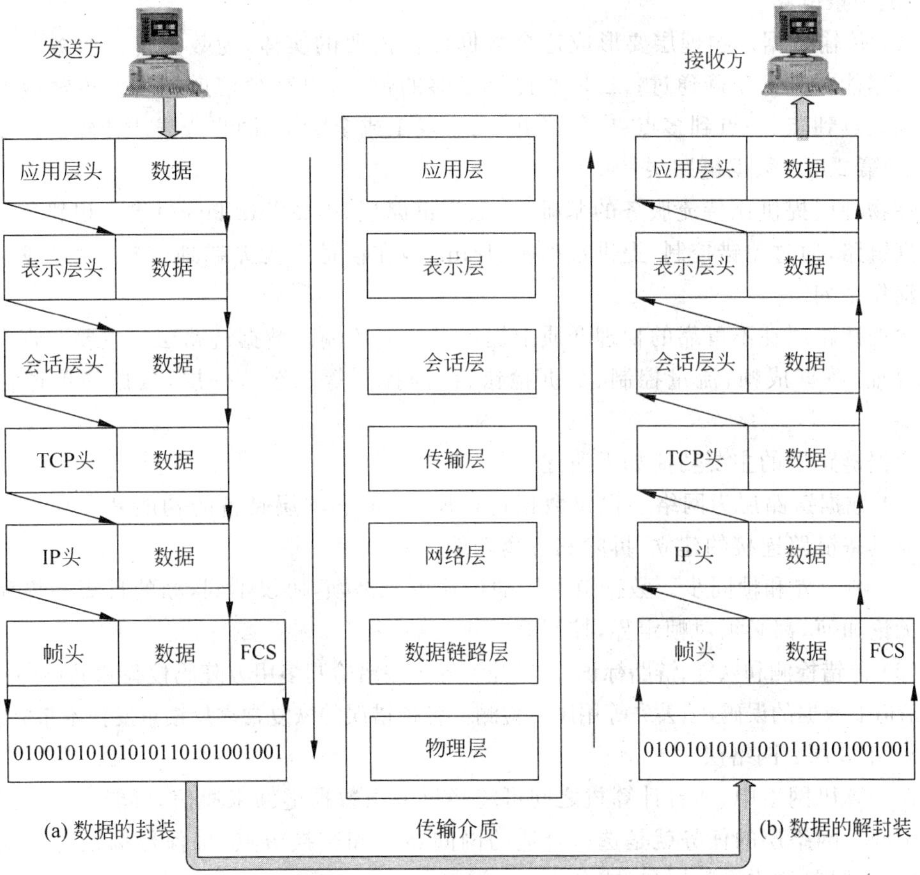

图 1-12　数据的封装和解封装

4. OSI 模型各层

1）第 1 层：物理层

物理层（physical layer）定义了通信设备和传输介质的机械特性、电气特性、过程特性和功能特性。具体地讲，机械特性规定了网络连接时所需接插件的规格尺寸、引脚数量和排列情况等；电气特性规定了在物理连接上传输比特流时，传输介质上信号电平的大小、阻抗匹配、传输速率、距离限制等；功能特性是指对各个信号先分配确切的信号含义；过程特性定义了利用信号线传输比特流的一组操作规程，是指在物理连接的建立、维护、交换信息阶段，双方在各电路上的动作系列。在物理层，传输数据的单位为比特(bit)。

物理层主要考虑接口与介质的物理特性、位的表示、数据的传输速率、位同步、传输介质的连接、物理拓扑结构、传输方式等问题。

物理层的主要功能如下所述。

(1) 为数据端设备提供传送数据的链路。数据链路可以是一个物理介质，也可以由多个物理介质连接而成。一次完整的数据传输包括激活物理连接、传送数据、终止物理连接。所谓激活，就是不管有多少物理介质参与，都要在通信的两个数据终端设备间连接起来，形成一条链路。

(2) 传输数据。物理层要形成适合数据传输需要的实体，为数据传送服务。一是要保证数据能在其上正确通过；二是要提供足够的带宽，以减少信道拥塞。传输数据的方式能满足点到点、一点到多点、串行或并行、半双工或全双工、同步或异步传输的需要。

2) 第 2 层：数据链路层

在物理层提供比特流服务的基础上，数据链路层(data link layer)建立相邻节点之间的数据链路，通过差错控制，提供数据帧(frame)，在信道上无差错地传输，并完成各电路上的动作系列。

数据链路层在不可靠的物理介质上提供可靠的传输。数据链路层的主要职责有物理地址寻址、数据成帧、流量控制、数据检错、访问控制等。在这一层，数据的单位称为帧(frame)。

数据链路层的主要功能如下所述。

(1) 数据链路层为网络层提供数据传送服务，依靠本层具备的功能来实现。数据链路层应具备链路连接的建立、拆除和分离功能。

(2) 帧定界和帧同步。数据链路层的传输单元是帧，协议不同，帧的长短和界面有差别。无论如何，都必须对帧定界，控制帧的收发顺序。

(3) 差错检测和恢复、链路标识、流量控制等。差错检测多用方阵码校验和循环码校验来检测信道上数据的误码，帧丢失等用序号检测。各种错误的恢复常靠反馈重发技术来完成。

3) 第 3 层：网络层

在计算机网络中，两台计算机之间可能经过多条数据链路来通信，可能还要经过很多通信子网。网络层的任务就是选择合适的网间路由和交换节点，确保数据及时传输。在这一层，数据单位称为数据包(或分组，packet)。

网络层(network layer)的具体工作任务主要是逻辑寻址和路由选择。

如果讨论 IP 地址，就是在处理第 3 层的问题，是数据包问题，而不是第 2 层的帧。IP 是第 3 层问题的一部分，还有路由协议和地址解析协议(ARP)。有关路由的一切事情都在第 3 层处理。地址解析和路由是这一层的重要功能。网络层还可以实现拥塞控制、网际互联等功能。

网络层的主要功能如下所述。

(1) 逻辑寻址。网络层给来自上层的数据增加发送方和接收方逻辑地址。

(2) 网络层为建立网络连接和为上一层提供服务,应具备路由选择和中继功能。

(3) 激活、终止网络连接。

(4) 实现流量控制、服务选择、网络管理等功能。

4) 第4层:传输层

传输层(transport layer)负责整个报文进程(主机上运行的应用程序)到进程的传输,确保其无差错、顺序地到达目的地。因此,它必须跟踪数据单元碎片、乱序到达的数据包和其他在传输过程中可能发生的危险。传输层为上层提供端到端(最终用户到最终用户)透明的、可靠的数据传输服务。所谓透明的传输,是指在通信过程中,传输层对上层屏蔽了通信传输系统的具体细节。传输层的数据单位为数据段。

传输层的主要工作任务有服务点(端口)寻址、分段和组装、连接控制、流量控制及差错控制。

传输层的主要功能如下所述。

(1) 连接控制,提供无连接和有连接传输服务。传输层是两台计算机经过网络进行数据通信时,第一个端到端的层次,具有缓冲作用。传输层还可实现复用,即在一个网络连接上创建多条逻辑连接。

(2) 端口寻址。传输层只存在于端开放系统中,介于低3层通信子网系统和高3层之间,是很重要的一层。因为它是源端到目的端控制数据传送从低到高的最后一层。

(3) 报文分段和组装。将报文分解成可传输的分组并编上序号。序号用于组装报文,以及标识和替换传输中丢失的分组。

(4) 传输层还要具备差错控制、流量控制等功能。传输层担负端到端的流量控制任务,发送方的传输层还要确保报文无差错(出现差错则用重发纠正)地到达接收方的传输层。

5) 第5层:会话层

会话层(session layer)也称为会晤层或对话层。在会话层及以上的高层次中,数据传送的单位不再另外命名,统称为报文。会话层不参与具体传输,它提供包括访问验证和会话管理在内的建立和维护应用之间通信的机制。例如,服务器验证用户登录便是在会话层完成。

会话层的主要任务是对话控制和同步。

会话层的主要功能如下所述。

(1) 对话控制。会话层允许两个进程之间以半双工或全双工方式进行通信。

(2) 同步。会话层允许一个进程在数据流中增加检查点或同步点。

6) 第6层:表示层

表示层(presentation layer)主要解决用户信息的语法表示问题。它将欲交换的数据从适合于某一用户的抽象语法,转换为适合于OSI系统内部使用的传送语法,即提供格式化的表示和转换数据服务。数据的压缩和解压缩、加密和解密等工作都由表示层负责。例如,图像格式的显示,由位于表示层的协议支持。

表示层的主要任务是数据转换、加密和压缩。

7) 第7层:应用层

应用层(application layer)为操作系统或网络应用程序提供访问网络服务的接口,提供的服务有网络虚拟终端，文件传输、访问和管理，邮件服务和目录服务。

5. OSI 模型各层的功能对比

OSI 参考模型各层相对独立，第 1 层～第 7 层功能对比如图 1-13 所示。

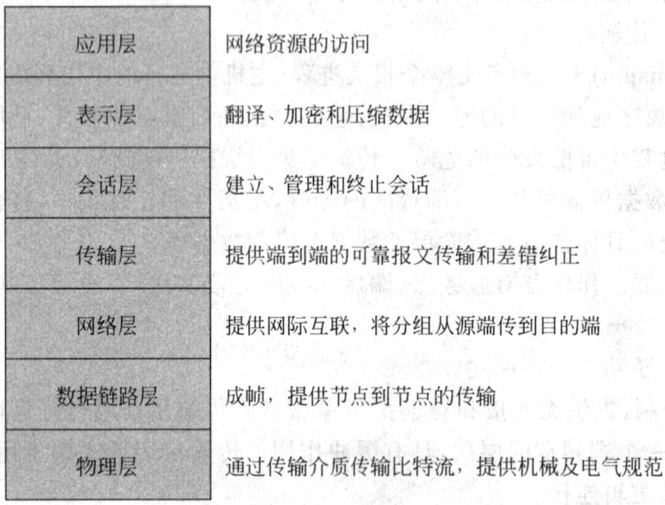

图 1-13　OSI 参考模型各层次对比

1.5.2　TCP/IP 参考模型

由前面介绍的计算机网络发展史可知，TCP/IP 协议族（TCP/IP protocol suite）在 OSI 参考模型出现之前就已开发出来，所以 TCP/IP 协议族的层次无法严格对应。

TCP/IP 协议族由主机—网络层（host to network layer）、互联网络层（internet layer）、传输层（transport layer）和应用层（application layer）4 个层次组成。

当 TCP/IP 协议族与 OSI 模型相比较时，可以将主机—网络层看成是物理层和数据链路层；互联网络层相当于网络层；传输层对应传输层及会话层的部分功能；应用层对应会话层、表示层及会话层。

本书将 TCP/IP 协议族的层次模型设为物理层、数据链路层、互联网络层、传输层和应用层 5 层，分别提供物理标准、网络接口、网际互联、传输功能和应用层功能，其对应关系如图 1-14 所示。

TCP/IP 是由相互作用的模块组成的分层协议，每一层提供一个特定功能，无须相互依赖。各层的协议调用关系如图 1-15 所示。

1. 物理层和数据链路层(主机—网络层)

在物理层和数据链路层中，TCP/IP 协议族中没有定义任何协议，它支持所有标准和专门协议。也就是说，采用 TCP/IP 互联的网络可以是任何局域网或广域网。

TCP/IP 允许主机联入网络时使用多种现成的与流行的协议，例如局域网协议或其他协议，包括各种物理层协议，例如局域网的 Ethernet、Token Ring，分组交换网的 X.25 等等。这体现了 TCP/IP 协议的兼容性与适应性，也为 TCP/IP 的成功奠定了基础。

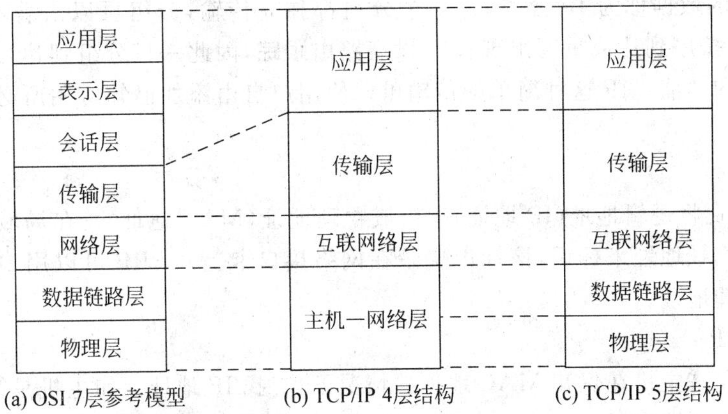

图 1-14 OSI 参考模型与 TCP/IP 协议族的层次对应关系

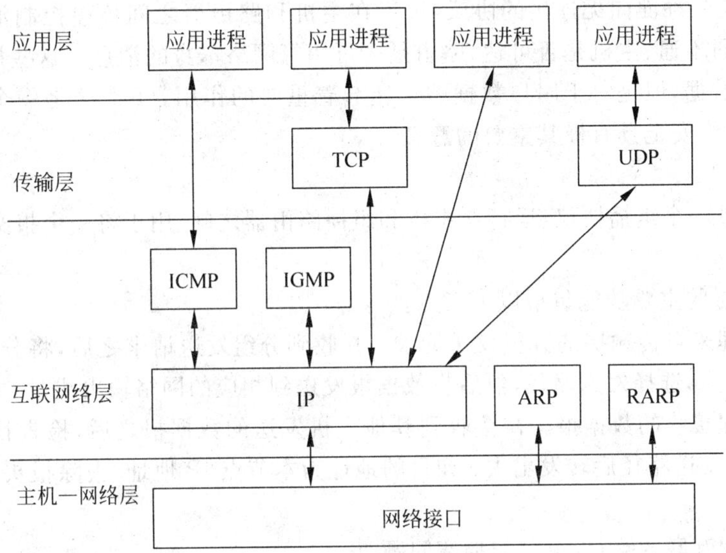

图 1-15 TCP/IP 体系结构协议的调用关系

2. 互联网络层

互联网络层负责将源主机的报文分组发送到目的主机。源主机与目的主机可以在一个网上,也可以在不同的网上。在互联网络层,TCP/IP 支持网际协议,IP 使用地址解析协议(address resolution protocol,ARP)、反向地址解析协议(reverse address resolution protocol,RARP)、因特网控制报文协议(Internet control message protocol,ICMP)和因特网组报文协议(Internet group message protocol,IGMP)4 个支持协议。

1) IP

TCP/IP 中的 IP 是一种不可靠、无连接的数据报传送服务的协议。它提供的是一种尽力而为(best-effort delivery)的服务。尽力而为是指 IP 没有差错检测和跟踪能力,它假定底层是不可靠的,只尽最大努力传输到目的地,不保证成功。

IP传输的数据称为IP分组,每一个分组都独立传输,分组可以沿着不同的路由传输,也不保证按序到达或重复出现。IP没有路由跟踪,因此一旦分组到达目的地,它们没有重新排序的功能。IP这种简单的传输可以使用户自由添加已知应用所必需的功能,使其效率更高。

2）ARP

ARP负责将逻辑地址(IP地址)解析成物理地址(MAC地址)。在局域网中,链路上的设备都用物理地址来标识,该标识烧录在网络接口卡上。ARP可以用IP地址解析出该节点的物理地址。

3）RARP

RARP允许主机在仅知MAC地址的情况下,查找IP地址。如主机是第一次接在网络上时就使用到该协议。

4）ICMP

ICMP是一种面向无连接的协议,用于在主机和路由器之间传递控制消息。控制消息是指网络通不通、主机是否可达、路由是否可用等网络本身的消息。这些控制消息虽然不传输用户数据,但是对于用户数据的传递起着重要的作用。ICMP是一个非常重要的协议,对于网络安全具有极其重要的意义。

5）IGMP

IGMP是一个组播协议,运行在主机和组播路由器之间,用于将一个报文同时发送给一组接收者。

互联网层的主要功能包括以下三点。

(1) 处理来自传输层的分组发送请求。在收到分组发送请求之后,将分组装入IP数据报,填充报头,选择发送路径,然后将数据报发送到相应的网络输出线。

(2) 处理接收的数据报。在接收到其他主机发送的数据报之后,检查目的地址。如需转发,选择发送路径后转发出去;如目的地址为本节点IP地址,去除报头,将分组交送传输层处理。

(3) 处理互联的路径、流程与拥塞问题。

3. 传输层

在TCP/IP中,传输层负责应用进程之间的端到端通信。传输层的主要目的是在互联网中源主机与目的主机的对等实体间建立用于会话的端到端连接。从这一点来说,TCP/IP的传输层与OSI参考模型的传输层功能相似。传输层有传输控制协议(transmission control protocol,TCP)和用户数据报协议(user datagram protocol,UDP)两个协议,是负责将报文从一个进程传输到另一个进程的传输协议。

1）TCP

TCP是一种可靠的面向连接的协议,它允许将一台主机的字节流(byte stream)无差错地传送到目的主机。TCP协议将应用层的字节流分成多个字节段(byte segment),然后将一个个字节段传送到互联网络层,再发送到目的主机。互联网络层将接收到的字节段传送给传输层,传输层将多个字节段还原成字节流传送到应用层。TCP协议同时完成流量控制功能,协调收发双方的发送与接收速度,达到正确传输的目的。

2）UDP

UDP 是一种不可靠的无连接协议，主要用于不要求分组顺序到达的传输。分组传输顺序检查与排序由应用层完成，它仅将端口号、校验、差错控制和信息长度添加到来自上一层的数据中。

4. 应用层

在 TCP/IP 参考模型中，应用层是最高层，其中包括所有的高层协议，而且总是不断有新的协议加入。目前，应用层协议主要有以下几种：远程登录协议（Telnet）、文件传送协议（file transfer protocol，FTP）、简单邮件传送协议（simple mail transfer protocol，SMTP）、域名系统（domain name system，DNS）、简单网络管理协议（simple network management protocol，SNMP）和超文本传送协议（hyper text transfer protocol，HTTP）。

1.5.3 寻址

在应用 TCP/IP 协议的 Internet 中使用 4 种地址，分别是物理地址（MAC 地址）、逻辑地址（IP 地址）、端口地址和专用地址。每种地址都对应 TCP/IP 的某个特定层次。

1. 物理地址

物理地址，也称 MAC（medium/media access control）地址或链路地址，是网络定义的节点地址，在数据链路层的帧中使用。物理地址的长度和格式是可变的，与网络标准有关。例如，在 LocalTalk 中使用 1 个字节的动态地址，每次在站点到来时改变；在以太网中使用长度为 6 字节（48 个二进制位）的物理地址，烧录在网卡（NIC）中。以太网是现今使用最广泛的局域网，所以这里主要介绍以太网的物理地址。

以太网物理地址采用十六进制数表示，共 6 字节（48 位）。其中，前 3 字节是由 IEEE 的注册管理机构 RA 给不同厂家分配的代码（高位 24 位），也称编制上唯一的标识符（organizationally unique identifier，OUI）。后 3 字节（低位 24 位）由各厂家指派给生产的适配器接口，称为扩展标识符。一个地址块可以生成 16777216（2^{24}）个不同的地址。

为了方便，6 字节（48 位）的物理地址采用十六进制数形式书写，每个字节用冒号分隔，如下所示：

B0：83：FE：8B：31：F2

2. 逻辑地址

Internet 中的逻辑地址指的是 IP 地址（Internet protocol address）。IP 地址是 IP 协议提供的一种统一格式的地址，它为 Internet 上的每一台设备（主机）分配一个逻辑地址，屏蔽物理地址的差异。

IP 地址有 IPv4 和 IPv6 两个版本。IETF 设计 IPv6 的目的主要是用于替代 IPv4，以解决 IP 地址枯竭的问题。在 IPv4 中，IP 地址的长度为 32 位，每 8 位为 1 组，共 4 组；在书写时采用点分十进制的方法。IPv6 的地址长度为 128 位，每 16 位为 1 组，共 8 组；书写时采用冒号分十六进制的方法。IPv4 和 IPv6 地址书写如下所示：

IPv4　192.168.1.1

IPv6　2001:0000:78C6:E764:1416:2DBA:3F57:FEE9

IP 地址将在第 4 章详细介绍。

3. 端口地址

IP 地址和物理地址在从源主机到目的主机的数据传输过程中是必不可少的，但是到达目的主机并不是因特网数据通信的最终目标。将数据从一台主机传输到另一台主机而不做其他事情，是一种不完整的数据传输，如今的计算机常同时运行多个进程。在因特网中，数据通信的终极目的是进程之间通信。为了使不同的进程同时接收数据，需要用一种方法来标记进程。在 TCP/IP 分层体系结构中，标记进程的标识符称为端口地址。端口地址长度为 16 位，直接用十进制数书写。

端口地址 1～1023 一般由 IANA 管理，主要用于服务器端，一般是固定的；客户端的端口地址只有在用户开启相应的进程时才会打开，一般分配 1024～5000 之间的临时端口地址；大于 5000 的端口地址为其他服务使用。

4. 专用地址

部分面向用户的应用被设计成专用地址。例如，电子邮件地址 19526761@qq.com，统一资源定位符 www.gdlgxy.com。电子邮件地址定义了邮件的接收或发送地址，统一资源定位符用于在万维网中定位资源。这些地址将由发送计算机转换为对应的端口地址和 IP 地址。

习题

一、填空题

1. 计算机网络是指将地理位置不同的具有独立功能的多台计算机及其外部设备，通过通信线路连接起来，在网络操作系统、网络管理软件及网络通信协议的管理和协调下，实现________和________功能的计算机系统。

2. 从计算机网络系统的组成来看，把计算机网络从逻辑功能划分为________和________。

3. 计算机网络的拓扑结构主要有________、________、________、________、________和________ 6 种。

4. 根据地理范围，网络划分为________、________和________。

5. 我国最早的四大骨干网络包括原邮电部的________、原电子部的________、教育部的________和中国科学院的________。

6. 网络协议三要素是________、________和________。

7. OSI 参考模型分为 7 层，分别是________、________、________、________、________、________和________。

8. TCP/IP 参考模型分为 4 层，分别是________、________、________和________。

二、单项选择题

1. (　　)结构不是局域网拓扑结构。

A. 总线型　B. 环型　C. 星型　D. 全互联型

2. 协议是(　　)之间的规约。

A. 上下层　B. 不同系统　C. 实体不同系统　D. 对等实体

3. 一座建筑物内的几个办公室要实现联网,应该选择的方案属于(　　)。

A. PAN　B. LAN　C. MAN　D. WAN

4. 计算机网络系统是(　　)。

A. 能够通信的计算机系统

B. 异地计算机通过通信设备连接在一起的系统

C. 异地的独立计算机通过通信设备连接在一起,使用统一的操作系统的系统

D. 异地的独立计算机系统通过通信设备连接在一起,使用网络软件实现资源共享的系统

5. 下列说法中,正确的是(　　)。

A. 通路是两个节点间的实际通信连线

B. 链路是两个节点间的实际通信连线

C. 通路是从信源到信宿的一串节点和链路

D. 链路是从信源到信宿的一串节点和通信连线

6. 计算机网络中,共享的资源主要是指(　　)。

A. 主机、程序、通信信道和数据　B. 主机、外设、通信信道和数据

C. 软件、外设和数据　D. 软件、硬件、数据和通信信道

7. ISO/OSI 是指(　　)。

A. 国际标准协议

B. 计算机网络的开放系统互联基本参考模型

C. 开放系统互联协议

D. 一种实际网络

8. 数据链路层的协议数据单元是(　　)。

A. 比特　B. 数据帧　C. 数据包　D. 数据段

9. 网络层的协议数据单元是(　　)。

A. 比特　B. 数据帧　C. 数据包　D. 数据段

10. 在 TCP/IP 协议层次中,实现主机之间数据传输是在(　　)。

A. 网络接口层　B. 网际层　C. 传输层　D. 应用层

三、简答题

1. 计算机网络是什么?它最基本的功能是什么?
2. 计算机网络和 Internet 有什么区别和联系?
3. 局域网、城域网和广域网的主要特征是什么?
4. 常见的网络拓扑结构有哪些?各有什么优缺点?
5. OSI 参考模型分为哪 7 层?每层有什么功能?
6. TCP/IP 模型分为哪 4 层?每层有什么功能?
7. 端口地址、逻辑地址和物理地址有什么不同之处?

第2章 物理层

物理层是网络模型分层结构中的最底层。物理层将计算机网络各部件连接在一起，并为网络定义接口和传输介质的机械特性、电气特性。物理层要为数据链路层提供服务，并将数据流转换成电信号，通过传输介质将数据从网络中的一个节点传送到下一个节点。本章将从数据通信基础理论分析开始，讨论有关物理层数据传输及其控制的传输介质问题。

本章主要讨论下面6个问题：

- 数据通信的基本概念
- 数字传输技术
- 模拟传输技术
- 带宽利用
- 交换技术
- 传输介质

2.1 数据通信

计算机网络是数据通信技术和计算机技术相结合的产物，它利用数据通信技术传输数据。数据通信技术的发展与计算机技术的发展密切相关，相互影响，形成了一门独立学科。数据通信学科主要研究计算机二进制数据传输、交换和处理的理论、方法及实现技术。

在讨论数据通信之前，先介绍数据通信中的一些基本概念。

2.1.1 基本概念

信息泛指人类社会传播的一切内容，是人对现实世界中事物存在方式或运动状态的某种认识。人通过获得、识别自然界和社会的不同信息来区别不同的事物，得以认识和改造世界。1948年，数学家克劳德·艾尔伍德·香农(Claude Elwood Shannon)在题为《通讯的数学理论》的论文中指出："信息是用来消除随机不定性的东西。"美国数学家、控制论的奠基人诺伯特·维纳在他的《控制论——动物和机器中的通讯与控制问题》中认为，信息是"我们在适应外部世界，控制外部世界的过程中同外部世界交换的内容的名称"。

英国学者阿希贝认为，信息的本性在于事物本身具有变异度。综上所述，信息是指能够为视觉、听觉、触觉和嗅觉、味觉等信息采集器官采集到的各种直观的、抽象的事物（如文字、数学、音乐、景物、色彩等都被称为信息）。在数据通信中，信息从传统的文本或数字逐步发展到包含语音、图形、图像和视频等多种类型（称为多媒体信息）。

数据是把事件的某些属性规范化后的表现形式。在数据通信中，必须把信息转换成二进制数据，也就是说，需要把数字、文本、语音、图形、图像和视频等信息通过相应的编码标准转换为编码表示。文本的表示为位模式，即位（0 或 1）序列，位的数目取决于该文本中的符号数目。每一种位模式称为一组编码，表示符号的过程称为编码过程。现今比较流行的编码系统是统一码，用 32 位码表示一个符号或字符，可表示世界上任何一种语言。美国信息交换标准代码（ASCII）是统一码前面的 127 个字符。数字也用位模式表示，但类似于 ASCII 中的编码不是用来表示数字的。为了简化数字的数学运算，将数字直接转换为二进制数。图像也用位模式来表示，图像被划分成像素矩阵，每个像素就是其中的一个点，像素的大小取决于分辨率。音频、视频则将其转换为数字或模拟数字或模拟信号来表示。

按照取值是否连续，将数据分为模拟和数字两类。模拟数据是连续的变量或者数值。在某个区间的连续值，如声音、图像、温度、压力等都是模拟数据；数字数据是离散的变量或者数值，如计算机处理的二进制数据。

信号是数据的具体表现。在数据通信中，数据必须要转换成合适的电磁信号之后，才能通过介质传输。跟数据一样，信号也分为模拟信号和数字信号。

波形随着信息的变化而变化的信号称为模拟信号。其特点是幅度连续（连续是指在某一取值范围内可以取无限多个数值），波形在时间上也是连续的，因此它是连续信号。例如，电话、传真、电视信号都是模拟信号。模拟信号具有波动性，持续变化，能反映事物的本质，在电信业被广泛使用已超过百年。

数字信号的幅度取值是离散的，幅值被限制在有限个数值之内。二进制码就是一种数字信号，它受噪声的影响较小，便于数字电路进行处理，因此应用广泛。数字信号具有离散性、跃变性、抗干扰能力强、无噪声积累等特点。

模拟信号和数字信号波形如图 2-1 所示。

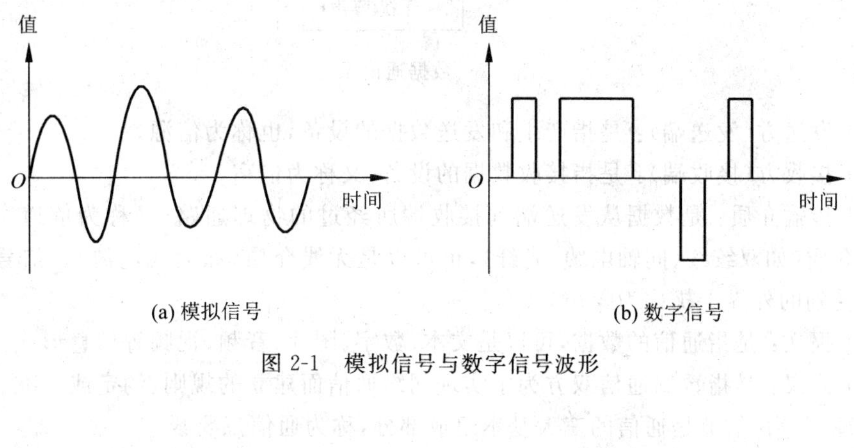

图 2-1 模拟信号与数字信号波形

2.1.2 数据通信系统

数据通信是指在两台设备之间通过某种形式的传输介质进行的数据交换。通信设备是通信系统的组成部分。

1. 数据通信系统的效率

数据通信系统的效率取决于传递性、准确性、及时性和抖动性 4 个因素。

(1) 传递性：是指通信系统必须将数据正确地从源端传递到目的端。

(2) 准确性：是指通信系统必须准确地传递数据，确保目的端接收到的数据与源端发送的数据相一致。

(3) 及时性：及时性是指通信系统必须及时传递数据。就视频和音频数据而言，及时传递意味着在数据产生时就传递，所传递数据的顺序和产生时的相同，而且没有明显的延迟，称为实时传输。

(4) 抖动性：是指数据分组到达目的端时延迟的变化。

2. 数据通信系统的组成

数据通信系统是指通过数据电路将分布在远端的数据终端设备与计算机系统连接起来，实现数据传输、交换、存储和处理的系统。

通信的目的是传递信息，数据通信系统由发送端、接收端、传输介质、报文、协议等 5 个部分组成，如图 2-2 所示。

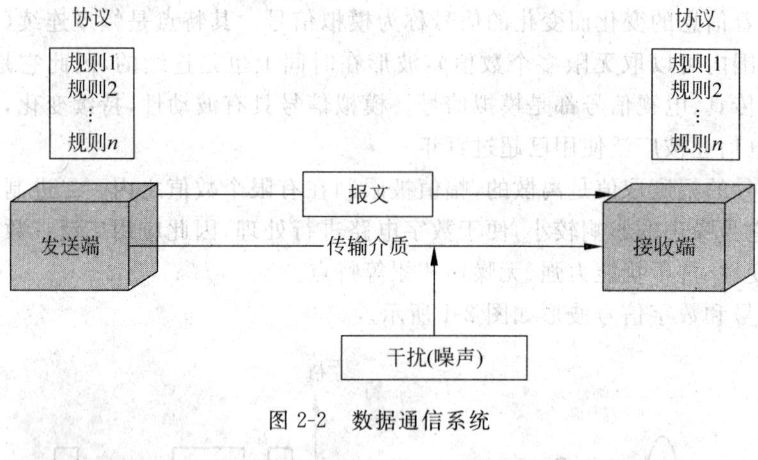

图 2-2 数据通信系统

(1) 发送方(发送端)：是指产生和发送数据的设备，也称为信源。

(2) 接收方(接收端)：是指接收数据的设备，又称为信宿。

(3) 传输介质：是数据从发送端到接收端所经过的物理通路，又称为信道。它可以是有线介质(如双绞线、同轴电缆、光纤)，也可以是无线介质(如无线电波)。信号在传输过程中受到的外界干扰称为噪声。

(4) 报文：是指通信的数据，可以是文本、数字、图片、音频、视频等信息形式。

(5) 协议：是指数据通信双方为了实现网络通信而建立的规则、约定或标准。

信源、信宿、信道是通信的三大基本组成部分，称为通信三要素。

在通信系统中,数据无法直接传输,必须先将其转换为电磁信号。物理层的一个主要功能是通过传输介质以电磁信号的形式传输数据,传输介质以沿着物理路径传导能量的方式进行工作。信源产生的数据有模拟和数字两种,数据在进入信道传输时,需要根据信道的特性转换成相应的模拟信号或数字信号。

在数据通信中,如果信道传输的是模拟信号,需要在发送端将数据转换成模拟信号,然后在接收端将其还原成数据。这个过程称为调制/解调,其实现技术称为频带传输技术。如果通信线路允许直接传输计算机产生的数字信号,为了使收发双方同步且正确接收,需要将数字信号进行波形变换。这个过程称为编码,其实现技术称为基带传输技术。

2.1.3 数据传输

数据通信是通信技术和计算机技术相结合而产生的一种新的通信方式。要在通信的两端交换数据,必须要有传输数据的通道,即信道。根据传输介质的形式,分为有线数据通信和无线数据通信两类。不管是哪一类,它们都是通过传输信道将不同地点的终端与主机、主机与主机、终端与终端连接起来,实现数据交换。

1. 通信方式

根据信号在信道传输的方向与时间关系,两台设备之间有单工、半双工和全双工 3 种通信方式。

(1) 单工通信。在单工通信模式下,在任意时间内,通信都是单方向的,信号只能往一个方向传输。比如传统的无线电广播传输,接收端只可以接收,无法发送。

(2) 半双工通信。在半双工通信模式下,允许信号在两个方向上传输,但在同一时刻,只允许信号在一个方向上传输。这实际上是一种可切换方向的单工通信,即通信双方都可以发送或接收信号,但不能双方同时发送或接收。对讲机是半双工通信的例子。半双工方式一般用于计算机网络的非主干线路中。

(3) 全双工通信。全双工通信允许信号同时在两个方向上传输,又称为双向同时通信,即通信双方可以同时发送和接收信号。比如电话,通信双方能同时说和听。全双工方式主要用于计算机与计算机之间的通信。

单工、半双工、全双工 3 种通信方式如图 2-3 所示。

2. 串行与并行通信

在数据通信中,按每次传送的数据位数,分为并行通信和串行通信。

(1) 并行通信。并行通信一次同时传送 8 位二进制数据,从发送端到接收端需要 8 根传输线,如图 2-4 所示。并行方式主要用于近距离通信,计算机内部的数据通信通常采用这种方式。并行通信的优点是传输速度快,处理简单;缺点是必须建立并行的多条通道,造价较高。

(2) 串行通信。串行通信一次只传送 1 位二进制数据,从发送端到接收端只需要一根传输线,如图 2-5 所示。串行方式虽然传输率低,但适合远程通信,在网络中(如公用电话网)普遍采用串行通信方式。

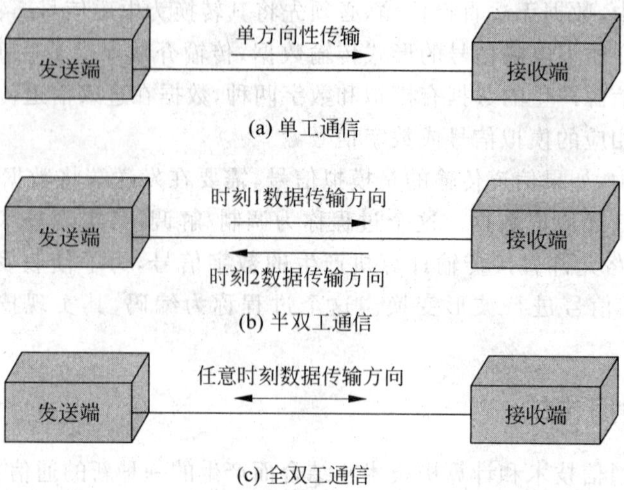

图 2-3　数据通信方式

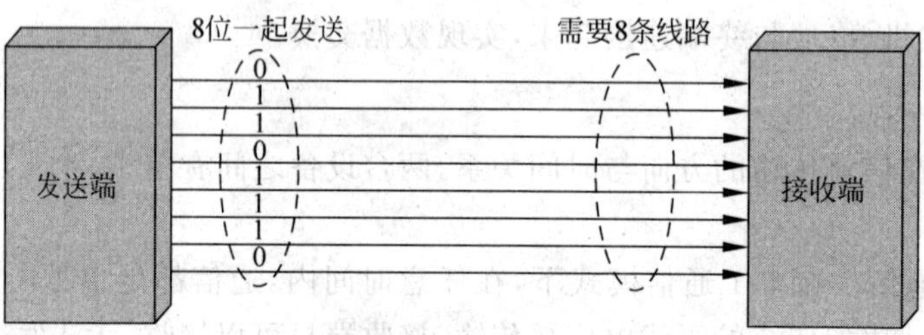

图 2-4　并行通信

图 2-5　串行通信

3. 同步方式

同步是指在数据通信中，接收端按照与发送端相同的起止时间和频率来接收数据，也就是说，发送端和接收端必须在时间和频率上保持一致。目前，同步方式分为异步传输和同步传输两种。

1）异步传输

异步传输一般以字符为单位，不论所采用的字符代码长度为多少位，在发送每一个字符代码时，前面均加上一个“起”信号，其长度规定为 1 个码元，极性为“0”，即空号的极性；字符代码后面均加上一个“止”信号，其长度为 1 个或者 2 个码元，极性皆为“1”，即与信号极性相同。加上起、止信号的作用是为了区分串行传输的字符，也就是实现串行传输收、发双方码组或字符同步。异步传输中，两个字符之间的时间间隔是不固定的，而一个字符内各位的时间间隔是固定的。基本上，发送方可以随时传输数据，而接收方必须在信息到达时准备好接收。

在异步传输中，字符作为比特串编码，由起始位(start bit)、数据位(data bit)、奇偶校验位(parity bit)和停止位(stop bit)组成。这种用起始位开始，停止位结束所构成的一串信息称为帧(frame)。校验比特有时用于检错和纠错。传输的起始—停止模式意味着对于每个新字符，传输都重新从头开始，消除了在上次传输过程中可能出现的任意计时差异。当差异确实出现时，检错和纠错机制能够请求重传。

在传送一个字符时，由 1 位低电平的起始位开始，接着传送数据位，其位数为 5～8。在传输时，按低位在前、高位在后的顺序传送。奇偶校验位用于检验数据传送的正确性，也可以没有，由程序指定。最后传送的是高电平的停止位，可以是 1 位、1.5 位或 2 位。从停止位到下一个字符的起始位之间的空闲位要由高电平 2 来填充(只要不发送下一个字符，线路上就始终为空闲位)。

异步传输中典型的帧格式是：1 位起始位，7 位(或 8 位)数据位，1 位奇偶校验位，2 位停止位。

在异步传输中，每接收一个字符，接收方都要重新与发送方同步一次，所以接收端的同步时钟信号并不需要严格地与发送方同步，只要它们在一个字符的传输时间范围内能保持同步即可，意味着对时钟信号漂移的要求比同步信号低得多，硬件成本也低得多，但是异步传送一个字符，要增加大约 20%的附加信息位，所以传送效率比较低。异步传输方式简单可靠，也容易实现，广泛地应用于各种微型机系统中，如图 2-6 所示。

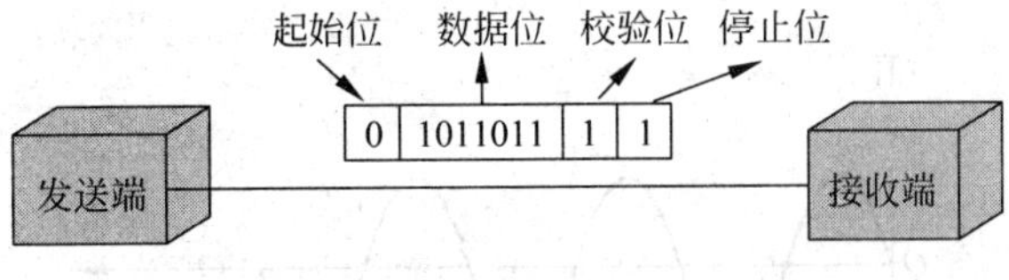

图 2-6 异步传输

2) 同步传输

同步传输是一种以数据块为传输单位的数据传输方式，如图 2-7 所示，该方式下，数据块与数据块之间的时间间隔是固定的，必须严格地规定其时间关系。每个数据块的头部和尾部都要附加一个特殊的字符或比特序列，标记数据块的开始和结束。一般还要附加一个校验序列，以便对数据块进行差错控制。

在同步传输方式中，发送方在发送数据之前先发送一串同步字符 SYNC，接收方只要检测到连续两个以上的 SYNC 字符，就确认进入同步状态，准备接收信息。随后的传送过程中，双方以同一频率工作，直到传送完指示数据结束的控制字符。

同步传输方式仅在数据块的前、后加入控制字符 SYNC，所以效率比异步传输方式高。在短距离高速数据传输中，一般采用同步传输方式。

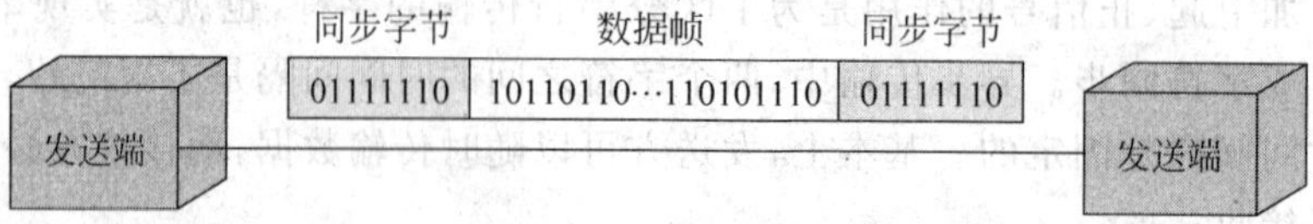

图 2-7 同步传输

异步传输与同步传输的区别在于：异步传输是面向字符的，而同步传输是面向比特的；异步传输的单位是字符，同步传输的单位是帧；异步传输通过字符起始和停止码抓住再同步的机会，同步传输则是在数据中抽取同步信息；异步传输对时序的要求较低，同步传输往往通过特定的时钟线路协调时序；异步传输相对于同步传输效率较低。

2.1.4 模拟信号

信号有周期信号和非周期信号两种形式。所谓周期信号，是指在一段时间范围(一个周期)内完成一种模式，并且在后续的相同时间范围内重复这一模式。非周期信号不会随时间的变化而出现重复的模式。

模拟信号有周期模拟信号和非周期模拟信号两种。因为周期模拟信号需要的带宽比非周期模拟信号小，所以在数据通信中，通常使用周期模拟信号。本节主要讨论周期模拟信号。

1. 简单周期模拟信号

简单周期模拟信号由一个正弦波组成，不能再分解为更简单的信号。正弦波是周期模拟信号的最基本形式。单个正弦波由峰值振幅、频率和相位 3 个参数决定，如图 2-8 所示。

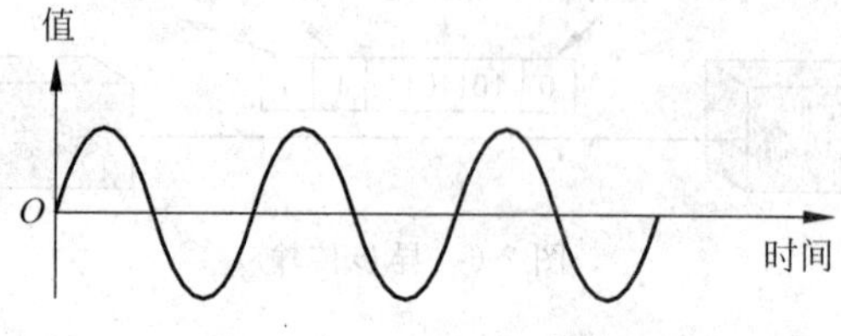

图 2-8 简单周期模拟信号

峰值振幅是指信号最高强度的绝对值，与它携带的能量成正比。对于电信号，峰值振幅通常以伏特(V)为单位来计量。图 2-9 所示为两个振幅不同的信号。

频率是指信号在 1 秒内的周期数，单位为赫兹(Hz)。周期是信号完成一个循环所需的时间，单位为秒(s)。图 2-10 所示为两个频率不同的信号。频率和周期是同一特性的不同定义方式，它们之间互为倒数。设信号频率为 f，周期为 T，则有如下公式：

$$f = 1/T, \quad T = 1/f$$

周期通常用秒(s)作为单位，频率用赫兹(Hz)为单位。周期和频率的对照表如表 2-1 所示。

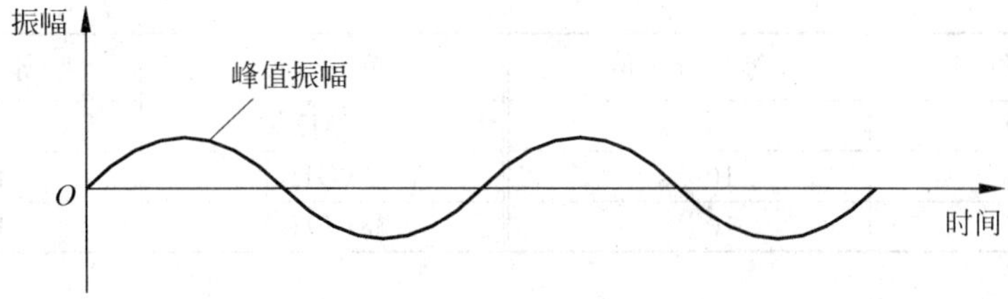

(a) 低峰值振幅的信号

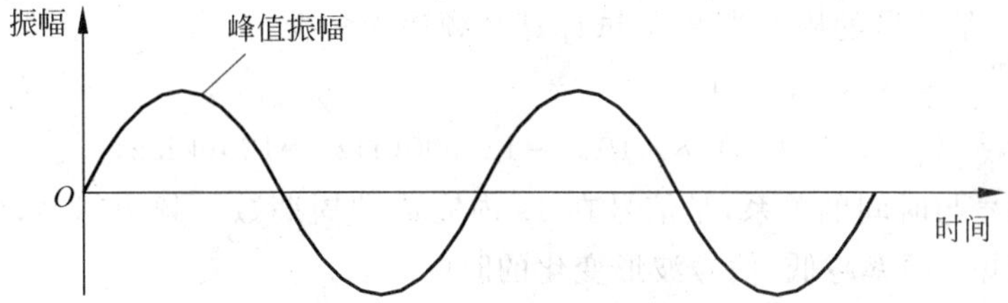

(b) 高峰值振幅的信号

图 2-9 振幅不同,相位、频率相同的两个信号

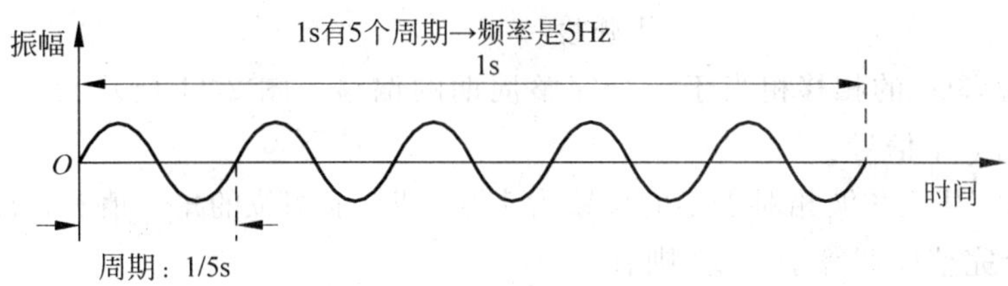

(a) 频率是5Hz的信号

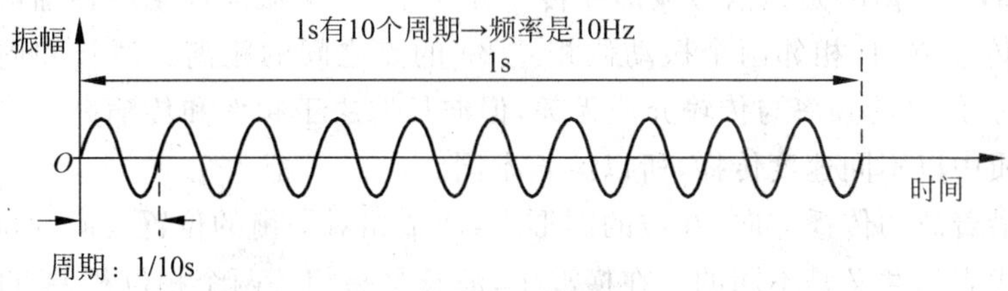

(b) 频率是10Hz的信号

图 2-10 频率不同,相位、振幅相同的两个信号

表 2-1 周期、频率单位对照表

单 位	等 价 值	单 位	等 价 值
秒(s)	1s	赫兹(Hz)	1Hz
毫秒(ms)	10^{-3}s	千赫(kHz)	10^{3}Hz

续表

单　位	等 价 值	单　位	等 价 值
微秒(μs)	10^{-6}s	兆赫(MHz)	10^{6}Hz
纳秒(ns)	10^{-9}s	吉赫(GHz)	10^{9}Hz
皮秒(ps)	10^{-12}s	太赫(THz)	10^{12}Hz

【例 2-1】 我国民用交流电源的频率为 50Hz,其周期为多少?

解:频率和周期互为倒数,则有

$$T = 1/f = 1/50 = 0.02(\mathrm{s}) = 20(\mathrm{ms})$$

【例 2-2】 某信号的周期为 8μs,试计算其频率为多少?

解:

$$8\mu\mathrm{s} = 15\times10^{-6}\mathrm{s}$$

$$f = 1/T = 1/8\times10^{-6} = 125000(\mathrm{Hz}) = 125(\mathrm{kHz})$$

频率是信号与时间的关系,是信号在 1s 内完成的周期数。频率越高,信号波形变化占用的时间越短;频率越低,信号波形变化的时间越长。

相位是指信号波形相对于时间零的位置。相位用角度或弧度计量,其等价公式如下所示:

$$360^\circ = 2\pi \text{ 弧度}$$

$$1^\circ = 2\pi/360 \text{ 弧度}$$

$$1 \text{ 弧度} = 360^\circ/2\pi$$

也就是说,360°的相移相当于一个完整周期的偏移。图 2-11 所示为相位不同,频率和振幅相同的 3 个信号。

【例 2-3】 某正弦波相对于零的位置为 1/8 周期,求相位的角度值和弧度值。

解:一个完整周期等于 360°,则有

$$\text{相位角度值} = 1/8\times360^\circ = 45^\circ$$

$$\text{相位弧度值} = 45^\circ\times2\pi/360^\circ = \pi/4(\mathrm{rad}) = 0.785(\mathrm{rad})$$

波长(wave length)是指信号波形在传输介质中,一个振动周期能传播的距离。也就是沿着波的传播方向,相邻两个振动位相差 2π 的点之间的距离。波长和周期的关系如图 2-12 所示。信号的频率与传输介质无关,但波长取决于频率和传输介质。同一频率的波在不同介质中以不同速度传播,所以波长不同。

波长指沿着波的传播方向,在波的图形中,两个相对平衡的位置之间的位移。横波与纵波的波长代表的意义是不同的。在横波中,波长是指相邻两个相位相差点的距离,通常是相邻的波锋、波谷或对应的过零点。在纵波中,波长是指相邻两个密部或疏部之间的距离。

波长与频率(周期)的关系为:频率 f 是指在某一固定时间内(通常为 1s),通过某一指定地方的波的数目(周期数),即 $f=1/T$,关系式为

$$\lambda = vT = v/f$$

式中,波长 λ 的单位为米(m);传播速率 v 的单位为米/秒(m/s);周期 T 的单位为秒(s);频率 f 的单位为赫兹(Hz,简称赫)。

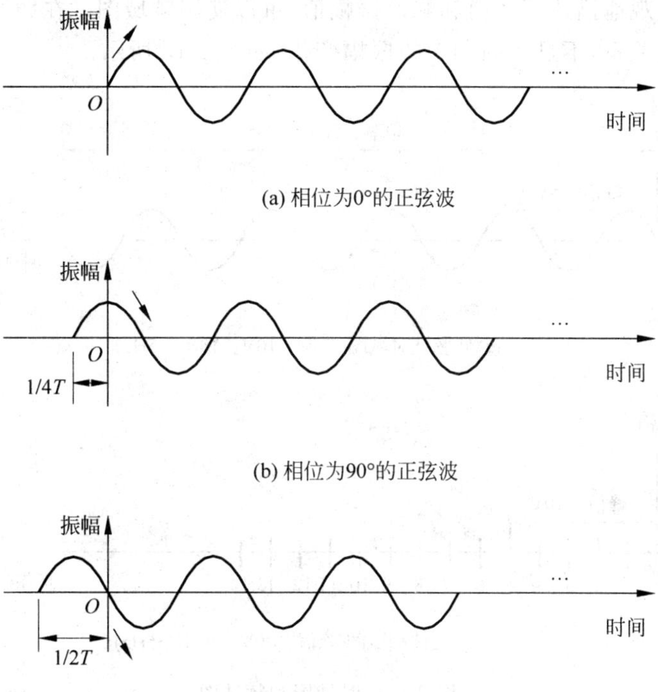

(a) 相位为0°的正弦波

(b) 相位为90°的正弦波

(c) 相位为180°的正弦波

图 2-11 相位不同,频率、振幅相同的三个信号

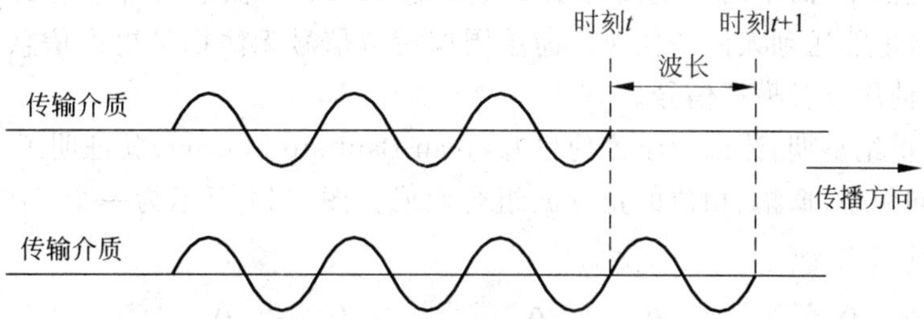

图 2-12 波长

【例 2-4】 中央人民广播电台第一套节目所用的广播频率为 639kHz,电磁波在空气中的传播速度接近光速(2.998×10^8 m/s)。计算传输这套节目的无线电波的波长。

解: $\lambda=v/f=(3\times10^8)/(639\times10^3)=469.48(\text{m})$

光在真空中的传播速度为 2.998×10^8 m/s,常将其当成一个常量来使用,因此波长的计算公式可写为

$$c=\lambda f$$

式中,c 是光在真空中的传播速度,近似为 2.998×10^8 m/s;λ 是波长;f 是电磁波的频率。

如前所述,一个正弦波可以通过它的振幅、频率和相位得到完整的定义。前面用于直观地描述信号的振幅周期性变化情况的图,称为时域图。

为了更加直观地描述频率值和峰值振幅值，可以使用频域图。在频域图中，只表示峰值振幅和频率的关系，不显示周期中的振幅变化，如图 2-13 所示。

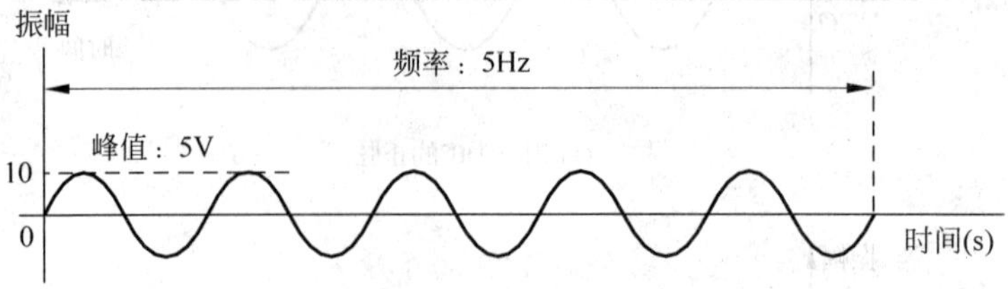

(a) 正弦波时域图(峰值：10V，频率：5Hz)

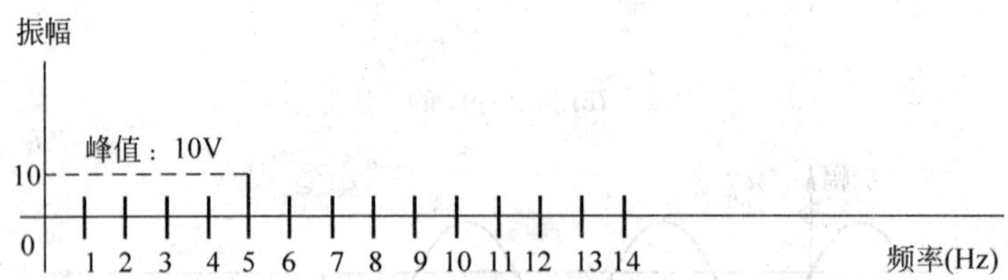

(b) 正弦波频域图(峰值：10V，频率：5Hz)

图 2-13 时域图和频域图

2. 复合模拟信号

在日常生活中，简单周期模拟信号有很多应用。比如，供电站通过电线发送 50Hz 的单一正弦波将电能送到人们的住所。简单周期模拟信号无法携带更多信息，所以在数据通信中，通常使用复合模拟信号。

早在 20 世纪早期，法国数学家傅里叶(Jean-Baptiste Fourier)就证明了：任何复合信号都是由不同频率、振幅、相位的正弦波组合而成。图 2-14 所示为一个频率为 f 的复合周期模拟信号。

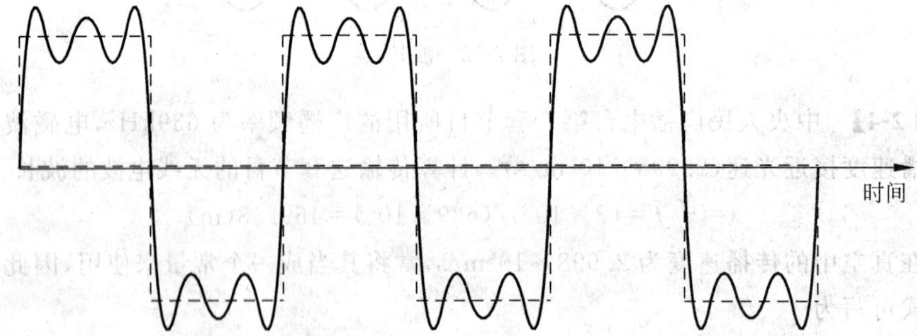

图 2-14 复合周期模拟信号

复合周期模拟信号用人工来分解比较困难，可以用专门的工具进行分解。信号分解后如图 2-15 所示。

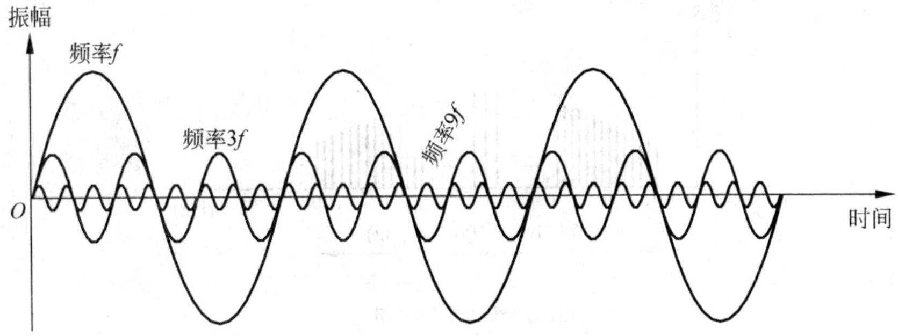

(a) 复合周期模拟信号的时域分解图

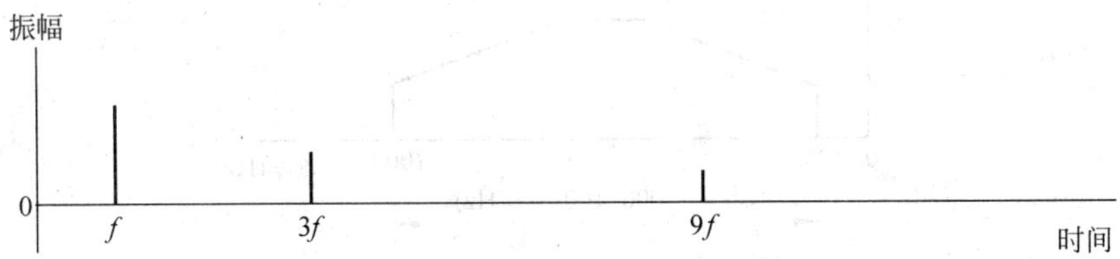

(b) 复合周期模拟信号的频域分解图

图 2-15 复合周期模拟信号分解图

图中，对于频率为 f 的正弦波，其频率和未分解前的复合周期模拟信号一样，称其为基础频率（第一谐波）；频率为 $3f$ 的正弦波称为第三谐波；频率为 $9f$ 的正弦波称为第九谐波。

人类在说话时不可能以完全相同的音调重复相同的句子或词语，因此麦克风产生的信号不可能是周期的，这就是复合非周期模拟信号，如图 2-16 所示。

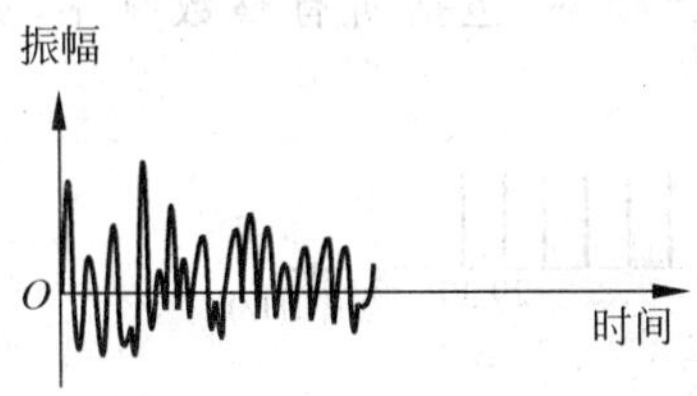

(a) 复合非周期模拟信号的时域图

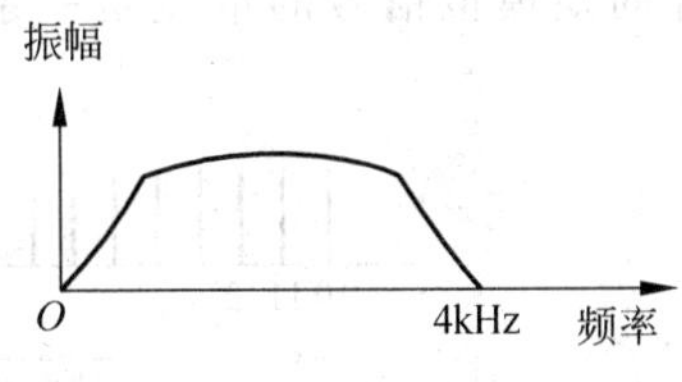

(b) 复合非周期模拟信号的频域图

图 2-16 复合非周期模拟信号

人类发出的语音包含无数个简单的正弦波频率。虽然频率的数量无限，但范围是有限的，一般在 0～40Hz。

在复合信号中，如果是复合周期模拟信号，分解后得到一系列具有离散频率的信号；如果是复合非周期模拟信号，分解后得到具有连续频率的正弦波组合。

复合模拟信号包含的频率范围称为带宽，它是信号的最高频率和最低频率之差。带宽 $W=f_2-f_1$，其中 f_1 是信号的最低频率，f_2 是信号的最高频率。复合模拟信号的带宽如图 2-17 所示。

图中，复合周期模拟信号的带宽是一系列离散整数频率，包括从 100、101 到 1000 的

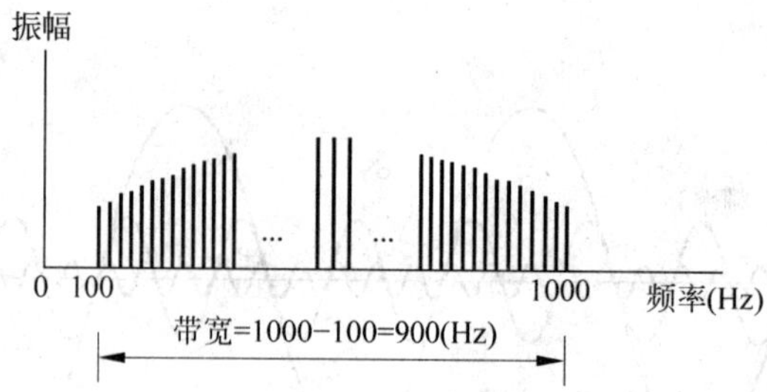

(a) 复合周期信号的带宽

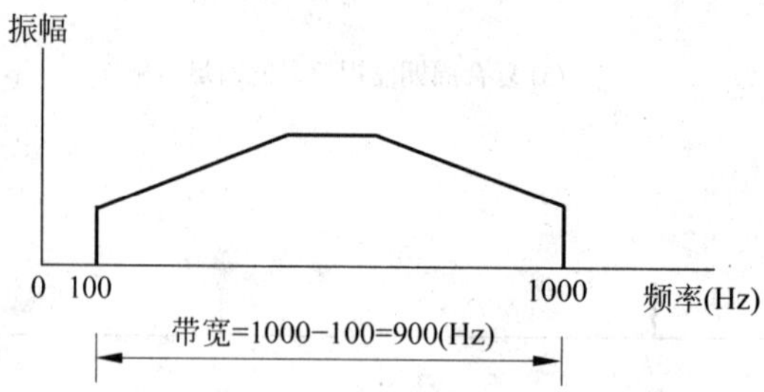

(b) 复合非周期信号的带宽

图 2-17 复合模拟信号的带宽

所有整数频率。复合非周期模拟信号的带宽虽然相同,但其频率是连续的,具有无数个。

【例 2-5】 有一个复合周期模拟信号,其最低频率是 10Hz,最高频率是 30Hz。那么,它的带宽是多少?画出这个信号的频域图。

解:复合模拟信号的带宽 $W=f_2-f_1$,则有

$$W = 30 - 10 = 20(\text{Hz})$$

复合周期模拟信号的带宽是一系列离散整数频率,包括所有整数频率,如图 2-18 所示。

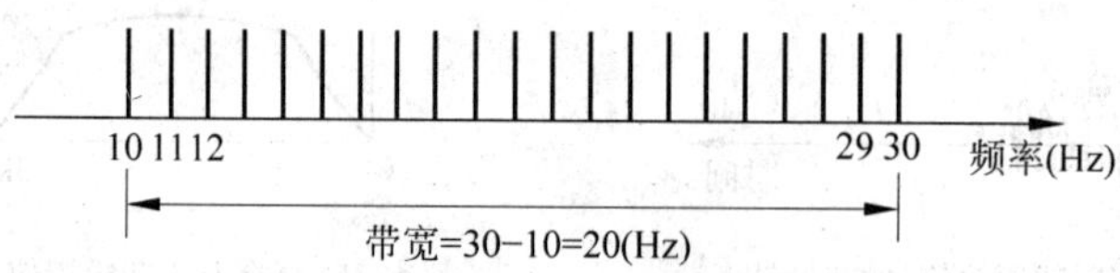

图 2-18 例 2-5 复合周期模拟信号的频域图

【例 2-6】 有一个复合非周期模拟信号,其最低频率是 10Hz,最高频率是 30Hz,两个频率的极值振幅为 0,中间频率峰值振幅为 10V。画出这个信号的频域图。

解:信号频域如图 2-19 所示。

2.1.5 数字信号

如前所述,数据传输时,必须先将其转换为电磁信号。信号分模拟信号和数字信号两种。数据既可以用模拟信号传输,也可以用数字信号来传输。下面讨论数字信号。

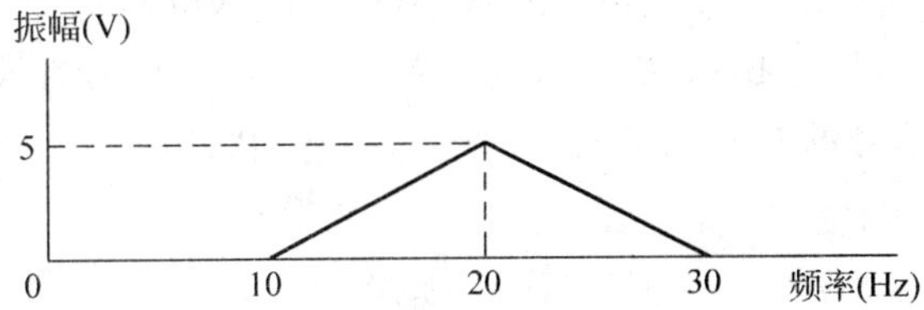

图 2-19 例 2-6 复合非周期模拟信号的频域图

1. 波特率

在数据通信中，要传输的是数据，数据的最小单位是二进制位(b)，它将以脉冲信号的形式在介质中传输。

一个数字脉冲信号称为一个信号码元。用码元速率表示单位时间内信号波形的变换次数，也就是单位时间内通过信道传输的信号码元的数量。若信号码元的宽度为 T 秒，则信号码元速率为

$$B = 1/T(\text{baud})$$

信号码元速率的单位为波特(Baud)，所以又称为波特率(也称为信号速率、脉冲速率)。

【例 2-7】 若传输的信号码元宽度 T 为 $1\mu s$，信号的波特率是多少？

解：

$$B=1/T=1/10^{-6}=10^{6}(\text{baud})$$

即每秒可传送 10^6 个信号码元。由此可以看出，信号码元速率的高低与每个码元所占的时间有关，也就是说，每个码元的脉冲宽度越小，码元速率越高。

波特率决定了数据通信的速度。波特率越高，通信速度越快，出错率随之增高；波特率越小，通信速度越慢，出错率越低。

早在 1924 年，贝尔实验室的研究员哈利·奈奎斯特(Harry Nyquist)就推导出有限带宽无噪声信道的极限波特率，称为奈奎斯特定理。若信道带宽为 W，根据奈奎斯特定理，最大信号码元速率为

$$B = 2W(\text{Baud})$$

奈奎斯特定理指出的信道容量也叫奈奎斯特极限，由信道的物理特性决定。超过奈奎斯特极限传送脉冲信号是不可能的，如果要进一步提高波特率，必须改善信道带宽。

2. 比特率

信号码元携带的数据量由信号码元所取离散值的个数决定。如果信号码元取 2 个离散值(2 种电平值)，则 1 个信号码元可携带 1 位(b)数据；若取 4 种离散值(4 种电平值)，则 1 个信号码元可携带 2 位数据。也就是说，一个信号码元携带的信息量(n 位)与信号码元离散值的个数 N 有如下关系：

$$n = \log_2 N(N = 2^n)$$

单位时间内在信道上传送的数据量(数据的二进制位数)称为比特率(数据速率)，单位为比特/秒(b/s)。在一定波特率下提高速率的途径是用一个信号码元表示更多的比特数。如果把 2 比特数据编码为一个信号码元，数据速率可成倍提高。因此，有比特率公式如下所示：

$$R = B \times \log 2N = 2W \times \log_2 N(\mathrm{b/s})$$

式中，R 表示数据速率，单位 b/s；B 表示波特率；N 为脉冲信号有效状态。

【例 2-8】 脉冲信号的有或无可以表示码元状态的"1"或"0"，即码元有 2 种状态，此时公式中 $N=2$，则

$$R = B \times \log_2 2 = B$$

也就是说，在信号码元只有两种状态的情况下，波特率与比特率数值相等。

【例 2-9】 但是如果采用 4 种不同的电压幅值 0V、2V、4V 和 6V 分别表示 00、01、10 和 11，则码元有 4 种状态，公式中 $N=4$。此时，每改变一次信号值，就可用来传送 2 比特数据，即

$$R = B \times \log_2 4 = 2B$$

从以上两个例题可以看出，两相调制(单个调制状态对应 1 个二进制位)时的比特率等于波特率，四相调制(单个调制状态对应 2 个二进制位)的比特率为波特率的 2 倍，八相调制时的比特率为波特率的 3 倍，以此类推。

波特率(信号速率)和比特率(数据速率)是两个不同的概念，仅当码元取 2 个离散值时，两者才相等。

【例 2-10】 对于普通电话线路，其带宽为 3000Hz，最高波特率为 6000Baud，最高数据速率可随编码方式的不同而取不同的值。当然，这些都是在无噪声理想情况下的极限值，实际信道会受到各种噪声的干扰，因而远远达不到按奈奎斯特定理计算出来的数据速率。

3. 数字信号的带宽

傅里叶证明了任何复合信号都是由不同频率、振幅、相位的正弦波组合而成。因此，基于傅里叶分析，数字信号也是一种复合模拟信号，其带宽无穷大。可以用傅里叶分析法来分解数字信号。如果数字信号是周期的，分解后的信号可以表示为无穷大的带宽和离散频率的时域，如图 2-20(a)所示；如果是非周期数字信号，分解后，信号带宽无穷大，但频率是连续的，如图 2-20(b)所示。

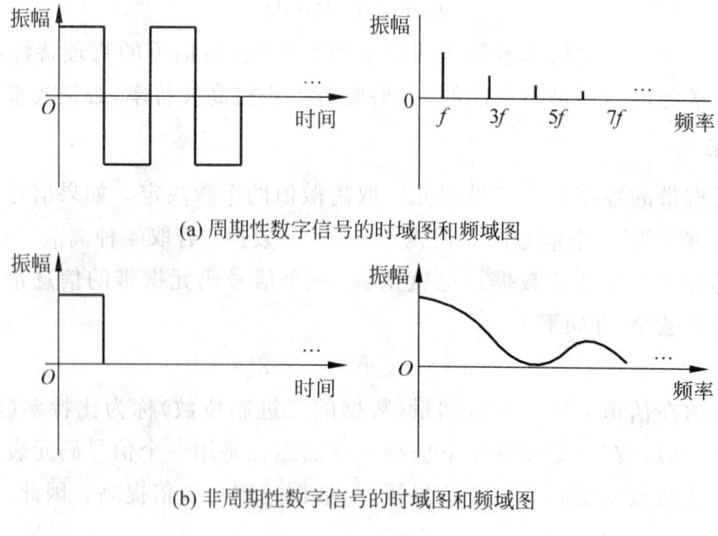

(b) 非周期性数字信号的时域图和频域图

图 2-20 数字信号的时域图和频域图

2.1.6 传输减损

信号在介质中传输时，由于介质的质量不够理想或其他各种原因，会使传送的信号发生减损，导致信号在传输过程中产生差错。传输减损有 3 种类型：衰减、失真和噪声。

1. 衰减

信号在传输介质中传播时，有一部分能量转化成热能，或者被传输介质吸收，造成信号强度不断减弱，这种现象称为衰减。为了补偿能量的损失，可以用放大器来放大信号，还原产生了衰减的信号，如图 2-21 所示。

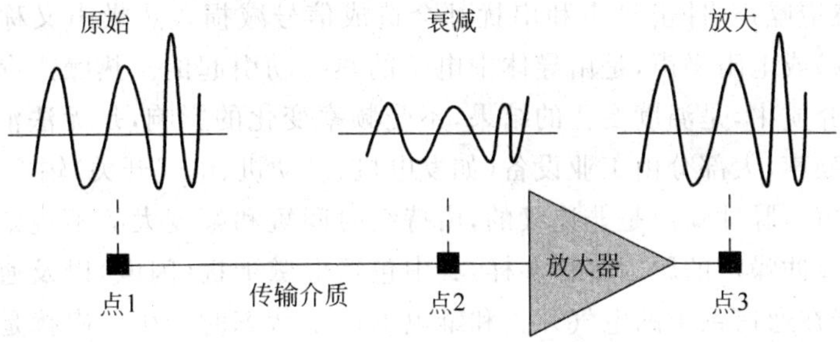

图 2-21 信号的衰减与放大

为了说明信号损失或放大的强度，使用分贝的概念。分贝(dB，decibel)用于衡量信号在不同位置之间的相对度。若信号衰减，分贝为负值；若信号被放大，则分贝为正值。分贝计算公式如下：

$$dB = 10\lg P_2/P_1$$

式中，P_1 为信号在点 1 的功率；P_2 为信号在点 2 的功率。有时，以电压来定义分贝。由于功率与电压的平方成正比，则分贝的计算公式为

$$dB = 20\lg V_2/V_1$$

【例 2-11】 某信号在传输介质中从点 1 传输到点 2 后，功率损失一半，求功率的衰减值。

解：

$$dB=10\lg P_2/P_1=10\lg 0.5=-3$$

【例 2-12】 信号在电缆中传输。假设信号的损耗值为－0.3dB/km，如果信号在点 1 时功率为 5mW，那么在 10km 处的点 2 功率为多少？

解：

$$dB = 10\lg P_2/P_1 = 10 \times (-0.3)$$

$$P_2/P_1 = 10^{-0.3} = 0.5$$

$$P_2 = 0.5P_1 = 0.5 \times 5 = 2.5(\text{mW})$$

2. 失真

失真是指信号在传输过程中与原有信号或标准相比所发生的偏差，即信号改变了形态或形状。在理想的放大器中，输出波形除放大外，应与输入波形完全相同。但实际上，不能做到输出与输入的波形完全一样，这种现象叫作失真，如图 2-22 所示。

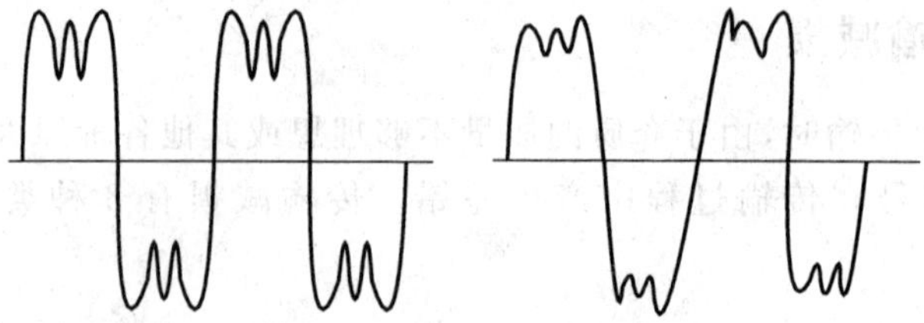

图 2-22 失真

3. 噪声

热噪声、感应噪声、冲击噪声和串扰都会造成信号减损。热噪声又称为约翰逊噪声(Johnson noise)或电阻噪声，是由导体中电子的热振动引起的。热噪声存在于所有电子元器件和传输介质中，是温度变化的结果，不受频率变化的影响，是无法消除的。感应噪声是一种外部噪声，大部分由工业设备(如发电机、发动机、电气开关)辐射造成，其强度往往超过内部噪声。脉冲噪声是非连续的，由持续时间短和幅度大的不规则脉冲或噪声尖峰组成。产生脉冲噪声的原因多种多样，其中包括电磁干扰(闪电)以及通信系统的故障和缺陷，也可能在通信系统的电气开关和继电器改变状态时产生。串扰是由信号线之间的耦合、互感和互容引起的噪声。噪声影响如图 2-23 所示。

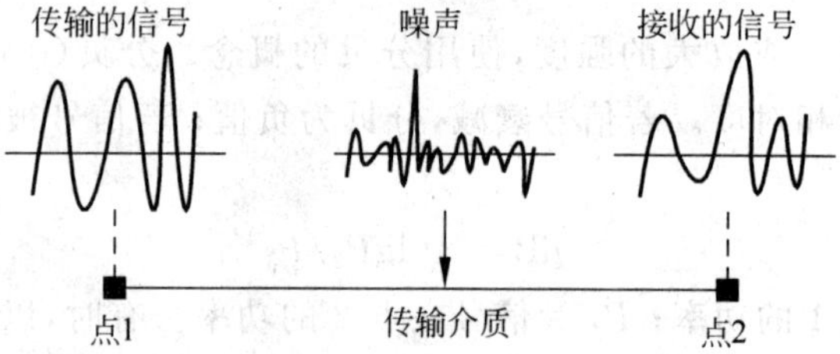

图 2-23 噪声影响

噪声会限制传输介质的数据传输率。信号功率与噪声功率的比率称为信噪比(signal-noise ratio，SNR)，计算公式如下所示：

$$\mathrm{SNR} = S/N$$

式中，S 为信号的平均功率；N 为噪声的平均功率。信噪比越高，减损越少；反之，减损越大。由于 S 与 N 的比值较大，在实际应用中，常用分贝值(dB)代替信噪比值，计算公式如下所示：

$$\mathrm{dB} = 10\lg S/N$$

式中，S 为信号的有效功率；N 为噪声的有效功率。

【例 2-13】 在某传输介质中，信号的输出功率为 5mW，噪声功率为 1μW，求传输介质的信噪比。

解： $\mathrm{SNR}=10\lg S/N=10\lg 5000=37(\mathrm{dB})$

2.1.7 数据速率的限制

在数据通信中，速率取决于通道的有效带宽、信号电平数和通道的传输质量这3个方面的因素。有两个用于计算数据速率的定理：一个是奈奎斯特定理，用于无噪声通道；另一个是香农定理，用于噪声通道。

1. 奈奎斯特定理

1924年，贝尔实验室的研究员哈利·奈奎斯特(Nyquist H)推导出有限带宽无噪声信道的极限波特率，称为奈奎斯特定理。若信道带宽为W，奈奎斯特定理指出，最大信号码元速率(波特率)为$B=2W$(Baud)。由奈奎斯特定理确定的信道容量也叫奈奎斯特极限，由信道的物理特性决定。超过奈奎斯特极限传送脉冲信号是不可能的，所以要进一步提高波特率，必须改善信道带宽。

$$C = B \times \log_2 N = 2W \times \log_2 N$$

式中，C为数据速率，单位b/s；B为波特率；N为脉冲信号有效状态；W为信道带宽。

从公式中可以看出，只要增加波特率或电平数，就可以提升数据速率。理论上来说，数据速率可以提高到无限大，但在现实中是做不到的。波特率越高，出错的概率越大。奈奎斯特定理推导出波特率极限值为2倍带宽，要想进一步提高波特率，必须提高带宽。如果电平数太多，会增加接收方的负担。接收方正确区别不同电平的能力是有限的，随着电平数增加，系统的可靠性随之降低。

【例2-14】 一条带宽为4kHz的无噪声通道分别用于传输2种电平信号和4种电平信号，数据传输速率分别是多少？

解：由于

$$C = 2W \times \log_2 N$$

当取2种电平值时，$C=2\times4000\times\log_2 2=8000$(b/s)。

当取4种电平值时，$C=2\times4000\times\log_2 4=16000$(b/s)。

【例2-15】 有一条信道带宽为4kHz的无噪声通道，如果数据速率要求达到64Kb/s，电平数应该是多少？

解：

$$C = 2W \times \log_2 N = 64000$$

$$\log_2 N = 8$$

$$N = 2^8 = 256$$

2. 香农定理

奈奎斯特定理讨论的是无噪声通道。在现实世界中，无噪声通道是不可能存在的。1944年，克劳德·艾尔伍德·香农(Shannon C E)在奈奎斯特定理的基础上引入了一个公式，确定了噪声通道理论上的最高数据速率。香农的研究表明，有噪声信道的极限数据速率可由下式计算：

$$C = W \times \log_2(1 + S/N)$$

这个公式叫作香农定理。其中,C 为数据速率,单位 b/s; W 为信道带宽; S 为信号的平均功率; N 为噪声的平均功率。由于在实际使用中,S 与 N 的比值太大,故常用其分贝值(dB)代替。

在香农定理中没有体现电平值,也就是说,香农定理计算出的数据速率的上限值与信号取的电平值个数无关。换句话说,只要确定了信噪比,信道的极限数据传输速率也就确定了。

【例 2-16】 有带宽为 3000Hz 的电话线,假设其信噪比为 30dB,求最大数据速率。

解:

$$30\text{dB} = 10\lg S/N$$
$$S/N = 1000$$
$$C = W \times \log_2(1 + S/N)$$
$$= 3000\log_2(1 + 1000)$$
$$\approx 3000 \times 9.97 \approx 30000(\text{b/s})$$

这是信道的数据速率极限值,只有理论上的参考意义。实际数据速率能达到 9600b/s 就很不错了。

3. 两种定理的应用

在实际中,两种定理都会用到。香农定理用于计算带宽的上限,奈奎斯特定理用于计算信号的电平数。

【例 2-17】 设有一条带宽为 10kHz 的通道,信噪比 S/N 为 1000,则其合适的比特率及信号电平数是多少?

解:通道的极限速率为

$$C = W \times \log_2(1 + S/N) = 10000 \times 9.97 \approx 100(\text{Kb/s})$$

通道速率为 100Kb/s 是极限速率。为了达到最佳通道性能,将速率降低为 64b/s,使用奈奎斯特定理,计算出所需电平数 N 为

$$C = 2W \times \log_2 N$$
$$64000 = 20000 \times \log_2 N$$
$$N \approx 9.2$$

因为 9.2 不是 2 的幂,所以可以使用 8 个电平,使数据数率达到 60Kb/s;或者使用 16 个电平,使数据速率达到 80Kb/s。

2.1.8 网络性能指标

前面介绍了在网络上传输数据的相关知识。那么,如何衡量网络的整体性能呢?在计算机网络中,通常用信道带宽、吞吐量、时延等指标来衡量网络的整体性能。

1. 信道带宽

信道带宽是衡量网络性能的一个重要指标,用于标识信道的传输能力。信道有模拟的和数字的两种,其衡量值也不同。

在模拟信道中,其带宽 $W = f_2 - f_1$。其中,f_1 是信道能够通过的最低频率,f_2 是信道能够通过的最高频率,单位是 Hz(赫兹)。模拟信道的带宽是指信号的频率范围,也就

是信道能通过的频率范围。

在数字信道中，带宽是指单位时间内通过信道的位数，单位是 b/s（比特每秒），即每秒传输的位数。

2. 吞吐量

吞吐量用于衡量网络中数据发送的速度，是指单位时间内成功传送数据的数量，一般以 b/s 为计量单位。在网络中，吞吐量和数字信道中的带宽是不同的，由于各种因素的制约（例如受设备处理速度的制约），吞吐量永远小于带宽。换句话说，带宽是通信链路发送数据速度的理论值，吞吐量则是通信链路发送数据速度的实际值。

【例 2-18】 设有一个网络的带宽为 10Mb/s，平均每分钟传输 40000 帧，每帧平均携带 1500 字节数据，求网络的吞吐量。

解： $$网络吞吐量=40000\times1500\times8/60=8(\text{Mb/s})$$

3. 时延

时延（又称延迟）是指信号在网络中传播时，从信源第一位开始发送，到信宿接收到最后一位所经历的时间。它是描述网络性能的重要参数之一，包括发送时延、传播时延、排队时延和处理时延。

$$时延 = 发送时延 + 传播时延 + 排队时延 + 处理时延$$

发送时延又称传输时延，是指在发送报文（数据块）时，报文从信源进入信道所需的时间，也就是从报文的第一个比特开始发送，到最后一个比特发送完毕所需的时间。发送时延的值取决于报文（数据块）的长度和通道的带宽，计算公式如下所示：

$$发送时延 = 报文长度 / 带宽$$

【例 2-19】 假设某网络的带宽为 1Gb/s，试计算传送 10KB 报文的发送时延。

解： $$发送时延=10000\times8/10^9=0.08(\text{ms})$$

传播时延是指信号在传输介质中传播一定距离所需的时间。传播时延取决于传播速度和传播距离，其计算公式如下所示：

$$传播时延 = 距离 / 传播速度$$

电磁信号的传播速度取决于传输介质和信号频率。例如在真空中，光的传播速度约为 3×10^8 m/s，光在空气中的传播速度略有降低，光纤中的传播速度更低一些。

【例 2-20】 有网络带宽为 1Gp/s，发送方和接收方距离 5500km，光信号以 2.0×10^8 m/s 的速度在介质中传播。试计算发送 5MB 报文所需的传播时延和发送时延。

解： $$传播时延=(5500\times1000)/(2.0\times10^8)=27.5(\text{ms})$$

$$发送时延=(5000000\times8)/1000000000=40(\text{ms})$$

当报文到达速度大于设备处理速度时，设备将报文暂存起来等待处理。报文等待处理的时间就是排队时延。排队时延与设备的缓存大小及处理速度等因素有关。

处理时延是指网络各节点处理报文所需的时间。

4. 带宽时延积

带宽和时延都是网络性能的重要指标，在数据通信中，两者的乘积也是一个重要的网络性能衡量指标，它标识出链路上的最大比特数，即定义了能充满链路的位数，也称为以比特为单位的链路长度。

为了便于说明带宽时延积，现假设某条链路的带宽为 1b/s，延迟为 5s，带宽和时延积就等于 1b/s×5s，也就是说，链路中的任何时刻都不可能有多于 5b 的数据，如图 2-24 所示。

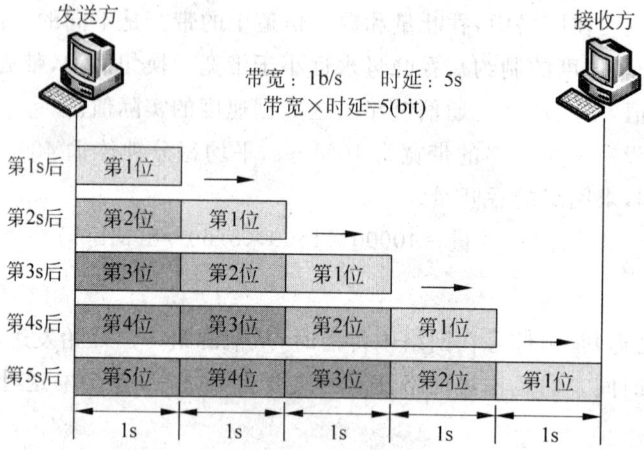

图 2-24 链路的充满

图中说明，带宽和时延的乘积意味着能充满链路的位数。如果以脉冲发送数据，并在发送下一个脉冲前等待每个脉冲的确认，这个度量值就极为重要。为了在传输过程中使用链路的最大容量，要充满全双工通道，发送者应该发送的数据脉冲位数应等于 2 倍带宽时延积。如果传送的信息量不能充满传输链路，意味着链路未被充分利用。

5. 抖动

抖动一般用于描述数据的不同分组到达接收端时时延的变化程度。如果网络发生拥塞，排队延迟将影响端到端的延迟，并导致通过同一连接传输的分组延迟各不相同。抖动就是用来描述这一延迟变化的程度的。因此，抖动在对实时性要求较高的数据传输中是一个重要衡量参数，比如音频和视频数据传输。

6. 误码率

在有噪声的通信信道中，数据速率的增加、噪声、信号衰减、交流电或闪电造成的脉冲、传输设备故障及其他因素都会导致信号在传输中遭到破坏，产生误码（比如传送的信号是 1，而接收到的是 0；反之亦然）。误码率计算公式如下：

$$误码率 = 出错比特数 / 传输总比特数$$

误码率是常用的网络性能指标之一。它表示“在传输多少位数据中出现 1 位差错”。在计算机网络通信中，误码率一般要求低于 10^{-6}，即每传送 1Mb 才允许错 1 位。当误码率超出一定范围时，需要用差错控制的方法进行检查和纠正。

2.2 数字传输技术

在网络通信中,数据必须要转换为数字信号或模拟信号才能传输。本节讨论数据以数字信号形式传输的技术,包括将数字数据转换为数字信号和将模拟数据转换为数字信号。

2.2.1 数字数据与数字信号的转换

用数字信号来传输数字数据,涉及的技术有线路编码、块编码和扰动 3 种。数据在传输时,发送方将数字数据转换成数字信号,并按照编码方案对信号进行编码;信号到达接收方时解码,重新生成数字数据,如图 2-25 所示。

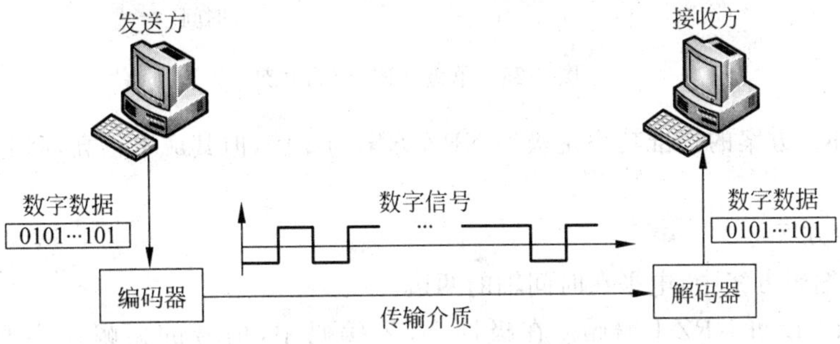

图 2-25 数字数据转换为数字信号

1. 线路编码

在数据通信中,表示二进制比特序列的数字信号是典型的矩形脉冲信号,又称为基带信号。在数字信道上直接传送数字信号称为基带传输。在现实中,数字信道上不能直接传送数字信号,因为发送端和接收端无法进行位同步,需要将数字信号编码后才能在数字信道上传输。不同编码方案的抗噪声特性和定时能力各不相同,实现费用也不一样。为了便于说明、比较各种编码方案,先介绍线路编码特性。

在解码数字信号时,接收方计算出的信号功率平均值称为基线。将信号功率与基线功率相比较,从而确定数据位的值。长串的 0 或长串的 1 会引起基线偏移,造成接收方无法正确解码。

当数字信号中的电平保持一段时间恒定时,信号频谱会产生很低的频率,这种接近于零的频率称为直流成分(DC)。直流成分会使不允许通过低频率的系统出错,因此这种系统只能使用无直流成分的编码方案。

为了正确解码接收到的信号,接收方的位与发送方的位必须一一对应。自同步是指接收方可以从信号中提取出与发送方同波特率的时钟信息。采用外同步方式,所加外部时钟和输入信号的波特率如果不能准确一致,会导致误差积累,产生接收错误。

内置差错检测能力是指编码方案产生的信号具有检测传输过程是否发生差错的能

力。复杂性是指线路编码方案实现的成本高低。另外，编码应具备抗噪声和抗干扰能力。

线路编码有单极方案、极性方案、双极方案、多电平方案和多跳变方案 5 大类。

1）单极方案

在单极编码方案中，所有的信号电平都在时间轴的一边，即在时间轴的上面或下面。单极编码方案设计成不归零(not return to zero，NRZ)的形式。

在单极 NRZ 方案中，正电平定义为位 1，零电平定义为位 0；在位的中间，信号不归零。NRZ 编码方案如图 2-26 所示。

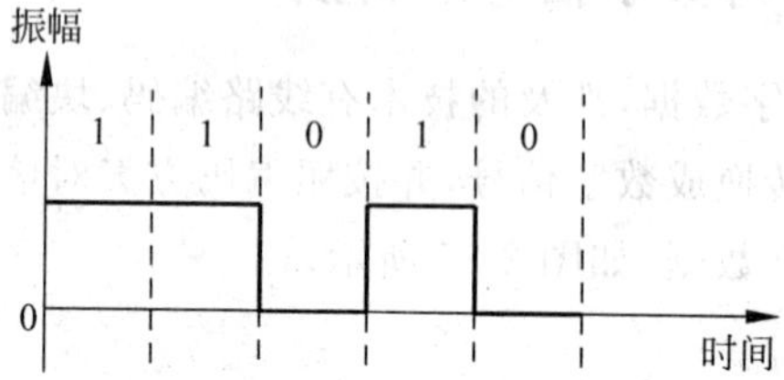

图 2-26 单极 NRZ 编码方案

单极 NRZ 方案的标准功率是极性 NRZ 方案的 2 倍，但其成本很高，因此已不用于数据通信。

2）极性方案

在极性编码方案中，电平在时间轴的两边。

(1) NRZ-L 和 NRZ-I 编码。在极性 NRZ 编码中，信号的振幅使用两个电平，有 NRZ-L(NRZ-Level，NRZ 电平编码)和 NRZ-I(NRZ-Invert，NRZ 反相编码)两种常见形式。

在 NRZ-L 形式中，信号电平决定了位值。在 NRZ-I 中，区别数据 0 和 1 的不是电平的位值，而是电平是否跳变。换句话说，当 1 出现时，电平翻转；当 0 出现时，电平不翻转。两种编码方案如图 2-27 所示。

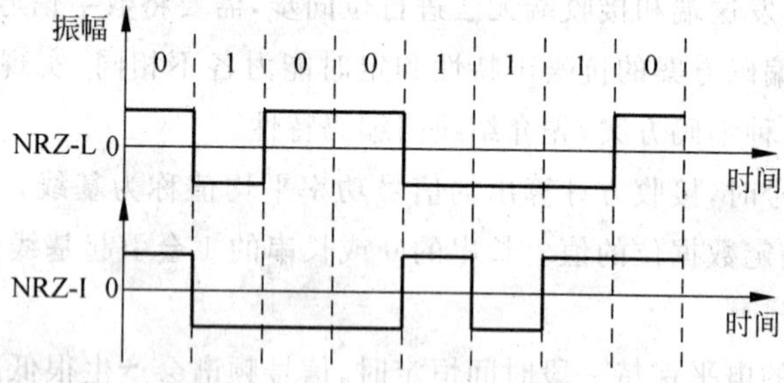

图 2-27 极性 NRZ-L 和 NRZ-I 编码

两种方案都存在基线偏移方面的问题，而且 NRZ-L 比 NRZ-I 更严重。在 NRZ-L 方案中，如果出现长串 0 或长串 1 的序列，平均信号功率会变斜，接收方将难以辨别位值。NRZ-I 只会在长串 0 的长序列中出现基线偏移，如果能消除全 0 的长序列，就可以避免基线偏移问题。

两种方案不具备自同步功能，所以会产生同步问题，而且 NRZ-L 比 NRZ-I 更严重。

在 NRZ-L 方案中，出现长串 0 或长串 1 的长序列，都会引起同步问题；NRZ-I 只会在长串 0 的长序列中出现同步问题。

两种方案在频率接近于 0 时，功率值会很高，将携带高电平能量的直流成分(DC)。所以，NRZ-L 和 NRZ-I 都存在直流成分(DC)问题。

系统中的极性发生意外改变时，NRZ-L 会发生所有 0 解释为 1、所有 0 解释为 1 的情况。NRZ-I 没有这种问题。

(2) 归零编码。归零编码(return to zero，RZ)编码方案存在收、发双方时钟不同步的问题，RZ 编码方案可解决此问题。在 RZ 方案中使用 3 个值：正值、负值和零，信号在位的中间变化，如图 2-28 所示。

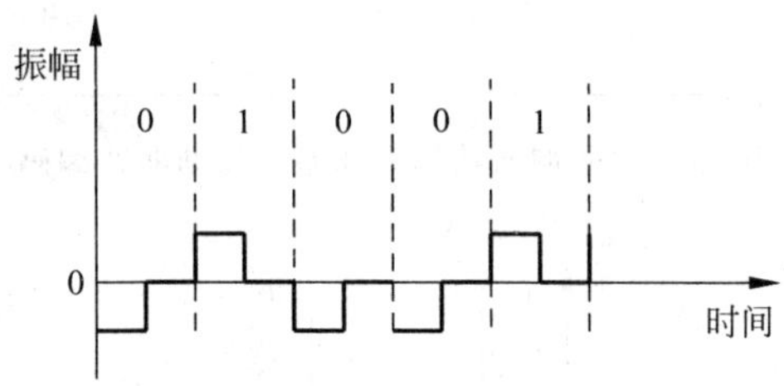

图 2-28 RZ 编码

RZ 编码方案虽然解决了时钟同步问题，但它要用 2 个信号变化来编码 1 个位，需要更大带宽。极性意外改变导致所有 0 解释为 1、所有 1 解释为 0 的问题依然存在，但没有 DC 成分。RZ 使用 3 个电平，增加了问题的复杂性，生成和识别困难加重。因此已被其他方案替代。

(3) 双相编码(曼彻斯特、差分曼彻斯特编码)。曼彻斯特编码方案结合了 RZ 和 NRZ-L 的思想，将位的持续时间分成两等份，前半部分保持一个水平，后半部分保持一个水平，位中间的跳变作为同步时钟信号，如图 2-23 所示。在应用时，用高电平到低电平的转换表示 0，用低电平到高电平的转换表示 1。当然，相反的表示方法也是允许的。位中间的电平转换作为同步时钟信号使用。因此，这种编码也称为自同步编码。

差分曼彻斯特编码方案结合了 RZ 和 NRZ-I 的思想，和曼彻斯特编码不同的是，其中间的电平转换边只作为定时信号，数据表示每一位的开始处是否有电平跳变。有电平跳变时，表示 0；无电平跳变时，表示 1。差分曼彻斯特编码如图 2-29 所示。

曼彻斯特和差分曼彻斯特编码在传输信息的同时，将同步时钟信号一起传送给对方，每位编码中有一次跳变，信号速率是 NRZ 的 2 倍；每个位都是正、负电平值，所以不存在基线偏移和 DC 成分，具有自同步能力和良好的抗干扰性能。因为每一个信号码元都被调成 2 个电平，所以数据传输效率只有 50%。

3) 双极性方案(AMI、伪三元编码)

在双极编码中，有正值、零值和负值 3 个电平。一个数据元素的电平是零，另一个数据元素的电平在正值、负值间交替。

在 AMI(交替传号反转)编码方案中，零电平表示 0、1 用交替的正、负电平表示。伪三元编码是 AMI 的变形，其中，零电平表示 1，交替的正、负电平表示 0。两种编码方案如图 2-30 所示。

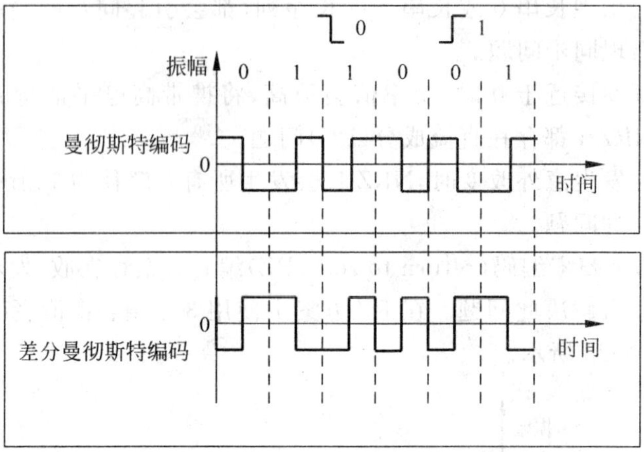

图 2-29 曼彻斯特编码和差分曼彻斯特编码

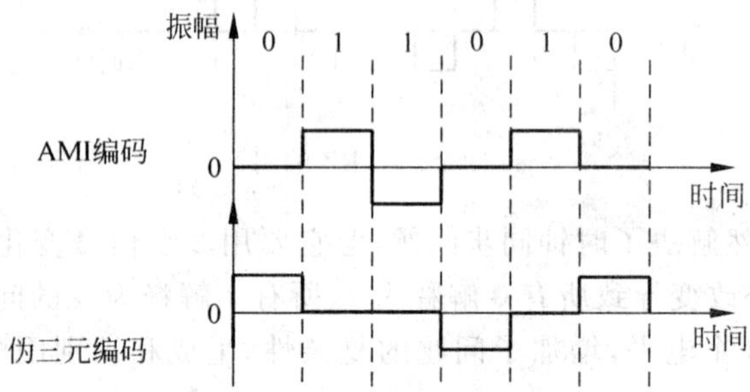

图 2-30 AMI 编码和伪三元编码

双极性方案的信号速率与 NRZ 相同。双极性方案在传输长串 1 序列时，电平在正、负值间交替，它不是常数，没有 DC 成分；对于长串 0 序列，电平保持常数，但振幅为 0，也没有 DC 成分。双极性方案是 NRZ 的替代方案。

AMI 编码方案适合长距离通信。它在长串 0 序列时存在的同步问题，可以用扰动技术解决。

4）多电平方案（2B/1Q、8B/6T、4DPAM5 编码）

（1）2B1Q 编码。2B1Q 是指用 4 个电平信号传输 2 位二进制数据，其速率是 NRZ-L 的 2 倍。由于使用了 4 个不同的电平信号，接收方需要识别 4 个不同的电平值，带宽虽然降低了，但实现成本提高了。2B1Q 编码应用于 DSL 传输技术，如图 2-31 所示。

（2）8B6T 编码。8B6T 是把 8 位二进制数据编码成由 3 个电平（－、0、＋）表示的 6 个信号进行传输。8 位二进制数据有 $2^8=256$ 组模式，信号有 $3^6=478$ 个模式。将数据模式和信号模式对应后，剩余的 222 个冗余信号模式用于同步和差错检测。在 8B6T 的 256 组数据模式中，DC 值平衡量只有 0 或＋1，没有－1 值的模式。为了实现 DC 平衡量为－1 的模式，如果 2 个平衡量为＋1 的组相连，则第 1 组保持原状发送，第 2 组全部取反，使平衡量为－1。这种编码适用于 100Base-T4 传输标准。

下一位	前一个电平：正 下一个电平	前一个电平：负 下一个电平
00	+1	−1
01	+3	−3
10	−1	+1
11	−3	+3

转换表

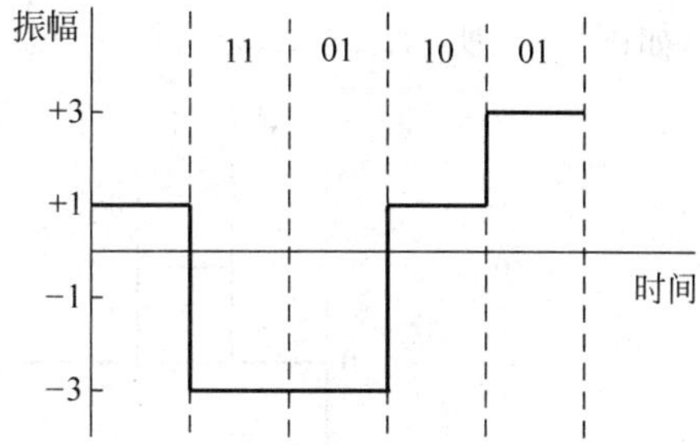

图 2-31 2B1Q 编码

假设要发送 3 组数据，第 1 组数据 10000011 对应的信号模式为 0−0++−，平衡量为 0；第 2 组数据 11000011 对应的信号模式为 0−+++1，平衡量为+1；第 3 组数据 11100011 对应的信号模式为+−++0−，平衡量为+1；为了实现 DC 平衡，第 3 组数据反相发送。因为平衡量为−1，接收方会在解码前先反相，如图 2-32 所示。

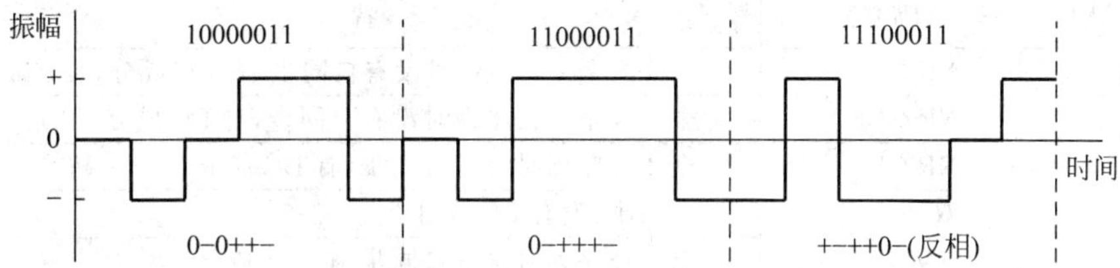

图 2-32 8B6T 编码

(3) 4D-PAM5 编码。4D-PAM5 编码称为 4 维 5 级脉冲振幅调制，是指同时通过 4 条线路发送 5 个电平信号(−2、−1、0、1、2)，电平 0 用于发送差错检测。1000Base-T 标准使用 4D-PAM5 编码方案。在这种方案中，1 组数据(8 个二进制位)同时进入 4 条线路，使用 1 个码元发送，如图 2-33 所示。

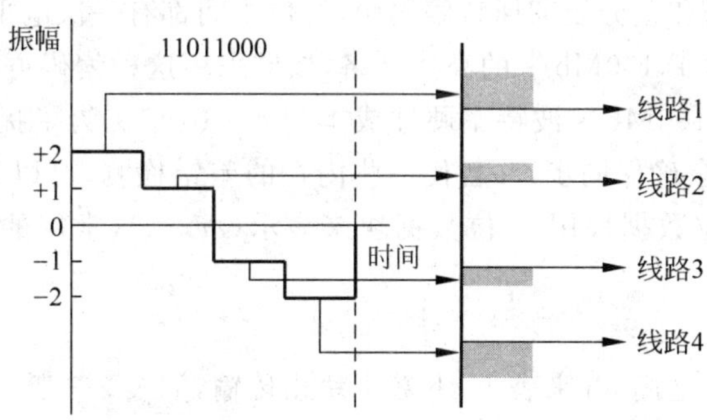

图 2-33 4D-PAM5 编码

5) 多跳变方案(MLT-3)

三电平多线路传输(MLT-3)方案使用 3 个电平(+、0、−)，在 3 个跳变规则中变动电平。电平跳变规则是：如果下一位是 0，电平不跳变；如果下一位是 1，且当前电平不是

0,下一电平为0；如果下一位是1,且当前电平是0,下一个电平是最后一个非零电平的相反值,如图2-34所示。

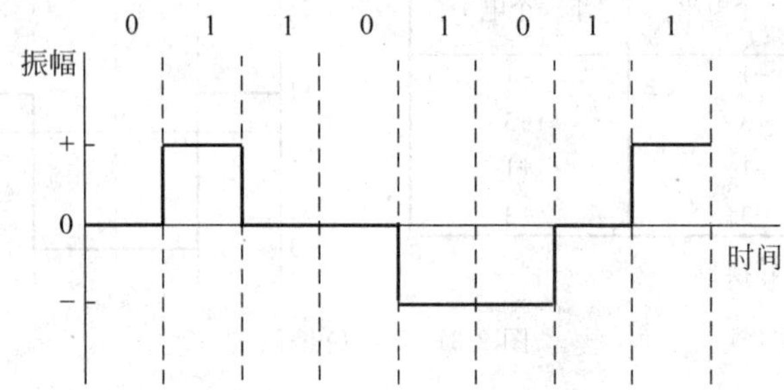

图2-34 MLT-3编码

线路编码方案特点比较如表2-2所示。

表2-2 线路编码方案特点比较

编码类别	编码方案	特 点
单极	NRZ	全0或全1长序列时没有自同步,有DC成分,实现成本高
极性	NRZ-L	全0或全1长序列时没有自同步,有DC成分
	NRZ-I	全0长序列时没有自同步,有DC成分
	双相	自同步,没有DC成分
双极	AMI	全0长序列时没有自同步,有DC成分
多电平	2B1Q	相同双位长序列时没有自同步
	8B6T	自同步,没有DC成分
	4D-PAM5	自同步,没有DC成分
多线路	MLT-3	全0长序列时没有自同步

2. 块编码

在曼彻斯特编码和差分曼彻斯特编码中,每位中间都有一次电平跳变,因此波特率是数据速率的2倍。对于100Mb/s的高速网络,如果采用这种编码方法,需要200Mb/s波特率,其硬件成本是100Mb/s波特率硬件成本的5～10倍。为了提高编码效率及性能,降低电路成本,以冗余确保同步,并替代一些内在的差错检测,可以采用块编码技术。块编码技术是指把n位数据块用m位数据块来表示($m>n$),常用的有4B/5B和8B/10B编码。

1) 4B/5B编码

4B/5B编码方案是用5b来表示4b数据块供传输,如表2-3所示,其特点是将欲发送的数据流每4b作为一个组,按照4B/5B编码规则,将其转换成相应的5b码。5b码共有32种组合,但只采用其中的16种对应4b码的16种,其他16种中有一部分用作控制码,表示帧的开始和结束、线路的状态(静止、空闲、停止)等；另一部分未使用,用于提供差错检测,如果收到未用的编码,意味着传输出错。

表 2-3 4B/5B 编码规则

4 位二进制数据	4B/5B 编码后数据	4 位二进制数据	4B/5B 编码后数据
0000	11110	1100	11010
0001	01001	1101	11011
0010	10100	1110	11100
0011	10101	1111	11101
0100	01010	Q(静止)	00000
0101	01011	I(空闲)	11111
0110	01110	H(停止)	00100
0111	01111	J(开始定界符)	11000
1000	10010	K(开始定界符)	10001
1001	10011	T(结束定界符)	01101
1010	10110	S(设置)	11001
1011	10111	R(重置)	00111

4B/5B 编码方案可以和 NRZ-I 组合使用。如前所述,NRZ-I 有很好的信号速率,但有同步问题(连续的 0 会失去同步),4B/5B 编码方案不会产生多于 3 个连续的 0,可以解决同步问题,但并没有解决 NRZ-I 的 DC 成分问题。如果 DC 不可接受,可以与双相或双极编码组合使用。

2) 8B/10B 编码

8B/10B 编码方案类似于 4B/5B 方案,它将 8b 数据块用 10b 替换,有 768 个冗余位,差错检测能力更强。8B/10B 方案实际上是 5B/6B 和 3B/4B 方案的组合,8b 块的高 5 位采用 5B/6B 方案,低 3 位采用 3B/4B 方案,可以简化编码规则表。

2.2.2 模拟信号与数字信号的转换

前面介绍了使用编码技术将数字数据转换为数字信号进行传输。在现实中的某些情况下,只能得到模拟信号(例如语音、视频信号都是模拟信号)。由于数字信号在传输时具有效率高、失真小、误码率低等优点,所以在网络传输中,将语音、视频图像等模拟信号数字化成为社会发展的必然趋势。为了将模拟信号转换成数字信号,通常使用脉冲编码调制技术。

脉冲编码调制(pulse code modulation,PCM)是把模拟信号转换成数字信号最常用的技术。它把时间连续、取值连续的模拟信号变换成时间离散、取值离散的数字信号,以便在信道中传输。脉冲编码调制(PCM)的工作过程主要包括采样、量化、编码 3 个步骤,如图 2-35 所示。

1. 采样

模拟信号数字化的第一步是采样。模拟信号是一个持续变化的量,在采样时,每隔一定时间段,取模拟信号的当前值作为样本,代表模拟信号在某一时刻的瞬时值。一系列连续的样本用于代替模拟信号在某一区间随时间变化的值。根据奈奎斯特采样定理,采样频率达到模拟信号最高频率的 2 倍时,其样本可以包含足以还原模拟信号的全部信息,即

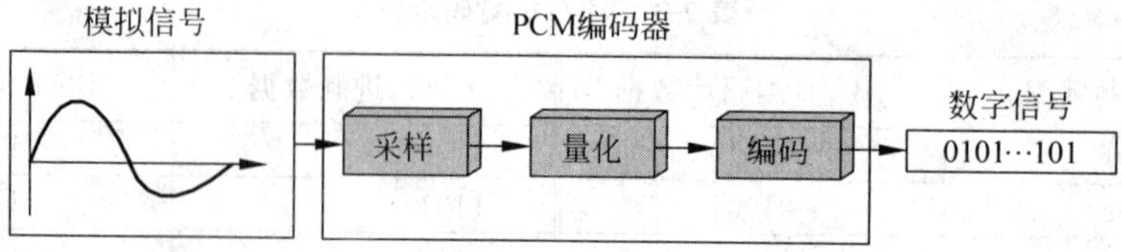

图 2-35 PCM 编码器工作过程

$$f=\frac{1}{T}>2f_{\max}$$

式中，f 为采样频率；T 为采样周期；$f_{\max}$为信号的最高频率。

2. 量化

采样后得到的样本是连续的值，量化是将采样得到的值按量化级取值的过程。经过量化后，样本幅值离散化，离散值的个数决定了量化的精度。在量化前，要规定将信号分为多少个量化级。为了便于编码，一般为 2 的 n 次方。例如，在量化时，如果将等级分为 16 级，需要 4 位二进制编码来代表 0.1～1.6 这 16 个不同的电平幅度；如果采用 128 个量级，需要 7 位二进制编码。量级越大，保真度越高，对存储空间、传输速率的要求也越高。

3. 编码

编码是用相应位数的二进制代码来表示量化后的采样样本的量级。如果有 k 个量化级，则二进制位数为 $\log_2 k$。目前 PCM 用于数字化语音系统时，一般将声音分为 128 个量化级，需要 7 位二进制编码表示。

从脉冲编码调制原理可以看出，取样的速率由模拟信号的最高频率决定，量化级的多少决定采样的精度。实际应用中，从成本等各方面考虑，量化的等级不要太多，能满足需求就可以了。在对语音信号数字化时，由于语音的最高频率是 4kHz，根据奈奎斯特定理，采样速率应为 8kHz，即每秒 8000 个样本。如果对话音样本采用 128 个量化等级，每个样本需用 7 位二进制数来表示，那么在数字信道上传输这种数字化语音信号的速率是 7×8000=56(Kb/s)。

【例 2-21】 采用 PCM 对人类声音进行编码。人类声音的最高频率通常为 4000Hz，如果量化等级为 256，数据传输率为多少？

解：根据奈奎斯特采样定理，采样频率必须达到最高频率的 2 倍，才能保证还原信息不失真。

$$\text{采样频率} = 2\times 4000 = 8000(\text{Hz})$$
$$\text{量化等级位数} = \log_2 256 = 8(\text{位})$$
$$\text{数据传输速率} = 8\times 8000 = 64000(\text{b/s})$$

4. 信号的还原

如果信号按照奈奎斯特采样定理采样，并有足够的量化等级，就可以重新生成原来的模拟信号。要将信号还原成模拟信号，需要用到 PCM 解码器。解码器先将编码转换成阶梯信号。当阶梯信号完成后，经过低通滤波器，把阶梯信号平滑成模拟信号，完成信号还原，如图 2-36 所示。

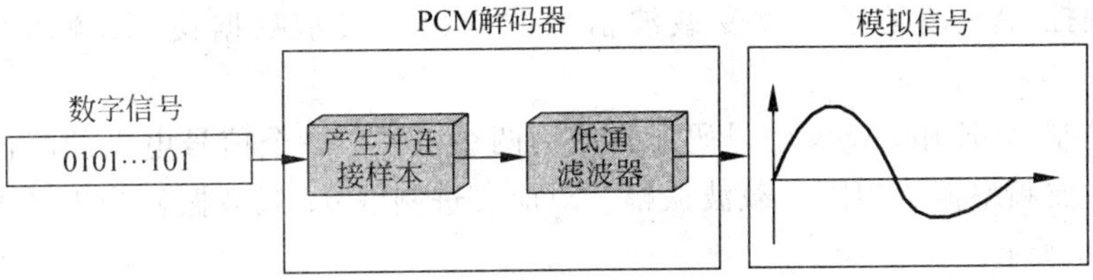

图 2-36 PCM 编码器工作过程

2.3 模拟传输技术

数字传输有很多优点，但是需要使用低通通道。如果只有带通通道，只能选择模拟传输。本节主要介绍模拟传输技术。

2.3.1 数字数据与模拟信号的转换

数字数据不仅能以数字信号传输，也可以用模拟信号传输，但数字数据在模拟信道上传输时，需进行信号转换，如图 2-37 所示。将数字数据转换成模拟信号的过程称为数字调制；反过来，将模拟信号还原成数字数据的过程称为数字解调。具备调制与解调功能的设备称为调制解调器（modem）。

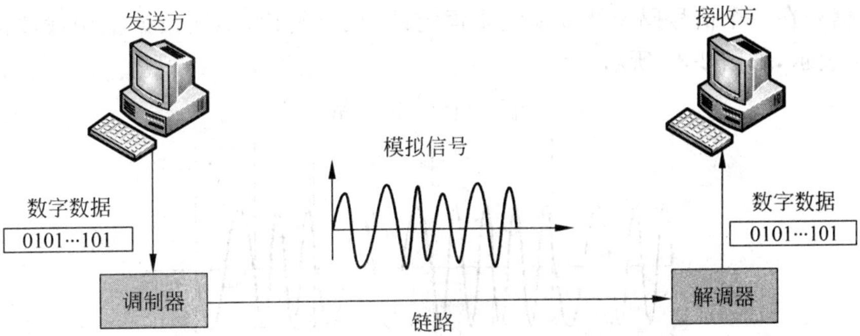

图 2-37 将数字数据转换为模拟信号

如前所述，正弦波可以通过振幅、频率和相位 3 个性质来定义。如果改变其中的某个特性，正弦波就有了另一种形式。在模拟传输中，通过改变简单正弦波的某一特性，可以用它来表示数字数据。有幅移键控（ASK）、频移键控（FSK）和相移键控（PSK）3 种将数字数据调制到模拟信号的常用机制。

在模拟传输中，发送端产生一个高频率信号作为基波来承载信息信号。这个基波称为载波信号或者载波频率。接收端的接收频率必须与发送端载波信号的频率一致。数字信息通过改变载波信号的一个或多个特性来调制载波信号，这种形式的改变称为调制（移动键控）。

1. 幅移键控

幅移键控(ASK)是通过改变载波信号的振幅来表示数据位,其频率和相位保持不变。

在二进制 ASK 中,ASK 信号码元常使用两个电平:一个信号电平的峰值振幅为 0,另一个与载波频率振幅相同。载波振幅 0 对应二进制数 0;载波振幅为 1,对应二进制数 1,如图 2-38 所示。

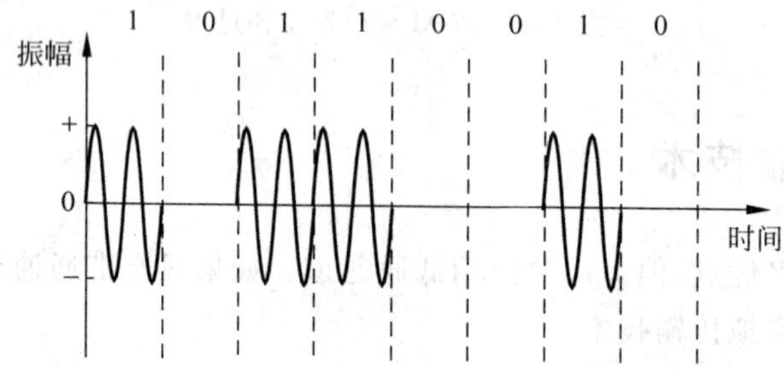

图 2-38 **幅移键控**

幅移技术(ASK)实现容易,技术简单,但其抗干扰性能较差,容易受突发干扰的影响。

2. 频移键控

频移键控(FSK)通过改变载波信号的频率来表示数据位,峰值振幅和相位保持不变。调制后,信号在一个信号码元持续期间是恒定的,也就是说,不同数据采用载波信号的不同频率来表示,如图 2-39 所示。

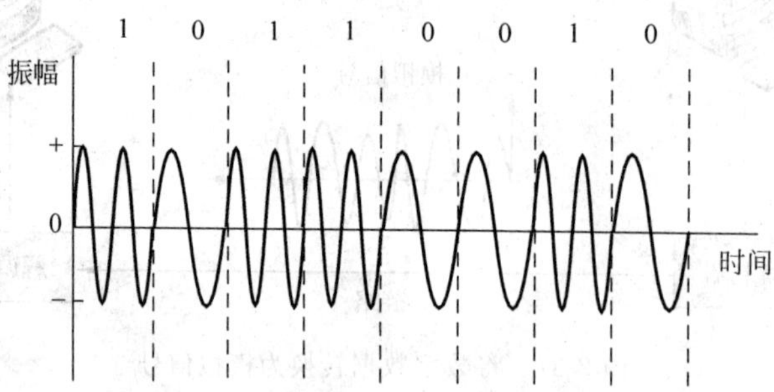

图 2-39 **频移键控**

频移键控(FSK)实现容易,技术简单,抗干扰能力较强,但占用带宽较大。

3. 相移键控

相移键控(PSK)是通过改变载波信号的相位来表示数据位,峰值振幅和频率保持不变。例如,用 180°相移表示数据位 1,用 0°相移表示数据位 0,如图 2-40 所示。

相移键控实现容易,技术简单,抗干扰能力强,相位变化还可以作为定时信息来同步发送端和接收端的时钟。码元取 2 个相位值,叫作 2 相调制;码元取 4 个相位值,叫作 4 相调制。4 相调制时,一个码元代表 2 位二进制数据。采用 4 相或更多相调制,能提供更

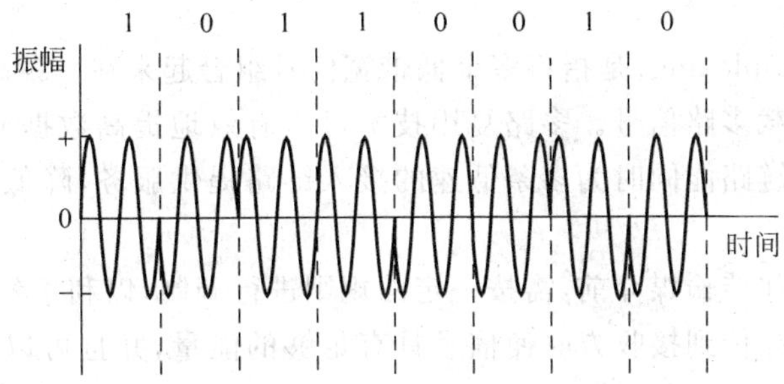

图 2-40 相移键控

高的数据传输速率，但实现技术更为复杂。

2.3.2 模拟信号的调制

如果模拟信号是低通信号，在带通带宽的传输介质中，传输前就需要调制。例如，无线电台分配的是基带带宽，生成的信号都是同一频率范围内的低通信号，为了能收听不同电台，需要将低通信号平移，使信号对应不同的频率范围。模拟信号的调制有调幅（AM）、调频（FM）和调相（PM）3 种技术。

1. 调幅

在调幅（AM）传输中，对载波信号的振幅进行调制，使振幅随着调制信号的振幅变化而变化。此时，载波信号的频率和相位不发生变化，只用振幅的变化来表示传输信息的变化。

2. 调频

在调频（FM）传输中，对载波信号的频率进行调制，使频率随着调制信号的频率变化而变化。此时，载波信号的振幅和相位不发生变化，只用频率的变化来表示传输信息的变化。

3. 调相

在调相（PM）传输中，对载波信号的相位进行调制，使相位随着调制信号的相位变化而变化。此时，载波信号的振幅和频率不发生变化，只用相位的变化来表示传输信息的变化。

2.4 带宽利用

在现实中，链路的带宽都是有限的，铺设通信线路的成本很高，所以应该尽量充分、合理地利用已有链路，获取最大效率。为此，本节将介绍多路复用技术和扩频技术。

2.4.1 多路复用技术

带宽是数据通信中最宝贵的资源之一，在数据通信系统中，传输链路的带宽往往大于传输单一信号的需求，如果只传输单一信号，剩余的带宽被浪费。为了有效地利用通信线路，采用复用技术。

多路复用(multiplexing)是指将多个低带宽信号组合起来在一条高带宽信道上传输，即在一条链路上承载多路信号。多路复用技术可以有效地提高数据通信链路的利用率，使一条高速的主干链路能同时为多条低速的接入链路提供服务，降低了电缆的安装和维护费用。

各路信号在送往传输媒介前，需按一定的规则进行调制，以利于各路信号在媒介中传输，不致混淆，从而在传到接收方时使信号具有足够的能量，并且可以用反调制的方法区分、恢复原信号。

多路复用技术用到多路复用器(multiplexer)和多路分离器(demuliplexer)。多路复用器在发送端根据某种约定、规则，把多个低带宽信号复合成一个高带宽信号进行传输；多路分离器在接收端根据约定的同一规则，把高带宽信号分解为多个低带宽信号。多路复用器和多路分离器统称为多路器。多路复用技术如图 2-41 所示。

常见的多路复用技术包括频分多路复用(frequency division multiplexing，FDM)、时分多路复用(time division multiplexing，TDM)、波分多路复用(wave division multiplexing，WDM)和码分多路复用(code division multiple access，CDMA)。

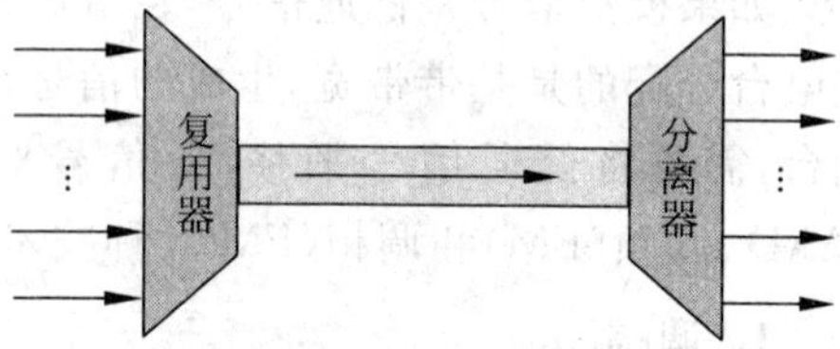

图 2-41 多路复用技术

1. 频分多路复用

频分多路复用(frequency division multiplexing，FDM)是一种模拟技术，用于复用模拟信号。如果信道能提供的带宽比要传送的每一路信号所需带宽宽得多，一条信道只传送一路信号是非常浪费的。为了充分利用信道带宽，采用频分复用的方法。在物理信道的可用带宽超过单个原始信号所需带宽的情况下，将该物理信道的总带宽分割成若干个与传输单个信号的带宽相同(或略宽)的子信道，然后在每条子信道上传输一路信号，实现在同一信道中同时传输多路信号。

信道的可用频带被分成若干个互不交叠的频段，每路信号用其中一个频段传输，因而可以用滤波器将它们分别滤出来，然后分别解调、接收。

多路原始信号在频分复用时，用不同的频率调制每一个信号。每个信号都以其载波频率为中心，在一定带宽的通道上传输。为了防止互相干扰，需要使用抗干扰保护措施(防护频带)来隔离每一条通道。

频分多路复用如图 2-42 所示。在复用器中，信号被调制到不同的载波频率上，再将调制后的信号合成为一个复合信号，在具有足够带宽的链路上发送出去。分离器则用滤波器将复用后的复合信号分解后，发送给接收端。

频分多路复用的优点如下所述。

(1) 容易实现，技术成熟。

(2) 信道复用率高，分路方便，因此频分多路复用是模拟通信中常采用的一种复用方式，特别是在有线和微波通信系统中应用十分广泛。

频分多路复用的缺点如下所述。

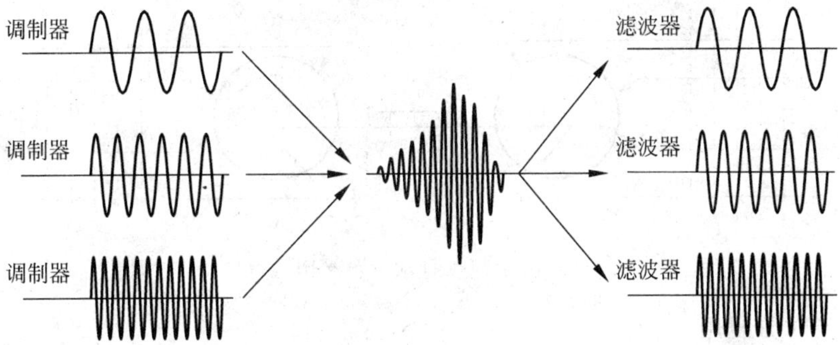

图 2-42 频分多路复用

(1) 保护频带占用了一定的信道带宽,降低了 FDM 的效率。

(2) 信道的非线性失真改变了它的实际频率特性,易造成串音和互调噪声干扰。

(3) 所需设备随输入路数增加而增多,不易小型化。

(4) FDM 不提供差错控制技术,不便于性能监测。

2. 波分多路复用

波分多路复用(wave division multiplexing,WDM)用于具有高数据速率传输能力的光缆通信中,是用于合并多个光信号的模拟多路复用技术。采用 WDM 技术,将多种不同波长的光波信号在发送端经波分复用器(合波器)汇合在一起,生成一种波段更宽的光,然后耦合到光纤中进行传输;在接收端,经信号分离器(分波器)将各种波长的光分离,然后由光接收机进一步处理,恢复原信号,如图 2-43 所示。虽然 WDM 技术非常复杂,但其实现原理非常简单。由相关物理知识可知,三棱镜根据入射角和频率,可以将几束光合并成一束光。利用这个原理,采用波分复用器可实现光波复用。输出时,分离器执行相反的操作,达到分离光波的效果。

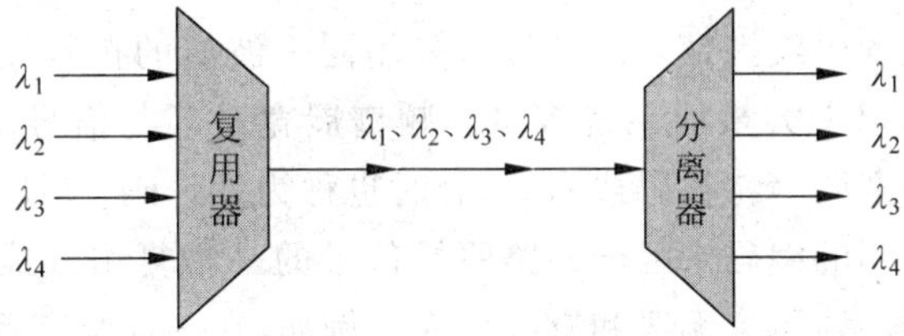

图 2-43 波分多路复用

3. 时分多路复用

时分多路复用(time division multiplexing,TDM)是按传输信号的时间进行分割,要求各条子通道按时间片轮流地占用整个带宽。它使不同的信号在不同的时间内传送,将整个传输时间分为许多时间间隔(slot time,TS)又称为时隙,每个时间片被 1 路信号占用,如图 2-44 所示。

TDM 又分同步时分复用(synchronous time division multiplexing,STDM)和异步时分复用(asynchronous time division multiplexing,ATDM)。

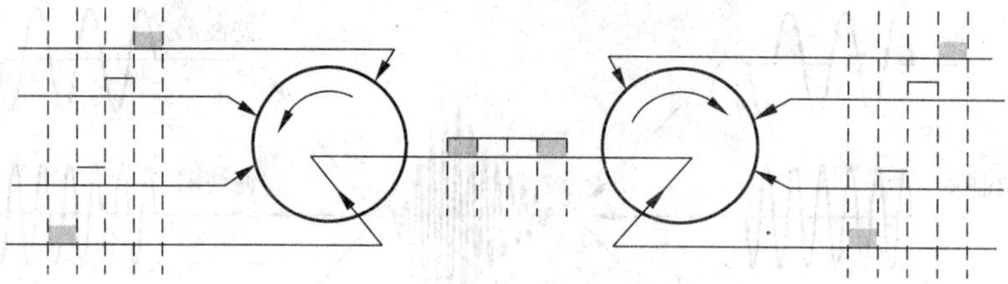

图 2-44 时分多路复用

1）同步时分复用

同步时分复用采用固定时间片分配方式，即将传输信号的时间按特定长度连续地划分成特定的时间段（一个周期），再将每一时间段划分成等长度的多个时隙，每个时隙以固定的方式分配给各路数字信号。各路数字信号在每一时间段都顺序分配到一个时隙。

由于在同步时分复用方式中，时隙预先分配且固定不变，无论时隙拥有者是否传输数据，都占有一定时隙，这就形成了时隙浪费，时隙的利用率很低。为此，引入异步时分复用技术。

2）异步时分复用

异步时分复用（ATDM）技术又称统计时分复用技术，它能动态地按需分配时隙，避免每个时间段中出现空闲时隙。

在 ATDM 中，只有当某一路用户有数据要发送时，才把时隙分配给它；当用户暂停发送数据时，不给它分配时隙。电路的空闲时隙可用于为其他用户传输数据。另外，在 ATDM 中，每个用户可以通过多占用时隙来获得更高的传输速率，甚至可以高于平均速率，最高速率可达到电路总的传输能力，即用户占有所有的时隙。

4. 码分多路复用

码分多路复用（code division multiple access，CDMA）也叫码分多址，是用一组包含互相正交的码字构成的码组携带多路信号。采用同一波长的扩频序列，频谱资源利用率高，与 WDM 结合，可以大大增加系统容量。频谱展宽是靠与信号本身无关的一种编码来完成的。称频谱展宽码为特征码或密钥，有时也称为地址码。

码分复用是靠不同的编码来区分各路原始信号的一种复用方式，主要和多址技术结合，产生了各种接入技术，包括无线和有线接入。例如，在多址蜂窝系统中采用码分复用。以信道来区分通信对象的，一条信道只容纳一个用户进行通话；对于许多同时通话的用户，相互之间以信道来区分，这就是多址。移动通信系统就是一个多信道同时工作的系统，具有广播和大面积覆盖的特点。在移动通信环境的电波覆盖区内建立用户之间的无线信道连接，是无线多址接入方式，属于多址接入技术。

码分多路复用也是一种共享信道的方法，每个用户可在同一时间使用同样的频带通信，但采用的是基于码型的分割信道的方法，即每个用户分配一个地址码，各个码型互不重叠，通信各方不会相互干扰，且抗干扰能力强。

码分多路复用技术主要用于无线通信系统，特别是移动通信系统。它不仅可以提高通信的语音质量和数据传输的可靠性，以及减少干扰对通信的影响，而且增大了通信系统的容量。笔记本电脑或个人数字助理(personal data assistant,PDA)以及掌上电脑(handed personal computer,HPC)等移动性计算机的联网通信就采用这种技术。

2.4.2 扩频技术

多路复用技术把多个低带宽信号组合成复合信号在一条高带宽信道上传输,有效地提高了数据通信链路的利用效率。扩频技术(spread spectrum,SS)也是将多路信号组合在一起传输,但是目的不同。扩频技术是为无线应用设计的。在无线应用中,各站点之间使用无线传输介质,信息安全和传输的抗干扰比带宽利用更为重要。扩频技术增加了冗余部分,并扩展了传输信号的带宽,以便利用宽频谱获得较强的抗干扰能力、较高的传输速率。

使用扩频技术发送数据时,发送端先把数据调制成数字信号,然后由扩频码发生器产生的扩频码序列去调制数字信号,展宽信号频谱,再将展宽后的信号调制到射频发送出去。接收端将收到的射频信号由高频变频至电子器件可以处理的中频,并把模拟信号转化成数字信号,再由扩频码发生器产生的扩频码序列(与发送端相同)对数字信号解扩,最后将数字信号解调成原始信息输出。

扩频技术特点为:扩频信号带宽需要大于原传输数据所需带宽;扩频代码是不可预测的伪随机二进制数据流;具有更高的安全性,更强的抗干扰能力和高速可扩展能力。

扩频分为跳频扩频、直接序列扩频、跳时扩频和线性调频扩频4种。

1. 跳频扩频

跳频扩频(frequency hopping spread spectrum,FHSS)工作方式简称跳频(FH)方式,比较确切的意思是:用一定码序列进行选择的多频率频移键控。也就是说,用扩频码序列去进行频移键控调制,使载波频率不断地跳变,所以称为跳频。

简单的频移键控如2FSK,只有2个频率,分别代表传号和空号。跳频系统则有几个、几十个,甚至上千个频率,由所传信息与扩频码的组合去选择控制,不断跳变。

FHSS有许多频率来组合应用,窃听一般发生在传输信号时,因为不知道扩频序列,无法很快适应下一跳变,仅能获取很少的一部分信息,因此数据传输具有保密性。如果敌对方对跳变周期进行噪声干扰,也无法干扰全部周期,所以此方案也具备一定的抗干扰效果。

2. 直接序列扩频

直接序列扩频(direct sequence spread spectrum,DSSS)就是直接用具有高码率的扩频码序列在发送端扩展信号的频谱;在接收端,用相同的扩频码序列去解扩,把展宽的扩频信号还原成原始信息。

用窄脉冲序列对某一载波进行二相相移键控调制。如果采用平衡调制器,调制后的输出为二相相移键控信号,相当于载波抑制的调幅双边带信号。

3. 跳时扩频

跳时扩频(time hopping spread spectrum,THSS)工作方式简称跳时(TH)方式。与跳频相似,跳时使发射信号在时间轴上跳变。首先,把时间轴分成许多时片。在一帧内,哪个时片发射信号由扩频码序列控制。可以把跳时理解为用一定码序列进行选择的多时片的时移键控。由于采用了比原时间片窄得很多的时片去发送信号，相对来说，信号的频谱展宽了。

对于跳时系统，在发送端，输入的数据先存储起来，由扩频码发生器的扩频码序列控制通一断开关，经二相或四相调制后，再经射频调制后发射。在接收端，由射频接收机输出的中频信号经本地产生的与发送端相同的扩频码序列控制通一断开关，经二相或四相解调器，送到数据存储器，再定时后输出数据。只要收、发两端在时间上严格同步，就能正确地恢复原始数据。

4. 线性调频扩频

线性调频(chirp modulation)工作方式简称 Chirp 方式。如果发射的射频脉冲信号在一个周期内的载频频率线性变化，则称为线性调频。因为其频率在较宽的频带内变化，信号的频带被展宽了。这种扩频调制方式主要用在雷达中，在通信中也有应用。

发送端用一个锯齿波去调制压控振荡器，产生线性调频脉冲。它和扫频信号发生器产生的信号一样。在接收端，线性调频脉冲由匹配滤波器对其压缩，把能量集中在很短的时间内输出，提高了信噪比，获得了处理增益。匹配滤波器可采用色散延迟线，它是一个存储和累加器件，其作用机理是对于不同的频率，延迟时间不一样。如果使脉冲前、后两端的频率经不同的延时一同输出，则匹配滤波器起到脉冲压缩和能量集中的作用。匹配滤波器输出信噪比的改善是脉冲宽度与调频频偏乘积的函数。一般情况下，线性调频在通信中很少应用。

2.5 数据交换方式

一个通信网络由许多节点互联而成，数据通信最简单的方式就是在发送方和接收方建立一条信道，用传输介质连接双方进行通信。但采用这种方法，链路利用率太低，浪费严重。随着链路数量和长度增加，采用这种方式进行通信基础设施建设是不切实际的。

解决方案就是采用交换技术。交换网络由一系列互相连接的节点构成，这些节点称为交换机。交换机能为连接到交换机上的设备建立临时连接。交换节点转发信息的方式分为电路交换、报文交换和分组交换 3 种。

2.5.1 电路交换

电路交换由物理链路连接的一组交换机组成。采用这种交换方式，把发送方和接收方用一条或多条物理专用链路连通，每次连接仅使用每条物理链路上的一条专用通道。为了更加高效地利用宽带，在电路交换中通常使用 FDM 或 TDM 技术将链路划分为 n 条通道。

1. 电路交换技术

电路交换中的交换机通常使用时分交换(time division switching，TDS)和空分交换(space division switching，SDS)两种技术。

1) 时分交换(TDS)

时分交换机采用时分复用(TDM)技术在交换机内部实现交换，最常用的方法是时隙互换。也就是说，TDS 把时间划分为若干互不重叠的时隙，由不同的时隙建立不同的子信道，通过时隙交换网络完成数据的时隙搬移，实现入线和出线间的数据交换。时分交换的关键在于时隙位置的交换，它由主叫拨号控制。为了实现时隙交换，必须设置数据存储器。在抽样周期内有 n 个时隙分别存入 n 个存储器单元，输入按时隙顺序存入。若输出端按特定的次序读出，就可以改变时隙的次序，实现时隙交换。时分交换机如图 2-45 所示。

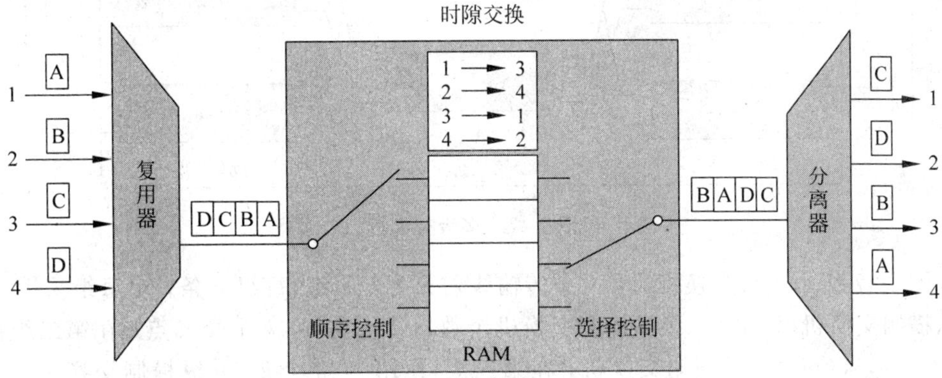

图 2-45 时分交换机

2）空分交换（SDS）

在空分交换中，电路中的各条通道在空间上是相互分离的。交换过程中的入线通过在空间的位置来选择出线，并建立接续；通信结束后，随即拆除。这种技术最初用于模拟网络，目前同时用在模拟和数字网络中。空分交换机中比较常见的有纵横制交换机和多级交换机两种。

纵横制交换机（crossbar switch）是在栅格中将 n 个输入连接到 m 个输出中，在每个交叉点用微电子开关控制，如图 2-46 所示。使用纵横制交换机将 n 个输入连到 m 个输出，需要 $n \times m$ 个交叉点，所以其主要限制是交叉点的数量。根据有关统计数据，在任何时刻，只有低于 25%的交叉点处于工作状态，而其他交叉点都闲置，因此效率比较低。

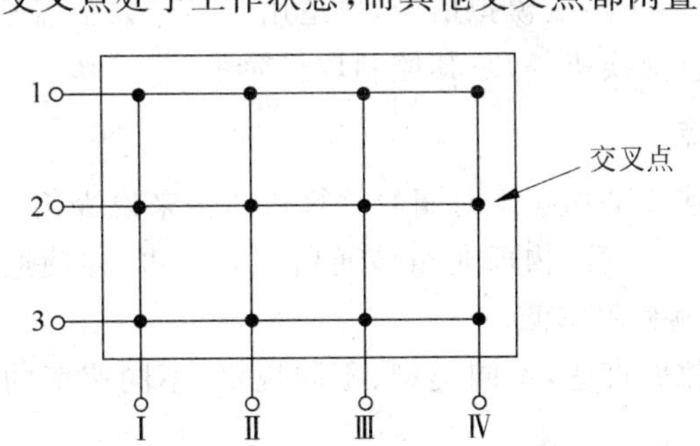

图 2-46 纵横制交换机

多级交换机可以解决纵横制交换机的交叉点限制，它将多台纵横制交换机按多级（一般为 3 级）结构组合在一起。在单个纵横制交换机中，任何连接仅有 1 行或 1 列（1 条通道）是激活的，所以需要 $N \times N$ 个交叉点。如果在交换机中允许多条路径，可以降低交叉点数。中间级的每一个交叉点可被第一级或第三级交叉点访问。多级交换机如图 2-47 所示。

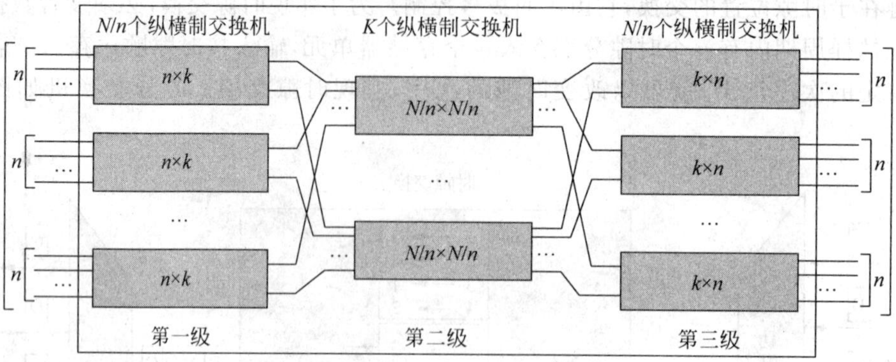

图 2-47 多级交换机

图 2-47 所示三级交换机，将 N 条传输线划分为若干组，每组 n 条；对每组采用 $n\times k$ 的纵横制交换机（k 为第二级纵横制交换机个数），每组有 $n\times k$ 个交叉点；在第二级使用 k 个 $(N/n)\times(N\times n)$ 纵横制交换机；在第三级，使用 N/n 个 $k\times n$ 纵横制交换机。三级交换机的总交叉点个数为 $2kN+k(N/n)^2$ 个。该值比单级交换机的个数 N^2 少很多。

2. 电路交换过程

电路交换网络在物理层实现，电路交换在通信之前要在通信双方之间建立一条被双方独占的物理通路（由通信双方之间的交换设备和链路逐段连接而成），整个电路交换的过程包括连接建立、占用线路并传输数据和释放线路 3 个阶段。

3. 电路交换的优点

（1）通信双方之间的物理通路一旦建立，通信线路只供双方用户专用，可以随时通信。数据传输可靠、迅速，不会丢失，实时性强。

（2）双方通信时，按发送顺序传送数据，不存在失序问题。

（3）电路交换既适用于传输模拟信号，也适用于传输数字信号。

（4）电路交换设备（交换机等）及其控制均较简单。

4. 电路交换的缺点

（1）电路交换中，连接平均建立时间对计算机通信来说嫌长。

（2）电路交换连接建立后，物理通路被通信双方独占，即使通信线路空闲，也不能供其他用户使用，因而信道利用率低。

（3）电路交换时，数据直达，不同类型、不同规格、不同速率的终端很难相互通信，也难以在通信过程中实现差错控制。

5. 适用场合

传统电话网的物理层就采用电路交换方式。可以通过打一次电话来体验。首先，摘下话机拨号；拨号完毕，交换机就知道主叫要和谁通话，并为双方建立连接；一方挂机后，交换机把双方的线路断开，为双方各自开始新的通话做好准备。电路交换的动作，就是在通信时建立(即连接)电路,通信完毕时拆除(即断开)电路。至于在通信过程中双方传送信息的内容,与交换系统无关。每部电话都连接到交换机上,而交换机使用交换的方法,让电话用户之间方便地通信。

因此,电路交换适用于远程批处理信息传输,或系统间实时性要求高的大量数据传输的情况。这种通信方式一般按照预定的带宽、距离和时间来计费。

2.5.2 报文交换

报文交换方式不要求在两个通信节点之间建立专用通路。节点把要发送的信息以报文作为数据交换的单位,报文携带目标地址、源地址等信息,完整的报文在网络中一站一站地向前传送。每一个节点接收整个报文,检查目标节点地址,然后根据网络中的链路状态,在适当的时候转发到下一个节点,经过多次存储—转发,到达目标。

1. 报文交换的优点

(1) 报文交换不需要为通信双方预先建立一条专用的通信线路,不存在连接建立时延,用户可随时发送报文。

(2) 在报文交换中便于设置代码检验和数据重发设施。另外,交换节点具有路径选择功能,某条传输路径发生故障时,可选择另一条路径传输数据,提高了传输的可靠性。

(3) 在存储—转发中容易实现代码转换和速率匹配,收、发双方不必同时处于可用状态,便于类型、规格和速度不同的计算机之间通信。

(4) 提供多目标服务,即一个报文可以同时发送到多个目的地址,这在电路交换中难以实现。

(5) 允许建立数据传输的优先级,使优先级高的报文优先转换。

(6) 通信双方不是固定占有一条通信线路,而是在不同的时间一段一段地部分占有这条物理通路,提高了通信线路的利用率。

2. 报文交换的缺点

(1) 由于数据进入交换节点后要经历存储—转发这一过程,导致转发时延(包括接收报文、检验正确性、排队、发送时间等),而且网络通信量越大,时延越大。因此,报文交换的实时性差,不适合传送实时或交互式业务数据。

(2) 报文交换只适用于数字信号。

(3) 由于报文没有长度限制,每个中间节点都要完整地接收传来的整个报文。当输出线路繁忙时,可能要存储几个完整报文等待转发,这就要求网络中的每个节点都有较大的缓冲区。为了降低成本,减少节点缓冲存储器的容量,有时要把等待转发的报文存在磁盘上,增加了传送时延。

3. 报文交换的适用场合

报文交换是一种存储—转发网络,要求交换节点有足够大的存储空间(一般是磁盘),用于缓冲收到的长报文。这种交换方式在一般通信中的应用逐步减少,但仍在使用。比如,电子邮件就采用报文交换。

2.5.3 分组交换

在分组交换网中,经过的报文必须划分为固定长度或可变长度的分组。分组长度由网络和控制协议决定。分组交换以分组为单位进行传输,以存储—转发交换方式工作,即将到达交换机的分组先送到存储器暂时存储和处理,等到相应的输出电路有空闲时再送出。分组交换对分组没有预留的带宽,也不安排预定处理时间,资源按需分配,按先来先服务的原则进行处理,存在一定的时延。分组交换分为数据报和虚电路两类。

1. 数据报

在数据报网络中,每个分组独立处理,与其他分组无关,即使某个分组是多分组传输的一部分。数据报不建立连接,为了保证数据到达目的端,每个分组必须按照一定格式附加源地址与目的地址、分组编号、分组起始及结束标志、差错校验等信息,以分组形式在网络中传输,如图 2-48 所示。

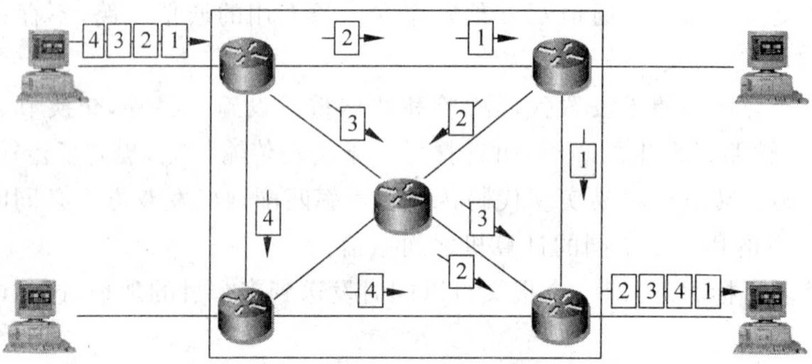

图 2-48 数据报网络

需要特别说明的是,数据报交换通常在网络层进行。在数据报网络中,交换设备一般是路由器。数据报网络又称无连接网络,路由器不保存有关连接状态信息,无须建立连接。因特网在网络层就是用数据报方法交换分组。

从图 2-48 可以看出,在数据报交换中,即使是属于同一报文的分组,也经常会由不同的传输路径传送到目的端。由于分组之间延迟不同,同一报文的不同分组到达目的节点时可能出现乱序,也有可能由于资源不足发生丢失现象。换句话说,网络只是尽力地将分组交付给目的主机,但不保证所传送的分组不丢失,也不保证分组能够按发送的顺序到达接收端,所以网络提供的服务是不可靠的,也不保证服务质量。因为数据报网络是无连接网络,所以每一个分组在传输过程中都必须带有目的地址与源地址。

数据报交换的优点如下所述。

(1) 数据传输速度更快。在数据报中,分组逐个传输,可以使后一个分组的存储操作与前一个分组的转发操作并行。这种流水线式传输方式减少了报文的传输时间。

(2) 缓冲空间需求降低。传输一个分组所需的缓冲区比传输一份报文所需的缓冲区小得多,因缓冲区不足而等待发送的概率及等待的时间必然减少。

(3) 简化了存储管理。因为分组的长度固定,相应的缓冲区的大小也固定。在交换节点中,存储器的管理通常简化为缓冲区的管理。

(4) 减少了出错概率和重发数据量。因为分组较短,出错概率必然减少,每次重发的数据量也就大大减少,不仅提高了可靠性,也减少了传输时延。

(5) 由于分组短小,更适合采用优先级策略,便于及时传送紧急数据,适合计算机之间突发式的数据通信。

(6) 由于能够以分组方式实现数据的暂存交换,经交换机处理后,很容易实现不同速率、不同规程的终端间通信。

数据报交换的缺点如下所述。

(1) 尽管分组交换比报文交换的传输时延小,但仍存在存储—转发时延,而且其节点交换机必须具有更强的处理能力。

(2) 与报文交换一样,每个分组都要加上源地址、目的地址和分组编号等信息,使传送的信息量增大,在一定程度上降低了通信效率,增加了处理时间,使控制复杂,时延增加。

(3) 分组经常会由不同的传输路径传送到目的端。由于分组之间延迟不同,所以同一报文的不同分组到达目的节点时可能出现乱序,也有可能由于资源不足,发生丢失现象。分组到达目的节点时,要按编号排序,增加了工作量。

数据报交换网仅在传输分组时才分配资源,所以比电路交换的效率高。在传输时,每个分组在转发前都有可能需要等待,所以其传输时延比电路交换和虚电路要大。由此可以看出,数据报方式一般适用于突发性通信,不适用于长报文、会话式通信。因特网在网络层用数据报方式对分组进行数据交换。

2. 虚电路

虚电路是一种结合了电路交换和数据报交换两种方式的技术。在数据传输阶段,虚电路需要在发送端和接收端之间先建立逻辑连接,同样包含建立连接、保持连接和释放连接3个阶段,并在建立阶段按需分配资源。同数据报网络一样,数据被划分为分组,每一个分组的头部都含有地址,具有本地权限(不是端到端的权限),交换机根据此地址发送分组,所有分组沿着建立的路径传送。在实际应用中,虚电路网络通常在数据链路层实现。虚电路网络如图2-49所示。

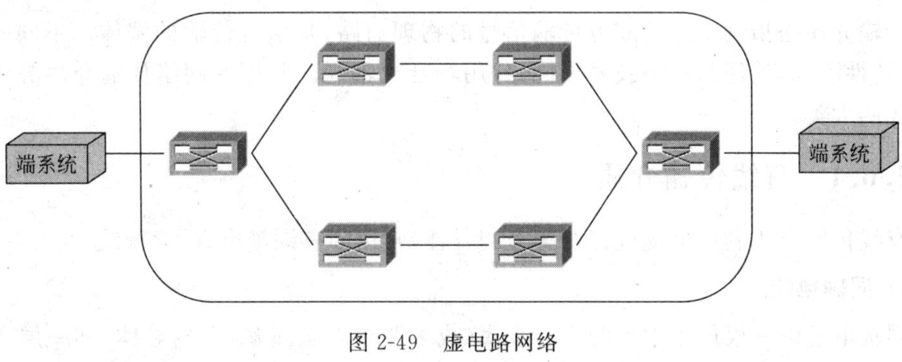

图2-49 虚电路网络

在虚电路网络中,需要用到全局和本地两类地址。源端或目的端需要有一个全局地址,它是一个广域网范围内的唯一地址。与数据报不同的是,此地址仅用于建立虚电路标识符(virtual circuit identifier,VCI)。VCI由两个交换机之间的帧使用,交换机根据VCI来传送分组。

虚电路的优点如下所述。

(1) 资源按需分配,源端可检测资源的可利用程度,而不必真实预留。

(2) 预留资源时,属于相同源端和目的端的分组都按同一路径传送,每个分组的延时相同。

(3) 简化了存储管理。因为分组的长度固定,相应的缓冲区的大小也固定。在交换节点中,存储器的管理通常简化为缓冲区的管理。

(4) 减少了出错概率和重发数据量。因为分组较短,出错概率必然减少,每次重发的数据量也就大大减少,不仅提高了可靠性,也减少了传输时延。

(5) 由于能够以分组方式实现数据的暂存交换,经交换机处理后,很容易实现不同速率、不同规程的终端间通信。

虚电路的缺点如下所述。

(1) 按需分配资源时,分组到达目的端口的延迟可能不同。

(2) 建立、拆除逻辑连接时,有延迟。

(3) 网络提供的服务是可靠的,保证服务质量。

(4) 与报文交换一样,每个分组都要加上源地址、目的地址和分组编号等信息,使传送的信息量增大,在一定程度上降低了通信效率,增加了处理时间,使控制复杂,时延增加。

采用虚电路,在信息交换之前,需要在发送端和接收端之间建立逻辑连接,然后才传送分组,所有分组沿相同的路径交换、转发。通信结束后,拆除该逻辑连接。网络保证所传送的分组按发送的顺序到达接收端。网络提供的服务是可靠的,保证服务质量。由于每个分组头只需标出虚电路标识符和序号,所以分组头开销小,适用长报文传送。但对信息传输频率高、每次传输量小的用户不太适用。虚电路技术非常适合数据链路层使用。在交换式广域网中,数据链路层通常采用虚电路实现,如帧中继网和ATM网。

2.6 传输介质

传输介质是指网络通信双方传输信号的物理通路,是信息传输的载体。不同的传输介质,特性不同,使用的网络技术不同,应用场合也不同。常用的网络传输介质分为有线和无线两大类。

2.6.1 有线传输介质

有线传输介质利用电缆或光纤等充当导体,常用的有同轴电缆、双绞线、光纤等。

1. 同轴电缆

同轴电缆由一根位于中央的实心金属(或多股绞合金属丝,即内导体)和一层金属网状外导体构成,内、外导体分别由绝缘护套封装。整根电缆由聚氯乙烯或特氟纶材料制成的护套保护。因为内、外导体同轴,所以称其为同轴电缆,如图2-50所示。同轴电缆的外导体既可作为第二导体,又可以屏蔽噪声。这种结构使其具有高带宽和良好的噪声抑制性能，可用于传输更高频率范围的信号。

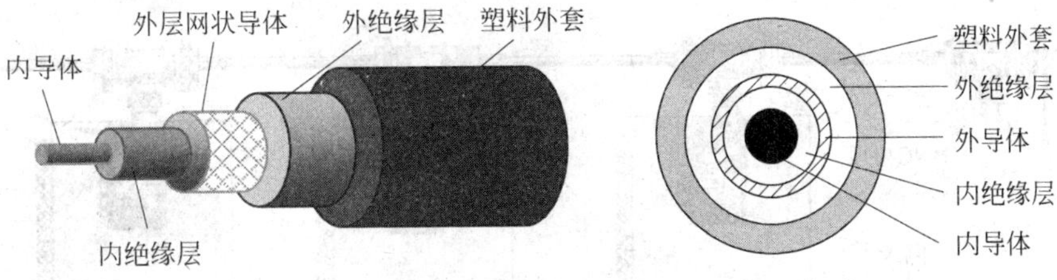

图 2-50 同轴电缆结构

1）常用同轴电缆

同轴电缆一般按照其无线电管理(RG)等级来分类。每一个 RG 号码表示一种物理规范，包括内导体规格、内部绝缘护套粗细和类型，外导体结构、外绝缘护套，以及外套的尺寸类型等内容。每种 RG 等级的同轴电缆适用于一种特定的功能，常用同轴电缆规格及用途如表 2-4 所示。

表 2-4 常用同轴电缆规格及用途

型 号	特性阻抗(Ω)	外径(mm)	用 途
RG-11	50	10.0+0.2	粗缆以太网
RG-58	50	5.0+0.2	细缆以太网
RG-59	75	6.1+0.2	有线电视

(1) 细缆(RG-58)：细缆直径约 0.5cm，阻抗 50Ω，使用时需要 BNC 连接器、T 型连接器和 BNC 终接器(50Ω 终端电阻)3 种连接器，如图 2-51 所示。细缆的线材价格和连接头成本都比较便宜，而且不需要购置集线器等设备，具有容易安装、造价低廉的优点，十分适合架设终端设备较为集中的小型以太网络。

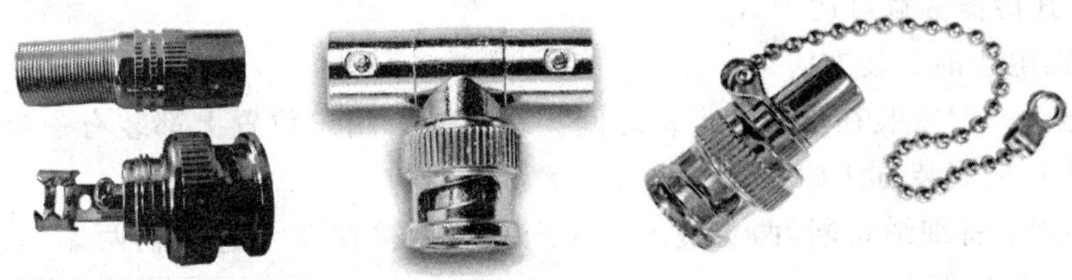

(a) BNC连接器　(b) BNC T型接头　(c) BNC终端电阻

图 2-51 BNC 连接器类型

缺点是在安装细缆时，须切断电缆，在电缆两端接上 BNC 连接器，再与 T 型头相连(如图 2-52 所示)，容易产生接触不良或接头短路的情况，且故障点难以排查，降低了网络的可靠性。

(2) 粗缆(RG-11)：粗同轴电缆直径约为 1cm，阻抗 75Ω，具有较高的可靠性，网络抗干扰能力强，传输距离长，安装时无须切断电缆，可以根据需要灵活调整计算机的入网位置。当然，其缺点也较明显。一方面，由于粗缆直径较粗(1cm)，因此弹性较差，不适合在狭窄的环境内架设；另一方面，粗缆连接头的制作相对复杂，需要通过一个转接器转成

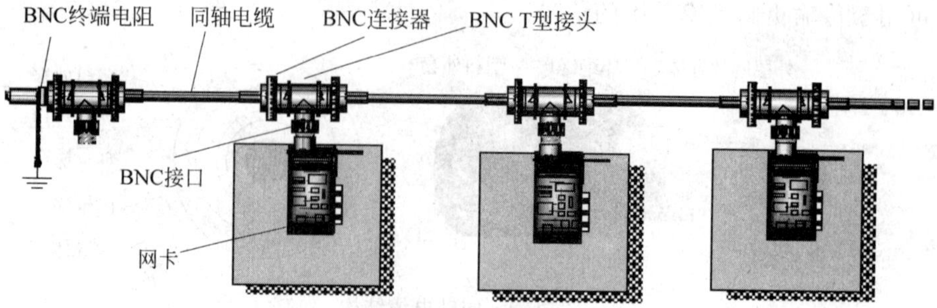

图 2-52　BNC 连接结构

AUI 接头，再连接到计算机上，使得网络安装难度大，维护和扩展困难，总体造价较高，如图 2-53 所示。由于粗缆的强度较大，最大传输距离比细缆长，所以主要用于网络主干，连接数个由细缆构成的网络。

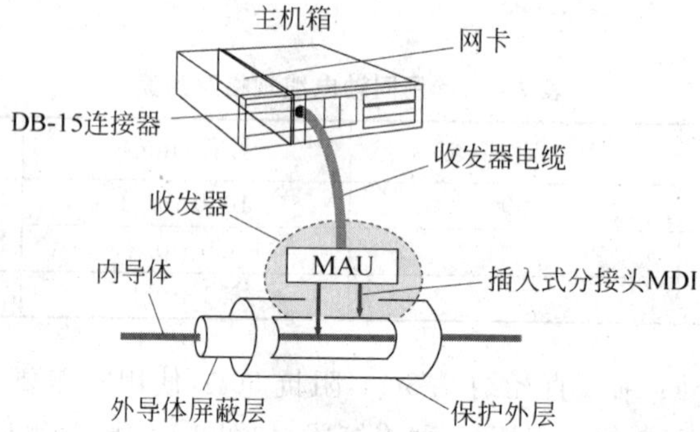

图 2-53　BNC 连接结构

(3) CATV 电缆(RG-59)：CATV 电缆(RG-59)直径约为 0.61cm，阻抗 75Ω，常用于 CATV 网，其传输带宽可达 1GHz。

2) 同轴电缆的安装方法

同轴电缆一般安装在设备与设备之间。在每一个用户位置上都装有一个连接器，提供接口。接口的安装方法如下所述。

(1) 细缆：将细缆切断，两头装上 BNC 头，然后接在 T 型连接器两端。末端接终端电阻，防止信号反射。

(2) 粗缆：粗缆一般采用类似夹板的装置进行安装。它利用装置夹上的引导针穿透电缆的绝缘层，直接与导体相连。电缆两端设有终端器，用于削弱信号的反射作用。

为了保持同轴电缆正确的电气特性，电缆屏蔽层必须接地；同时，两头要有终端器来削弱信号的反射作用。

在标准以太网中，无论是粗缆还是细缆，均采用总线型拓扑结构，即一根缆上接多台机器。但是当某一触点发生故障时，将影响整根缆上的所有机器，故障诊断和修复都很麻烦。因此，同轴电缆现已被双绞线或光缆取代。

3) 主要应用

同轴电缆最初在模拟电话网中使用，单个同轴电缆网能传送 10000 路语音信号。在数字电话网中，同轴电缆能以 600Mb/s 速率传送数据。随着用户数增加及网络带宽需求更高，电话网中的同轴电缆已被光缆取代。

在电视网络中，同轴电缆用于设备的支架连线、闭路电视（CCTV）、共用天线系统（MATV），以及彩色或单色射频监视器的转送。当然，随着时代的进步，在电视网络中，除了网络边界及终端设备连接外，光缆已取代了同轴电缆。

在早期的标准以太网中，曾将同轴电缆作为传输介质来使用。例如，10Base-2 采用 RG-58 同轴电缆作为传输介质，以 10Mb/s 的速率传输，单段最大网段达 185m，每段最多连接 30 个节点，连接器之间最小距离 0.5m，最大网络长度可达 925m；10Base-5 采用 RG-11 同轴电缆作为传输介质，以 10Mb/s 的速率传输，单段最大网段达 500m，单段最大传输距离达到 500m，每段最多连接 100 个节点，收发器之间最小距离 2.5m，最大网络长度可达 2500m。

2. 双绞线

双绞线是综合布线工程中最常用的一种传输介质。它是由两条相互绝缘的导线（一般为铜线）按照一定的规格互相缠绕在一起而制成的一种通用配线，如图 2-54 所示。双绞线过去主要用来传输模拟信号，现在同样适用于数字信号传输。

图 2-54 双绞线

双绞线把两根绝缘的导线按一定密度绞在一起，可降低信号干扰的程度，每一根导线在传输中辐射的电波会被另一根线上发出的电波抵消。把一对或多对双绞线放在一根绝缘套管中，便构成了双绞线电缆，如在局域网中常用的 5 类、6 类、7 类双绞线就是由 4 对双绞线组成的。

虽然双绞线与其他传输介质相比，在传输距离、信道宽度和数据传输速度等方面均受到一定的限制，但其价格较为低廉，且其限制在快速以太网中影响甚微，所以双绞线仍是局域网中首选的传输介质。

1）双绞线的分类

按照有无屏蔽层，分为非屏蔽双绞线（unshielded twisted pair，UTP）与屏蔽双绞线（shielded twisted pair，STP），如图 2-55 所示。

(a) UTP　　(b) STP

图 2-55 UTP 和 STP

非屏蔽双绞线（UTP）是一种数据传输线，由 4 对不同颜色的传输线组成，广泛应用于计算机网络中。

屏蔽双绞线(STP)在双绞线与外层绝缘封套之间有一个金属屏蔽层。常用的屏蔽双绞线有 SFTP(shielded foil twisted-pair)和 FTP(foil twisted-pair)。SFTP 的每条线都有各自的屏蔽层,FTP 只在整根电缆外包有屏蔽层。

需要注意的是,屏蔽层只在整个电缆系统装有屏蔽装置,并且电缆两端正确接地的情况下才起作用。因为屏蔽双绞线的成本比非屏蔽双绞线高,且安装较复杂,所以在计算机网络布线工程中,主要使用非屏蔽双绞线。

按照美国电子工业协会(electronic industries association,EIA)标准,将非屏蔽双绞线分为 1-7 类,1 类标准最低,7 类最高,如表 2-5 所示。

表 2-5　UTP 分类

类别	速率(Mb/s)	带宽	适用场合	说　明
CAT1	<0.1	750kHz	电话	20 世纪 80 年代电话线缆
CAT2	2	1MHz	T-1 线路	电信 T-1 线路的数据和音频传输
CAT3	10	16MHz	局域网	改进的 CAT2,适用于 10Base-T,已淘汰
CAT4	20	20MHz	局域网	改进的 CAT3,用于令牌环网,未广泛使用
CAT5	100	100MHz	局域网	适用于 100Base-T,是现今常用介质之一
CAT5e	125	125MHz	局域网	适用于 1000Base-T,是现今常用介质之一
CAT6	200	200MHz	局域网	数据传输速率达到 200Mb/s 的一种新介质
CAT7	600	600MHz	局域网	又称为 SSTP,屏蔽网屏双绞线。每对双绞线独立封装在金属箔中,外加封套

随着网络技术的发展和应用需求的提高,双绞线这种传输介质的标准逐步发展与提高。从最初的 1、2 类线,发展到今天的 7 类线,而且还有继续发展的空间。

2) 双绞线的特点

双绞线是综合布线工程中最常用的一种传输介质,其特点如下所述。

(1) 传输距离远,传输质量高。在双绞线收发器中采用先进的处理技术,极好地补偿了双绞线对信号幅度的衰减,以及不同频率间的衰减差。

(2) 布线方便,线缆利用率高。楼宇内广泛铺设的 5 类非屏蔽双绞线中的任取一对就可以传送一路视频信号,无须另外布线。即使是重新布线,5 类双绞线也比同轴电缆容易。此外,一根 5 类缆内有 4 对双绞线,如果使用一对线传送视频信号,另外的几对线还可以用来传输音频信号、控制信号、供电电源或其他信号,提高了线缆利用率,同时避免了各种信号单独布线带来的麻烦,减少了综合布线工程造价。

(3) 抗干扰能力强。双绞线能有效抑制共模干扰,即使在较强的干扰环境下,双绞线也能传送信号。

(4) 可靠性高、使用方便。双绞线传输设备价格便宜,使用起来也很简单,无须专业知识,也无太多的操作,一次安装,长期稳定工作。

(5) 价格便宜,工程造价低。

3) 双绞线连接器

在国际上最有影响力的 3 个致力于研究综合布线的组织为美国国家标准协会

(American National Standards Institute，ANSI)、美国通信工业协会(Telecommunication Industry Association，TIA)和美国电子工业协会(Electronic Industries Alliance，EIA)。

由于 TIA 和 ISO 两个组织经常进行标准制定方面的协调，所以 TIA 和 ISO 颁布的标准差别不大。目前在北美乃至全球，双绞线标准应用最广泛的是 ANSI/EIA/TIA-568A 和 ANSI/EIA/TIA-568B，简称 T568A 和 T568B，二者最主要的不同之处就是芯线序列。双绞线跳线压线钳和 RJ-45 连接器如图 2-56 所示。

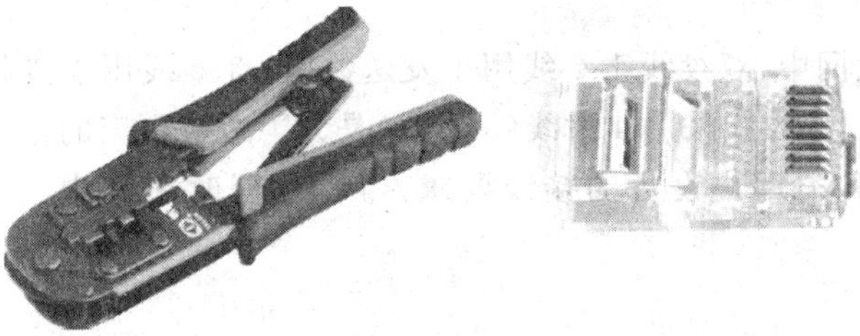

(a) 压线钳　　(b) RJ-45插头

图 2-56　双绞线压线钳和 RJ-45 连接器

EIA/TIA-568A 的线序依次为绿白、绿、橙白、蓝、蓝白、橙、棕白、棕，其标准如表 2-6 所示。

表 2-6　EIA/TIA-568A 标准

颜色	绿白	绿	橙白	蓝	蓝白	橙	棕白	棕
线序	1	2	3	4	5	6	7	8

EIA/TIA-568B 的线序依次为橙白、橙、绿白、蓝、蓝白、绿、棕白、棕，其标准如表 2-7 所示。

表 2-7　EIA/TIA-568B 标准

颜色	橙白	橙	绿白	蓝	蓝白	绿	棕白	棕
线序	1	2	3	4	5	6	7	8

RJ-45 连接器标准如图 2-57 所示。

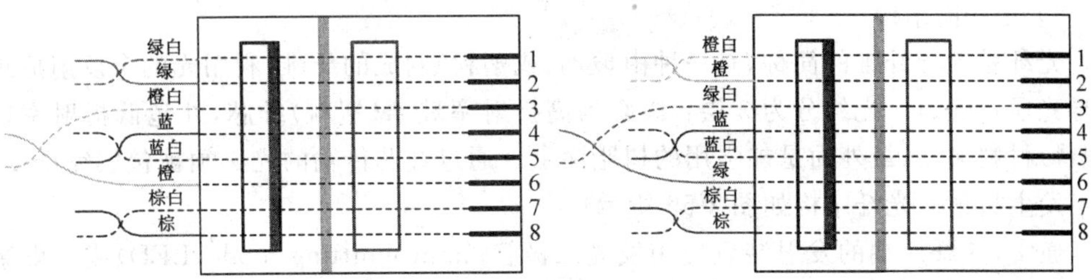

(a) EIA/TIA-568A标准　　(b) EIA/TIA-568B标准

图 2-57　RJ-45 连接器标准

双绞线常用跳线有直通线和交叉线两种。直通线是指跳线两端同时采用 EIA/TIA-568B 标准(或 EIA/TIA-568A)的,称为直通线;跳线一端采用 EIA/TIA-568A 标准,另一端采用 EIA/TIA-568B 标准的,称为交叉线。

4) 主要应用

双绞线可用于电话线路,提供语音和数据通信,也可以为 DSL 线路提供高数据速率连接,最常用于以太网。在以太网中,10Base-T、100Base-T 和 1000Base-T 标准用的都是双绞线。

10/100M 以太网中,双绞线 1、2 线用于发送数据;3、6 线用于接收数据;4、5 用于语音;7、8 是双向线。双绞线采用 4 对线(8 芯线)是为了适应更广的范围,在不更新基础设施的前提下,满足各类用户设备的接线要求。例如,同时用其中一对双绞线实现语音通信。

3. 光缆

光缆由能够传送光波的玻璃(或塑料)纤维及其保护层构成,是一种利用玻璃(或塑料)制成的纤维传输光信号的传输介质。

光缆与光纤是两个不同的概念。多数光纤在使用前必须由几层保护结构包覆,包覆后的缆线称为光缆。典型的光缆由光纤、缓冲层、保护层和外部封套构成,如图 2-58 所示。外部封套由 PVC(或特氟隆)制成;保护层由凯夫拉(Kevlar)纤维构成,用于增加光缆的强度;缓冲层由塑料构成,用于缓冲光纤的受力;光纤位于光缆的中心,由包层和纤芯构成,是光缆的核心部分。微细的光纤封装在光缆中,受到层层保护,使得它能够弯曲而不至于断裂。

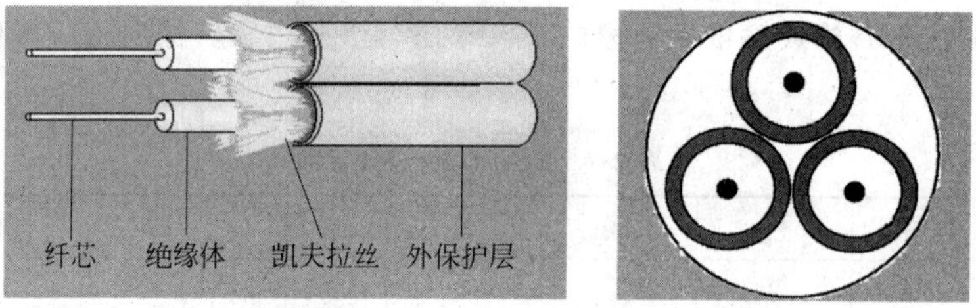

(a) 室内单模光纤 (b) 多模光纤

图 2-58 光缆结构

1) 光纤的结构

光纤是光导纤维的简称,是一种由玻璃(或塑料)制成的纤维,利用光的全反射原理来引导光通过通道。光纤分为 3 层:核心为高折射率玻璃(塑料)纤芯,外包低折射率玻璃(塑料)材料包层,最外面是加强用的树脂涂层。通过纤芯传输的光必须被包层完全反射,而不发生折射。光纤结构如图 2-59 所示。

通常,光纤一端的发射装置使用发光二极管(light emitting diode,LED)或一束激光将光脉冲传送至光纤,另一端的接收装置使用光敏元件检测脉冲。由于光在光导纤维中的传导损耗比电在电线中的传导损耗低得多,因此光纤被用于长距离的信息传递。

光纤的规格一般是按照纤芯和纤芯包层的直径来定义的,通常用微米(μm)为单位。

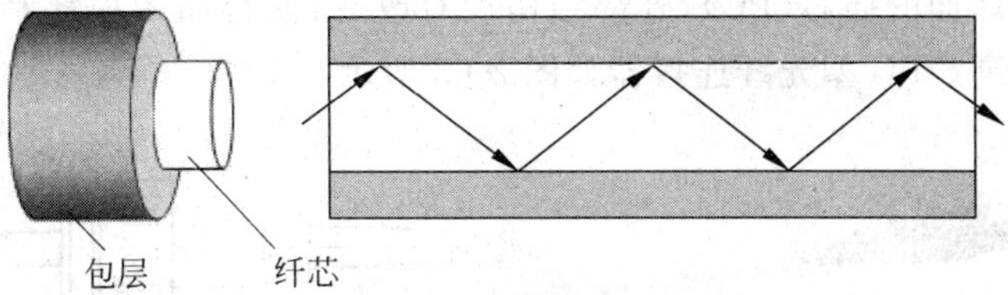

图 2-59　光纤结构

常用光纤的规格如表 2-8 所示。

表 2-8　常用光纤规格

规　　格	纤芯(μm)	包层(μm)	传输距离(m)	工 作 模 式
50/125	50	125	220	多模渐变式
62.5/125	62.5	125	550	多模渐变式
9/125	9	125	3000	单模

2）光纤的传播模式

目前，光纤支持多模和单模两种传播模式。其中，多模又分为多模阶跃折射率模式和多模渐变折射率模式。每种模式的光纤维都具有不同的物理特性。

在多模光纤中，光波以多种模式传播，不同的传播模式有不同的传播路径，与纤芯的结构有关，即与纤芯和包层的相对折射率、纤芯的直径以及工作波长相关。

在多模阶跃折射率光纤中，纤芯的密度从中心到边缘保持不变。光束到纤芯与包层交界处之前，以直线的形式通过纤芯；在交界处，突然遇到低密度的包层，引起光束传输角度变化。阶跃折射率就是指这种变化的突然性，如图 2-60 所示。

在多模渐变折射率光纤中，纤芯的密度在中心处最高，从中心到边缘逐渐降低，边缘处密度最低。由此可见，折射率与密度有关。多模渐变折射率如图 2-61 所示。

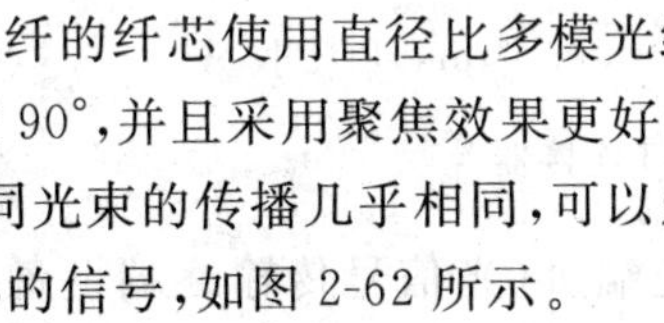

图 2-60　多模阶跃折射率模式

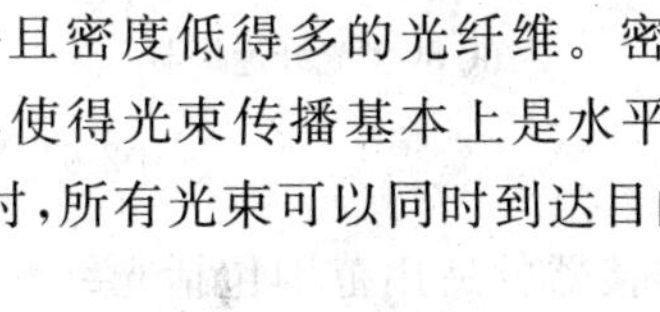

图 2-61　多模渐变折射率模式

单模光纤的纤芯使用直径比多模光纤细，并且密度低得多的光纤维。密度的降低使临界角接近 90°，并且采用聚焦效果更好的光源，使得光束传播基本上是水平的。在这种模式下，不同光束的传播几乎相同，可以忽略延时，所有光束可以同时到达目的端，并重组为失真很小的信号，如图 2-62 所示。

3）光纤连接器

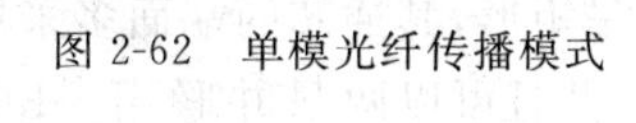

图 2-62　单模光纤传播模式

(1) FC 型光纤连接器：由日本 NTT 研制。FC (ferrule connector)表明其外部用金属套加强，用螺丝扣紧固，抗拉强度高，并且防尘。最早，FC 型光纤连接器采用陶瓷插芯的对接端口，其结构简单，操作方便，制作容易，但光纤端面对微尘较敏感，容易产生菲涅尔反射，提高回波损耗性能较为困难。后来，人们对该类型连接器做了改进，采用对接端面呈球面的插芯(PC),外部结构没有改变,使得插入损耗和回波损耗性能有了较大幅度的提高。FC型光纤连接器如图2-63所示。

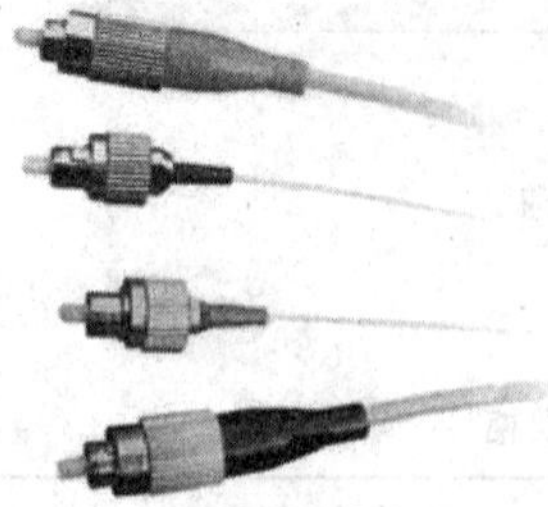

(a) FC型光纤连接器

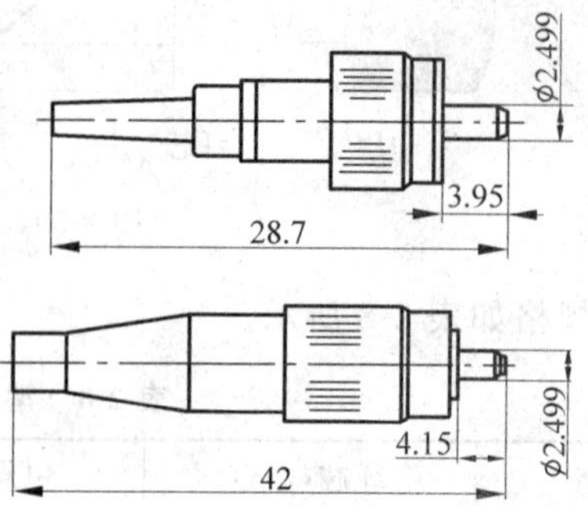

(b) 接口尺寸

图2-63 FC型光纤连接器

FC型连接器的适用范围包括光纤配线架、光端机(光信号传输终端设备)、光仪器仪表、光纤测试系统等。电信网络光纤配线架多采用这种类型的连接器。

(2) SC型光纤连接器:是一种由日本NTT公司开发的光纤连接器。SC(square connector)外壳呈矩形,其插芯与耦合套筒的结构尺寸与FC型相同。其中,插芯的端面多采用PC或APC型研磨方式;采用插拔销闩方式紧固,不需旋转,便于密集安装。这类连接器价格低廉,插拔操作方便,介入损耗波动小,抗压强度较高,安装密度高。SC型光纤连接器如图2-64所示。

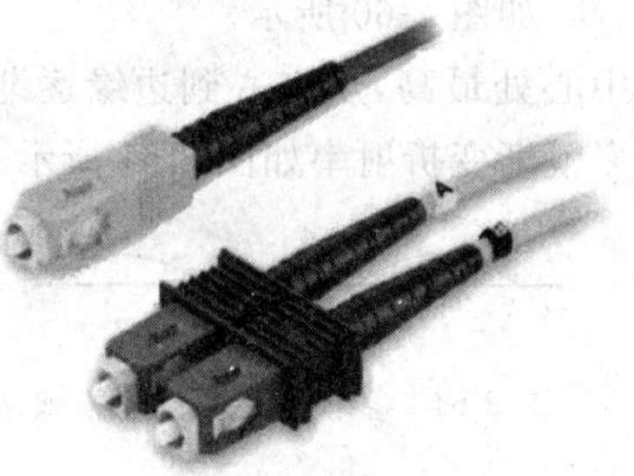

(a) SC型光纤连接器

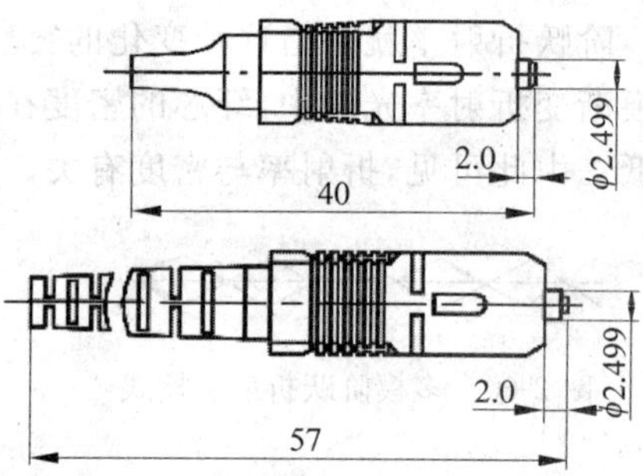

(b) 接口尺寸

图2-64 SC型光纤连接器

SC型连接器的适用范围包括光纤配线架、光端机(光信号传输终端设备)、光仪器仪表、光纤测试系统等。交换机、路由器大多采用这种类型的连接器。

(3) LC型连接器:是由贝尔(Bell)研究所研究、开发出来的一种光纤连接器。LC外壳呈矩形,其插芯的端面多采用PC型研磨方式;连接方式采用模块化插孔(RJ)闩锁结构,并且可以两只并联用。LC采用的插芯和套筒的尺寸是普通FC、SC等的一半,为1.25mm,可以提高光纤配线架中光纤连接器的密度,便于密集安装。LC型光纤连接器如图2-65所示。

LC 型连接器的适用范围包括光纤配线架、光端机(光信号传输终端设备)、各种光纤器件和有高密度、大容量要求的设备。

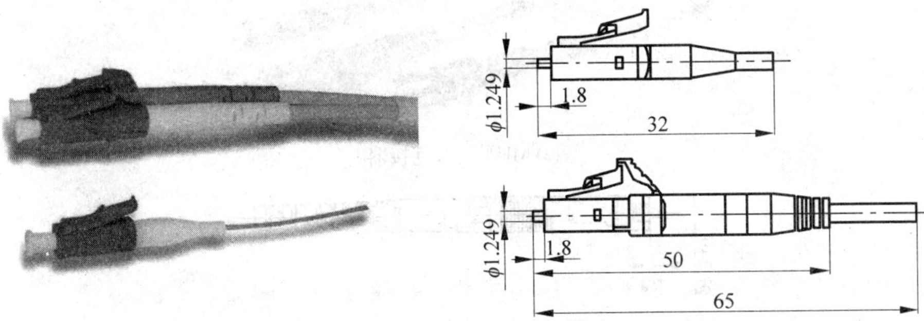

(a) LC型光纤连接器　　(b) 接口尺寸

图 2-65　LC 型光纤连接器

(4) ST 型光纤连接器：采用类似于 FC 型连接器的圆形金属套，紧固方式为卡口式锁紧结构，便于快速安装。其插芯的端面多采用 PC 型研磨方式。ST 型光纤连接器如图 2-66 所示。

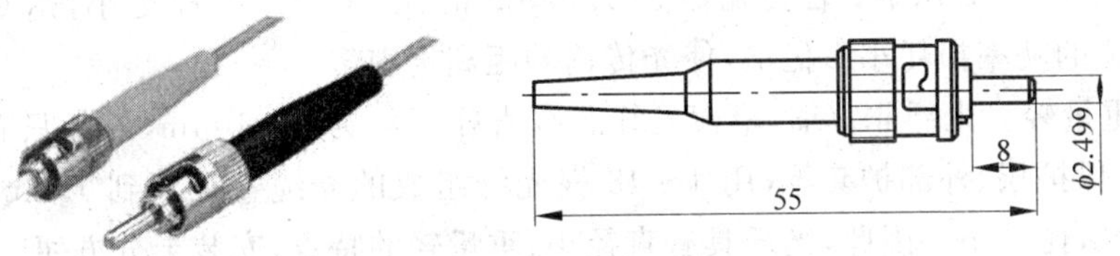

(a) ST型光纤连接器　　(b) 接口尺寸

图 2-66　ST 型光纤连接器

ST 型连接器的适用范围包括光纤配线架、光端机(光信号传输终端设备)、光仪器仪表、光纤测试系统等。对于 10Base-F 连接来说，连接器通常是 ST 型，常用于光纤配线架。

(5) MU 型连接器：是以目前使用最多的 SC 型连接器为基础，由 NTT 公司研制开发的小型单芯光纤连接器，采用 1.25mm 直径的套管和自保持机构，其优势在于能实现高密度安装。利用 MU 的 1.25mm 直径套管，NTT 开发出 MU 连接器系列，有用于光缆连接的插座型连接器(MU-A 系列)、具有自保持机构的底板连接器(MU-B 系列)以及用于连接 LD/PD 模块与插头的简化插座(MU-SR 系列)等。随着光纤网络向更高带宽、更大容量方向迅速发展，以及 DWDM 技术广泛应用，对 MU 型连接器的需求迅速增长。MU 型连接器如图 2-67 所示。

MU 型连接器的适用范围包括光纤配线架、光端机(光信号传输终端设备)、各种光纤器件。其外形尺寸小，适合有高密度、大容量要求的设备实现高密度安装。

4) 光纤的优缺点

光纤与双绞线或同轴电缆相比，具有以下优点。

(1) 带宽高。光纤支持的带宽比双绞线或同轴电缆高得多。高带宽意味着高数据传

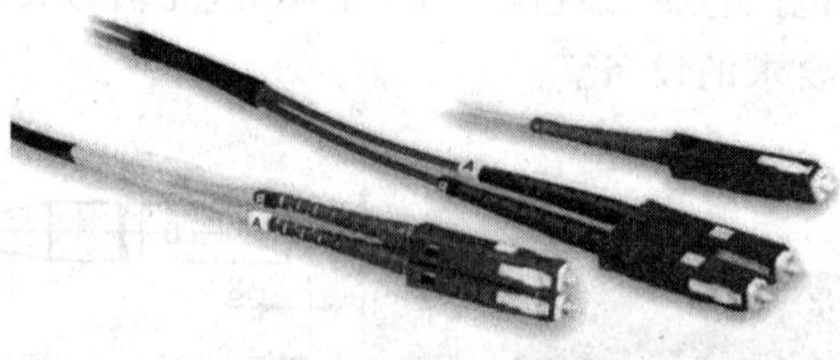
(a) MU型光纤连接器

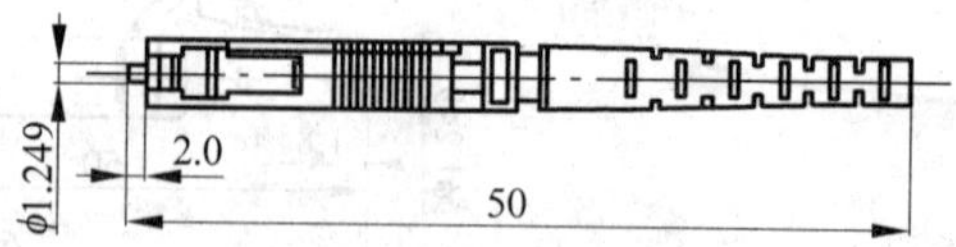

(b) 接口尺寸

图 2-67 MU 型光纤连接器

输率。当前光纤带宽(数据速率)受到的限制是由信号生成和接收技术造成的。

(2) 损耗低。在同轴电缆组成的系统中,最好的电缆在传输 800MHz 信号时,每千米的损耗都在 40dB 以上。相比之下,光导纤维的损耗要小得多,传输波长 1.31μm 的光,每千米损耗在 0.35dB 以下;若传输波长 1.55μm 的光,每千米损耗更小,达 0.2dB 以下。比同轴电缆的功率损耗小 1 亿倍,使光传输的距离远得多。

(3) 重量轻。光纤非常细,单模光纤芯线直径一般为 4～10μm,外径只有 125μm,加上缓冲层、保护层、外部护套等,用 4～48 根光纤组成的光缆直径不到 13mm;而且光纤是玻璃纤维,比重小。因此,光纤具有直径小、重量轻的特点,安装十分方便。

(4) 抗干扰能力强,安全性高。因为光纤的基本成分是石英,只传光,不导电,不受电磁场的作用,在其中传输的光信号不受电磁场的影响,故光纤传输对电磁干扰、工业干扰有很强的抵御能力。也正因为如此,在光纤中传输的信号不易被窃听,利于保密。

(5) 工作性能可靠。系统的可靠性与组成该系统的设备数量有关,设备越多,发生故障的概率越大。因为光纤系统包含的设备数量少(不像电缆系统那样需要几十个放大器),可靠性自然就高,加上光纤设备的寿命都很长,无故障工作时间达 50 万～75 万小时。其中,寿命最短的是光发射机中的激光器,也可以最少工作 10 万小时以上。因此,一个设计良好,正确安装、调试的光纤系统的工作性能是非常可靠的。

(6) 成本不断下降。由于制作光纤的材料(石英)来源十分丰富,随着技术进步,成本将进一步降低;而制作电缆所需的铜原料有限,价格会越来越高。

光纤的缺点如下所述。

(1) 安装、维护复杂。光纤在安装和维护时需要专门的技能和设备。

(2) 光纤具有单向性。光的传播是单向的。如果要双向通信,需要两根光纤。

(3) 成本较高。现阶段,光缆的接口及收发设备相比于同轴电缆和双绞线要高一些。

5) 光纤的应用

光纤具有带宽高、损耗低、重量轻、性能可靠、抗干扰能力强、安全性高等优点,但其在安装和维护时比较复杂,使用成本较高,所以一般在主干网络中使用光纤,在接入端使用双绞线或同轴电缆。随着光纤应用成本降低,其应用范围将越来越广。

2.6.2 无线传输

无线传输是指不使用有线物理导体传输电磁波。在无线传输中,电磁波通常通过空气传播。按照频率由低到高排列,电磁波划分为无线、微波、红外、可见光、紫外线、X 射线、γ 射线。国际电信联盟(ITU)根据不同的频率(波长)来划分和命名波段,如图 2-68 所示。

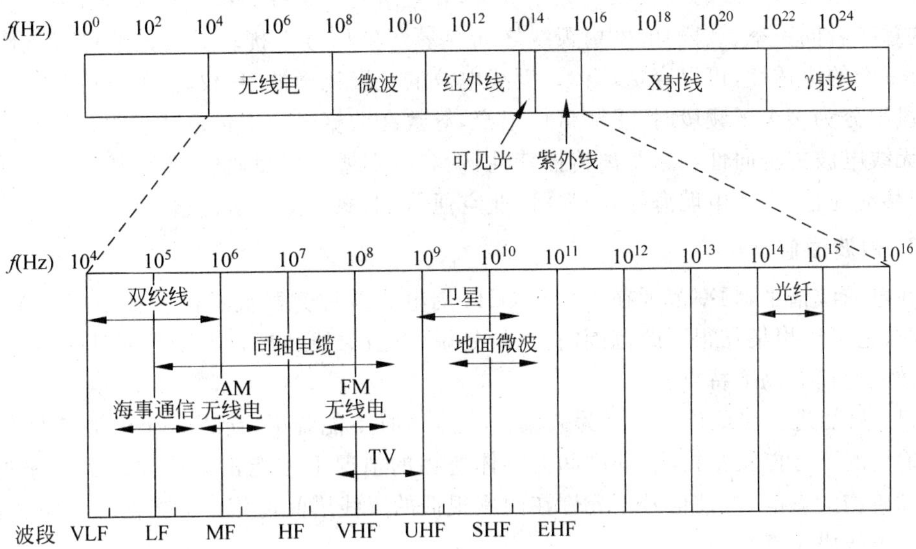

图 2-68 电磁波谱与通信类型的关系

描述电磁波的参数有 3 个:电磁波传播速度(c)、频率(f)与波长(λ)。它们之间的关系为

$$c = f \times \lambda$$

目前,用于无线通信的主要有无线电波、微波、红外线和可见光。无线电和微波部分又细分成 8 个波段,每个波段都受到政府机构的管制,必须经过许可方可使用。各波段的波长范围、频率范围及应用如表 2-9 所示。

表 2-9 波段(频段)划分

波段名称	频段名称	波长范围	频率范围	应用
超长波	VLF(甚低频)	$10^5 \sim 10^4$ m	3～30kHz	远程无线电导航
长波	LF(低频)	$10^4 \sim 10^3$ m	30～300kHz	无线电导航台导航定位器
中波	MF(中频)	$10^3 \sim 10^2$ m	300～3000kHz	AM 广播
短波	HF(高频)	$10^2 \sim 10$m	3～30MHz	民用波段、航海(航空)通信
超短波	VHF(甚高频)	10～1m	30～300MHz	电视波段和 FM 广播
微波	UHF(特高频)	100～10cm	300～3000MHz	电视波段、移动电话、卫星
	SHF(超高频)	10～1cm	3～30GHz	卫星通信
	EHF(极高频)	10～1mm	30～300GHz	雷达和卫星

1. 无线电波

无线电波是电磁波的一部分。从表 2-9 中可以看出，无线电波使用的频段范围从甚低频到特高频。在实际应用中，利用微波的特性，而不是频率的特性，作为电磁波的分类标准，通常将频率范围在 3～1000kHz 的电磁波称为无线电波；将频率范围在 1～300GHz 的电磁波称为微波。

大部分无线电波都是全方向的，也就是说，天线在发射无线电波时，无线电波会向各个方向传播，发射天线与接收天线无须对准，并且所有的接收天线都可以接收到信号。当然，这意味着同频率(波段)的发射天线之间容易产生信号干扰。无线电波可以远距离传输，有一定的穿透性，可以穿透墙体。无线电波的频段比微波窄，仅在 1GHz 以下，当将这一频段划分为多个子频段时，子频带也很窄，导致在数据通信中传输速率很低。

无线电波的全向性和远距离传播特性，使其特别适合多播通信，常应用于 AM 和 FM 广播、移动通信、无线电航海导航、航海/航空通信、电视通信等多播通信领域。

2. 微波通信

在电磁波谱中，频率范围在 1～300GHz 的电磁波称为微波。微波在空间是单向的，发射时，它可以聚集在很窄的范围内，也就是说，发射天线和接收天线必须对准。

微波通信有以下特点。

(1) 只能进行视距传播。因为微波信号传播时不能绕射，所以两个微波信号只能在可视的情况下才能正常接收，即中间无物体遮挡的情况下才能正常接收。受地球曲率和其他障碍物的影响，微波信号不允许在两座很低的天线塔间通信。如果两点相距较远，必须保证天线塔足够高。

(2) 微波信号的波长较短，利用机械尺寸较小的抛物面天线，可以将微波信号的能量集中在很小的波束内发送出去，因此可以用很小的发射功率实现远距离通信。

(3) 微波的频率范围很宽，可以获得更高的数据传输速率。

(4) 微波具有单向性，所以适合单播通信，即适合发送方和接收方一对一通信，主要应用于移动电话、卫星网络和无线局域网通信。

3. 红外线

红外信号的频率范围是 300GHz～400THz(波长为 1mm～770nm)，可用于近距离通信。红外信号的频率很高，其墙体穿透性非常差，传输距离也非常小(小于 10m)。另外，阳光中的红外波可对其造成干扰，所以不适合室外使用。

红外信号可以在封闭区域用于短距离通信，适用于视线传播。作为通信手段，红外线常应用于遥控器和手机中。红外数据联盟(IrDA)为键盘、鼠标、个人计算机和打印机的通信建立了相应的传输标准。

习题

一、填空题

1. 按照取值是否连续，将数据分为________和________两种。

2. 数据通信系统由________、________、________、________和________ 5 部分组成。

3. 按数据传输方向的不同,通信方式分为________、________和________ 3 种。

4. 按每次传送的数据位数不同,数据通信方式分为________和________两种。

5. 数据在通过网络传输前,必须先转换为________。

6. 频率和周期的关系是________。

7. 根据傅里叶分析,任何复合信号都是由不同频率、不同振幅、不同相位的________叠加而成。

8. 复合信号的带宽是该信号的最高频率和最低频率的________。

9. 奈奎斯特定理能够确定________通道理论上的最大比特率,香农定理可以确定________通道理论上的最大比特率。

10. 信号振幅的度量单位是________,频率度量单位是________,周期度量单位是________。

11. 传输减损有________、________和________ 3 种类型。

12. 传统的数据交换方式有________、________和________ 3 种类型。

13. 传输介质位于________层以下。

14. 传输介质分为________和________两大类。

15. 采用交换技术的计算机通信网络的核心设备是________。

二、单项选择题

1. 把网络分为电路交换网、报文交换网、分组交换网属于按(　　)分类。

A. 连接距离　　B. 服务对象

C. 拓扑结构　　D. 数据交换方式

2. 数据只能沿固定方向传输的通信方式是(　　)。

A. 单工　　B. 半双工　　C. 全双工　　D. 混合

3. 在数据传输中,(　　)的传输延迟最小。

A. 电路交换　　B. 分组交换　　C. 报文交换　　D. 信元交换

4. 分组交换可以进一步分成(　　)和虚电路两种交换类型。

A. 永久虚电路　　B. 数据报　　C. 呼叫虚电路　　D. 包交换

5. 目前的公用电话网广泛使用的交换方式为(　　)。

A. 电路交换　　B. 分组交换　　C. 数据报交换　　D. 报文交换

6. 根据报文交换方式的基本原理,将其交换系统的功能概括为(　　)。

A. 存储系统　　B. 转发系统

C. 存储—转发系统　　D. 传输—控制系统

7. 在 Internet 中,各节点之间的数据交换一般采用(　　)。

A. 分组交换　　B. 线路交换　　C. 报文交换　　D. 电子邮件

8. 下列选项中,(　　)不适合交互式通信,不能满足实时通信的要求。

A. 分组交换　　B. 报文交换　　C. 电路交换　　D. 信元交换

9. 同步传输中,数据传送单位是(　　)。

A. 比特　B. 报文或分组　C. 字符　D. 帧

10. 通信系统必须具备的三个基本要素是(　　)。

A. 终端、电缆、计算机

B. 信号发生器、通信线路、信号接收设备

C. 信源、通信媒体、信宿

D. 终端、通信设施、接收设备

11. 在数据传输期间,源节点和目的节点之间有一条利用若干个中间节点构成的专用物理连接线路,直到传输结束。这种交换方式为(　　)。

A. 电路交换　B. 报文交换

C. 虚电路分组交换　D. 数据报分组交换

12. 假设模拟信号的最高频率为 5MHz,采样频率必须大于(　　),才能使得到的样本信号不失真。如果每个样本量化为 256 个等级,则数据传输速率是(　　)。

A. 5MHz　10Mb/s　B. 10MHz　50Mb/s

C. 15MHz　80Mb/s　D. 20MHz　100Mb/s

13. 在下面的说法中,(　　)是正确的。

A. 虚电路与线路交换没有实质不同

B. 在通信的两个站点间只能建立一条虚电路

C. 虚电路的各个节点不需要为每个分组做路径选择

D. 虚电路在传送数据前必须建立起专用的通信线路

14. 在下列多路复用技术中,(　　)具有动态分配时隙的功能。

A. 同步时分多路复用　B. 统计时分多路复用

C. 频分多路复用　D. 波分多路复用

15. 在数字通信中,使收、发双方在时间基准上保持一致的技术是(　　)。

A. 交换技术　B. 同步技术　C. 编码技术　D. 传输技术

16. 与数据报方式相比,虚电路分组交换的主要优点是(　　)。

A. 消除传播延迟　B. 自动纠正传输错误

C. 可以选择最佳路由　D. 不必为每个分组单独选择路由

17. 曼彻斯特编码将(　　)。

A. 数字数据转换为数字信号　B. 模拟数据转换为数字信号

C. 数字数据转换为模拟信号　D. 模拟数据转换为模拟信号

18. PSK 方法是用数字脉冲信号控制载波的(　　)。

A. 振幅　B. 振幅、频率及相位

C. 频率　D. 相位

三、简答题

1. 基带传输与宽带传输有什么区别?
2. 香农定理在通信中有什么作用?
3. 奈奎斯特定理在通信中有什么作用?
4. 波特率和比特率有什么区别?

5. 存储—转发的原理是什么?

6. 报文交换的特点是什么?

7. 在多路复用技术中,链路和通道有什么区别?

8. 双绞线中的绞合有什么作用?

四、综合题

1. 某信号的 1 个位持续时间为 $2\mu s$,其比特率是多少?

2. 一台设备以 1000b/s 的速率发送数据。那么,发送 10000 个字符需要多长时间?

3. 信号从 A 点传输到 B 点。如果在 A 点时,功率为 50W;传输到 B 点时,功率为 40W。请问衰减了多少分贝?

4. 一条线路的信噪比为 1000,带宽是 4000kHz,该线路能支持的最大数据传输速率为多少?

5. 使用数据 00000000、11111111、01010101、10101100,假设最近一个信号的电平为正,请画出 NRZ-L、NRZ-I、曼彻斯特、差分曼彻斯特编码方案图。

6. 设信息位为 7 位,冗余位为 4 位,生成多项式 $G(x)$采用 11001 的形式。试计算传输信息 1011001 时的 CRC 编码。

第3章 数据链路层

数据链路层把物理层的原始传输设施转换成一条点到点的通信链路，其主要任务是成帧、寻址、流量控制、差错控制和介质访问控制。它将来自网络层的数据加上头部，封装成帧，并在收、方双方传输速率不一致时进行流量控制。数据链路层利用差错控制技术，对数据进行差错检测和纠错。在传输设备共享传输链路时，它通过数据链路层协议分配通信链路。

本章首先讨论差错控制、数据链路控制和介质访问控制，接着讨论这些技术在局域网中的实现。

本章主要讨论下面5个问题：

- 差错控制
- 数据链路控制
- 介质访问控制
- 局域网技术
- 无线局域网

3.1 差错控制

数据在通信系统中传输时，无论通信系统的可靠性有多高，都不可避免地存在干扰，也就是说，任何通信系统都无法避免传输差错的产生。因此，必须在数据传输中考虑使用有效的方法和手段来避免和减少差错，即在数据传输中进行差错控制，包括检错和纠错。

3.1.1 差错的产生原因及类型

在数据传输中，接收端收到的数据与发送端不一致的现象称为差错。出现差错的原因大致分为随机差错和突发性差错两类。

1. 随机差错

随机差错由热噪声引起。通信线路中的热噪声是由传输介质中电子的热运动产生的，克劳德·艾尔伍德·香农关于噪声信道传输速率的结论就是针对这种噪声的。热噪声时刻存在，幅度较小，频谱较宽，是一类随机噪声，一般只会影响个别位，只影响局部范围，在传输时较少发生。在通信线络中，信噪比越高，热噪声引起的差错越少。

2. 突发性差错

突发性差错一般由冲击噪声引起。冲击噪声幅度较大，是一种突发性噪声，由外界环境的电磁干扰引起，例如打雷、闪电时产生的电磁干扰，电焊机引起的电压波动等情况。这种干扰由于持续时间短而幅度大，往往会引起一个位串出错。突发性差错能够影响全局范围，比随机差错更容易发生，所以大部分差错都是这种类型。

3.1.2 检错与纠错

差错控制包括检错和纠错两方面。在数据链路层，差错控制通常指差错检测和重传的方法。

在差错检测中，检错只关心收到的信号是否发生差错，对于差错有多少，差错发生的位置在哪里，都不感兴趣。

在纠错中，需要知道发生差错的位置、差错破坏的位数，还要纠正发生的差错。因此，纠错比检错难度更高。可以推测，要在10位数据单元中纠错2位，需要考虑45种位置；在100位中纠正2位，则有4950种可能；那么，从1000位中查2位差错呢？由此可见纠错的难度有多高。

检错或纠错的核心就是通过编码技术实现冗余，即为了实现检测或纠正错误，在传输数据时，除了需要传送的数据，加上一些额外的位，接收方通过冗余位实现对传输数据的检错和纠错。冗余位由发送方添加，并由接收方去除，其作用就是实现检错或纠错。

为了提高传输质量，一方面，要尽量提高通信设备的信噪比；另一方面，应采用有效的差错控制方法。常见的差错控制方法有自动请求重传（ARQ）、前向纠错（FEC）和混合纠错（HEC）3种。

1. 自动重传请求（ARQ）

采用自动重传请求（automatic repeat request，ARQ）方法，发送端将信息码和冗余码组合编成能够进行差错检测的码组发送到信道，接收端收到后进行检验，将检验结果（有误码或者无误码）通过反向信道反馈给发送端，作为对发送端的应答信号。发送端根据收到的确认信息（acknowledgement，ACK）做出是继续发送新的数据，还是重发出错数据的判断。

ARQ的优点是译码设备简单，对突发错误和信道干扰较严重时有效，因而被广泛地应用在分组交换网络中。其缺点是需要反馈ACK，实时性差；ARQ工作时需要接收方发送ACK，增加了网络负担，也影响了传输速度。采用重复发送数据包来纠正错误的方法，也严重地影响传输速度。

2. 前向纠错（FEC）

前向纠错（forward error correction，FEC）是指信号在被传输之前先对其按一定的格式处理，接收端按规定的算法解码，通过冗余位进行推测，达到找出错码并纠错的目的。

在FEC方式中，接收端不但能发现差错，而且能确定发生错误的位置，加以纠正。FEC发现错误后无须通知发送方重发，接收方能够根据冗余码纠正错误。这一点有别于

ARQ 纠错方式。

FEC 只要求单向信道，因此特别适用于只能提供单向信道的场合，也适用于一点发送、多点接收的广播方式。因为不需要对发送端反馈信息，所以具有接收信号的延时小、实时性好的优点。这种纠错系统的缺点是设备复杂、成本高，且纠错能力越强，编译码设备越复杂。

FEC 技术的产生和发展源于通信系统本身的需求。在工程实践中不存在理想的数字信道，信号在各种媒介的传输过程中总会产生畸变和非等时时延，对数字信号来说，意味着产生误码和抖动，而抖动的最终效果反映在系统的误码上。FEC 编解码可以用硬件实现，也可用软件实现，采用 FEC 技术可较好地改善误码性能。在目前的数字通信系统中，FEC 应用广泛。

3. 混合纠错(HEC)

混合纠错(hybrid error correction，HEC)是前向纠错(FEC)和自动重传请求(ARQ)方式的结合。发送端发送既有自动纠错，又有检错能力的冗余码；接收端收到后，检查差错情况。如果错误在冗余码的纠错能力范围以内，则自动纠错；如果超过了冗余码的纠错能力，但能检测出来，则经过反馈信道请求发送端重发。混合纠错方式在实时性和译码复杂性方面是 FEC 和 ARQ 方式的折中，可达到较低的误码率，较适用于环路延时大的高速数据传输系统。

3.1.3 奇偶校验码

1. 简单奇偶校验码

简单奇偶校验码(simple parity check code)是一种线性块编码。简单奇偶校验是一种最常用的检错方法，只能用于检错，不能纠正任何差错。在这种编码中，n 位数据码变成 m 位数据码，$m=n+1$。其工作原理是：在 n 位数据码后增加 1 位，使码中 1 的个数成为奇数(奇校验)或偶数(偶校验)。增加的位称为奇偶校验位。

【例 3-1】 原始数据=1101，采用偶校验，则增加校验位后的数据为 11011。

接收方对接收数据进行偶校验，出现错误的情况共有下面 5 种。

(1) 1 位出错。不难看出，数据 11011 的任何 1 位出错，都会破坏码字的偶数性质，从而检测出传输错误。

(2) 2 位出错。出错 2 位时，无法被检测出来。例如，11011 在接收时变成 10111，偶校验位无法检测出错误。

(3) 3 位出错，可以被偶校验位检测出错误。

(4) 4 位出错，不可以被偶校验位检测出错误。

(5) 5 位出错，可以被偶校验位检测出错误。

从上例可以看出，若接收方收到的字节的奇偶结果不正确，可知传输中发生了错误。简单奇偶校验的偶校验只能检测出奇数个比特位错，对偶数个比特位错无能为力。

2. 二维奇偶校验码

简单奇偶校验码只能检测奇数个差错，无法检测出偶数个差错。更好的方法是二维奇偶校验(two dimensional parity check)。二维奇偶校验数据以表格形式组织,每行和每列都计算出奇偶校验位,然后将整个表发送给接收方;接收方分别对每行和每列进行校验,如图 3-1 所示。

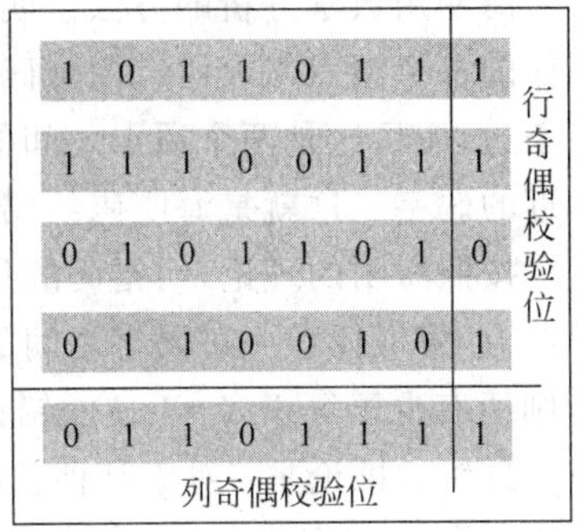

图 3-1　二维奇偶校验码的实现

二维奇偶校验码的检错能力比简单奇偶校验码要强。对于简单奇偶校验码,当出错位数为偶数时,错误无法被检出。二维奇偶校验码出错 1 位、2 位或 3 位时,都会影响到至少 1 个校验位,差错都能被检出。当然,当出错的位数为 4 的倍数时,同样可能出现差错无法被检测出来的情况,如图 3-2 所示。

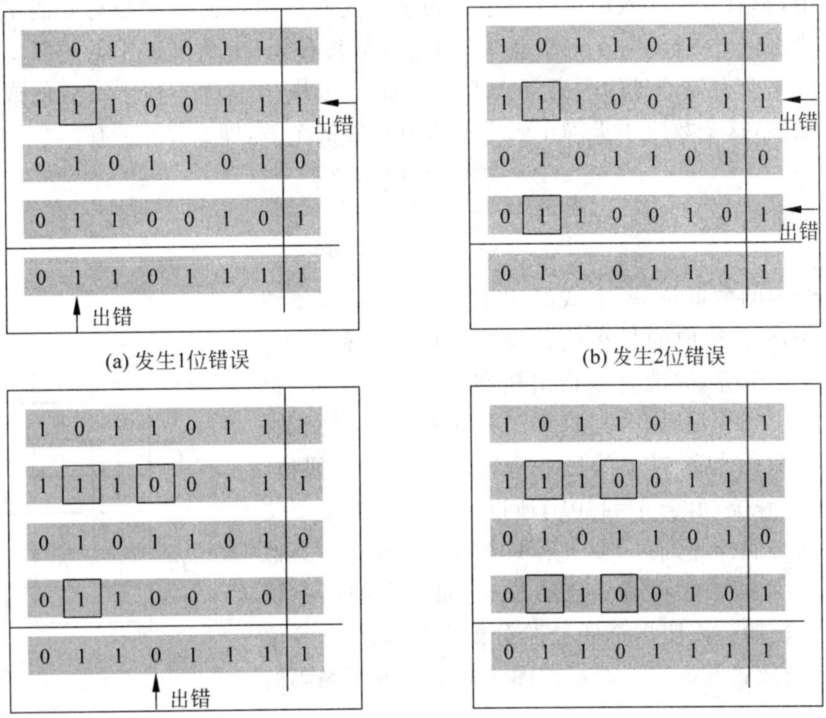

(a) 发生1位错误　(b) 发生2位错误　(c) 发生3位错误　(d) 发生4位错误

图 3-2　二维奇偶校验码差错检测

3.1.4　海明码

1950 年,海明(Hamming)研究了用冗余数据位来检测和纠正代码差错的理论和方法。按照海明的理论,可以在数据代码上添加若干冗余位,组成码字。码字之间的海明距离(指两个长度相同的字对应位不同的数量)是一个码字要变成另一个码字时必须改变的最小位数。例如,7 位 ASCII 码增加 1 位奇偶位,成为 8 位码字,这 128 个 8 位码字之间的海明距离是 2。所以,其中 1 位出错,便能检测出来;2 位出错时,变成了另外一个码字,错误无法被检出。

海明用数学分析的方法说明了海明距离的几何意义：n 位码字可以用 n 维空间超立方体的一个顶点来表示。两个码字之间的海明距离就是超立方体的两个对应顶点之间的一条边，而且这是两个顶点之间的最短距离，出错的位数小于这个距离，都可以被判断为就近的码字。这就是海明码纠错的原理，它通过增加冗余码位来换取正确率的提高。

按照海明的理论，纠错码的编码就是把所有合法的码字尽量安排在 n 维超立方体的顶点上，使得任意一对码字之间的距离尽可能大。如果任意两个码字之间的海明距离是 d，则所有少于等于 $d-1$ 位的错误都可以检测出来，所有少于 $d/2$ 位的错误都可以纠正。一个自然的推论是：对于某种长度的错误串，要纠正它，就要用比仅仅检测它多 1 位的冗余位。

如果对 m 位数据增加 k 位冗余位，可组成 $n=m+k$ 位纠错码。对于 2^m 个有效码字中的每一个，都有 n 个无效但可以纠错的码字。这些可纠错的码字与有效码字的距离是 1，含单个错误位。这样，对于一个有效的消息，总共有 $n+1$ 个可识别的码字。这些码字与其他 2^m-1 个有效消息的距离都大于 1，意味着总共有 $2^m(n+1)$ 个有效的或是可纠错的码字。显然，这个数应小于等于码字的所有可能的个数，即 2^m，于是有

$$2^m(n+1)<2^n$$

因为 $n=m+k$，可得

$$M+k+1<2^k$$

对于给定的数据位 m，上式给出了 k 的下界，即要纠正单个错误，k 必须取的最小值。海明建议了一种方案，可以达到这个下界，并能直接指出错在哪一位。首先，把码字的位从 1 到 n 编号，并把这个编号表示成二进制数，即 2 的幂之和；然后，对 2 的每一个幂设置一个奇偶位。例如，对于 6 号位，由于 6=110B，所以 6 号位参加第 2 位和第 4 位的奇偶校验，而不参加第 1 位的奇偶校验。类似地，9 号位参加第 1 位和第 8 位的校验，而不参加第 2 位和第 4 位的校验。海明把奇偶校验分配在 1、2、4、8 等位置上，其他位放置数据。下面根据图 3-3 举例说明编码的方法。

数据位 \ 校验位	8	4	2	1
3	0	0	1	1
5	0	1	0	1
6	0	1	1	0
7	0	1	1	1
9	1	0	0	1
10	1	0	1	0
11	1	0	1	1

图 3-3 海明编码例图

假设传送的信息为 1001011，把各个数据放在 3、5、6、7、9、10、11 等位置上，1、2、4、8 位留作校验位。

		1		0	0	1		0	1	1
1	2	3	4	5	6	7	8	9	10	11

根据图 3-3，第 3、5、7、9、11 位的二进制编码的第 1 位为 1，所以 3、5、7、9、11 号位参加第 1 位校验。若按偶校验计算，1 号位应为 1，即

1		1		0	0	1		0	1	1
1	2	3	4	5	6	7	8	9	10	11

类似地，3、6、7、10、11 号位参加 2 位校验，5、6、7 号位参加 4 位校验，9、10、11 号位参加 8 位校验，全部按偶校验计算，最终得到

1	0	1	1	0	0	1	0	0	1	1
1	2	3	4	5	6	7	8	9	10	11

如果这个码字在传输中出错，比如 6 号位出错，即变成

√	×		×				√			
1	0	1	1	0	1	1	0	0	1	1
1	2	3	4	5	6	7	8	9	10	11

当接收端按照同样的规则计算奇偶位时，发现 1 号位和 8 号位的奇偶性正确，2 号位和 4 号位的奇偶性不对，于是 $2+4=6$，立即可确认错在 6 号位。

在上述例题中，$k=4$，因而 $m<2^4-4-1=11$(位)，共组成 15 位码字，可检测出单个位的错误。

3.1.5 循环冗余校验码

1. 检错原理

循环冗余码 CRC 在发送端编码和接收端校验时，把发送二进制码看作一个多项式 $F(x)$的系数，收、发双方约定一个生成多项式 $G(x)$，其系数对应另一个二进制码(设为 K 位)。先把 $F(x)$对应的二进制码左移 $K-1$ 位，然后用它除以 $G(x)$系数对应的二进制码，得到余数二进制码($K-1$ 位)，最后由要发送码加余数码，构成 CRC 码。接收方收到后，用 $G(x)$除多项式。若有余数，则传输有错，并可根据余数判断错误位置和纠错。CRC 具有很强的检错能力，而且容易用硬件实现，在局域网中应用广泛。

根据应用环境与习惯的不同，CRC 又分为以下几种：CRC-12 码、CRC-16 码、CRC-CCITT 码和 CRC-32 码。

CRC-12 码通常用来传送 6bit 字符串；CRC-16 及 CRC-CCITT 码用来传送 8bit 字符串，其中美国采用 CRC-16，欧洲国家采用 CRC-CCITT；CRC-32 码大都用在一种称为 Point-to-Point(点到点)的同步传输中。

为了能对不同场合下的各种错误模式进行校验，人们研究出几种 CRC 生成多项式的国际标准，如下所示：

CRC-12　　$G(x)=x^{12}+x^{11}+x^3+x^2+x+1$

CRC-16　　$G(x)=x^{16}+x^{15}+x^2+1$

CRC-CCITT　　$G(x)=x^{16}+x^{12}+x^5+1$

CRC-32　　$G(x)=x^{32}+x^{26}+x^{23}+x^{22}+x^{16}+x^{12}+x^{11}+x^{10}+x^8+x^7+x^5+x^4+x^3+x^2+x+1$

2. CRC 码计算方法(模 2 除法)

用模 2 除法(又称异或，即二进制位运算。值相同，结果为 0；值不同，结果为 1)计算校验码。

假设 $G(x)$ 为 n 阶多项式，在帧的低位端加上 n 个 0 位，该帧变成 $m+n$ 位，对应多项式 $x^n \cdot M(x)$。利用模 2 除法，用对应的 $G(x)$ 去除对应于 $x^n \cdot M(x)$ 的位串，得到的余数就是校验码。

【例 3-2】 已知数据 $M=1100$，多项式 $G(x)=x^3+x+1$。求 CRC 码。

解：$G(x)$ 为 3 阶多项式，$n=3$，在数据帧后添加 3 个 0，形成新的数据串 1100000。采用模 2 取余法，计算过程如图 3-4 所示。

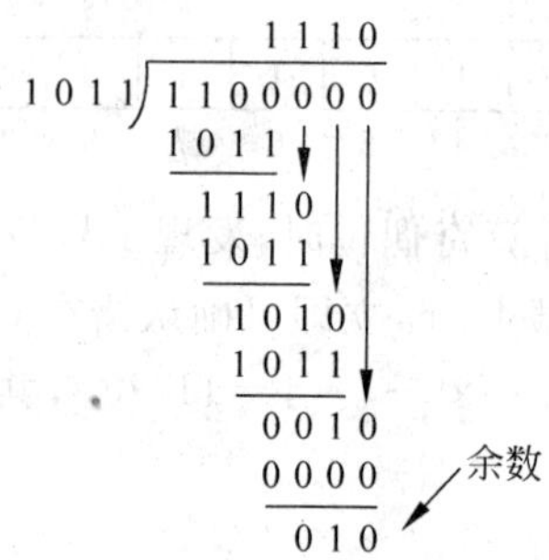

图 3-4　CRC 码计算过程

余数为 010，即 CRC 校验码，传输的帧为 1100010。验证结果如表 3-1 所示。

表 3-1　验证结果

结果	A1	A2	A3	A4	A5	A6	A7	余数			出错位
正确	1	1	0	0	0	1	0	0	0	0	无
错误							1	0	0	1	7
						0		0	1	0	6
					1			1	0	0	5
				1				0	1	1	4
			1					1	1	0	3
		0						1	1	1	2
	0							1	0	1	1

3.2　数据链路控制

数据链路层的两个主要功能是数据链路控制（data link control，DLC）和介质访问控制（medium access control，MAC）。数据链路控制的功能是确保节点之间正确交换数据，主要包括成帧、流量控制、差错控制以及节点间可靠传输的协议等。介质访问控制主要解决传输介质在多路访问时的控制与协调问题。本节主要介绍数据链路控制。

3.2.1　成帧

在物理层进行数据传输，是指数据以信号的形式从发送端传输到接收端。物理层要提供位同步来保证发送端和接收端的周期和时序相同。数据到达数据链路层时，需将二进制位组合成帧。帧通过添加发送端和接收端地址，将分组分离。接收端地址标明分组传输的目的地，发送端地址用于接收方确认接收。

数据帧的大小可以是固定的，也可以是可变的，取决于采用何种通信技术。例如，ATM 广域网的帧（信元）使用固定长度帧；在局域网中，主要采用可变长度帧。可变长度帧需要用某种方法来规定一个帧的结束和下一个帧的开始，常用的有面向字符的可变长度帧和面向位的可变长度帧。

1. 面向字符协议

在面向字符协议（character oriented protocol）可变长度帧中，数据用类似于 ASCII 编码系统的 8 位字符传输，传送的是由若干字符组成的数据块。这种类型的帧由标记、头部、由字符组成的数据块、尾部等组成，如图 3-5 所示。头部和尾部用于标记帧的开始和结束。头部由发送端地址、接收端地址以及控制信息组成，尾部是检错或纠错冗余码。

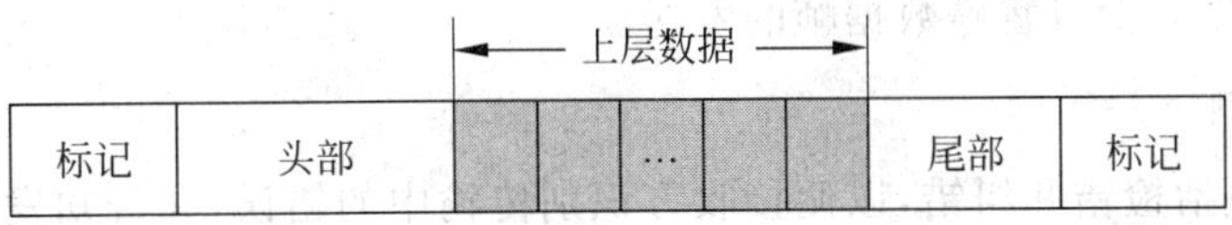

图 3-5 面向字符协议可变长度帧

面向字符成帧适合传输文本时使用，标记可以选用通信中不使用的任意字符。但在传输图片、音频、视频时，可能遇到标志帧以及开始和结束的帧标记成为信息的一部分，出现帧边界难以区分的问题。为此采用字符填充策略，如果数据中出现与标记相同的字符，则在帧的数据部分填入一个特殊的字节充当转义字符，当接收方遇到转义字符时，自动将转义字符去除，并将下一字符按数据处理，而不当成是分界标记。

2. 面向比特协议

面向比特协议（bit oriented protocol）又称面向位协议。在面向比特协议可变长度帧中，帧由标记、头部、由位组成的数据块、尾部等组成，如图 3-6 所示。多数协议使用 8 位模式 01111110 作为帧的开始和结束的标记。

图 3-6 面向比特协议可变长度帧

面向比特协议标记也会出现与面向字节协议标记相同的问题，即当标记出现在数据中时，需要告知接收端这并不是帧的结束标记。在面向比特协议中，数据通过位填充方法来区别标记。此时，若遇到 011111，不管后一位是什么，都增加一个 0（接收方接收时去除），使接收方不会误以为这是一个标记。换言之，如果有标记模式 01111110 出现在数据中，位填充将使数据变为 011111010，接收方不会误认为它是标记。

3.2.2 流量控制和差错控制

数据链路控制最重要的功能就是流量控制和差错控制，确保各节点之间正确地收发数据。

1. 流量控制

流量控制是数据链路层的一项重要功能，它在接收方确认前协调发送方发送的数据数量，保证收、发双方协调工作。数据处理过程通常比传输速度慢，因此，每台接收设备都设有一块存储区，称为缓冲区，存储接收的数据，直到它们被处理，进入缓冲区的数据必须经过校验和处理才能使用。

在大多数协议中，流量控制是一系列程序，用于告知发送方在等待来自接收方的确认之前，它能传输多少数据。任何接收设备都有对于进入缓存的数据的处理速度的限制，以及进入缓存的数据的存储容量限制。接收设备必须能够在达到这些限制前提示发送设备，并要求发送端减少或暂停数据帧的发送。

2. 差错控制

差错控制包括检错和纠错，以便接收方识别传输中的错误，并告知发送方重传丢失或损坏的数据帧。

数据链路层的差错控制主要指差错检测和重传的方法。在数据链路层，差错控制实现起来较为简单，接收方只要检测到差错，就会要求发送方重传出错的数据帧。这个过程称为自动重传请求(automatic repeat request，ARQ)。

3.2.3 数据链路控制

数据链路层通过数据链路控制协议实现成帧、流量控制和差错控制，保证节点之间正确交换数据帧。

1. 无噪声通道

完全理想化的数据传输基于两个假定：假定一，通信链路无噪声，数据在传输时不存在任何差错，也不会丢失帧、复制帧和损坏帧。假定二，接收端处理数据的速率不低于发送端发送数据的速率。

1）最简单协议

基于无噪声通道的两个假定，在最简单协议中，不会发生差错控制，也不需要流量控制。发送端数据链路层从网络层获取数据后，将数据组装成帧，传到物理层发送。接收端从物理层接到帧后，从帧中提取出数据，送往网络层。数据链路层为网络层提供传输服务，并使用物理层提供的服务进行位的传输。在数据帧传输中，发送方发送一个帧的序列完全不用考虑接收方，如图 3-7 所示。

2）停止等待协议

如果上述两个假定中，第一个假定存在，第二个假定不存在，即接收方无法保证处理数据的速率不低于发送方发送数据的速率，就必须考虑流量控制问题。如果到达接收方的数据大于能被处理的数据，帧在处理前必须先存储。当接收方存储空间不足时，接收到

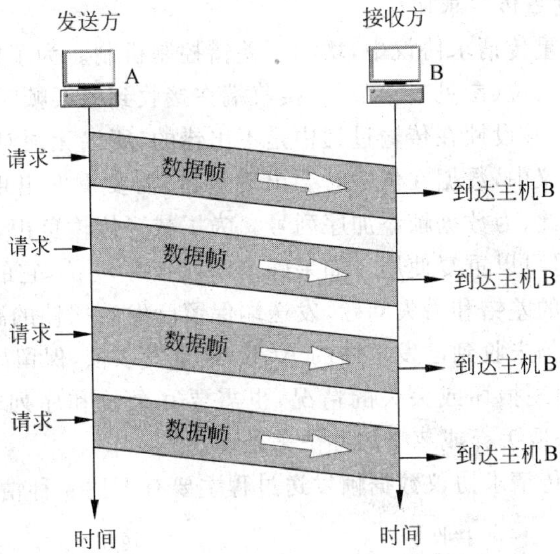

图 3-7 无流量控制的帧发送

的数据帧将被丢弃或拒绝。为了避免接收端出现帧超负荷，必须给发送端发送信息，通知它减缓数据帧发送速度。

在停止等待协议中，发送端发出一个数据帧后，必须要在收到接收端的确认帧(acknowledgment，ACK)之后，才可以发送下一个数据帧，如图 3-8 所示。

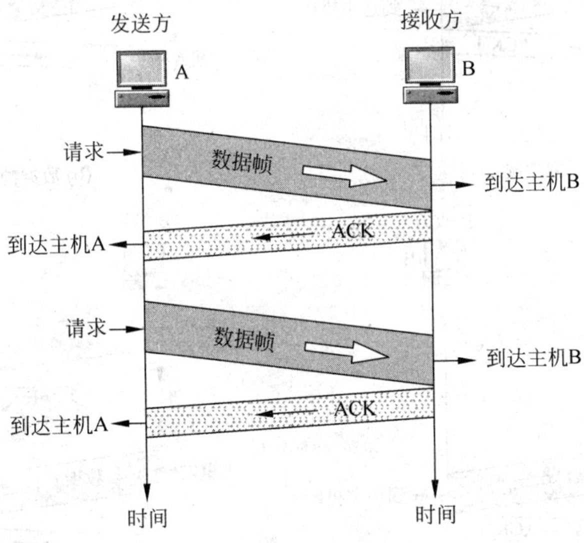

图 3-8 停止等待协议

2. 有噪声通道

无噪声通道中的两个假设在现实中是不存在的。在现实的数据帧传输中，不但要进行流量控制，也要进行差错控制。

1）停止等待自动重传请求协议

在停止等待自动重传请求协议中，增加了差错控制机制。为了检测和纠正损坏的帧，需要给数据帧加上冗余位（参见 3.1 节）。接收端在接收到错误帧时，将丢弃该帧。

在无噪声通道中，假设帧在传输过程中是不出错的，所以无须对帧进行标识。在停止等待自动重传请求协议中，数据在传输时会出现差错，需要重发出现差错的数据帧，如何确定发哪个帧呢？为此，为数据帧添加序列号。为了减轻传输负担，序列号越短越好。只要不引起混淆，序列号可以重复使用。如果确定序列号有 m 位，它的范围就是 $0\sim2^m-1$。

为了解决数据帧的差错和丢失问题，发送端保留已发数据帧的副本，并启动一个定时器。如果定时器到时仍未收到已发送帧的 ACK，则重发该帧，保留副本，并重启计时器。

ACK 帧同样会出现损坏或丢失的情况，也需要冗余位和序列号。发送方对损坏的 ACK 帧或无序的帧采取丢弃或忽略的办法来处理。

停止等待自动重传请求协议数据帧发送过程主要有下述 4 种情况（如图 3-9 所示）。

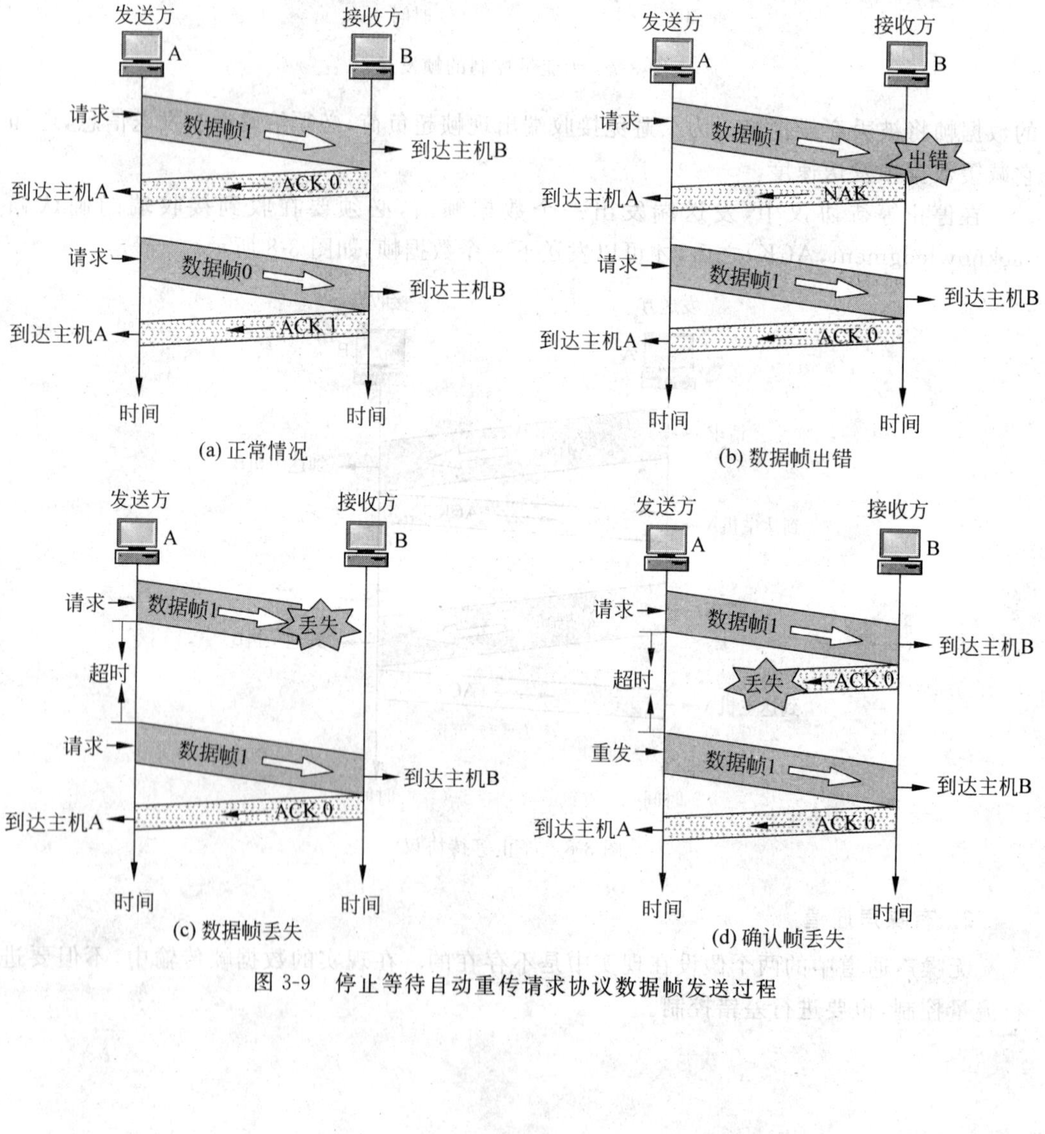

图 3-9　停止等待自动重传请求协议数据帧发送过程

(1) 传输正常。发送方发送数据帧,并启动一个定时器。数据帧正确传输到接收方后,接收方发送确认帧(ACK)进行确认;确认帧到达发送方后,发送方停止计时,发送下一个数据帧,并重启定时器。

(2) 数据帧出错。发送方发送数据帧,并启动定时器;接收方接收到在传输过程中出错的数据帧后,发送否定确认帧(negative acknowledgment,NACK);否定确认帧(NAK)到达发送方后,发送方停止计时,重发数据帧,并重启定时器。

(3) 数据帧丢失。发送方发送数据帧,并启动定时器;定时器超时仍未收到接收方的确认帧(ACK),就会重发该帧,保留副本,并重启定时器。

(4) 确认帧丢失。发送方发送数据帧,并启动定时器;数据帧正确传输到接收方后,接收方发送确认帧(ACK)进行确认;确认帧(ACK)在传输过程中丢失,定时器超时仍未收到接收方的确认帧(ACK),重发该帧,保留副本,并重启定时器。

如果传输信道的带宽较大,且时延较长,其带宽时延积就会非常大。使用停止等待自动重传请求协议传输数据,发送方要等到确认帧后才会发送下一个数据帧,因此信道利用率非常低。

【例 3-3】 某条传输信道的带宽为 10Mb/s,1 个比特位往返时延 10ms。如果数据帧长度为 1000 位,求信道利用率。

解:

信道的带宽延时积 $= 10\text{M} \times 10 = (10 \times 10^6) \times (10 \times 10^{-3}) = 100000$(位)

信道利用率 $= 1000/100000 = 1\%$

也就是说,在这种情况下,信道利用率只有 1%。如果在等待确认帧这段时间继续发送数据,信道利用率会上升。但在停止等待自动重传请求协议中,没有收到确认帧之前是不允许这么做的。

2) 回退 *N* 帧自动重传请求协议

在例 3-3 中提到,如果在等待确认帧这段时间继续发送数据,信道利用率会上升,也就是说,可以提高信道的效率。回退 *N* 帧自动重传请求协议(go-back-N automatic repeat request)能够在等待接收确认帧时发送多个帧,从而提高信道的效率。

在回退 *N* 帧自动重传请求协议中,使用滑动窗口(sliding window)这个抽象的概念。所谓滑动窗口,指的是用于定义发送方和接收方数据帧或确认帧序列号的范围。发送方关注的是发送滑动窗口,接收方则关注接收滑动窗口。

发送窗口包含了能传输数据帧的序列号。在每个窗口中,一部分序列号定义已发送的帧,另一部分定义能够被发送的帧。窗口的大小由序列号的位数决定。如果确定序列号有 m 位,那么序列号的范围就是 $0 \sim 2^m - 1$;滑动窗口的大小必须小于 2^m,否则有可能接收错误的帧。

发送方窗口分成 4 个部分:已确认帧序号、待处理帧序号、可发送帧序号、窗口滑动后才可使用帧序号。在上述 4 个部分中,已确认帧发送已经确认,无须保留副本;待处理帧处于未知状态,发送方须等待确认其状态;可发送帧序号是指可被发送,但暂未从网络层接收到相应数据;另一部分则是窗口滑动后才可使用的帧序号。窗口的各部分大小由窗口大小、待处理、待发送 3 个因素决定,如图 3-10 所示。

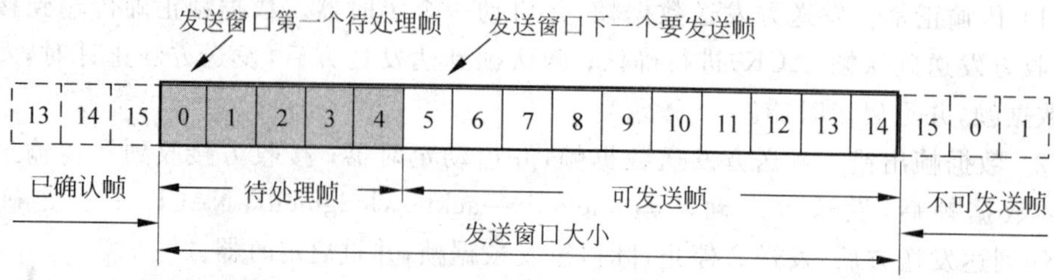

图 3-10 回退 N 帧自动重传请求协议的发送窗口

当接收方确认信息到达后，发送窗口向右滑动一个或多个时隙。在回退 N 帧自动重传请求协议中，一个 ACK 帧可以确认一个以上的帧，也就是说，确认可以累加。如图 3-11 所示，帧 0、1 已被确认，窗口向右滑动 2 个时隙。

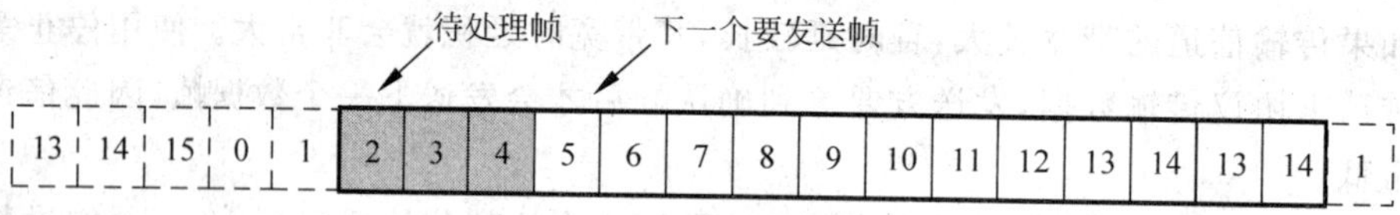

图 3-11 发送窗口的滑动

接收窗口正确接收数据帧后，需要向发送方发送确认帧（ACK）进行确认。在接收窗口中，其大小始终为 1，接收方总是在等待指定帧到达。接收窗口如图 3-12 所示。对于任何无序的帧，接收方都会要求发送方重发。

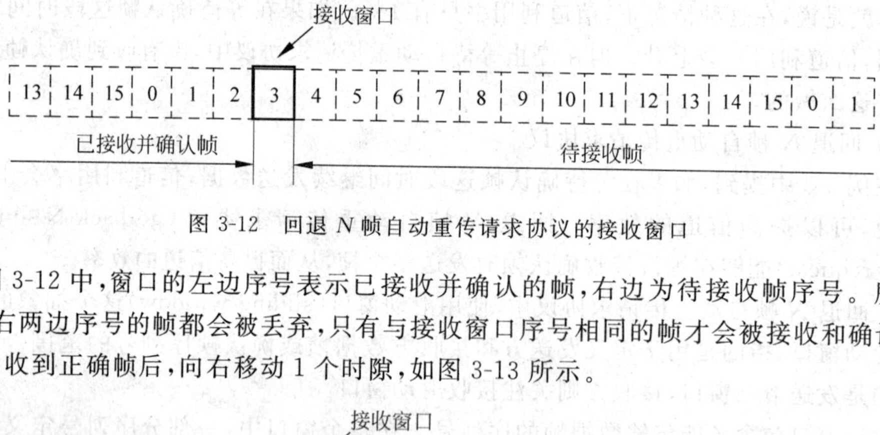

图 3-12 回退 N 帧自动重传请求协议的接收窗口

图 3-12 中，窗口的左边序号表示已接收并确认的帧，右边为待接收帧序号。所有符合左、右两边序号的帧都会被丢弃，只有与接收窗口序号相同的帧才会被接收和确认。接收窗口收到正确帧后，向右移动 1 个时隙，如图 3-13 所示。

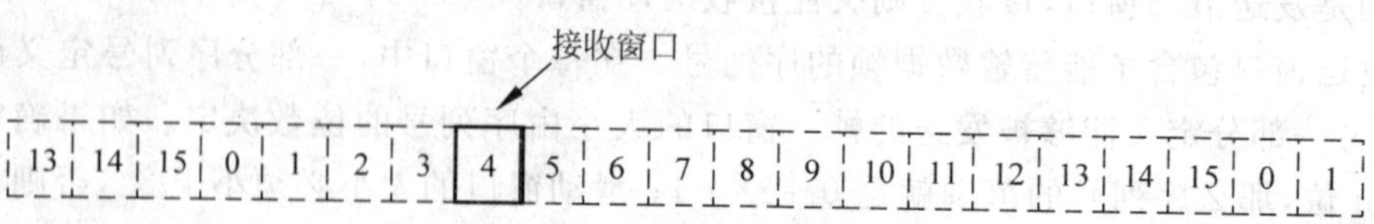

图 3-13 接收窗口的滑动

回退 N 帧自动重传请求协议在计时器到时后，发送所有待处理帧；当一个帧安全、有序到达接收端后，接收方发送确认帧。如果某个数据帧损坏或无序，接收方不响应并丢弃所有后来的数据帧，直到收到它所期待的数据帧。接收方的不响应会使发送方计时器超时，发送方将重发定时器超时帧以及后面所发的所有帧。例如，发送方在发送数据帧 6

时，仍未收到数据帧 2 的确认消息，而此时数据帧 2 的计时器已到时，发送方会认定数据帧 3 未收到，返回重发数据帧 3、4、5、6、7，所以此协议称为回退 N 帧自动重传请求协议。接收方无须确认每一个帧，它可以为多个数据帧发送一个累积的确认，如图 3-14 所示。

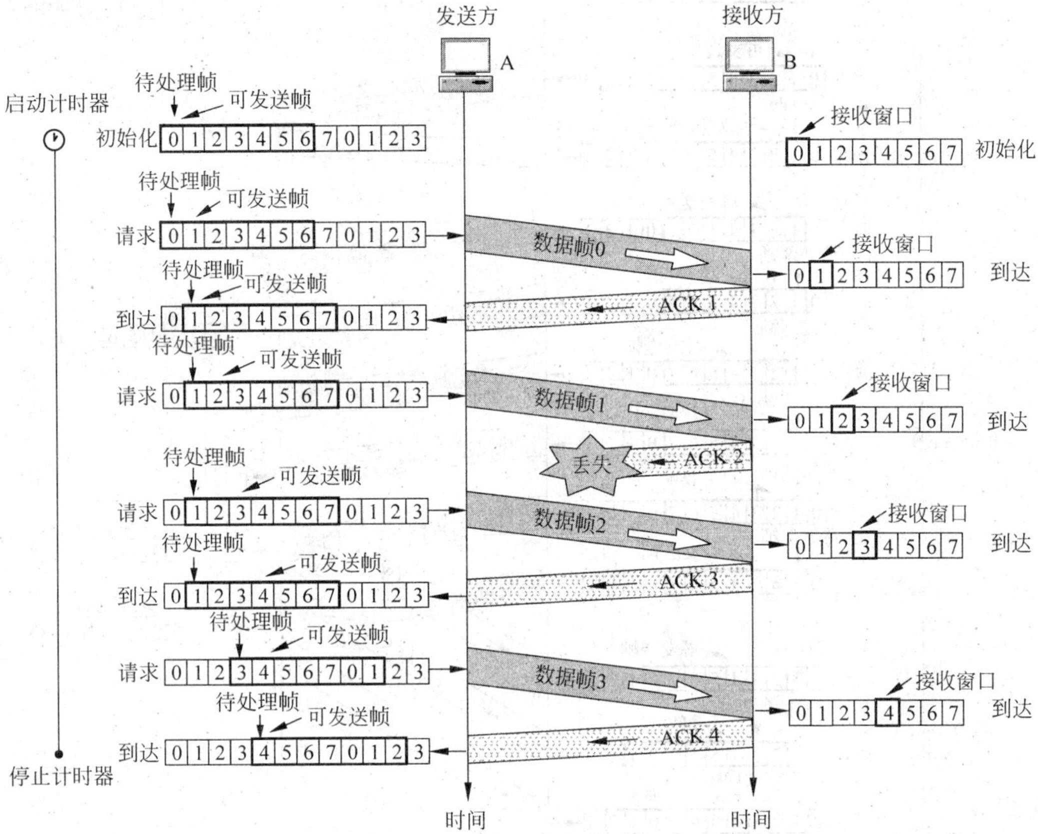

图 3-14　确认帧丢失

采用回退 N 帧自动重传请求协议，如果数据帧在传输过程中丢失，发送方会在计时器超时时仍未收到确认帧，于是重发数据帧。接收方将丢弃失序的帧。图 3-15 所示为数据帧丢失处理的情况。

3）选择性重复 ARQ

回退 N 帧自动重传请求协议的接收方只有一个变量，对于失序的数据帧，只是简单地丢弃，虽然简化了接收方的程序，但效率比较低。在现实中，只有一个帧被损坏的可能性比较大，但回退 N 帧自动重传请求协议不管在什么情况下都会将未确认帧后的所有帧重发，如此一来，信道的带宽被浪费。

选择性重复 ARQ 可以在一个帧被损坏时不必重发 N 个数据帧，其效率更高，但接收方的程序变得更复杂。

选择性重复 ARQ 协议与回退 N 帧自动重传请求协议一样使用两个窗口，但其窗口更小（为 2^{m-1}）。比如 $m=4$ 时，回退 N 帧自动重传协议的窗口大小为 $2^m-1=15$，选择性重复 ARQ 为 8；另外，其接收窗口与发送窗口大小一样。窗口更小会影响带宽时延积，使

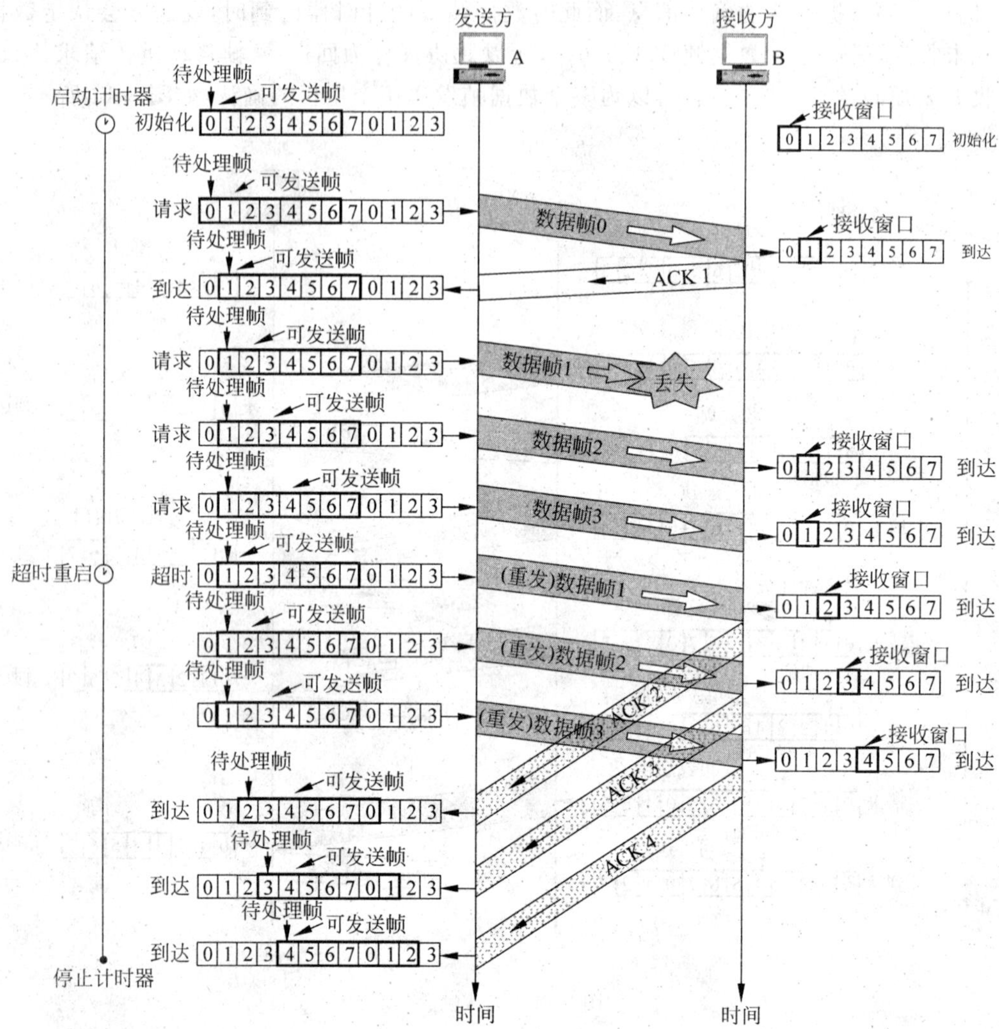

图 3-15 数据帧丢失处理

信道利用率降低,但也有好处,比如副本帧也会减少。选择性重复 ARQ 窗口如图 3-16 所示。

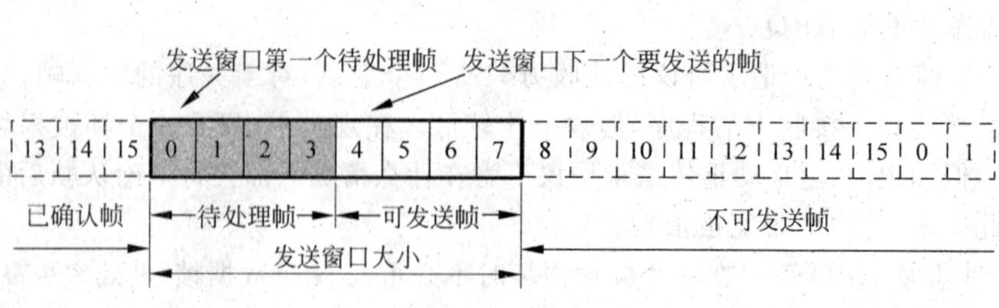

图 3-16 选择性重复 ARQ 协议的发送窗口

选择性重复 ARQ 协议的接收窗口与回退 N 帧自动重传请求协议接收窗口完全不同,其大小与发送窗口一样,为 2^{m-1}。除此以外,选择性重复 ARQ 协议允许与接收窗口大小相等的帧乱序到达并保留，直到被传输。当然，接收方不可能将无序的数据分组送到网络层。选择性重复 ARQ 协议的接收窗口如图 3-17 所示。

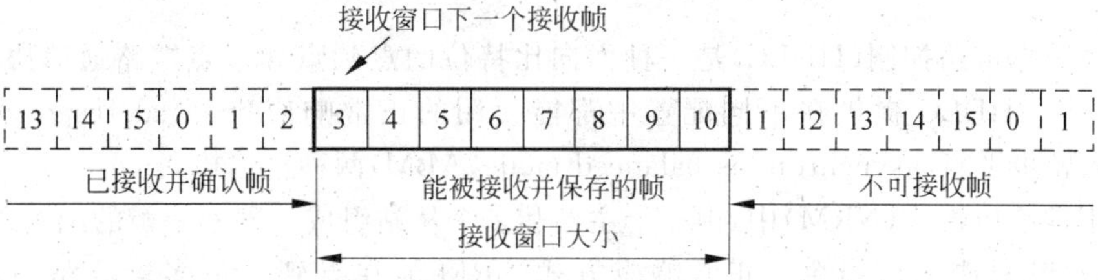

图 3-17　选择性重复 ARQ 协议的接收窗口

如果收到损坏数据帧且 NAK 未被发送，则发送 NAK 告知发送方未收到期待帧，如图 3-18 所示。从图中可以看出，选择性重复 ARQ 协议每发送一个帧，发送方都需要启动一个带序号的定时器。在发送第 0 帧时，启动计时器 0，并在收到 ACK 后停止；发送帧 1 时，启动计时器 1，并在收到 NAK 时重启，直到收到最后的 ACK 后停止；其他计时器也如此工作。

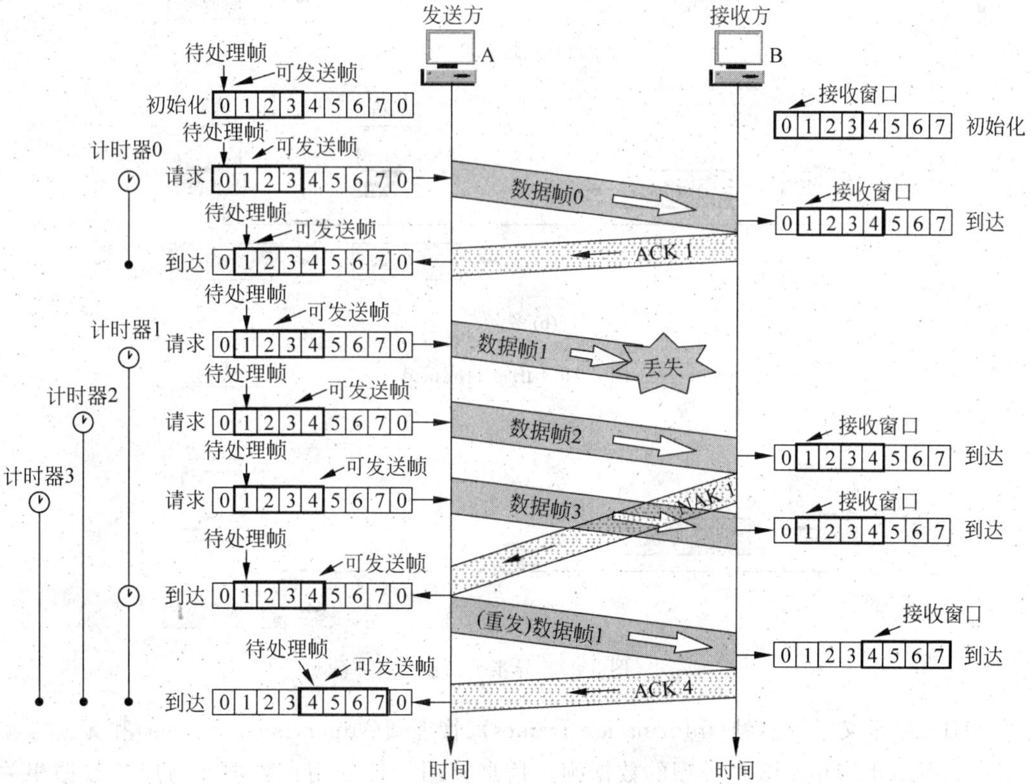

图 3-18　选择性重复 ARQ 协议的数据帧丢失处理

接收方需要接收帧并向网络层交付数据，在数据帧 2 到达时，被保存和标记，但数据帧 1 未收到，因此无法交付数据；数据帧 3 也以相同的原因无法交付网络层，只有数据帧 1 的副本到达时，数据帧 1、2、3 才能交付。注意，数据只有交到网络层后才发送 ACK，所以在这里就算是一个时隙的多个帧被传输，也只发送一个 ACK。

3.2.4 高级数据链路控制

高级数据链路控制(HDLC)是一种面向比特位的点到点和多点链路通信协议，实现 ARQ 功能。HDLC 提供在不同配置中都能使用的正常响应(normal response mode, NRM)和异步平衡(asynchronous balanced mode, ABM)两种传输模式。

在正常响应模式(NRM)中，由一个主站和多个从站组成一种不平衡的配置。主站发送命令，从站只能响应指令。正常响应方式 NRM 能在点到点和多点链路中使用，如图 3-19 所示。在异步平衡模式(ABM)中，配置是平衡的，每个站点既有主站的功能，又有从站的功能。图 3-20 所示为点到点式的异步平衡模式。

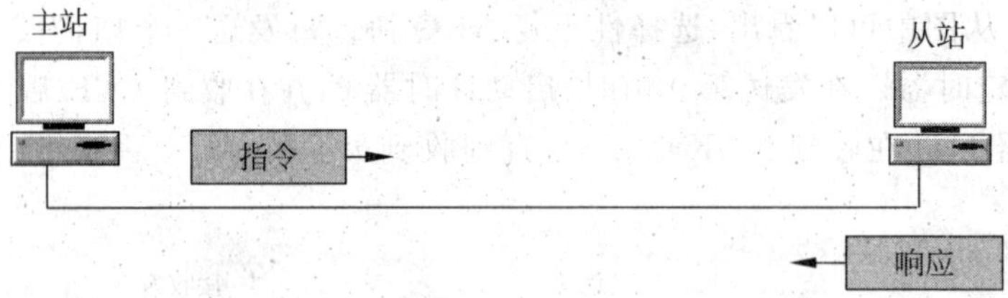

(a) 点到点式

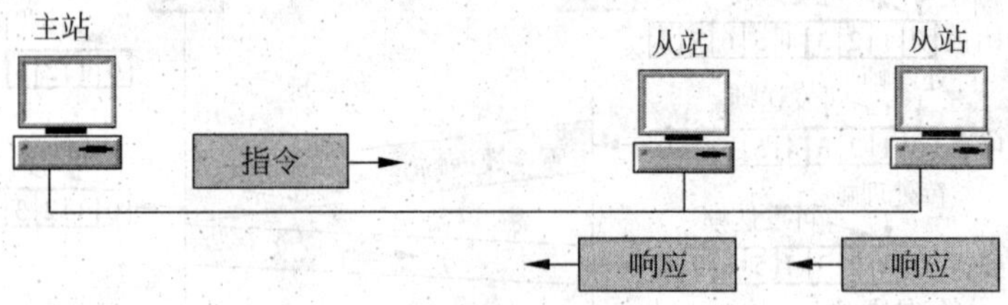

(b) 多点式

图 3-19 正常响应模式

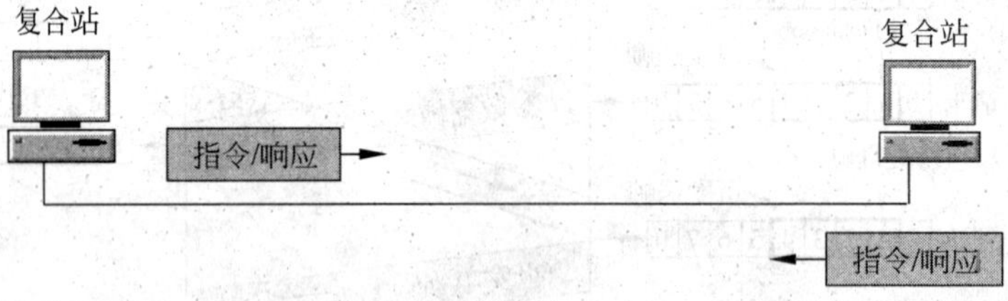

图 3-20 异步平衡模式

HDLC 定义了信息帧(information frames)、管理帧(supervisory frames)和无编号帧(unnumbered frames)3 种类型的数据帧。信息帧用于传输用户数据及与用户数据相关的控制信息；管理帧用于传输控制信息；无编号帧用于系统管理，其携带的信息用来管理链路本身。

1. HDLC 帧格式

在 HDLC 中，每个帧最多包含开始标记、地址字段、控制字段、信息字段、帧校验序列字段和结束字段等 6 个字段。在多帧传输中,一个帧的结束标记可以作为下一个帧的开始标记,如图 3-21 所示。

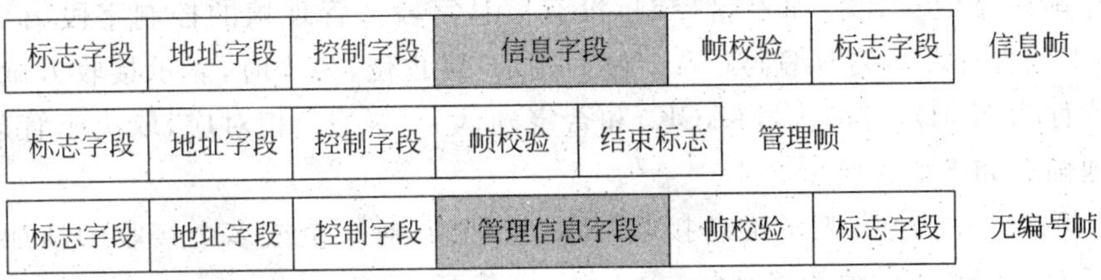

图 3-21 HDLC 帧的组成

(1) 标志字段:标志字段的长度为 1 字节,是 01111110 的比特位模式,标志帧的开始;也可作为前一帧的终止,为接收方提供同步。

(2) 地址字段:地址字段的内容取决于所采用的操作方式。在操作方式中,有主站、从站、复合站之分。如果是主站产生的帧,包含"目标"地址;如果是从站产生的帧,为"源"地址。地址字段的长度由站点个数决定。

(3) 控制字段:控制字段用于构成各种命令和响应,以便对链路进行流量控制和差错控制。其内容由帧的类型决定。

(4) 信息字段:信息字段可以是任意的二进制比特串,其长度未做限定,上限由 FCS 字段或通信站的缓冲器容量来决定,用得较多的是 1000～2000b;下限可以为 0,即无信息字段。管理帧中规定不可有信息字段。

(5) 帧校验字段:帧校验序列字段(FCS)可以使用 16 位 CRC,对两个标志字段之间的整个帧的内容进行校验。FCS 由 ITU-T CRC 生成。

2. 控制字段

控制字段决定了帧的类型及功能。发送方主站或复合站利用控制字段来通知被寻址的从站或复合站执行约定的操作;相反,从站用该字段作为对命令的响应,报告已完成的操作或状态的变化。该字段是 HDLC 的关键。控制字段中的第 1 位或第 1、2 位表示传送帧的类型。第 1 位为"0",表示是信息帧;第 1、2 位为"10",表示是监控帧,"11"表示是无编号帧;控制字段的第 5 位是 P/F 位,即轮询/终止(Poll/Final)位,如图 3-22 所示。

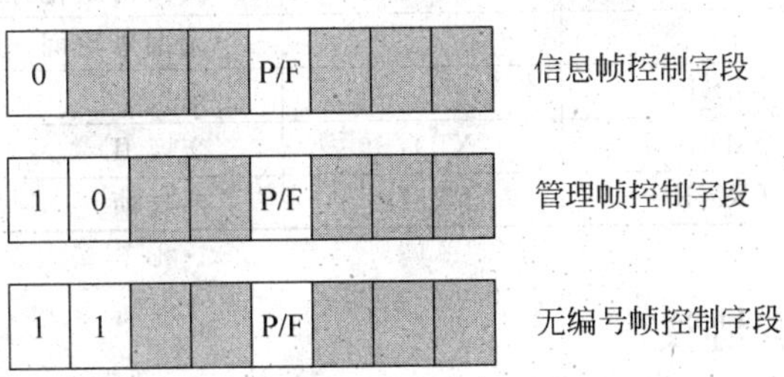

图 3-22 HDLC 帧的控制字段

信息帧用于传输来自网络层的数据,也可以包含流量控制和差错控制信息。信息帧控制字段共 8 位,第 1 位为 0;第 2～4 位称为 N(S),用于存放发送帧序号;第 5 位为轮询/终止位,当为 1 时,帧从主站发往从站,意味着轮询,从站发往主站,意味着终止;

第 6～8 位称为 N(R)，为下一个预期要接收的帧序号，如果使用捎带技术时，N(R)则与确认帧号相对应。

管理帧用于流量控制和差错控制，没有信息字段。管理帧的控制字段第 1、2 位为 10，第 3、4 位为管理帧类型编码；第 5 位为轮询/终止位，为 1 时，表示接收方确认结束；第 6、8 位称为 N(R)，与确认号(ACK)和否定确认号(NAK)相对应，取决于管理帧的类型。管理帧有如下 4 种类型。

(1) 第 3、4 位为 00，表示准备接收(RR)管理帧，对一个或多个接收的帧加以确认。在这种情况下，N(R)的值为确认号。

(2) 第 3、4 位为 10，表示不准备接收(RNR)管理帧，对一个或多个帧的接收加以确认，并宣布接收方无法接收更多的帧，实现流量控制。N(R)的值为确认号。

(3) 第 3、4 位为 01，表示拒收(REJ)管理帧。这是一种 NAK 帧，可以在回退 N 帧 ARQ 协议中使用，能在发送方计时器到时前告知最后一个帧丢失或出错，从而提高程序效率。N(R)的值为否定确认号。

(4) 第 3、4 位为 11，表示选择性拒收(SREJ)管理帧，是一种适用于选择性重复 ARQ 协议的 NAK 帧。N(R)的值为否定确认号。

无编号帧负责在连接的设备间交换会话管理和管制信息，提供链路建立、拆除以及多种控制功能。无编号信息帧包含一个信息字段，用于系统管理。无编号帧用第 3、4 位和第 6～8 位共 5 位编码信息，定义 32 种无编号帧。常用无编号帧如表 3-2 所示。

表 3-2 常用无编号帧

编 码	指 令	响 应	含 义
00001	SNRM		设为正常响应方式
11011	SNRME		设为正常响应方式，扩展的
11100	SABM	DM	设为异步平衡方式或断开连接方式
11110	SABME		设为异步平衡方式，扩展的
00000	UI	UI	无编号信息
00110		UA	无编号确认
00010	DISC	RD	断开连接或请求断开连接
10000	SIM	RIM	设为初始化方式或请求信息方式
00100	UP		无编号轮询
11001	REST		重置
11101	XID	XID	交换 ID
10001	FRMR	FRMR	拒收帧

3.2.5 点到点协议

虽然高级数据链路控制协议在点对点和多点配置环境下都能使用，但点到点访问最常用的还是点到点协议(point to point protocol，PPP)。PPP 是一个面向字节的协议，为在点对点连接上传输多协议数据包提供标准方法。PPP 最初是为两个对等节点之间的 IP 流量传输提供一种封装协议，在 TCP/IP 协议集中，它是一种用来同步调制连接的数据链路层协议,替代了原来非标准的第二层协议 SLIP。许多因特网用户使用 PPP 协议,通过拨号或专线方式将个人计算机与 ISP 的服务器连接,实现 Internet 访问。

PPP 的主要功能如下所述。

(1) PPP 决定了设备间交换帧的格式。

(2) PPP 决定了两台设备如何为链路的建立和数据的交换达成一致。

(3) PPP 具有身份验证功能,两台设备可互相鉴别身份。

(4) PPP 支持多种网络协议来提供多个网络层服务。

(5) PPP 提供多链路连接。

(6) PPP 支持网络地址配置,具有动态分配 IP 地址的能力。

为了使协议更加简化,PPP 不提供流量控制,发送方连续发送帧,而不考虑接收方的负荷情况;在差错控制方面,PPP 只有一个较为简单的机制,缺乏顺序编号,如果帧有差错,会被无声丢弃,需要上层协议解决此问题;在多点配置中,PPP 无法提供高级的地址分配机制来处理帧。

1. 成帧

PPP 帧由标记、地址、控制、协议、可变有效载荷、帧校验序列组成。PPP 帧格式如图 3-23 所示。

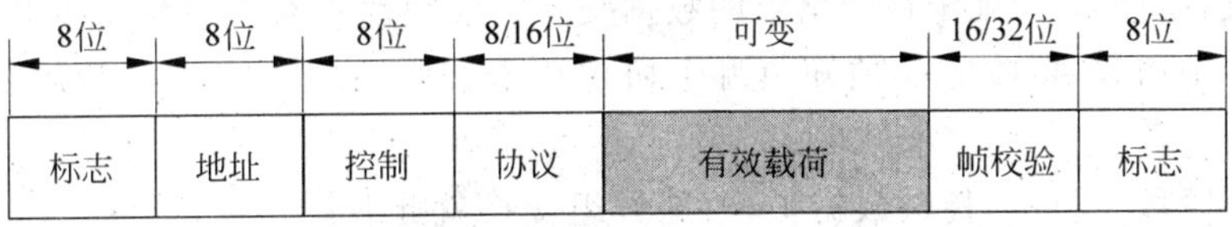

图 3-23 PPP 完整帧格式

(1) 标记:长度为 1 字节,为 01111110 比特模式,表示标志帧的开始和结束。与 HDLC 不同的是,PPP 将标记作为字节处理,如果出现在帧的数据部分,通过转义字节 01111101 进行字节填充。

(2) 地址:地址字段设置为常量 11111111,是广播地址,所有站都可以接收该帧。使用此地址可避免必须分配数据链路地址的问题,可由双方协商省略。

(3) 控制:控制字段设置为常量 11000000,表明这是一个无序帧,RFC1633 定义了明确的细节。事实上很少使用,可以由双方达成一致忽略此字节。

(4) 协议:用于指明有效载荷中是哪种分组,以 0 开始是网络层协议,以 1 开头用于其他协议。默认为 2 字节,但可协商为 1 字节。

(5) 有效载荷:有效载荷为可变长,可由双方协商,默认长度为 1500 字节。如果数据字段小于最小要求,进行填充。

(6) 帧校验序列:通常为 2 字节(通过协商,也可使用 4 字节)的标准 CRC。

2. PPP 连接

PPP 连接链路有闲置、建立、身份认证、联网、打开、终止等几个阶段。阶段之间的转换如图 3-24 所示。

协议从闲置阶段开始。在闲置阶段,没有物理层的链路接入,也没有物理层的连接存

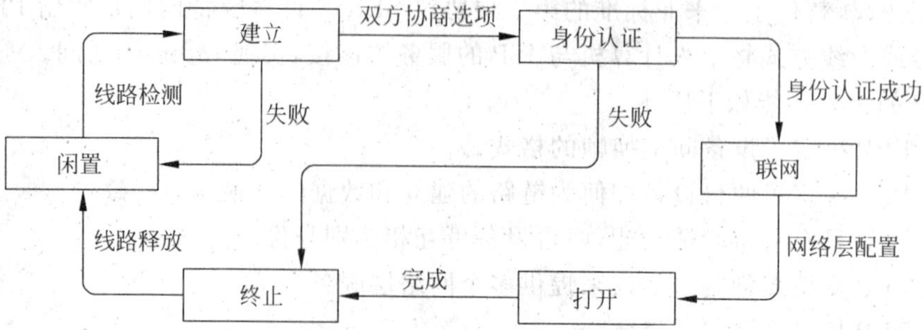

图 3-24 PPP 线路阶段转换图

在,链路处于没有使用的静默状态。

物理连接建立后,节点开始通信,进入建立阶段。在此阶段,双方对链路控制协议(link control protocol,LCP)选项进行协商。若协商成功,进入身份认证阶段。LCP 信息分组的应用就是以此为目的。

在身份认证阶段,双方根据需要进行身份认证。如果认证成功,进入联网阶段;认证失败,进入终止阶段。当然,此阶段是可选的,可以在建立阶段选择是否需要身份认证。

在联网阶段,对网络控制协议(network control protocol,NCP)进行协商。因为 PPP 支持多协议,所以 PPP 规定在网络层的数据交换之前须达成网络协商。如果一个网络层同时运行多个协议,接收方必须知道哪个协议用于接收数据。协商配置完成,进入打开阶段。

在打开阶段,就可以传输数据了,数据分组交换就此开始。在这个阶段,连接将持续到数据传输任务完成,其中某一方希望终止本次连接为止。于是线路进入终止阶段。

在终止阶段,连接终止,两端交换分组,释放链路,然后进入闲置阶段。

3. 多路复用

PPP 虽然是数据链路层协议,但也使用其他协议来建立链路,鉴别涉及的参与者,并承载网络层数据。PPP 信息分组能在数据字段中携带来自链路控制协议(LCP)、鉴别协议(AP)、网络控制协议(NCP)的数据,使得 PPP 协议更加强大。在任何时刻,PPP 信息分组都可以在其数据字段中携带来自这些协议的数据。PPP 多路复用如图 3-25 所示。

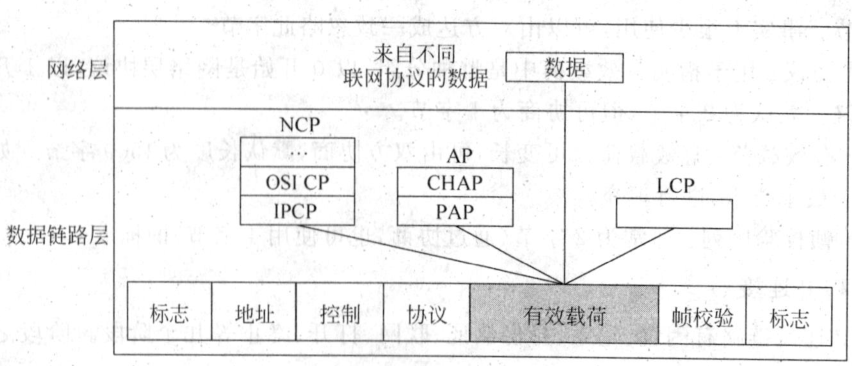

图 3-25 PPP 中的多路复用

1）链路控制协议（LCP）

链路控制协议（link control protocol，LCP）负责建立、维护和确认并终止链路，还提供协商机制来设置端点间的选项。在建立连接链路前，链路的两个端点必须对相应的选项进行协商，并达成一致。LCP 并不关心选项本身，它关心的是用于协商的机制。LCP 允许进程提出建议，而应答进程接受或拒绝该建议（可以是全部，也可以是部分）。它还提供了一种方法，允许两个进程测试线路质量是否满足建立连接的要求；当链路不再需要时，关闭这些链路。LCP 协议字段为 0xC021，封装于 PPP 帧中的 LCP 分组，如图 3-26 所示。

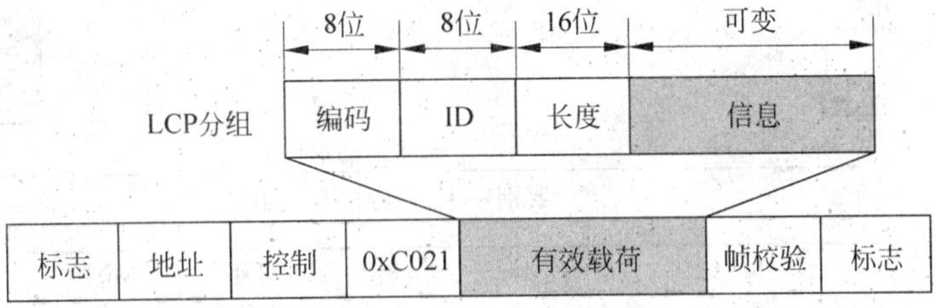

图 3-26　封装在 PPP 帧中的 LCP 分组

LCP 分组的编码字段决定了 LCP 分组；ID 字段持有一个将请求和应答相匹配的值，一个端点将值插入这个字段，这个值便被复制到应答分组中；长度字段决定了 LCP 分组的长度；信息字段包含选项等信息。

RFC1661 定义了 11 种 LCP 帧。前 4 种配置类型的帧允许发起方（I）提出建议选项值，应答方（R）接受或拒绝这些建议值，用于建立阶段的链路配置。第 5、6 种在终止阶段用于终止链路。后 5 种帧用于链路监控和调试。11 种 LCP 帧如表 3-3 所示。

表 3-3　LCP 帧类型

名　　称	编码	方向	说　　明
配置请求	0x01	I→R	列出建议的选项和值
配置确认	0x02	I←R	接受所有建议的选项
配置否定确认	0x03	I←R	某些选项没有被接受
配置拒绝	0x04	I←R	某些选项不可协商
终止请求	0x05	I→R	请求关闭线路
终止确认	0x06	I←R	接受关闭请求
编码拒绝	0x07	I←R	收到未知的请求
协议拒绝	0x08	I←R	被请求的协议未知
回声请求	0x09	I→R	检测回声呼叫报文是否活动
回声应答	0x0A	I←R	响应回声请求报文
丢弃请求	0x0B	I→R	丢弃分组请求（用于测试）

2）鉴别协议

鉴别协议（AP）用于身份认证，包括密码认证协议（password authentication protocol，PAP）和询问握手认证协议（challenge handshake authentication protocol，CHAP）。在拨号链路中，用户的身份认证是非常必要的。用户通过身份认证，意味着身份合法化，可以访问一系列资源。

(1) 密码认证协议(PAP):使用二次握手机制提供对等节点认证的一种简单方法,是建立在初始链路确定基础上的链路控制协议。PAP 在工作时,需要访问系统的用户发送鉴别身份的用户名和密码,以便系统检测用户身份和密码的合法性,并选择接受或拒绝连接。PAP 并不是一种强有效的认证方法,其密码以文本格式在电路上发送,对于窃听、重放或重复尝试和错误攻击没有任何防护。PAP 协议字段值为 0xC023,封装格式如图 3-27 所示。

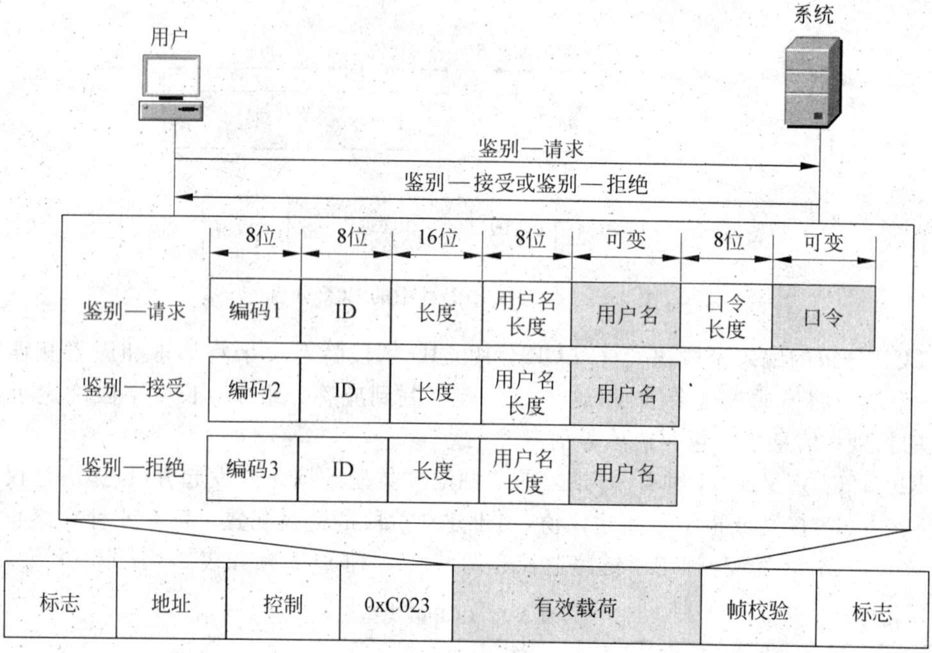

图 3-27 封装在 PPP 帧中的 PAP 分组

(2) 询问握手认证协议(CHAP):CHAP 通过三次握手,周期性地校验对端的身份,在初始链路建立时完成,可以在链路建立之后的任何时候重复执行,比 PAP 安全性更高。在这种方式下,密码是保密的,无须在线发送。通过递增改变的标识符和可变的询问值,CHAP 防止了来自端点的重放攻击,使用重复校验,可以限制暴露于单个攻击的时间。由认证者控制验证频度和时间。

第 1 步:链路建立阶段结束之后,系统向对端点发送"challenge"消息。

第 2 步:对于端点,用经过单向哈希函数计算出来的值做应答。

第 3 步:系统根据计算出的哈希值来检查应答。如果值匹配,认证得到承认;否则,连接终止。

经过一定的随机间隔,认证者发送一个新的 challenge 给端点,重复第 1~3 步。CHAP 分组协议值为 0xC223,有查询、响应、成功和失败 4 种 CHAP 分组。查询分组用于发送查询值;响应分组用于返回计算结果;成功表示允许用户访问;失败表示拒绝用户访问,如图 3-28 所示。

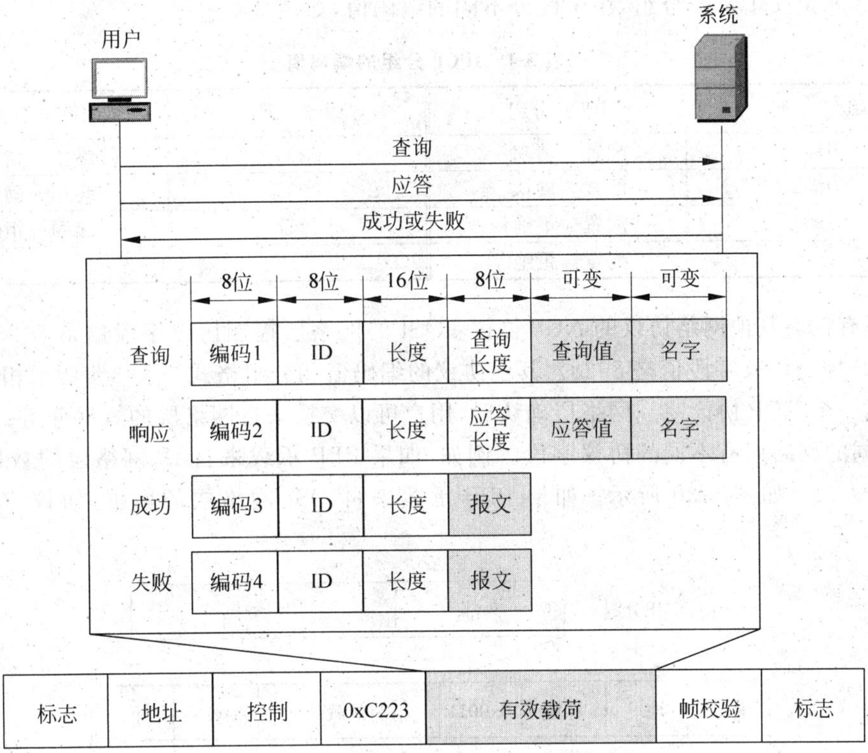

图 3-28　封装在 PPP 帧中的 CHAP 分组

3）网络控制协议

PPP 是一个多网络层的协议，它能使用因特网限定的协议，如 OSI、Xerox、DECnet、AppleTalk、Novel 等来承载网络层的数据分组。为此，PPP 为每一个网络协议都界定了特定的网络控制协议。例如，互联网络协议控制协议（IPCP）用来承载 IP 数据分组的链路，Xerox CP 用来承载 Xerox 协议分组的链路等。注意，没有一个网络控制协议（NCP）承载网络层的数据，它们仅仅是在网络层为进入的数据配置链路。

互联网络协议控制协议（Internet Protocol Control Protocol，IPCP）：是一种网络控制协议，用于承载因特网中 IP 分组的链路。IPCP 协议的字段值为 0x8021，格式如图 3-29 所示。

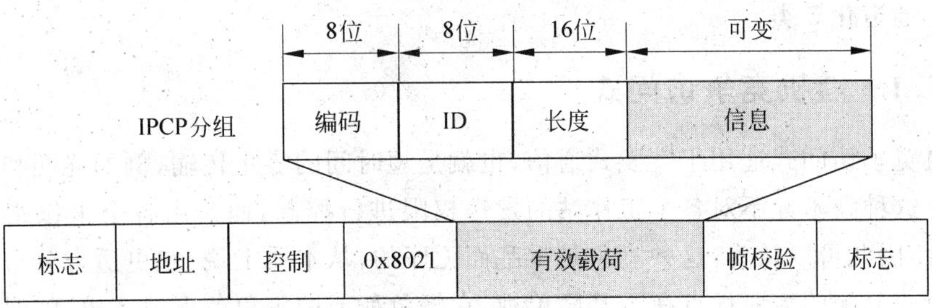

图 3-29　封装在 PPP 帧中的 IPCP 分组

IPCP 定义了 7 个分组,用于区分不同的编码值,如表 3-4 所示。

表 3-4 IPCP 分组的编码值

编　码	IPCP 分组	编　码	IPCP 分组
0x01	配置—请求	0x05	终止—请求
0x02	配置—确认	0x06	终止—确认
0x03	配置—不确认	0x07	编码—拒绝
0x04	配置—拒绝		

还有针对其他网络协议的 NCP 协议：OSI 的网络层控制协议字段值是 8023，Xerox NS IDP 控制协议字段值是 8023。其他协议的编码值和分组格式与表 3-4 所示相同。

当一个 NCP 协议完成网络层确认后,用户可以交换来自网络层的数据分组。如前所述,不同的网络层有不同的协议字段。例如,如果 PPP 承载来自 IP 网络层的数据,字段值为 0x0021,如图 3-30 所示；如果 PPP 承载来自 OSI 网络层的数据,协议字段值为 0x0023 等。

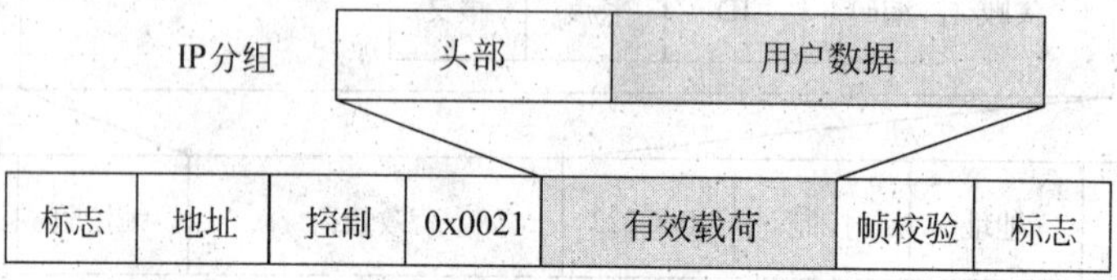

图 3-30 封装在 PPP 帧中的 IP 数据报

3.3 介质访问控制

IEEE 将数据链路层划分为逻辑链路控制(LLC)和介质访问控制两个子层(MAC)。LLC 负责流量控制和差错控制,MAC 负责解决共享介质的访问问题。

如果信道是专用的,就不需要 MAC 层。但在局域网中,设备(工作站、终端控制器和网桥等)往往共享传输介质,因此需要一种方法来有效地分配传输介质的使用权。实现这种功能的协议就称为访问控制协议。

介质访问控制协议主要用于解决共享链路的使用权问题,分为随机竞争访问式、受控访问式和通道化 3 类。

3.3.1 随机竞争访问式

随机竞争访问式适用于突发式通信,也就是短时间的零星传输,例如终端和主机之间的通信。这种技术并不对各个工作站的发送权限进行控制,而是由各个工作站自由竞争发送机会,因此可以认为,这种竞争是零乱而无序的,从本质上说,它更适合分布式控制。

竞争式分配的主要优点在于其简单性,在轻负荷或中等负荷下效率较高,但当负荷很重时,由于冲突,其性能很快下降。

在随机竞争访问方法中,所有站点平等,没有优先级别,站点之间不能相互控制。只要传输介质空闲,任何站点都可以竞争传输介质的控制权,在获得控制权后传输数据。

随机竞争访问式有两个特点:①各个站点传输数据的时间是不确定的,站点获取传输介质控制权进行数据传输是随机的;②站点之间无优先级别,同时申请传输介质控制权的站点之间需要展开竞争。

在随机竞争访问方式中,鉴于上述两个特点,站点之间会出现冲突的情况,且冲突概率随着站点增多而上升。为了避免发生冲突,或在冲突发生时解决冲突,相应的传输协议要解决好4个问题:第一,站点在什么时候可以申请传输介质控制权?第二,不能申请传输介质时,站点可以做什么?第三,如何判断访问传输是否成功?第四,冲突发生时,如何解决冲突,或者说,如何避免冲突的发生?

随机竞争访问式主要有ALOHA、CSMA、CSMA/CD、CSMA/CA 4个协议。

1. ALOHA 协议

ALOHA是最早的随机访问控制方法。1968年,美国夏威夷大学开展了一项研究计划,目的是为了解决夏威夷群岛之间的通信问题,项目名为ALOHA(ALOHA是夏威夷人的问候语)。1971年,ALOHA系统建成,用于无线局域网通信。当然,ALOHA也可以用在任何共享介质上。

1) 纯ALOHA

最早的ALOHA协议称为纯ALOHA,是一个虽然简单,但是非常优秀的介质访问控制协议。使用ALOHA协议时,由于所有站点共享传输介质,所以站点之间在传输数据时肯定会出现冲突。冲突发生时,信号相互叠加,造成传输失败。因此,冲突是ALOHA协议必须要解决的一个问题。

ALOHA的工作过程为:传输端在任何时候都可以发送数据。发送数据后,通过接收端发回的确认消息来判断传输是否成功;如果超时后仍未收到确认消息,则认为发送失败,重发数据。此机制解决了数据在传输时发生冲突而造成传输失败的问题。

超时后,为了避免再次发生冲突,每个站点都会随机等待一段时间,再尝试发送数据帧,减少了冲突的发生。为了防止站点不断尝试重新传输数据帧而造成拥堵,ALOHA限制了各点重新发送的最大次数。站点发送达到最大次数后,如果仍未传输成功,则必须放弃,并在以后再试。纯ALOHA协议工作原理如图3-31所示。

超时周期等于往返传输时延的最大可能值,即两个最远站点之间发送一个帧所需时间的2倍。等待时间是一个随机值,主要取决于K的值,一般使用二进制指数回退方法来计算。在这种方法中,每次从$0\sim2^K-1$的范围内随机选择一个数,再乘以最大传输时间或平均传输时间。

(1) 脆弱时间:是指可能发生冲突时间的长短。设站点发送的帧为固定长度,每个帧的发送时间为T_a秒,如果某站点在时刻T发送了一个帧,那么在$T-T_a$和$T+T_a$之间都不允许其他帧存在,否则有可能发生冲突。由此可以看出,纯ALOHA可能发生冲突的时间是帧传输时间的2倍,即纯ALOHA的脆弱时间等于$2\times T_a$。

(2) 吞吐量:是指在发送时间T_a内成功发送的平均帧数。纯ALOHA成功传输的平均帧数计算公式为

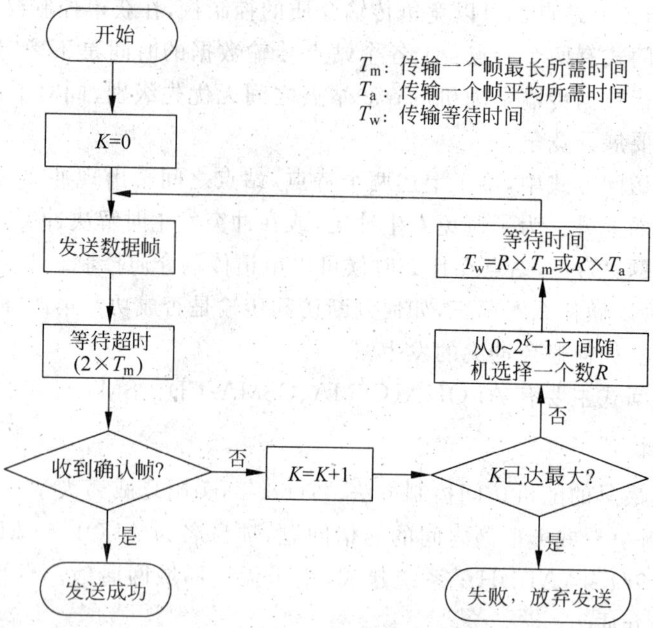

图 3-31 纯 ALOHA 工作过程

$$S = G \times e^{-2G}$$

吞吐量 S 是指在帧的发送时间 T_a 内成功发送的平均帧数；网络负载 G 是指在 T_a 内总共发送的平均帧数(包括发送成功的帧和因冲突未发送成功的帧)。由上述公式可知，当 $G=1/2$ 时，S 可得到最大值，即 $S_{max}=0.184$。也就是说，在 2 倍 T_a 时间内传输 1 帧，其最大传输成功率为 18.4%。

【例 3-4】 某 ALOHA 网络在一条传输速率为 100Kb/s 的信道上传输长度为 100bit 的帧。如果系统每秒分别以 500 帧、1000 帧、2000 帧的速度发送数据帧，其吞吐量各为多少？

解：帧的传输时间 $T_a=100/100\text{K}=0.001(\text{s})$。

每秒 500 帧，即 2ms 传输 1 帧，网络负载 G 为 1/2，吞吐量 S 计算如下：

$$S = G \times e^{-2G} = 18.4\%, \quad 吞吐量 = 500 \times 18.4\% = 92(帧)$$

每秒 1000 帧，即 1ms 传输 1 帧，网络负载 G 为 1，吞吐量 S 计算如下：

$$S = G \times e^{-2G} = 13.5\%, \quad 吞吐量 = 1000 \times 13.5\% = 135(帧)$$

每秒 2000 帧，即 1ms 传输 1 帧，网络负载 G 为 2，吞吐量 S 计算如下：

$$S = G \times e^{-2G} = 3.66\%, \quad 吞吐量 = 2000 \times 3.66\% = 73(帧)$$

2）时隙 ALOHA

1972 年，Roberts 发明了一种能把信道利用率提高 1 倍的信道分配策略，即时隙 ALOHA 协议。他的思想是用时钟来统一用户的数据发送。时隙 ALOHA 将时间分为离散的时隙，用户必须要等到下一个时隙开始才能发送数据，避免了用户发送数据的随意性，减少了数据产生冲突的可能性，提高了信道利用率。

在时隙 ALOHA 系统中，计算机并不是在用户按下 Enter 键后就立即发送数据，而是要等到下一个时隙开始时才发送。如此一来，连续的纯 ALOHA 就变成离散的时隙 ALOHA。

由于冲突的脆弱时间只有纯 ALOHA 的一半，因此时隙 ALOHA 的信道利用率可以达到 36.8%，是纯 ALOHA 协议的 2 倍。但对于时隙 ALOHA，用户数据的平均传输时间要高于纯 ALOHA 系统。

吞吐量：时隙 ALOHA 成功传输的平均帧数计算公式为

$$S = G \times e^{-G}$$

由上式可知，当 $G=1$ 时，S 可得到最大值，即 $S_{max}=0.368$。也就是说，在 T_a 时间内传输 1 帧，其传输成功率为 36.8%。

【例 3-5】 在时隙 ALOHA 网络，在一条传输速率为 100Kb/s 的信道上传输 100bit 的帧，如果系统每秒分别以 500、1000、2000 帧的速度发送数据帧，其吞吐量各为多少？

解：帧的传输时间 $T_a=100/100\text{K}=0.001(\text{s})$。

当系统每秒产生 500 帧时，其网络负载 G 为 1/2，吞吐量计算如下：

$$S=G\times e^{-G}=30.3\%,\quad \text{吞吐量}=500\times 30.3\%=151(\text{帧})$$

当系统每秒产生 1000 帧时，其网络负载 G 为 1，吞吐量 S 计算如下：

$$S=G\times e^{-G}=36.8\%,\quad \text{吞吐量}=1000\times 36.8\%=368(\text{帧})$$

当系统每秒产生 2000 帧时，其网络负载 G 为 2，吞吐量 S 计算如下：

$$S=G\times e^{-G}=13.5\%,\quad \text{吞吐量}=2000\times 13.5\%=270(\text{帧})$$

2. CSMA

载波侦听多路访问协议（carrier sense multiple access，CSMA）即载波侦听（carrier sense），是指网络上各个工作站在发送数据前都要确认信道上有没有数据传输。之所以称为载波侦听（载波就是承载信号的电磁波），而不是介质侦听，是因为如果介质上有载波存在，证明介质处于忙的状态（因为信号或者数据不是直接传输的，而是通过电磁载波传输的）；如果没有载波存在，则介质是空闲状态。也就是通过载波检测，可以得知介质的状态，而不能直接侦听介质本身，来判断其是否处于空闲状态。这里侦听的应该是信道，而不是介质本身，因为在一种传输介质中，可能包含多条信道，用于不同的传输链路。所谓多路访问（multiple access），是指网络上的所有工作站收、发数据共同使用同一条总线，且发送数据是广播式的。CSMA 要求站点在传输数据前必须先侦听（检测传输介质状态），当传输介质状态空闲时，才能发送数据。因此采用 CSMA，可以减少冲突发生的可能性。

检测后再发送数据，冲突的可能性将大大减小，但冲突概率仍然存在，其根源是传播延时问题。当一个站点发送数据时，其他站点检测到信号需要一定时间，在检测到信号之前，其他站点会认为信道是空闲的，此时发送数据就会产生冲突。

CSMA 在传输前需要对传输介质进行状态检测，因此，可能发生冲突的时间就是信号从一端传输到另一端所需的时间。也就是说，CSMA 的脆弱时间等于信号的传输时间。

在信道空闲和繁忙时，根据各传输站点的操作方式，CSMA 分为 1—持续、非持续和 P—持续 3 种类型。不同的类型，操作方法各不相同。

(1) 1—持续(1-persistent method)型：这种方法是最简单的。工作过程为：站点在发送数据帧前先侦听信道，如果发现信道空闲，立即发送数据帧。如果传输介质繁忙或冲突，则继续侦听、竞争传输介质。因为在信道空闲时，可能存在两个及以上站点同时发送数据帧的情况，所以这种方法的冲突概率最高。1—持续型工作过程如图 3-32 所示。

(2) 非持续(nonpersistent method)型：站点在发送数据帧前先侦听信道，如果发现信道空闲，立即发送数据帧。如果信道繁忙，站点随机等待一段时间，然后再次侦听信道。因为两个或两个以上站点的随机等待时间相等，并且立即重新尝试的概率极低，因此非持续型可以减少冲突产生的概率。非持续型工作过程如图 3-33 所示。

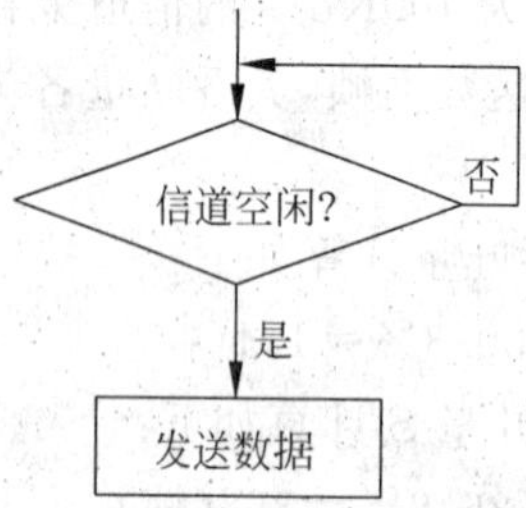

图 3-32 1—持续型工作过程

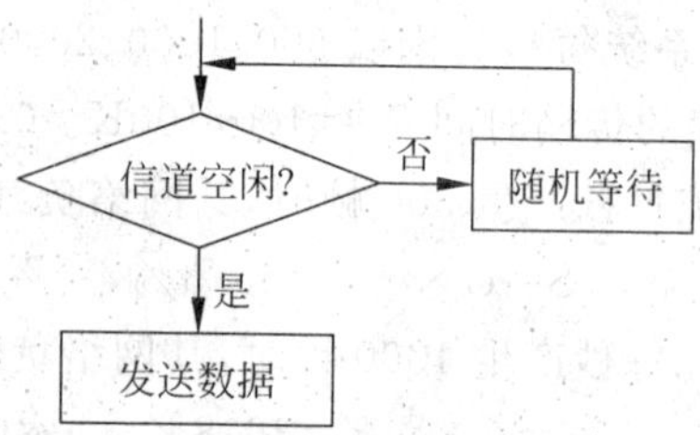

图 3-33 非持续型工作过程

(3) P—持续(P-persistent method)型：P—持续型结合了 1—持续型和非持续型两种方法，具有减少冲突和提高网络效率的优点。工作过程为：站点在发送数据帧前先侦听信道，如果发现信道空闲，且冲突概率小于等于 P，则发送数据帧。如果冲突概率是 $1-P$，站点将等待下一个时隙开始，并检查信道。如果信道空闲，则发送数据；否则，认为冲突已发生，使用补偿程序。P—持续型工作过程如图 3-34 所示。

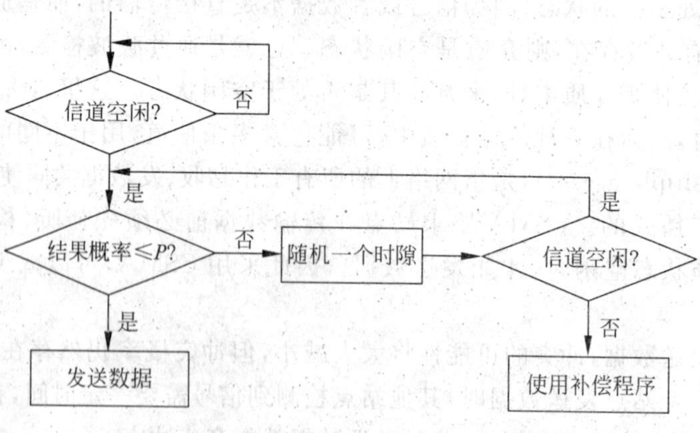

图 3-34 P—持续型工作过程

3. CSMA/CD

在 CSMA 中，由于存在信道传播时延，即使通信双方的站点都没有侦听到载波信号，在发送数据时仍可能会发生冲突,因为它们可能会在检测到介质空闲时同时发送数据,致使冲突发生。尽管 CSMA 可以发现冲突,但它并没有先知的冲突检测和阻止功能,致使冲突频繁发生。

带冲突检测的载波侦听多路访问协议(carrier sense multiple access with collision detection,CSMA/CD)是一种 CSMA 的改进方案。为了减少冲突发生后的影响,工作站在发送数据的过程中不停地检测数据,看有没有在传输过程中与其他工作站的数据发生冲突。这就是冲突检测(collision detected)。

在 CSMA/CD 中,发送站点在数据帧传输过程中仍继续侦听介质,检测是否存在冲突。如果两个站点都在某一时间检测到信道是空闲的,并且同时开始传送数据,很快就会检测到有冲突发生。如果发生冲突,信道上可以检测到超过发送站点本身发送的载波信号幅度的电磁波,由此判断出冲突存在。一旦检测到冲突,发送站点立即停止发送,并向总线发出一串阻塞信号,通知总线上通信的对方站点,快速地终止被破坏的帧,以便节省时间和带宽。CSMA/CD 工作原理如图 3-35 所示。

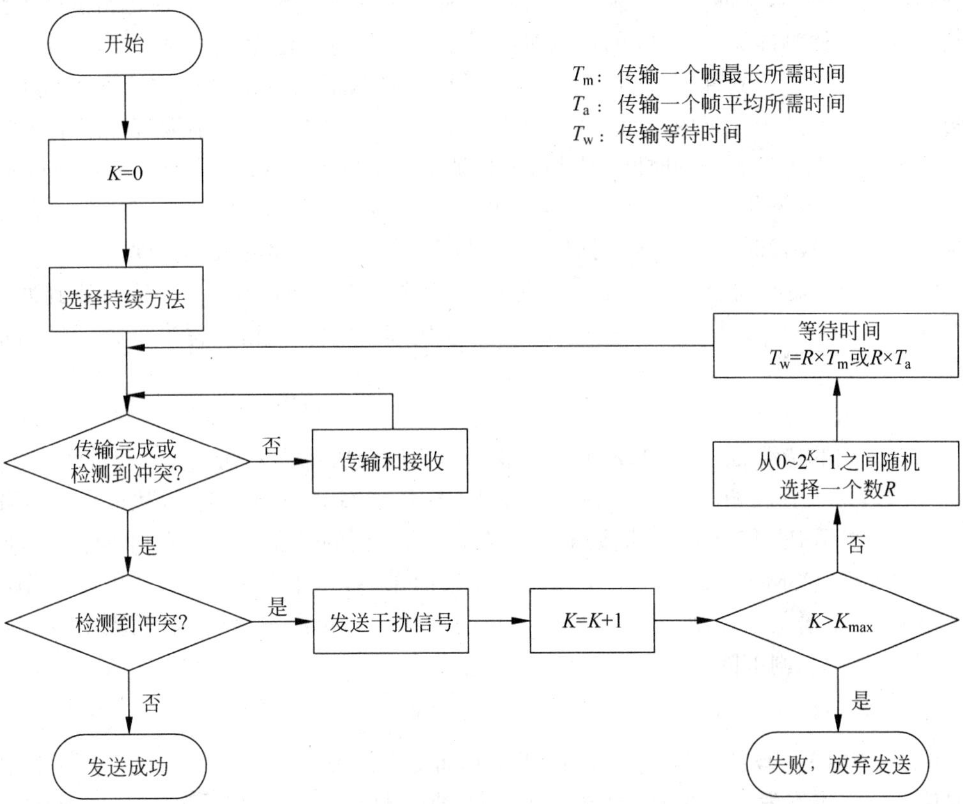

图 3-35 CSMA/CD 工作原理

CSMA/CD 的工作原理用以下几句话来概括。

先听后发,边听边发。

一旦冲突,立即停发。

等待时机,然后再发。

具体的检测原理描述如下。

(1) 当一个站点想要发送数据的时候，它检测网络，查看是否有其他站点正在传输，即侦听信道是否空闲。

(2) 如果信道忙，等待，直到信道空闲；如果信道空闲，站点就准备好要发送的数据。

(3) 在发送数据的同时，站点继续侦听网络，确信没有其他站点在同时传输数据才继续传输数据。因为有可能两个或多个站点都同时检测到网络空闲，然后几乎在同一时刻开始传输数据。如果两个或多个站点同时发送数据，会产生冲突。若无冲突，继续发送，直到发送完全部数据。

(4) 若有冲突，立即停止发送数据，并发送一个加强冲突的阻塞信号，以便使网络上的所有工作站都知道网上发生了冲突。然后，等待一个预定的随机时间，且在总线为空闲时，重新发送未发完的数据。

1) 帧的长度限制

为了实现 CSMA/CD，需要限制帧的长度。数据帧在发送数据帧的最后一位前，发送站点必须检测冲突，有冲突就必须放弃传输。因为一旦整个帧发送完，发送站点就无法保留帧的副本并检测冲突，所以帧的传输时间必须至少是最大传播时间的 2 倍，才能保证在传输过程中能够检测到冲突是否发生。为了便于理解，下面用最糟糕的情况来说明：如果两个冲突站点处于最远距离，信号从第一个站点到达第二个站点需要 T_a 的时间，冲突信号到达第一站点又要 T_a 的时间，因此必要保证第一个站点在经过 $2T_a$ 时间后仍在传输。

【例 3-6】 某网络带宽为 10Mb/s，如果使用 CSMA/CD 协议进行传输，信号的最大传播时间(包括设备时延和发送干扰信号时间)为 25.6μs，求帧的最小长度。

解：帧的传输时间至少是 2 倍传播时间，因此站点需在 51.2μs 后才能检测到冲突的发生，则帧的最小长度为 10Mb/s×51.2μs＝512b(64 字节)。这是标准以太网帧的最小长度。

2) 吞吐量

采用不同的持续方法，CSMA/CD 的最大吞吐量有所不同。在使用 1—持续方法时，当 $G=1$ 时，最大吞吐量为 50%；在非持续方法中，当 G 值在 3～8 时，其最大吞吐量为 90%；如果使用 P—持续方法，根据不同的 P 值，取不同的 G 值，将有不同的最大吞吐量。

总的来说，CSMA/CD 控制的工作原理比较简单，技术上易实现，网络中各工作站处于平等地位，不需集中控制，不提供优先级控制。在网络负载增大时，各站点的发送时间增长，发送效率急剧下降。

4. CSMA/CA

由于 CSMA/CD 要检测冲突，所以要求设备必须能够一边接收数据信号，一边传送数据信号。站点在发送数据时，如果没有冲突，侦听到的是它自己发送的信号；如果有冲突，侦听到的是本身和其他站点冲突的叠加信号。在有线网络中，接收信号的能量与发送信号的能量相当，所以冲突时，接收到的信号能量会很强。

在无线网络中，由于所有移动通信都存在远近效应(near-far effect，是指当基站同时接收两个距离不同的移动台发来的信号时，由于距离基站较近的移动台信号较强，距离较远的移动台信号较弱，则距离基站近的移动台的强信号将对另一个移动台的信号产生严重的干扰），冲突发生时，能量叠加很小，冲突将无法被检测到，所以在无线网络中应避免冲突的发生。带冲突避免的载波侦听多路访问协议（carrier sense multiple access with collision avoidance，CSMA/CA）可以避免冲突的发生。它通过帧间间隔、竞争窗口和确认 3 种机制来避免冲突。

站点在发现信道空闲时，并不马上发送数据，而是等待一段时间。这段时间称为帧间间隔（interframe space，IFS）。IFS 可以使远端站点的传输信号能被检测到，从而避免冲突的发生。在 CSMA/CA 中，IFS 的长短还用于区分站点或帧的优先级。

竞争窗口将时间分割成时隙，准备发送的站点选择一个随机时隙作为等待时间。在 IFS 时间后无法检测到信道空闲的，其竞争时隙的数量随之增大。在 CSMA/CA 中，如果站点发现信道繁忙，站点并不重启竞争窗口时钟，而是等信道空闲后再重启时钟。

即使有 IFS 和竞争窗口，仍有可能产生冲突而导致数据帧在传输中被损坏，可以通过确认机制来保证传输成功。

CSMA/CA 的工作过程如图 3-36 所示。

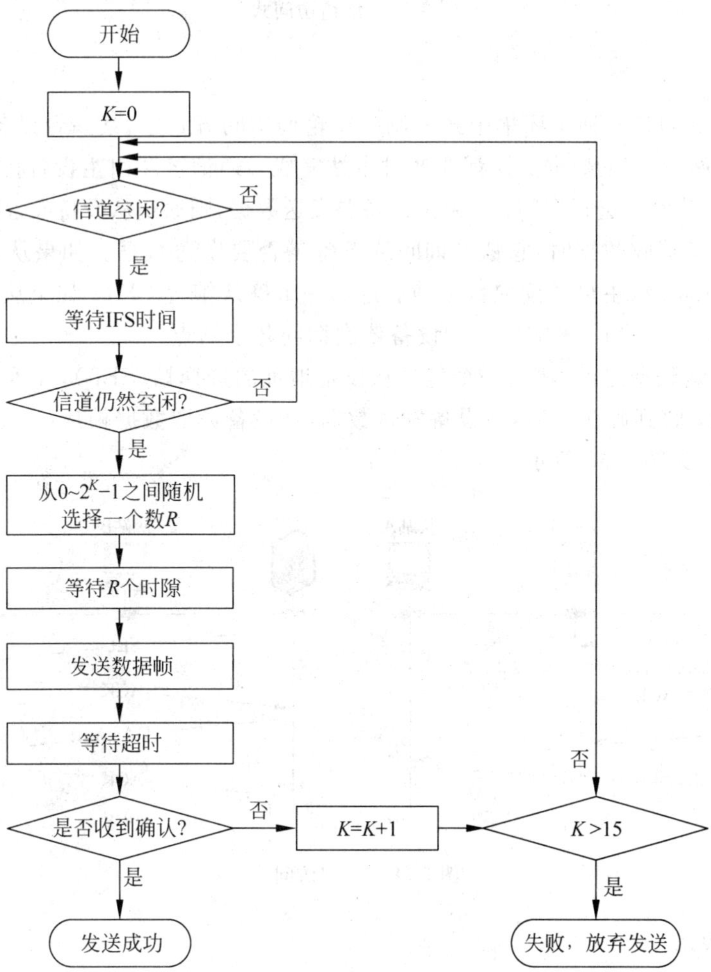

图 3-36 CSMA/CA 工作过程

3.3.2 受控访问式

受控访问式适合于流式通信。流式通信是指长时间的连续传输，例如语音通信、遥测通信和长文件传输等。一般来说，这种技术把信道的使用时间划分为时隙，各站点互相协商，确定信道的使用权。

1. 预约

在预约(reservation)访问方式中，发送数据的站点在数据发送前必须先预约。预约方法将时间划分为时隙，在每一个时隙内，在发送数据帧之前先发送一个预约帧；只有在预约帧中预约过的站点才能在预约帧之后发送数据，如图 3-37 所示。

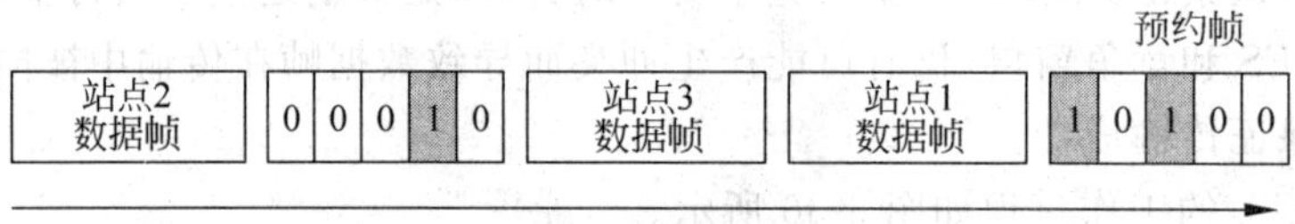

图 3-37　预约访问式

2. 轮询

轮询(polling)是一种循环集中式控制。在轮询访问方式中，某一台设备作为主站，其他设备作为从站，所有的数据交换都要通过主站完成。通信链路由主设备控制。主设备要接收数据时，对从设备进行询问；如果主设备要发送数据，则通知从设备准备接收数据。

主设备准备接收数据时，它依次询问从设备是否要发送数据。如果从设备要发送数据，用数据帧来响应，主设备读取数据帧后返回一个确认帧(ACK)；如果从设备不需要发送数据，用否认帧(NAK)来响应。主设备依次询问各个站点。

主设备发送数据之前，建立一个包含从设备地址的选择帧(SEL)，并等待从设备准备接收的确认帧；收到确认帧后，主设备发送数据，从设备读取数据帧后，回复确认帧，确认数据接收完毕，如图 3-38 所示。

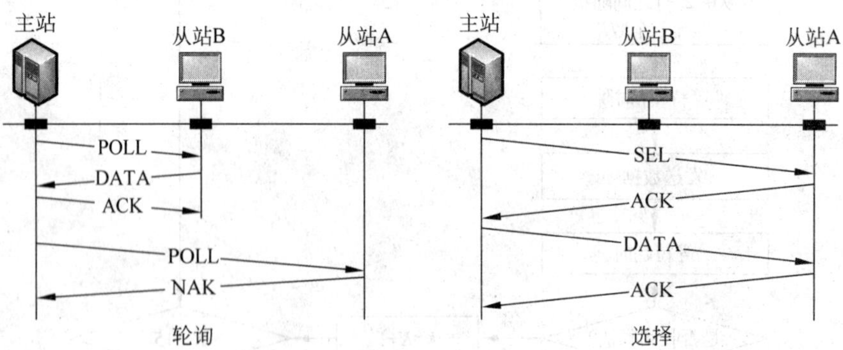

图 3-38　轮询访问式

3. 令牌传递

令牌传递(token passing)是一种循环分布控制。在令牌传递方法中，网络中的站点被组织在一个环中，令牌依次传递。在令牌传递网络中，所有站点不必真正连接在一个物理环中，此处所谓的环可以是逻辑环。网络中的每个站点都有前驱节点和后继节点，所有站点按一定的逻辑顺序传递权限，也就是说，权限由前驱节点传递而来，并且继续传递给后继节点。构成逻辑环的拓扑结构如图 3-39 所示。

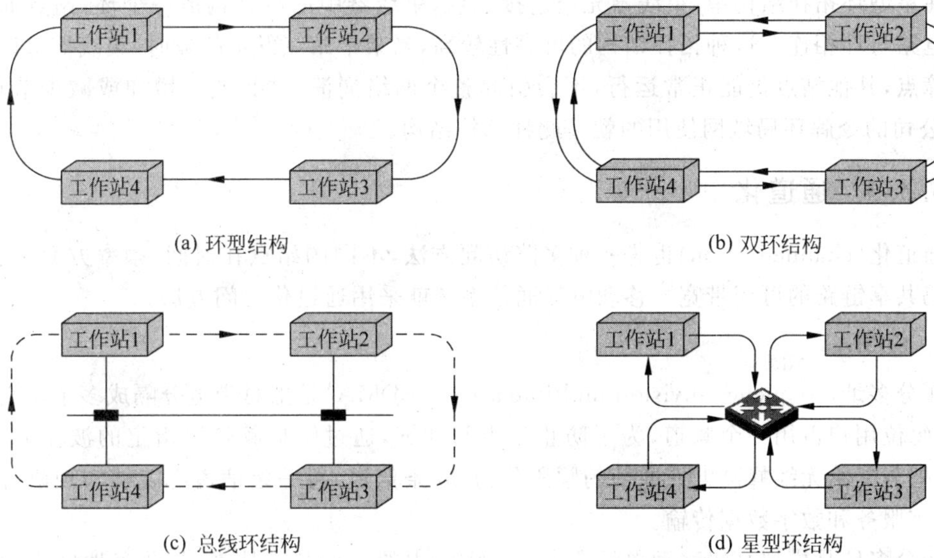

图 3-39　令牌环拓扑结构

在令牌环中，信道的控制权限由令牌(一种具有特殊格式和标记的分组)持有站获得。如果某个站点要传递数据，必须要等待从前驱节点传递过来的令牌，得到令牌后，持有令牌并传送数据；数据传送完毕，释放令牌，并传给后继节点。

如果在一段时间内有很多站要发送数据，这种循环方式是很有效的；但如果长时间只有很少地站在发送数据，这种循环方式开销太大，因为很多站都参与循环，仅传递权限，并不发送数据。

令牌传递网络的信道控制权由令牌持有者控制，在这种情况下，令牌的管理十分必要。令牌管理主要包括令牌丢失、令牌持有时间限制和令牌优先权控制等方面。为了便于管理，也可以使用令牌管理站，利用超时机制检测令牌丢失情况，还可以清除残余数据。

环型结构为一种物理环结构。当某个站点将令牌传递给它的后继节点(链路中的下一站点)时，其他站点无法看到令牌。也就是说，令牌无须知道后继节点的地址。在这种结构中，所有站点必须组成一个闭合的环，如果站点间链路出现故障，整个网络就会崩溃。IEEE 802.5 采用这种拓扑结构。

双环结构使用一个备用环，主环与备用环运行方向相反。备用环平时不启用，只有在主环链路出现故障时才使用。如果主环链路发生故障，系统自动将主环和备用环合并成一个临时环；主环链路修复后，备用环进入空闲备用状态。双环结构虽然比单一环结构可靠性更高，但每个站点都需要两个传输端和接收端。光纤分布式数据接口(FDDI)和铜线分布式数据接口(CDDI)采用这种拓扑结构。

总线环结构又称令牌总线，其中，所有站点构成一个逻辑环，站点与总线的单根光纤连接。在这种结构中，每个站点都必须知道前驱节点和后继节点的地址，某个站点完成数据传输后，即释放令牌，并将后继节点地址插入令牌。只有地址与令牌目的地址相符合的站点才能获得令牌。使用这种拓扑结构的标准有 IEEE 802.4 令牌总线局域网。

在星型环拓扑结构中，集线器充当连接节点，集线器中的电路构成一个环，站点通过两条电路与环相连。这种拓扑结构的可靠性较高，当某个站点发生故障时，集线器可以忽略故障点，其他站点仍能正常运行，不会引起整个网络崩溃，并且便于增加或减少节点。IBM 公司的令牌环局域网使用的就是此种拓扑结构。

3.3.3 通道化

通道化(channelization)也是一种多路访问方法，不同的站点在时间、频率方面，或通过编码共享链路的可用带宽。移动电话通信系统就采用通道化访问方法。

1. FDMA

频分多址(frequency division multiple access，FDMA)是把总带宽分隔成多个正交的频道，每位用户占用一个频道，为了防止站点间冲突，通过防护频带将指定的波段分开。例如，把分配给无线蜂窝电话通信的频段分为 30 条信道，每一条信道都能够实现语音通话、数字服务和数字数据传输。

频分多址是模拟高级移动电话服务(AMPS)中的一种基本技术，是北美地区应用最广泛的蜂窝电话系统。采用频分多址，每一条信道每一次只能分配给一个用户。

2. TDMA

采用时分多址(time division multiple access，TDMA)，所有站点在时间上共享通道的带宽。TDMA 把时间分割成互不重叠的时隙，每个站点都分配一个时隙，站点只有在自己的时隙内才能发送数据。互不重叠的时隙与用户具有一一对应关系，依据时隙区分来自不同地址的用户信号，完成多址连接。

在满足定时和同步的条件下，TDMA 基站分别在各时隙中接收到各移动终端的信号而不混扰。同时，基站发向多个移动终端的信号都按顺序安排在特定的时隙中传输，各移动终端只要在指定的时隙内接收，就能在合路信号中把发给它的信号区分并接收下来。

TDMA 是一种常用数字传输通信技术，可将无线电频率分成不同的时间间隙来分配给若干个通话，在 2G(GSM)移动通信系统中被采用。TDMA 与 FDMA 相比，具有通信质量高、保密性较好、系统容量较大等优点，但它必须有精确定时和同步，以保证移动终端和基站间正常通信，技术上比较复杂。

3. CDMA

码分多址(code division multiple access，CDMA)是在扩频通信的基础上发展起来的无线通信技术。CDMA 基于扩频技术，将需要传送的数据用一个带宽远大于信号带宽的高速伪随机码进行调制，使原数据信号的带宽被扩展，经载波调制后发送出去。接收端使用完全相同的伪随机码，与接收到的带宽信号做相关处理，把宽带信号转换成原数据的窄带信号，即解扩，实现通信。

CDMA 仅有一条通道占据链路的整个带宽，并且所有站点都可以同时发送数据，不存在时间共享或频率共享的问题。CDMA 传输不同站点的数据，依靠的是不同的编码。

CDMA 通过独特的代码序列建立信道，可用于第二代和第三代无线通信中的任何一种协议。CDMA 是一种多路方式，多路信号只占用一条信道，极大地提高了带宽利用率，用于 800MHz 和 1.9GHz 的超高频(UHF)移动电话系统。CDMA 使用具有扩频技术的模/数转换(ADC)器，将输入音频首先数字化为二进制元；传输信号的频率按指定类型编码，因此只有频率、编码一致，接收端才能拦截信号。由于有无数种频率顺序编码，因此不易出现重复，增强了保密性。

3.4 局域网

局域网(local area networks，LAN)是在一个局部的地理范围内(几千米到几十千米)，将各种计算机、外部设备和数据库等连接起来组成的计算机通信网。

3.4.1 局域网概述

局域网(LAN)中存在多种技术，在过去的几十年中，较常见的局域网技术有以太网、令牌环、令牌总线、FDDI 和 ATM 等，其中的一些技术只应用了很短的一段时间。不同的局域网技术决定了局域网的拓扑结构、传输介质以及介质访问控制方法。换句话说，局域网采用的技术，决定了网络的特点及其数据速率和通信效率，也决定了适合于传输的数据类型，甚至决定了网络的应用领域。

局域网的分类方式有很多，按网络使用的传输介质，分为有线网和无线网；按网络拓扑结构，分为总线型、环型、星型(树型)等；按局域网技术标准，分为以太网、令牌环网、令牌总线、FDDI 网、ATM 网和无线局域网等。目前使用最广泛的是以太网技术。本节先介绍局域网的特点、拓扑结构，再重点介绍以太网技术。

1. 局域网的特点

20 世纪 70 年代末期出现的局域网技术在 80 年代普及、发展，到 90 年代进入高速发展阶段。目前局域网的使用相当普遍，已经成为计算机网络的重要组成部分，应用广泛。

局域网(LAN)是在一个局部的地理范围内(如一所学校、一家工厂或机关内)，一般是方圆几十千米以内，将各种计算机、外部设备和数据库等连接起来组成的计算机通信网。局域网由网络硬件(包括网络服务器、网络工作站、网络打印机、网卡、网络互联设备等)、网络传输介质和网络软件组成。

局域网一般为一个部门或单位所有，建网、维护以及扩展等较容易，系统灵活性高，其主要特点如下所述。

(1) 覆盖的地理范围较小，只在一个相对独立的局部范围内，如一座或集中的多座建筑群内，覆盖范围通常在几十千米以内。

(2) 使用专门铺设的传输介质进行联网，数据传输速率高(10Mb/s～10Gb/s)。

(3) 通信延迟时间短，可靠性较高。

(4) 容易扩展，易于管理，安全性较高。

(5) 可供选择的局域网技术多种多样。

2. 局域网的拓扑结构

常见的局域网拓扑结构有总线型、环型和星型3种。

1) 总线型结构

总线是一种多点广播介质,所有的设备通过相应的硬件接口直接连接在共同的传输介质上。工作站发出的数据组织成数据帧,沿着总线向两端传播,到达末端的信号被终端匹配器吸收,避免信号反射回总线产生不必要的干扰。数据帧中含有源地址和目标地址,每个工作站都监视总线上的信号,并复制发给自己的数据帧。适用于总线结构的传输介质是同轴电缆。总线型拓扑结构如图3-40所示。

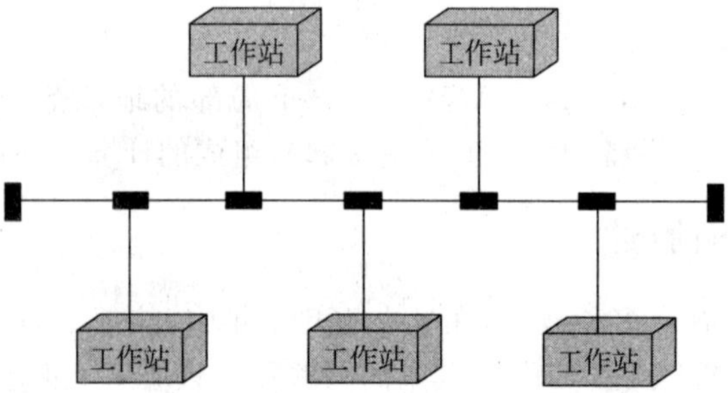

图3-40 总线型拓扑结构

总线型拓扑是早期局域网采用的一种结构,适用于站点较少的局域网络。通常这种局域网的传输速率为10Mb/s,网络连接选用同轴电缆。以太网(Ethernet)最初就采用这种结构,现在的计算机网络已经很少使用。

2) 环型结构

环型拓扑结构使用通信线路将各节点组成一个封闭的环,各节点直接连到环上,数据沿着环,按一定方向从一个节点传送到另一个节点。环接口一般由发送器、接收器、控制器、线控制器和线接收器组成。在环型拓扑结构中,有一个控制发送数据权力的"令牌",它在后边按一定的方向单向(也可以双向传输,双向环)环绕传送,每经过一个节点都要被接收、判断一次。是发给该节点的,就接收,然后继续流向下一个环路接口,一直流回到发送该信息的环路接口为止。环型拓扑结构如图3-41所示。

环型拓扑结构特别适合实时控制的局域网系统。在环型结构中,每台PC都与另两台PC相连,每台PC的接口适配器必须接收数据,再传往另一台。因为两台PC之间都有电缆,所以能获得好的性能。最著名的环型拓扑结构网络是令牌环网(token ring)。

3) 星型结构

星型拓扑结构是一种以中央节点为中心,把若干外围节点连接起来的辐射式互联结构,各节点与中央节点通过点对点方式连接,中央节点执行集中式通信控制策略,因此中央节点相当复杂,负担也重。中心节点可以是服务器,也可以是连接设备(当前主要以交换机为主)。星型拓扑结构如图3-42所示。

以星型拓扑结构组网,其中任何两个站点要通信,都要经过中央节点控制。中央节点

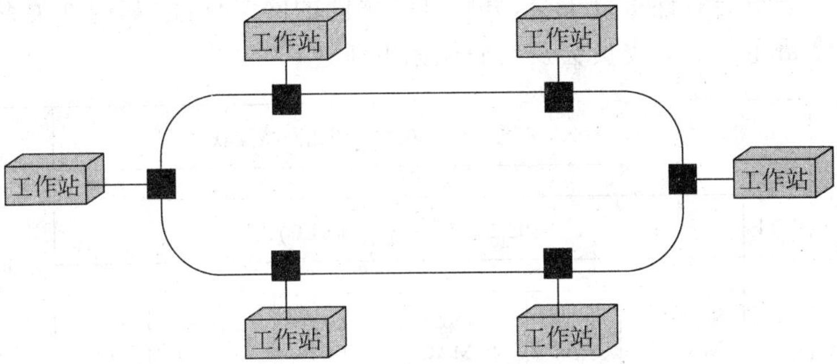

图 3-41 环型拓扑结构

的主要功能有：①为需要通信的设备建立物理连接；②为两台设备在通信过程中维持这一通路；③在完成通信或不成功时，拆除通道。

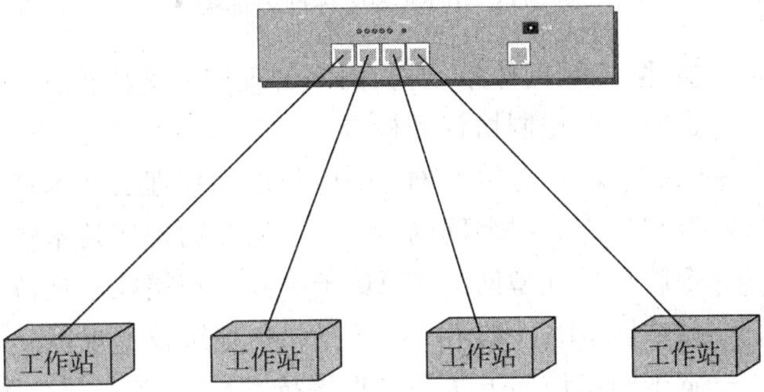

图 3-42 星型拓扑结构

星型拓扑结构适用于局域网，近年来连接的局域网大都采用这种连接方式。一般以双绞线或光纤作为连接线路，需要大量电缆。

总的来说，星型结构相对简单，便于管理，建网容易，是目前局域网普遍采用的一种拓扑结构。采用星型结构的局域网一般使用双绞线或光纤作为传输介质，符合综合布线标准，能够满足多种宽带需求。

多个层次的星型结构相连接，就组成了树型拓扑结构，其网络节点呈树状排列，整体看来就像一棵倒长的树。一般来说，越靠近树的中心节点，对节点设备的要求越高。

3.4.2 局域网体系结构

1980 年 2 月，美国电气和电子工程师学会(Institute of Electrical and Electronics Engineers，IEEE)成立了局域网标准化委员会，称为 IEEE 802 委员会。它的任务是制定局域网的国际标准，使不同制造商生产的设备之间能够互相通信。IEEE 802 不会取代 ISO/OSI 或 TCP/IP，它主要是为了规范局域网协议的物理层和数据链路层。

IEEE 802 委员会提出了局域网的体系结构，即著名的 IEEE 802 参考模型，并形成了一系列标准，称为 IEEE 802 标准，被美国国家标准协会(ANSI)采用。1987 年，国际标准化组织(OSI)批准其为国际标准，并命名为 ISO 8802。

IEEE 802委员会有许多分委会,分别制定不同的网络标准,其内部关系如图3-43所示。IEEE 802最主要的分委员会及其职能如下所述。

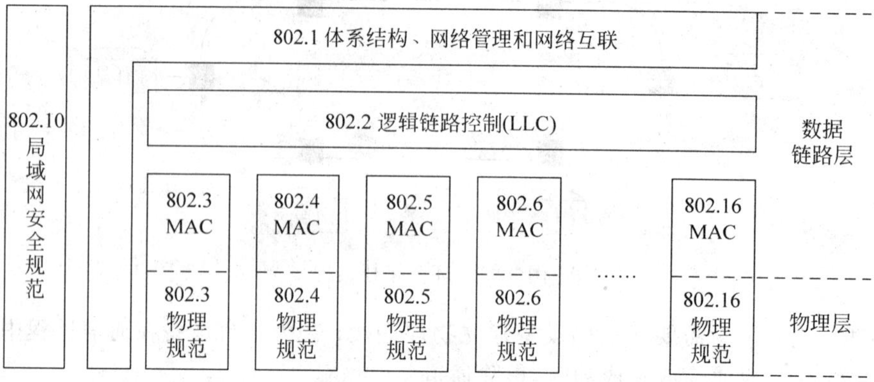

图3-43 IEEE 802标准内部关系

IEEE 802.1——概述、局域网体系结构、网络管理和网际协议。
IEEE 802.2——逻辑链路控制协议和标准。
IEEE 802.3——CSMA/CD总线型网MAC子层和物理层技术规范。
IEEE 802.4——令牌传递总线型网的MAC子层和物理层技术规范。
IEEE 802.5——令牌传递环型网的MAC子层和物理层技术规范。
IEEE 802.6——城域网MAN的MAC子层和物理层技术规范。
IEEE 802.7——宽带网络访问方法及物理层技术规范。
IEEE 802.8——分布式数据光纤(FDDI)访问方法及物理层技术规范。
IEEE 802.9——综合语音与数据局域网技术。
IEEE 802.10——可互操作的局域网安全规范。
IEEE 802.11——无线局域网技术。
IEEE 802.12——优先级高速局域网(100VG-AnyLAN)。
IEEE 802.14——电缆电视(Cable-TV)。
IEEE 802.15——无线个人局域网。
IEEE 802.16——无线城域网。

IEEE 802委员会为局域网制定了一系列标准,统称为IEEE 802标准,并因为新技术的产生和发展,不断有新的标准制定和添加进去。

1. IEEE 802体系结构

局域网只是一个计算机通信网,并且不存在路由选择问题,因此它不需要网络层,只涉及物理层和数据链路层两个层次。但由于局域网的种类很多,介质访问控制的方法各不相同。为了使局域网中数据链路层的功能更便于实现,对高层提供一致的服务,屏蔽介质访问控制方法的差异,IEEE 802标准将局域网中的数据链路层细分为介质访问控制子层(medium access control,MAC)和逻辑链路控制子层(logical link control,LLC),如图3-44所示。

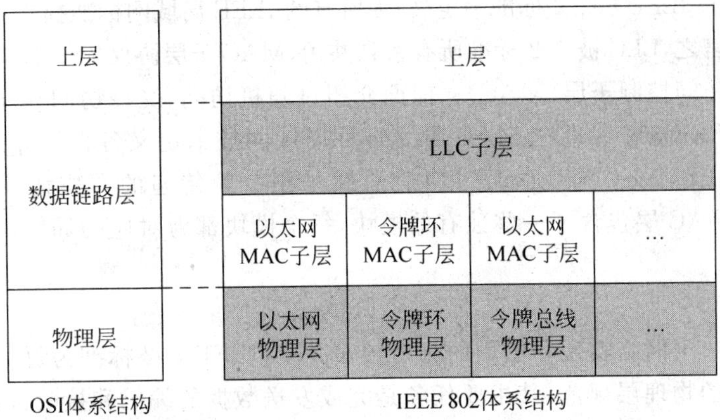

图 3-44 IEEE 802 体系结构

2. IEEE 802 体系结构各层功能

由于局域网使用多种传输介质,而介质访问控制方法与具体的传输介质和拓扑结构有关,所以 IEEE 802 标准把数据链路层划分成两个子层,与物理介质相关的部分叫作介质访问控制子层(MAC);与介质无关的部分叫作逻辑链路控制子层(LLC)。LLC 提供标准的数据链路层服务,使得任何高层协议(TCP/IP、ISO/OSI 标准)都可以运行在局域网之上。局域网物理层规定了传输介质及其接口的电气特性、机械特性、接口功能以及信令方式和信号速度等。

局域网的体系结构说明,在数据链路层应当有两种不同的协议数据单元:LLC 帧和 MAC 帧。这两种帧的关系如图 3-45 所示。

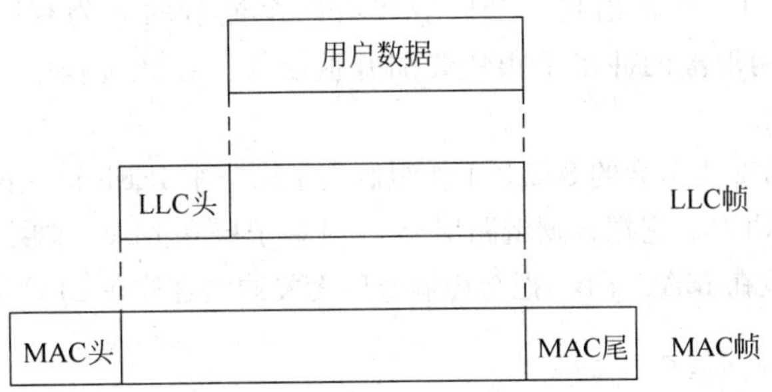

图 3-45 LLC 帧和 MAC 帧的关系

从高层来的数据加上 LLC 帧头就成为 LLC 帧;向下传送到 MAC 子层,加上 MAC 帧头和帧尾,组成 MAC 帧。物理层把 MAC 帧当成比特流,通明地在数据链路层实体间传送。

1) 数据链路层

在 IEEE 802 标准中,数据链路层分成逻辑链路控制和介质访问控制两个子层。

(1) 逻辑链路控制子层(LLC)。前面介绍过数据链路控制,数据链路层是用来处理成帧、流量控制和差错控制的。在 IEEE 802 中,流量控制、差错控制和部分成帧功能被集中到 LLC 子层中。当然,MAC 子层也会执行成帧处理。

LLC 子层在 IEEE 802.2 标准中定义，为所有的 IEEE 局域网标准提供单一的数据链路控制协议。换言之，LLC 被 802 标准所有系列共用，MAC 子层协议依赖于各自的物理层。

(2) 介质访问控制子层(MAC)。前面介绍过随机访问、受控访问和通道化等多种介质访问方法，IEEE 802 标准在 MAC 层为每种局域网技术定义各自的介质访问方法，比如以太网采用 CSMA/CD，令牌环和令牌总线采用令牌传递的介质访问控制方法。与 LLC 层相比，MAC 层包含了一些独有的模块，每个模块都为对应的局域网定义了访问方法和成帧格式。

2) 物理层

物理层取决于网络实现和使用的物理传输介质，IEEE 802 标准为每种局域网的实现都定义了详细的物理层规范，其主要任务是完成发送数据的编码和接收数据的译码、同步码的产生和去除、比特的传输和接收等工作。

3.4.3 标准以太网

1976 年，罗伯特·梅特卡夫(Robert Metcalfe)及其助手发表了一篇题为《以太网：局域计算机网络的分布式包交换技术》的文章。

1977 年年底，罗伯特·梅特卡夫及其合作者获得了“具有冲突检测的多点数据通信系统”的专利。多点传输系统被称为 CSMA/CD(带冲突检测的载波侦听多路访问)，标志以太网诞生。

1979 年，罗伯特·梅特卡夫为了开发个人计算机和局域网，离开了施乐(Xerox)公司，自立门户，成立了 3Com 公司。3Com 公司游说迪吉多(Digital Equipment Corporation)、英特尔(Intel Corporation)和施乐(Xerox)公司，希望一起将以太网标准化、规范化。通用的以太网标准于 1980 年 9 月 30 日出台。当时业界有两个流行的非公有网络标准令牌环网和 ARCNET，在以太网浪潮的冲击下很快萎缩并被取代。在此过程中，3Com 快速发展成为国际化的大公司。

1983 年，IEEE 802 委员会的 802.3 工作组制定了第一个 IEEE 以太网标准 IEEE 802.3，其数据传输速率为 10Mb/s。它把数据链路层分成 LLC 子层和 MAC 子层。IEEE 802.3 把与传输介质有关的内容放在 MAC 子层，把与传输介质无关的内容放在 LLC 子层。

1. MAC 子层

在标准以太网中，MAC 子层的功能是负责提供介质控制访问方法，并将来自上层的数据成帧并传输到物理层。

1) MAC 帧格式

以太网的数据帧由前导码、帧起始定界符(SFD)、目的地址(DA)、源地址(SA)、长度/类型、数据/填充、帧校验序列(FCS)7 个部分组成。

以太网对数据帧的长度有最小值和最大值的规定。以太网规定数据帧的最小长度为 64 字节，不足 64 字节将自动填充；最大长度限定为 1518 字节。对于帧长度最小值的规定，如果帧的长度不足，站点在检测侦听时将无法侦测到。对于帧长度规定最大值，一方面是可以有效减小缓冲器，节省存储器的宝贵资源；另一面，可防止某个站点长时间独占共享的传输介质。

对于收到的数据帧，以太网不提供确认机制，所以称为不可靠的介质，数据帧的确认必须在其高层完成。MAC 帧格式如图 3-46 所示。

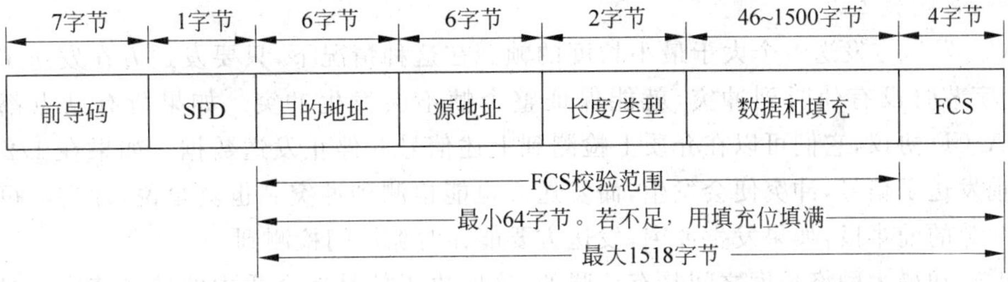

图 3-46 以太网 MAC 帧格式

(1) 前导码：IEEE 802.3 帧的前导码长度为 7 字节。该字段包含由 1 和 0 交替出现的模式，以此通知接收端有帧到来，并使其与输入时钟同步。前导码由物理层添加，不算是帧的一部分。

(2) 帧起始定界符(SFD)：长度为 1 字节，内容为 10101011，用于说明帧的开始，并告知接收方下一个字段是目的地址，时钟信息到此结束。

(3) 目的地址(DA)：长度为 6 字节。该字段包含目的站点的 MAC 目地址。

(4) 源地址(SA)：长度为 6 字节。该字段包含发送方的 MAC 地址。

(5) 长度/类型：长度为 2 字节。最初，以太网用此字段作为类型字段来定义使用 MAC 帧的上层协议；IEEE 标准用长度字段来定义数据字段的字节数。两种用法都很常见。

(6) 数据和填充：最小长度 46 字节，最大长度 1500 字节。数据内容不足 46 字节时，将被自动填充。该字段包含的内容是上一层协议封装的数据。

(7) 帧校验序列(FCS)：长度为 4 字节。该序列包含 4 字节的 CRC 值，由发送设备产生，并且被接收设备重新计算，用来检查帧是否被损坏。

2) CSMA/CD

标准以太网采用的是一种争用型介质访问控制协议 CSMA/CD。CSMA/CD 控制方式原理比较简单，技术上易实现，网络中各工作站处于平等地位，不需集中控制，不提供优先级控制；但在网络负载增大时，发送时间增长，发送效率急剧下降。

3) 时隙

在标准以太网中，将数据帧从最大长度网络的一端到另一端的往返时间加上发送干扰序列所需时间的和称为时隙。

$$时隙 = 往返时间 + 发送干扰序列所需时间$$

标准以太网中的时隙以数据位来定义。它是一个站点发送 64 字节(512 位)信息所需要的时间，其发送时间与数据发送速率相关。在 10Mb/s 速率下，发送 64 字节所需时间为 $51.2\mu s$。选择 64 字节时隙是有原因的，可以让 CSMA/CD 发挥正确的功能。从下面两种情形来理解 64 字节时隙。

(1) 发送方发送 64 字节最小帧。在发送方将整个帧发出之前，信号穿过网络，并到达网络的终端。如果在网络的终端有另一个信号，冲突就发生了。发送方能够做到放弃发送帧并发送干扰序列来提醒其他站点发生冲突了。因此,往返时间加上发送干扰序列的时间必须比发送64位帧的时间小,也就是说,发送方在发送完整个帧之前就能知道存在冲突,否则就太迟了。

(2) 发送方发送一个大于最小长度的帧。在这种情况下,只要发送方在发送了第一个64字节时没有侦听到冲突,就能保证整个帧不会发生冲突。如果所有站点都遵循CSMA/CD协议,它们可以在介质上检测到上述信号并停止发送数据。如果在1/2时隙期满前发送了信号,冲突便会发生,而发送方也能检测到冲突。也就是说,冲突只可能发生在时隙的前半段,如果发生冲突,发送方要能在时隙期间检测到。

时隙和最大网络长度之间是有关联的,这取决于信号在介质中的传播速度。对传统以太网来说,最大网络长度计算如下:

最大长度 = 传播速度 ×(时隙/2) = $(2\times10^8)\times(51.2\times10^{-6}/2)=5120(\text{m})$

考虑到中继器和接口的延时,以及发送干扰序列所需时间等原因,将传统以太网的最大长度减小为2500m。

2. 标准以太网物理层规范

标准以太网最常用的物理层规范有10Base-5、10Base-2、10Base-T和10Base-F 4类。

所有的物理层规范都使用10Mb/s数字信号。在编码方案上选择使用具有自同步功能的曼彻斯特编码。在发送方,用曼彻斯特编码方案将数据转换成数字信号;接收方收到后,将信号翻译成曼彻斯特编码并解码数据。在拓扑结构上主要有总线型和星型两种类型。

1) 10Base-5

10Base-5是第一个以太网物理层规范,10表示传输速率为10Mb/s,Base表示基带传输,5表示最大网段长度为500m。100Base-5采用特性阻抗为50Ω的粗同轴电缆,使用总线型网络拓扑结构。其收发器不在网卡上,而是使用一个外部收发器(发送器/接收器)通过外接口直接与电缆相连,如图3-47所示。

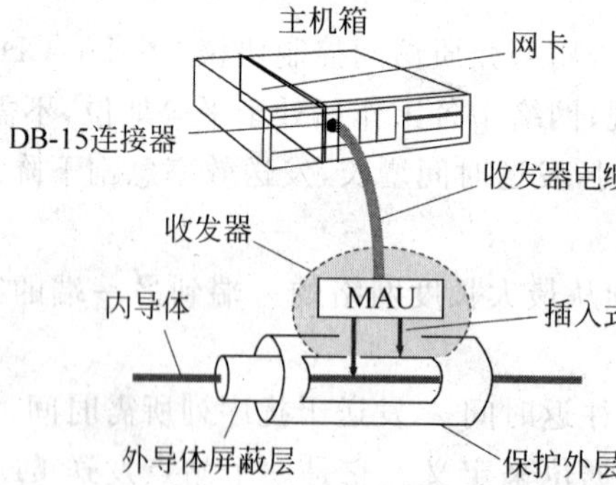

图3-47 10Base-5的连接器

外收发器负责传输、接收和检测冲突,外收发器通过收发器电缆与站点相连,收发器电缆为数据的发送和接收提供独立的路径,其冲突发生在粗同轴电缆中。10Base-5连接如图3-48所示。

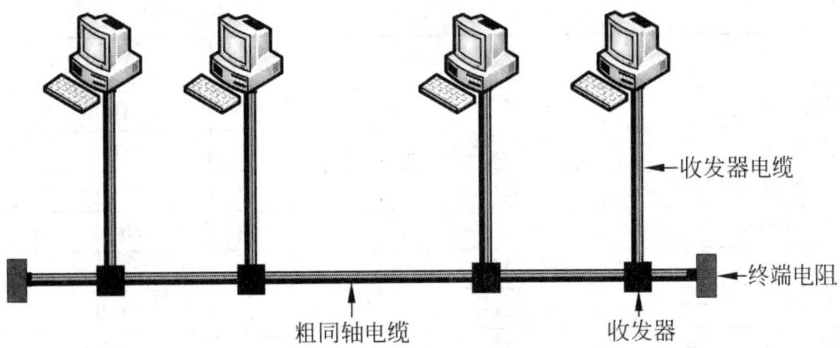

图 3-48 10Base-5 的以太网连接

10Base-5 规范中，单段网络最长 500m。超过 500m 将造成信号过分衰减，导致传输失败。收发器电缆最长为 50m，最大节点数限于 100 个工作站。如果通信距离较远，标准规定网段最多可用 4 个中继器连接 5 个分段，达到最大长度 2500m。

2) 10Base-2

10Base-2 标准使用细同轴电缆，10 表示传输速率为 10Mb/s，Base 表示基带传输，2 表示最大网段长度为 185m，网络拓扑结构为总线型。这种电缆较细且富有弹性，容易安装，收发器包含在网卡内，使用 T 型连接器和 BNC 接头直接与电缆相连，如图 3-49 所示。细同轴电缆比粗同轴电缆便宜，且 T 型连接器接头便宜，线缆弹性的改良使得安装更容易，因此 10Base-2 比 10Base-5 成本效益好。但是，因为在细同轴电缆中，信号的衰减度比粗同轴电缆高，所以其传输距离变短，单段最大长度不能超过 185m。

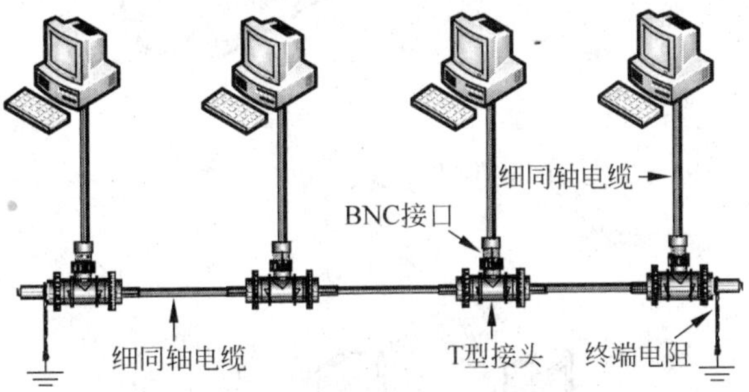

图 3-49 10Base-2 的配置

由于数据速率相同，10Base-2 网段可以和 10Base-5 网段用中继器混合连接。这两种标准的主要参数对比如表 3-5 所示。

表 3-5 10Base-5 和 10Base-2 标准详细参数对比

参 数	10Base-5	10Base-2
传输介质	同轴电缆(50Ω)	同轴电缆(50Ω)
信令技术	基带曼彻斯特编码	基带曼彻斯特编码
数据速率(Mb/s)	10	10
最大段长(m)	500	185

续表

参　　数	10Base-5	10Base-2
网段跨跨度(m)	2500	1000
每段节点数	100	30
节点最小距离(m)	2.5	0.5
电缆直径(mm)	10	5
时隙(位)	512	512
帧间隔(μs)	9.6	9.6
最大重传次数	16	16
最大后退时隙数	10	10
阻塞信号长度(位)	32	32
最小帧长(字节)	64	64
最大帧长(字节)	1518	1518

3）10Base-T

10Base-T 采用双绞线作为传输介质，10 表示传输速率为 10Mb/s，Base 表示基带传输，T 表示传输介质为双绞线，采用星型网络拓扑结构。站点通过双绞线连接到网络集线器上。这种网络的段长是指从工作站到网络集线器的距离，最大长度 100m。10Base-T 的连接如图 3-50 所示。

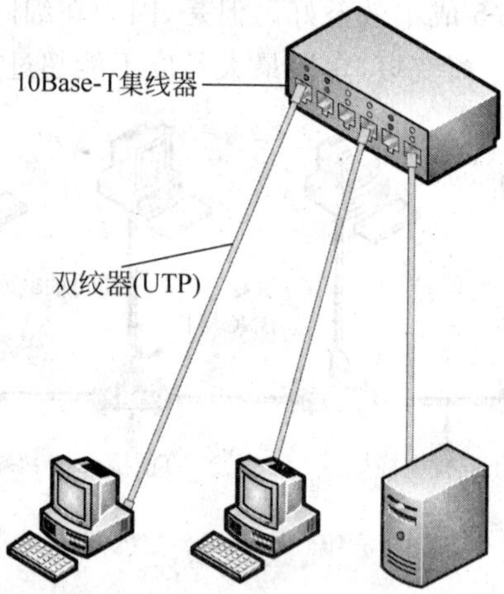

图 3-50　10Base-T 连接图

双绞线在站点和网络集线器之间形成了两条路径(一条用于发送数据，一条用于接收数据)，其冲突发生在网络集线器中。从 10Base-T 与 10Base-5、10Base-2 的冲突发生位置不同可以看出，网络集线器代替了同轴电缆。

4）10Base-F

10Base-F 采用光纤作为传输介质，10 表示传输速率为 10Mb/s，Base 表示基带传输，F 表示传输介质为光纤。各站点与网络集线器之间以星型拓扑结构连接，最大网络长度可达 2000m。10Base-F 连接图如 3-51 所示。

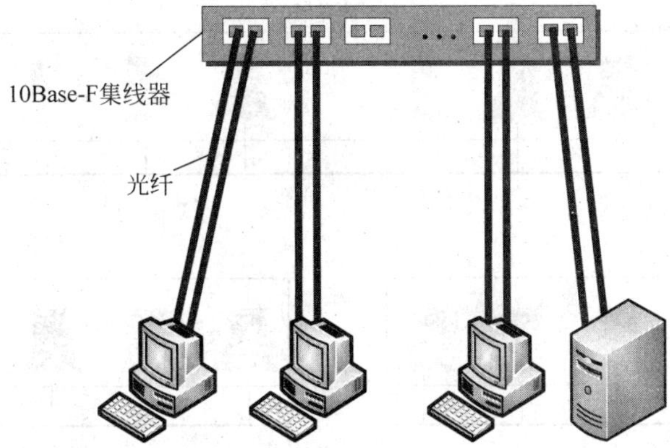

图 3-51 10Base-F 连接图

标准以太网物理层常用规范比较如表 3-6 所示。

表 3-6 标准以太网物理层规范对比

标准 / 参数	10Base-5	10Base-2	10Base-T	10Base-F
拓扑结构	总线型	总线型	星型	星型
速率(Mb/s)	10	10	10	10
传输介质	粗同轴电缆	细同轴电缆	UTP	光纤
最大段长(m)	500	185	100	2000
线路编码	基带曼彻斯特编码	基带曼彻斯特编码	基带曼彻斯特编码	基带曼彻斯特编码

3. 标准以太网技术的改进

标准以太网技术规范总是紧随社会进步的步伐，不断改进、更新，为以太网的发展开辟新道路，提高了其竞争性，并使以太网技术成为主流局域网技术。在推出速率更高的快速以太网之前，标准以太网主要推出了下列几项新技术。

1) 桥接技术

在非桥接式以太网中，10Mb/s 的网络总带宽被所有站点共享。一个站点在发送数据时，其他站点只能处于等待状态，也就是说，站点之间轮流使用 10Mb/s 带宽，意味着如果网络中有 10 个站点，每个站点平均只能得到 1Mb/s 带宽。

网桥可以将网络划分为若干个子网。基于带宽，每个网络都是独立的。如果将有 10 个站点的网络用网桥划分成 2 个网络，每个网络都是 10Mb/s 的带宽，则只会被 5 个站点(加上网桥为 6 个)分享。假设流量不经过网桥传输，理论上，每个站点将平均获得 2Mb/s 的带宽。如果进一步分割网络，每个站点获得的带宽将更高，如图 3-52 所示。

对于使用了桥接的网络和非桥接的网络，其冲突域(冲突范围)也是不相同的。对于 10 个站点，在非桥接连接时会有 10 个站点竞争传输介质；如果用桥接技术划分成 2 个网络，竞争的站点将减小到 5 个，冲突的概率大幅度减小；如果进一步划分，冲突域的范围

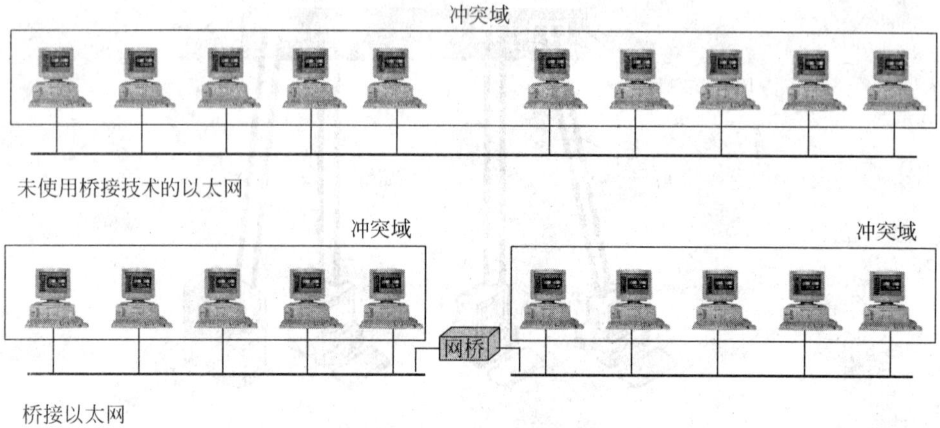

图 3-52 非桥接网络和桥接网络

会进一步减少。

由此可见，在局域网中应用桥接技术，可以提高局域网带宽，切割局域网冲突域的范围。

2）交换技术

以太网最开始时是一种共享式网络。所有的站点在传送数据时都需竞争同一条信道，处于同一个冲突域，在重负荷下，以太网的吞吐量将大大降低。

由网桥技术可以看到，分割的子网数越多，其平均带宽越大。如果 10 个站点划分为 10 个网络，其冲突域变为 10 个，范围更小了；每个网络的 10Mb/s 带宽只由站点和连接设备共享，使每个站点的平均带宽达到 5Mb/s。

由此，桥接技术扩展成为交换技术。每个交换机都可以看作是一个具有 N 个端口的桥接器，具有快速处理分组的功能。标准以太网从共享式转化为交换式，为以太网技术的发展奠定了基础。交换式以太网如图 3-53 所示。

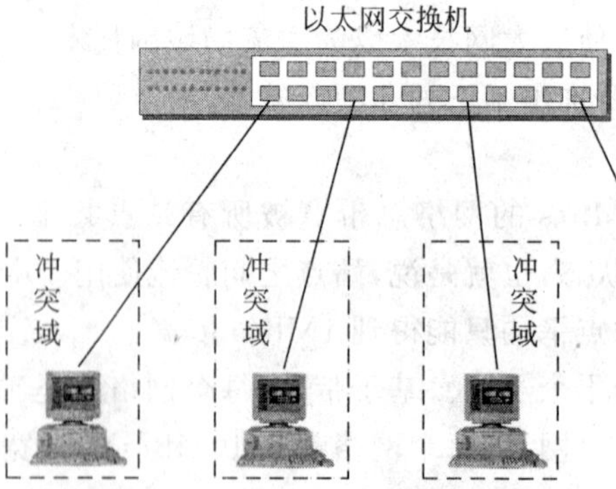

图 3-53 交换式以太网

交换式以太网的核心部件不再使用工作在物理层的集线器，而是使用工作在数据链路层的交换机。交换机拥有一条很高带宽的背部总线和内部交换矩阵。交换机的所有端口都连接在这条背部总线上，每一个端口都可视为独立的物理网段，连接其上的网络设备独享全部带宽，无须同其他设备竞争使用。控制电路收到数据包后，处理端口会查找内存中的地址对照表，确定目标 MAC 地址（网卡的硬件地址）连接在哪个端口上，通过内部交换矩阵迅速将数据传送到目的端口。

3）全双工技术

在标准以太网中，10Base-5 和 10Base-2 采用半双工通信，站点不能同时接收和传输数据。全双工交换式以太网允许站点同时接收和传输数据，相当于每个冲突域的数据传输带宽从 10Mb/s 提高到 20Mb/s。交换式全双工以太网如图 3-54 所示。

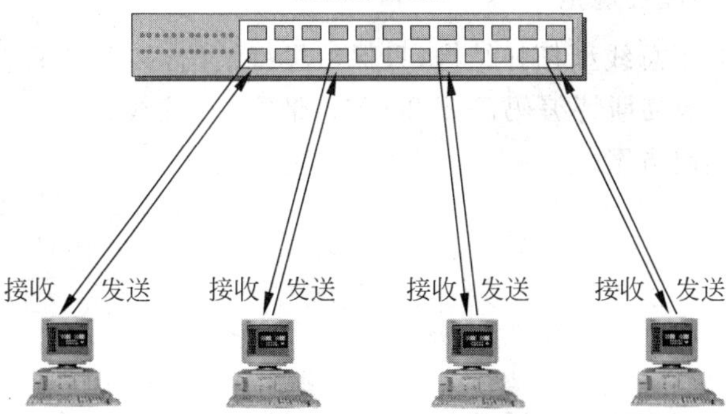

图 3-54　双全工交换式以太网

在全双工交换式以太网中，站点与交换机之间使用两条分离的链路进行连接，一条用于传输数据，一条用于接收数据，使得每个站点都具有独立发送或接收的能力，而不必考虑冲突。可以将每条站点到交换机之间的链路都视为点到点专用链路，因此无须载波侦听检测，也无须冲突检测，MAC 子层的工作变得更加容易，其载波侦听和冲突检测功能失去了作用。最初的标准以太网没有流量控制和差错检测机制，全双工交换式以太网在 LLC 子层和 MAC 子层之间增加了 MAC 控制，提供流量控制和差错检测。

3.4.4　快速以太网

随着网络发展，传统的标准以太网技术难以满足日益增长的数据流量速度需求。在 1993 年 10 月以前，对于要求 100Mb/s 数据流量的局域网应用，只有光纤分布式数据接口（FDDI）可供选择，但它是一种价格昂贵的、基于光缆的局域网技术。为了与 FDDI 等局域网协议竞争，IEEE 颁布了 IEEE 802.3u 快速以太网标准，使以太网进入百兆时代。

快速以太网将数据传输速率从 10Mb/s 提升到 100Mb/s，保留了标准以太网的 48 位 MAC 地址，在数据帧格式和长度方面与标准以太网保持一致，介质访问控制方法（CSMA/CD）也保留下来。快速以太网能够很好地兼容标准以太网，在 100Mb/s 速率上具有很强的竞争优势。

快速以太网与原来在 100Mb/s 带宽下工作的 FDDI 相比，具有许多优点，主要体现在快速以太网技术可以有效地保障用户在布线基础实施上的投资。它支持 3、4、5 类双绞线以及光纤连接，能有效地利用现有设施，满足用户日益增长的网络数据传输速率需求。

1. MAC 子层

为了保证兼容性，提高竞争优势，以太网从 10Mb/s 升级为 100Mb/s 时基本上没有对 MAC 子层进行修改；在拓扑结构上放弃了总线型，只保留星型结构。在星型结构中，根据实际需要，在传输模式上选择半双工或全双工。在半双工模式下，站点通过集线器连接，使用 CSMA/CD 协议访问；在全双工模式下，站点使用交换机连接。

在快速以太网技术中新增了自动协商的功能，允许两台设备协商其传输模式和传输速率。

2. 快速以太网物理层规范

快速以太网放弃了总线型拓扑结构，只保留星型结构，如图 3-55 所示。在编码方面，在 100Mb/s 速率下，曼彻斯特编码需要 200MB 带宽，双绞线无法满足需要。因此，快速以太网选择了其他编码方案。

图 3-55 快速以太网拓扑结构

100Mb/s 快速以太网物理层规范分为 100Base-TX、100Base-FX 和 100Base-T 3 类。

1) 100Base-TX

100Base-TX 是一种使用两对 5 类无屏蔽双绞线或屏蔽双绞线的快速以太网规范。其中，一对双绞线用于发送数据，一对用于接收数据。基于传输介质的良好性能，可选择 MLT-3 编码方案，但无法自我同步，所以使用 4B/5B 块编码实现位的同步，并阻止长串 0 和 1 的发生。MLT-3 编码产生 125Mb/s 传输速率。它的最大网段长度为 100m，支持全双工数据传输模式。

2) 100Base-FX

100Base-FX 是一种使用光缆的快速以太网技术，可使用一对多模或单模光纤。使用多模光纤连接的最大距离为 550m，单模光纤连接的最大距离为 3000m。采用简单的编码方案，光纤能轻易满足带宽需求，可选择 NRZ-I 编码方案。但 NRZ-I 在有一长串 0(或 1)的情况下存在同步问题。为此，100Base-FX 同样采用 4B/5B 块编码，将比特率从 100Mb/s 提高到 125Mb/s。100Base-FX 支持全双工数据传输模式，特别适合在有电气干扰、较长距离连接或高保密环境等情况下使用。

3) 100Base-T4

对于已安装 3 类 UTP 的环境而言，100Base-TX 并不适用，100Base-T4 专为解决这类问题而设计。100Base-T4 是一种可使用 3、4、5 类无屏蔽双绞线或屏蔽双绞线的快速以太网技术。它使用 4 对 3 类双绞线，3 对用于传送数据，1 对用于检测冲突信号。然而，

3 类 UTP 的电气特性使得 3 条 3 类 UTP 只能处理 75MBaud(每条 25MBaud),于是需要一种编码方案将 100Mb/s 转换成 75Baud。8B/6T 块编码刚好满足这一需求。

快速以太网物理层常用规范如表 3-7 所示。

表 3-7 快速以太网物理层规范

标准 参数	100Base-TX	100Base-FX	100Base-T4
拓扑结构	星型	星型	星型
速率(Mb/s)	100	100	100
传输介质	2 对 5 类 UTP(STP)	1 对多模光纤(单模)	4 对 3 类 UTP
最大段长(m)	100	550(3000)	100
块编码	4B/5B	4B/5B	
线路编码	MLT-3	NRZ-I	8B/6T

3.4.5 千兆以太网

为了满足用户对传输速率的更高要求,IEEE 802 委员会于 1997 年 1 月推出了千兆以太网标准,并于 1998 年 6 月正式批准 IEEE 802.3z 标准,在 1999 年 6 月正式批准 IEEE 802.3ab 标准。千兆以太网是建立在以太网标准基础之上的技术,和广泛使用的标准以太网与快速以太网完全兼容,并且利用了原以太网标准规定的全部技术规范,包括 CSMA/CD 协议、以太网帧格式、自动协商、流量控制以及 IEEE 802.3 标准中定义的管理对象。

1. MAC 子层

以太网技术在升级时,其指导思想总是尽量不改动 MAC 子层。为了兼容标准以太网和快速以太网,千兆以太网支持半双工和全双工模式。

在全双工模式下,中心交换机将所有站点以及其他交换机连接起来。每台交换机各端口都有缓存空间,用于暂存数据。在全双工模式下,由于不存在冲突,无须载波侦听和冲突检测,意味着无须使用 CSMA/CD 协议。决定传输介质长度的不是冲突检测的过程,而是传输介质中信号的衰减程度。

虽然半双工模式在千兆以太网中很少用到,但是千兆以太网仍然支持半双工模式。在半双工模式下,采用集线器连接,介质访问技术用 CSMA/CD 解决冲突问题。在这种方式下,网络的最大长度完全取决于帧长的最小值。按照标准以太网最小帧长为 64 字节(512 位)的限制,由于传输速率的提升,千兆以太网的时隙时间是 0.512μs。时隙缩短,意味着比标准以太网快 100 倍检测到冲突。换句话说,网络的最大长度变成 25m,这个长度在很多情况下略显不足。

为了延长网络的最大长度,使用增加帧长度的办法。载波扩展方法规定帧的最小长度为 512 字节(4096 位),站点对不足 512 字节的帧增加了填充位,使得网络长度变成 200m,这就允许从集线器到站点的长度可以是 100m。

在帧长比较短的情况下,载波扩展方法要填充大量无效数据,降低了传输效率。为了提高效率,又提出了帧突发的方法。在这种方法中,帧的最小长度通过发送成倍的帧来实现。

在成倍帧的中间填满，使信道不会产生空闲，其他站点会认为有一个非常大的帧在传输。

2. 千兆以太网物理层规范

千兆以太网技术一般用在骨干网络上，其拓扑结构一般是树型（拓展的星型结构），如图 3-56 所示。

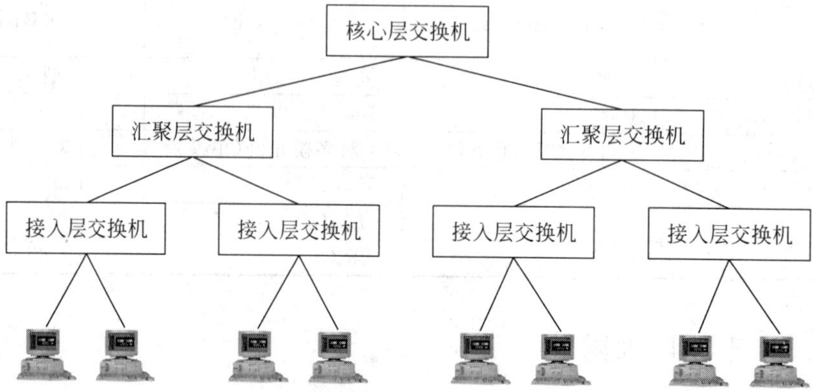

图 3-56 千兆以太网结构（树型结构）

千兆以太网标准定义了 1000Base-SX、1000Base-LX、1000Base-CX 和 1000Base-T 4 种物理层规范。其中，1000Base-SX 使用 2 对短波多模光纤；1000Base-LX 使用 2 对长波单模（多模）光纤；1000Base-CX 使用 2 对 STP；1000Base-T 使用 4 对 5 类 UTP，满足原快速以太网用户需要，实现技术平稳过渡。

在编码方面，因为千兆以太网涉及的带宽太大，所以无法使用曼彻斯特编码。使用 2 对线实现的 1000Base-SX、1000Base-LX、1000Base-CX 采用 NRZ 方案。NRZ 无法实现自我同步，因此为了实现位的自我同步以及适应高速的传输速率，选用 8B/10B 块编码。在 1000Base-T 规范中，由于可用带宽的限制，为了解决 5 类 UTP 承载能力不够的问题，选用 4D-PAM5 编码方法来减少带宽，可获得良好的性价比。

千兆以太网物理层常用规范如表 3-8 所示。

表 3-8 千兆以太网物理层规范

参数 \ 标准	1000Base-SX	1000Base-LX	1000Base-CX	1000Base-T
拓扑结构	星型	星型	星型	星型
速率(Mb/s)	1000	1000	1000	1000
传输介质	短波光纤	长波光纤	STP	5 类 UTP
线路数量	2 对	2 对	2 对	4 对
最大段长(m)	550	5000	25	100
块编码	8B/10B	8B/10B	8B/10B	
线路编码	NRZ	NRZ	NRZ	4D-PAM5

千兆以太网最大的优点在于它对现有以太网的兼容性。同百兆位以太网一样，千兆以太网使用与十兆位以太网相同的帧格式、帧大小，以及相同的 CSMA/CD 协议。意味

着广大的以太网用户可以对现有以太网进行平滑的、无须中断的升级。同时，千兆以太网继承了以太网的其他优点，如可靠性较高，易于管理等。

千兆以太网相对于原有的快速以太网、FDDI、ATM 等主干网解决方案，提供了一条最佳的、可靠的、经济的路径。至少在目前看来，这是改善交换机与交换机之间的骨干连接和交换机与服务器之间连接的可靠的、经济的途径。

千兆以太网已经发展成为主流网络技术。在服务器连接和骨干网中，千兆以太网应用广泛。由于 IEEE 802.3ab 标准的出台，千兆以太网适用于任何大、中、小型企事业单位。大到成千上万人的大型企业，小到几十人的中小型企业，在建设企业局域网时，都会把千兆以太网作为首选的高速网络技术。千兆以太网技术甚至成为城域网建设的主力军。

3.4.6 万兆以太网

2002 年 7 月 18 日，IEEE 通过了 802.3ae，支持 10Gb/s 传输速率。10Gb/s 以太网又称万兆以太网。

在万兆以太网中，数据传输速率达到 10000Mb/s，继续保留标准以太网的 48 位 MAC 地址，在数据帧格式和长度方面也未发生变化。万兆以太网和标准以太网、快速以太网、千兆以太网兼容。它只能在全双工模式运行，不再使用 CSMA/CD。

在以太网技术的发展历史中，快速以太网是一个里程碑，确立了以太网技术在桌面的统治地位。千兆以太网以及随后出现的万兆以太网是两个比较重要的标准，以太网技术通过这两个标准，从桌面的局域网技术延伸到校园网以及城域网的汇聚层和骨干层。

以太网主要在局域网中占绝对优势。在很长的一段时间，人们普遍认为以太网不能用于城域网，特别是汇聚层以及骨干层，主要原因在于以太网用作城域网骨干层，带宽太低（十兆以及百兆快速以太网时代），传输距离过短。当时认为最有前途的城域网技术是 FDDI 和 DQDB。随后的几年里，ATM 技术成为热点，几乎所有人都认为 ATM 将成为统一局域网、城域网和广域网的唯一技术。由于种种原因，上述 3 种技术中，在我国只有 ATM 技术成为城域网汇聚层和骨干层的备选方案。

随着千兆以太网的标准化以及在生产实践中的广泛应用，以太网技术逐渐延伸到城域网的汇聚层。千兆以太网通常用作将小区用户汇聚到城域 POP 点，或者将汇聚层设备连接到骨干层。但是在十兆以太网到用户的环境下，千兆以太网链路作为汇聚也是勉强，作为骨干则是力所不能及。

传输距离曾经是以太网无法作为城域数据网骨干层及汇聚层链路技术的一大障碍。无论是十兆、百兆还是千兆以太网，由于信噪比、碰撞检测、可用带宽等原因，5 类线传输距离都是 100m。千兆以太网规范 1000Base-SX 接口使用纤芯 62.5μm 的多模光纤，其最长传输距离为 275m；使用纤芯 50μm 的多模光纤，最长传输距离为 550m。1000Base-LX 接口使用纤芯 62.5μm 的多模光纤，最长传输距离为 550m；使用纤芯 50μm 的多模光纤，最长传输距离为 550m，使用纤芯为 10μm 的单模光纤，最长传输距离为 5000m。最长传输距离 5000m 的千兆以太网链路在城域范围内是远远不够的。虽然基于厂商的千兆接口已经能达到 80km 传输距离，而且一些厂商已完成互通测试，但毕竟是非标准实现，不能保证所有厂商的该类接口可以互联互通。

以太网技术不适于用在城域网骨干层/汇聚层的主要原因是带宽以及传输距离。随着万兆以太网技术的出现，上述两个问题已基本解决。

千兆以太网接口基本上应用在点到点线路，不再共享带宽，冲突检测、载波监听和多重访问已不再重要。千兆以太网与传统低速以太网最大的相似之处在于采用相同的以太网帧结构。万兆以太网技术与千兆以太网类似，仍然保留了以太网帧结构，通过不同的编码方式或波分复用提供 10Gb/s 传输速度。所以就其本质而言，万兆以太网仍是以太网的一种类型。

万兆以太网只能在全双工模式运行，不再使用 CSMA/CD，其主要目标是在长距离上使用光纤，常用的物理层规范有 10GBase-S、10GBase-L、10GBase-E 和 10GBase-LX4 4 种。万兆以太网物理层规范如表 3-9 所示。

表 3-9 万兆以太网物理层规范

名　　称	电　　缆	最大段长	特　　点
10GBase-S(Short)	50μm 多模光纤	300m	850nm 多模式
	62.5μm 多模光纤	65m	
10GBase-L(Long)	单模光纤	10km	1310nm 上行
10GBase-E(Extended)	单模光纤	40km	1550nm 串行
10GBase-LX4	单模光纤	10km	1310nm
	50μm 多模光纤	300m	4×2.5Gb/s
	62.5μm 多模光纤	300m	波分多路复用(WDM)

3.5 无线局域网

随着笔记本电脑和智能终端的广泛使用，用户对网络通信有了更高的要求，需要达到在任何时间、任意地点和任何人实现数据、语音、图像和视频通信的要求。在这种需求的驱动下，无线网络越来越受到关注，在近年获得高速发展。

所谓无线网络，就是利用无线介质(电磁波、卫星)作为信息传输的媒介构成的计算机网络。无线网络与有线网络的用途十分类似，最大的不同在于传输媒介不同，用无线电技术取代网线，可以和有线网络互为备份。

按照网络覆盖范围，将无线网分为无线广域网、无线城域网、无线局域网和无线个域网。其中，无线局域网应用最为广泛，在网络通信中有举足轻重的作用。本节主要介绍无线局域网技术。

3.5.1 无线局域网概述

无线局域网(wireless local area network，WLAN)是以无线方式构建的局域网，主要指综合利用以太网和无线通信技术的一种网络，是有线局域网的一种补充和扩展，在无线网络中有举足轻重的地位。WLAN 利用电磁波在空气中发送和接收数据，无须有线传输介质，数据传输率达到 54Mb/s(802.11g)，传输距离达 20km 以上。WLAN 上的计算机具有可移动性，能快速、方便地解决有线方式不易实现的网络互联问题。

1. 无线局域网技术标准

无线局域网技术标准主要有 IEEE 802.11 标准体系、欧洲邮电委员会(CEPT)制定的 HiperLAN(high performance radio LAN)和家庭射频工作组提出的 HomeRF 3 种。这里主要讨论 IEEE 802 标准定义的 WLAN。

世界第一个试验性局域网诞生于 1987 年。1990 年，IEEE 802.11 小组正式成立，专门从事制定 WLAN 的物理层和 MAC 层标准的工作。

1997 年，IEEE 颁布了第一个无线局域网标准 IEEE 802.11，该标准运行在 2.4GHz 的工业、科学和医学(Industrial Scientific And Medical，ISM)频段，采用扩频通信技术，支持 1Mb/s 和 2Mb/s 数据传输速率。

1998 年推出的 IEEE 802.11b 标准也是工作在 ISM 频段，采用补码键控(complementary code keying，CCK)技术，支持 11Mb/s 数据传输率。

1999 年推出的 IEEE 802.11a 标准工作在免许可证信息基础(unlicensed national information infrastructure，U-NII)频段，采用正交频分复用(orthogonal frequency division multiplexing，OFDM)调制技术，支持最高 54Mb/s 的数据速率。

2003 年，为了解决 IEEE 802.11a 与 IEEE 802.11b 互不兼容的问题，IEEE 802.11 工作组于当年 7 月正式批准了 IEEE 802.11g 标准。

为了提升无线局域网的数据传输速率，实现有线以太网与无线局域网无缝结合，从 2003 年起，IEEE 成立了 IEEE 802.11n 工作小组，任务是制定一项新的高速无线局域网标准。该标准于 2009 年获得批准。

常见的 WLAN 标准如表 3-10 所示。表中，FHSS 指跳频扩频技术(frequency-hopping spread spectrum，FHSS)，DSSS 指直接序列扩频技术(direct sequence spread spectrun，DSSS)。

表 3-10 无线局域网标准

标 准	技 术	频 带	调 制	速率(Mb/s)
IEEE 802.11	FHSS	2.4GHz	FSK	1 和 2
	DSSS	2.4GHz	PSK	1 和 2
		红外线	PPM	1 和 2
IEEE 802.11a	OFDM	5.725GHz	PSK 或 QAM	6～54
IEEE 802.11b	DSSS	2.4GHz	PSK	5.5 和 11
IEEE 802.11g	OFDM	2.4GHz	不同	22 和 54

2. 无线局域网通信技术

无线局域网主要采用 3 种通信技术：红外线、扩展频谱和窄带微波。表 3-11 所示为 3 种技术的比较。

1) 红外线

红外线(infrared ray，IR)通信技术在很多年前就被采用，使用者不需要执照。例如，低速红外线(slow IR)应用在电视遥控器上，也用在录像机、音响等遥控器上。电视遥控器将特定的信号编码，通过红外线通信技术将编码送出，设置在电视上的红外线接收器收到编码之后，将其译码，得到原来的信号。这种技术也用于建立 WLAN 的通信。

表 3-11　无线局域网通信技术

比较项	红　外　线		扩　展　频　谱		窄带微波
	散射红外线	定向红外光束	频率跳动	直接序列	
数据速率(Mb/s)	1～4	10	1～3	2～20	5～10
移动特性	固定/移动	与 LOS 固定	移动	固定/移动	固定/移动
范围(FT)	500	80	100～300	100～800	40～130
可监测性	可忽略		几乎无		有一些
波长/频率	λ：850～950nm		ISM 频带：902～928MHz 2.4～2.4835GHz 5.725～5.875GHz		18.825～19.025GHz 或 ISM 频带
调制技术	OOK		GFSK	QPSK	FSK/QPSK
辐射能量	NA		＜1W		25mW
访问方法	CSMA	令牌环，CSMA	CSMA		CSMA
许可证	不需要		不需要		除 ISM 外需要

IR 通信相对于无线电波来说具有一些重要的优点。首先，红外线频谱是无限的，因此有可能提供极高的数据速率；其次，红外线频谱在全世界都不受管制；最后，红外线与可见光一样，可以被浅色的物体漫反射，于是可利用天花板的反射来覆盖整个房间。红外线不会穿透墙壁或其他不透明物体，所以 IR 通信不易被入侵，在大楼各个房间内的红外线网络可以互不干扰地工作。另外，红外线设备相对简单而且便宜，红外线数据的传输基本上用强度来调制，接收器只需检测光信号的强弱，而大多数微波接收器要检测信号的频率和相位。

当然，IR 通信也存在一些缺点。室内环境可能因阳光或照明而产生相当强的光线，这会成为红外接收器的噪声，使得发射端必须用更高的能量来发送，并限制了通信范围。很大的传输能量会消耗过多电能，并对眼睛造成不良影响。

IR 通信包括定向红外光束、全方向广播红外线和漫反射红外线 3 种技术。

2）扩展频谱通信

扩展频谱通信技术起初是为了军事网络开发的，其主要的想法是将信号散布到更宽的带宽上，以减少发生阻塞干扰的机会。早期的扩频方式是跳频扩频，更新的版本是直接序列扩频。这两种技术在 IEEE 802.11 定义的 WLAN 中都有应用。

3）窄带微波通信

窄带微波(narrowband microwave)是指使用微波无线电频带(RF)传输数据，其带宽刚好能容纳信号。以前所有的窄带微波无线网产品都要申请许可证，现在出现了 ISM 频带内的窄带微波无线产品。

(1) 申请许可证的窄带 RF。用于声音、数据和视频传输的微波无线电频率需要通过许可证进行协调,确保在同一地理区域中的各个系统之间不会相互干扰。在美国,由联邦通信委员会(FCC)来管理许可证。每个地理区域方圆 17.5 英里,容纳 5 个许可证,每个许可证覆盖 2 个频率。Motorola 公司在 18GHz 范围内拥有 600 个许可证,覆盖 1200 个频带。申请许可证的频带在法律上保护许可证拥有者进行无干扰数据通信的权利。ISM 频带使用者随时有被干扰的危险,导致通信失败。

(2) 免许可证的窄带 RF。1995 年,RadioLAN 成为第一个引进免许可证 ISM 窄带无线网的制造商。这一频谱可以用于低功率(≤0.5W)的窄带传输,RadioLAN 产品的数据传输率为 10Mb/s,使用 5.8GHz 频带,有效覆盖范围 150～300 英尺。

RadioLAN 是一种对等配置的网络。RadioLAN 的产品按照位置、干扰和信号强度等参数自动选择一个终端作为动态主管,其作用类似于有线网中的集线器。当情况发生变化时,作为动态主管的实体自动改变。这个网络还包括动态中继功能,它允许每个终端像转发器一样工作,使得超越传输范围的终端也可以传输数据。

3. 无线局域网优缺点

无线局域网具备以下几个优势。

(1) 速率较高,可以满足高速无线上网需求。

(2) 设备价格低廉,节省投资。

(3) 可以满足用户的移动需求。

(4) 可以解决有线网络布线阻碍。

(5) 技术较成熟,在国外有丰富的应用。

当然,无线局域网也存在一定的劣势。

(1) 功率受限,覆盖范围较小,移动性不够好。

(2) 一般工作在自由频段,容易受到干扰。

(3) 属于第二层技术规范,上层业务体系不够完善。

无线局域网与有线局域网(以太网)的比较如表 3-12 所示。

表 3-12 有线局域网与无线局域网比较

比较项	有线局域网	无线局域网
布线	布线麻烦、烦琐,线路繁杂	无须布线
吞吐率(Mb/s)	10、100、1000	2、11、54、70
成本	安装成本、设备成本、维护成本高	安装成本低,线路无须维护
移动性	不具备移动性,无法在移动中工作	移动性强
二层漫游	支持	支持
三层漫游	支持(通过 Mobile IP 技术)	支持(类 Mobile IP 或 DHCP 技术)
扩充性	较弱,可能未预留端口	较强
线路费用	高,特别是远距离	几乎不需要,只需要第一次天线费用
安全性	高,主要在第三层及以上层实现	较高,第二层和第三层共同实现

4. 无线局域网的应用

无线技术给人们带来了巨大的影响，为人类的生产、生活提供了便利，每天都有几十万人成为新的无线用户，全球的无线用户数量更是数以亿计。

无线局域网的应用范围非常广泛。WLAN技术的适用范围主要包括以下几个方面。

(1) 不能使用传统走线方式的地方，如传统布线困难、布线破坏性大、历时久、区域阻隔等地方。

(2) 临时建立、设置和安排通信的地方。

(3) 无权铺设线路，或线路铺设环境可能导致线路损坏的地方。

(4) 时间紧急，需要迅速建立通信，而使用有线不便、成本高或耗时长的地方。

(5) 局域网用户需要更大范围进行移动的地方。

3.5.2 无线局域网组网方式

1. 无线局域网基本网络组件

无线局域网组件包括无线接入点(AP)、客户端适配置器(WLAN网卡)、无线网桥(Bridge)、无线交换机和天线等。

1) 无线接入点

无线接入点(access point，AP)，简单来说，就是无线网络中的无线交换机，它是移动终端用户进入有线网络的接入点，主要用于家庭宽带网、企业内部网络部署等，无线覆盖距离为几十米至上百米，目前主要采用的技术为802.11X系列。一般的无线AP还带有接入点客户端模式，也就是说，AP之间可以无线连接，以便扩大无线网络的覆盖范围。

按照组网拓扑，AP分为单纯型AP(瘦AP)和扩展型AP(胖AP)。

单纯型AP不能独立组网，必须受无线交换机/无线控制器管理，仅仅提供无线信号发射的功能。它的工作原理是将网络信号通过双绞线传送，经过无线AP编译，将电信号转换成为无线电信号发送，形成无线网络覆盖。对于不同的功率，网络覆盖程度不同，一般无线AP的最大覆盖距离可达400m，适合组建大规模网络或者与有线网络混合组网。

扩展型AP独立配置、管理，独立组网，不依赖其他网络组件。典型的扩展型AP有无线路由器，可以实现家庭无线网络中的Internet连接共享，也能实现ADSL和小区宽带的无线共享接入，如图3-57所示。

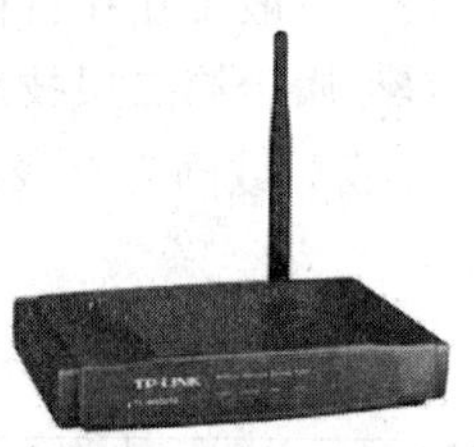

图3-57 无线接入点(AP)

2) 客户端适配器

客户端适配器也就是无线网卡，它是终端无线网络的设备，是采用无线信号进行数据传输的终端，为用户提供无线网络连接服务。

无线网卡的作用、功能跟普通计算机网卡一样，连接到局域网，只是一台信号收发设备，所有无线网卡只能局限在已布有无线局域网的范围内。根据接口不同，主要有PCMCIA无线网卡、PCI无线网卡、Mini PCI无线网卡、USB无线网卡、CF/SD无线网卡等几类产品，如图 3-58 和图 3-59 所示。

图 3-58 PCI 无线网卡

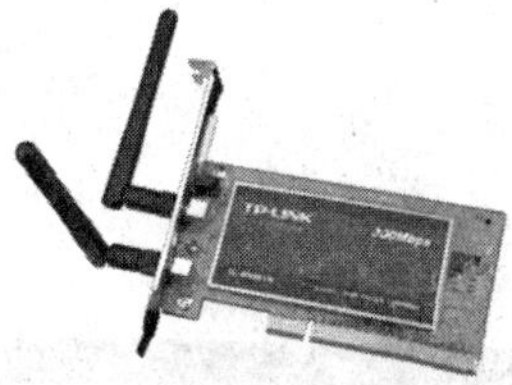

图 3-59 PCMCIA 网卡

主流无线上网卡的速率为 54Mb/s、108Mb/s、150Mb/s、300Mb/s 和 450Mb/s，与环境有很大的关系。

3）无线网桥

无线网桥，顾名思义，就是无线网络的桥接，它利用无线传输方式，在两个或多个网络之间搭起通信的桥梁。

无线网桥传输常采用 802.11b 或 802.11g、802.11a 和 802.11n 标准。802.11b 标准的数据传输速率是 11Mb/s，在保持足够数据传输带宽的前提下，802.11b 通常能够提供 4～6Mb/s 的实际传输速率，而 802.11g、802.11a 标准的无线网桥都具备 54Mb/s 的传输带宽，其实际数据传输速率可达 802.11b 的 5 倍左右，目前通过 Turb 和 Super 模式最高可达 108Mb/s 传输带宽；802.11n 通常提供 150～600Mb/s 传输速率。

4）无线交换机

无线局域网一般由连接到接入点的客户机构成，接入点需提供安全功能、管理功能和其他控制网络无线部分所需的智能性。但是管理多个接入点，对于可能涉及几百或几千个接入点的网络来说，是一种难以应付的局面。

无线交换机通过集中管理，简化 AP，来解决这个问题。在这种架构中，无线交换机代替了原来二层交换机的位置，轻量级 AP 取代了原有的企业级 AP。无线交换机的应用使得网络管理员在混合和匹配用户安全性能时可以更加灵活地操作，无须升级或重新配置 AP。

无线 LAN 交换技术可防止非法接入点入侵。传统的交换机＋企业级 AP 的做法无法控制非法 AP 接入，而且检查非法 AP 的接入非常麻烦。采用无线交换机，当非法接入点连接到网络时，无线 LAN 交换机会验证它是否为允许设备或用户。如果交换机确认该设备是非法的，将关闭非法接入点并自动告警。无线交换机如图 3-60 所示。

5）天线

天线是收、发无线信号的必要介质，WLAN 天线按频率分为 2.4GHz 和 5.8GHz 两种。经过特殊设计，也可做成 2.4GHz/5.8GHz 天线。天线一般按传输距离的远近和方向性来分类，传输距离又由天线本身的增益决定。在同等条件下，增益越高，传输距离越远。另外，天线有定向性和全向性之分，前者适用于远距离传输，后者适合区域性应用。无线天线如图 3-61 所示。

图 3-60 无线交换机

图 3-61 无线天线

2. 无线局域网组网方式

无线局域网可以很简单，也可以复杂。只要两台装有无线适配卡（wireless adapter card）的 PC 在有效距离内，就可以构成最简单的无线网络——对等网（peer-to-peer）。这类简单的无线网络无须特殊组合或专人管理，任何两台移动式 PC 之间不需中央服务器就可以相互联通。

另一种组网方式就是使用 AP。根据无线接入点 AP 的功能不同，WLAN 的组网实现方式也不同。独立式的胖 AP(fat AP)组网和集中式的瘦 AP(thin AP)＋无线交换机(AC)组网是两种典型的形式。其中，胖 AP 组网又分为点对点模式、基础架构模式、多 AP 模式、无线网桥模式和中继器模式。

1）点对点模式（peer-to-peer）

点对点网络由无线工作站组成，用于一台无线工作站和另一台或多台其他无线工作站直接通信。该网络无法接入有线网络，只能独立使用，无须 AP，由各个客户端自行维护安全性，如图 3-62 所示。

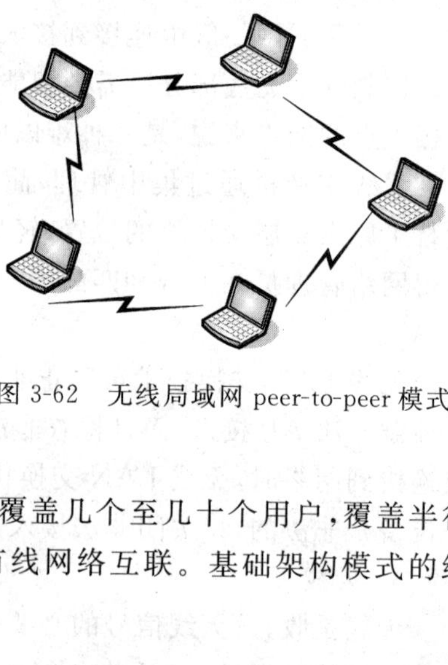

图 3-62 无线局域网 peer-to-peer 模式

2）基础架构模式（infrastructure）

基础架构网络由无线接入点（AP）、无线工作站（STA）以及分布式系统（DS）构成，覆盖的区域称为基础服务区（BSS）。无线接入点也称无线 Hub，用于在无线 STA 和有线网络之间接收和转发数据，所有的无线通信都通过 AP 完成。单个无线接入点通常覆盖几个至几十个用户，覆盖半径上百米。AP 可以连接到有线网络，实现无线网络和有线网络互联。基础架构模式的组网结构如图 3-63 所示。

3）多 AP 模式

多 AP 模式是指由多个 AP 连接它们的分布式系统（DS）组成的基础架构模式网络，也称为扩展服务区（ESS）。扩展服务区内的每个 AP 都是独立的无线网络基础服务区（BSS），所有 AP 共享同一个扩展服务区标识符（ESSID）。分布式系统（DS）在 IEEE 802.11 标准中没有定义，但是目前基本都是指以太网。相同 ESSID 的无线网络间可以漫游，不同 ESSID 的无线网络形成逻辑子网。多 AP 模式组网如图 3-64 所示。

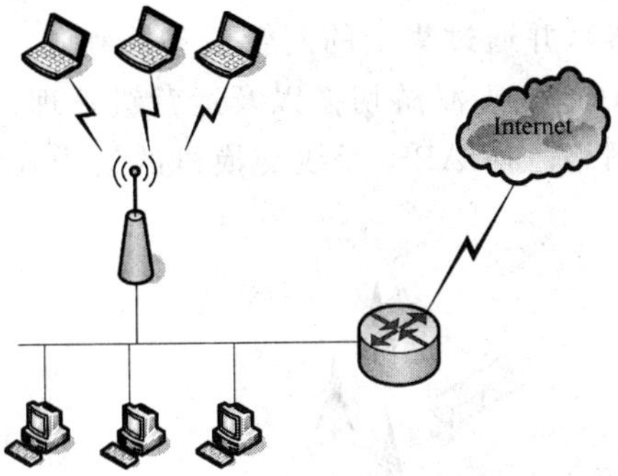

图 3-63 无线局域网基础架构模式

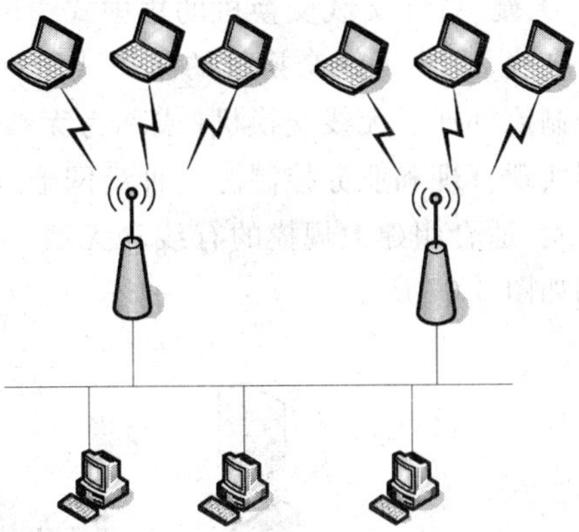

图 3-64 无线局域网多 AP 模式

4）无线网桥模式

无线网桥模式是利用一对 AP 连接两个有线或无线局域网网段，如图 3-65 所示。

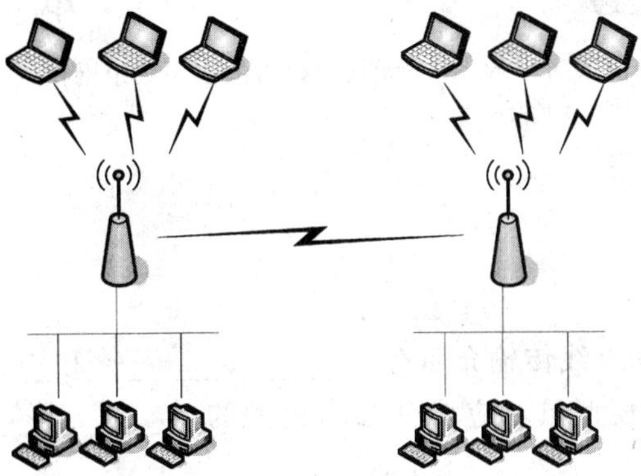

图 3-65 无线网桥模式

5）无线中继器模式

无线中继器用来在通信路径中转发数据，从而延伸、扩大系统的覆盖范围。无线中继器的组网模式如图 3-66 所示。

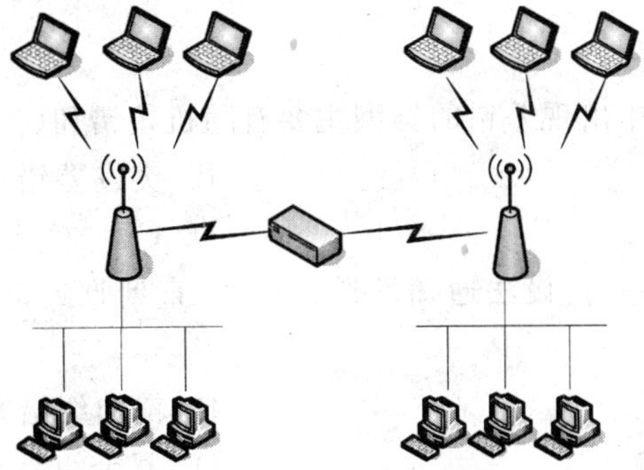

图 3-66 无线中继器模式

6）瘦 AP＋无线交换机的集中式组网

在瘦 AP＋无线交换机的集中式组网模式下，单个 AP 无法组网，所有 AP 的数据流和控制流都通过无线交换机（或称为无线控制器），并通过集中的网管服务器和 AAA 服务器实现管理和业务控制。这种组网形式能较好地实现漫游切换以及运营级管理、认证和计费，适合组建大规模的有线和无线一体化网络。瘦 AP＋无线交换机的集中式组网结构如图 3-67 所示。

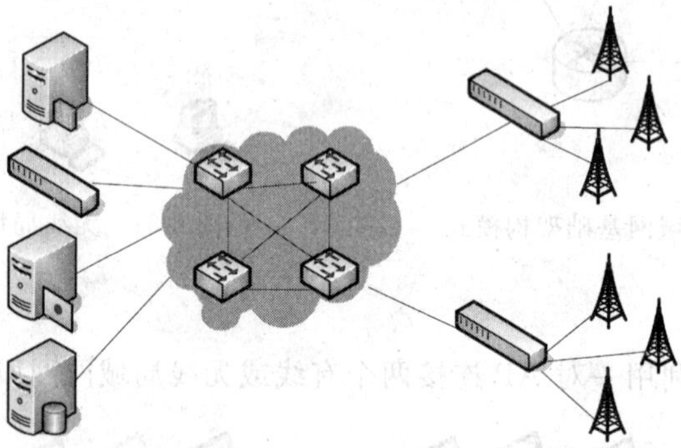

图 3-67　瘦 AP＋无线交换机的集中式组网模式

习题

一、填空题

1. 局域网中常见的有线传输介质有________、________和________。

2. IEEE 802 参考模型只对应 OSI 参考模型的________与________两层，并将第 2 层细分为________子层与________子层。

3. CSMA/CD 的发送流程可以简单地概括为________。

4. 10Base-T 标准规定的网络拓扑结构是________，网络速率是________，采用的网络介质是________。

5. 共享型以太网采用________媒体访问控制技术。

6. 如用户需要 WLAN 网络实现漫游功能，多台 AP 必须使用相同的________。

二、单项选择题

1. 数据在传输过程中出现差错的类型主要有随机差错和（　　）。

A. 计算差错　　B. 突发差错
C. 热噪声　　D. CRC 校验差错

2. 当查出数据有差错时，设法通知发送方重发，直到收到正确的数据为止。这种差错控制方式为（　　）。

A. 检错反馈重发　　B. 前向纠错方式
C. 混合纠错方式　　D. 冗余纠错方式

3. 在 CRC 码计算中,如果使用的生成多项式对应的二进制串为 1001101,则对应的多项式为(　　)。

A. $x^6+x^3+x^2+1$　　B. $x^5+x^3+x^2+1$

C. $x^6+x^4+x^3+1$　　D. $x^6+x^5+x^2$

4. 采用 CRC 校验的生成多项式为 $G(x)=x^{16}+x^{15}+x^2+1$,它的校验码是(　　)位。

A. 2　　B. 4　　C. 16　　D. 32

5. 采用 CRC 进行差错校验,生成多项式为 $G(x)=x^4+x+1$,信息码字为 10110,则计算出的 CRC 校验码是(　　)。

A. 0000　　B. 0100　　C. 0010　　D. 1111

6. 采用海明码进行差错校验,信息码字为 1001011,为纠正 1 位错,需要(　　)比特冗余位。

A. 2　　B. 3　　C. 4　　D. 8

7. 二进制码元在数据传输系统中被传错的概率称为(　　)。

A. 纠错率　　B. 误码率　　C. 最小传输率　　D. 最大传输率

8. 在计算机局域网中,通信设备主要指(　　)。

A. 计算机　　B. 通信适配器

C. 终端及各种外部设备　　D. 以上 3 项都是

9. 设计一个较好的介质访问控制协议的基本目标是(　　)。

A. 功能简单,效率高

B. 协议简单,通道利用率高,对各站点公平、合理

C. 通道利用率高,并突出某些站点的优先权

D. 效率高,协议功能完善

10. 局域网的典型特性是(　　)。

A. 高数据速率,大范围,高误码率

B. 高数据速率,小范围,低误码率

C. 低数据速率,小范围,低误码率

D. 低数据速率,小范围,高误码率

11. 局域网标准化工作主要由(　　)完成。

A. OSI　　B. CCITT　　C. IEEE　　D. EIA

12. "一旦通道空闲,就发送;如果冲突,则退避,然后再尝试发送",符合这种描述的是(　　)。

A. 非坚持 CSMA　　B. 1—坚持 CSMA

C. P—坚持 CSMA　　D. 0—坚持 CSMA

13. 由于 LAN 的介质访问控制比较复杂,使得局域网的标准主要在(　　)制定。

A. LLC 子层上　　B. MAC 子层上

C. 物理层上　　D. 网络层上

14. 介质访问控制的帧结构中，前导码的作用是(　　)。
   A. 表示一幅帧的开始
   B. 定义其他字段的长度
   C. 用于使物理收发信号电路和收到的帧定时达到稳态同步
   D. 靠增加附加的比特来扩充数据字段
15. 从介质访问控制方法的角度，局域网分为两类，即共享局域网与(　　)。
   A. 交换局域网　　　B. 高速局域网
   C. ATM 网　　　D. 虚拟局域网
16. 某单位组建了多个以太网工作组网络，如果计划将这些工作网络通过主干网互联，下面(　　)是主干网优选的网络技术。
   A. 帧中断　　B. ATM　　C. FDDI　　D. 千兆以太网
17. 在 OSI 参考模型中，网桥实现互联的层次为(　　)。
   A. 物理层　　B. 数据链路层　　C. 网络层　　D. 高层
18. 具有隔离广播信息能力的网络互联设备是(　　)。
   A. 网桥　　B. 中继器　　C. 路由器　　D. L2 交换器
19. 下列障碍物中，(　　)对无线信号的损耗最大。
   A. 金属柜　　B. 办公室窗户　　C. 玻璃墙　　D. 砖墙
20. 以下更适合组建无线局域网而不是以太网的地方是(　　)。
   A. 灾难区　　B. 野外　　C. 古建筑　　D. 实验室

三、简答题

1. 设信息位为 7 位，冗余位为 4 位，生成多项式 $G(x)$ 采用 11001，试计算传输信息 1011001 时的 CRC 编码。
2. 什么是局域网？有什么特点？
3. 简要分析交换式以太网的工作原理。
4. 能提供最好网络设备的组织通常选择交换机而不用集线器，为什么？
5. 采用存储—转发方式的以太网交换器最主要的优缺点各是什么？为什么？
6. 局域网能提供什么服务？
7. 局域网中常见的拓扑结构有哪几种？每一种拓扑结构的特点是什么？
8. 局域网的访问控制有哪几种？分别适用于哪种网络？
9. 同轴电缆和双绞线分别适用于什么网络？
10. 组建小型局域网应遵循什么原则？

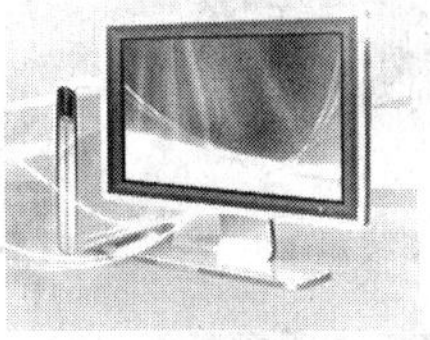

第4章 网络层

网络层是OSI参考模型中的第3层，介于传输层和数据链路层之间。它在数据链路层提供的两个相邻端点之间的数据帧传送功能基础上，进一步管理网络中的数据通信，将数据设法从源端经过若干中间节点传送到目的端，从而向传输层提供最基本的端到端数据传送服务。

本章讨论网络互联问题，包括网络互联的主要设备：集线器、交换机和路由器，以及网络互联的核心内容——IP协议，这是本书的重点内容。只有掌握了IP协议的主要内容，才能理解Internet是怎样工作的。本章还要讨论地址的映射问题，介绍两个地址解析协议：ARP协议和RARP协议。

4.1 网络互联设备

网络互联设备的作用是连接不同的网络。这里用网段来指代不包含任何互联设备的网络。网络互联设备根据其工作的OSI参考模型协议层次来分类，常用的有：中继器(repeater)工作在物理层；网桥(bridge)和交换机(switch)工作在数据链路层；路由器(router)工作在网络层；网关(gateway)工作在网络层以上的协议层。这种划分只是基于OSI模型。实际应用中，网络互联产品可能是几种功能的组合，从而提供更复杂的网络互联服务。本章主要介绍集线器、交换机以及路由器等连接设备。

4.1.1 集线器

集线器称为Hub，是“中心”的意思，所以又称集中器，广泛应用于校园、工厂、企事业单位、写字楼、政府部门、金融机构、宾馆、网吧、旅社、医院、部队、油田、矿山、码头、居民楼住宅区等场所，如图4-1所示。其主要功能是对接收到的信号进行再生、整形、放大，以扩大网络传输距离，同时把所有节点集中在以它为中心的节点上。集线器工作于OSI(开放系统互联参考模型)参考模型第1层，即物理层。集线器与网卡、网线等传输介质一样，属于局域网中的基础设备，采用CSMA/CD(带冲突检测的载波侦听多路访问技术)介质访问控制机制。

1. 分类

(1) 根据对输入信号的处理方式，分为无源Hub、有源Hub和智能Hub。

(a) RSG2300南京罗杰康集线器

(b) 16口RS-485总线隔离集线器Hub

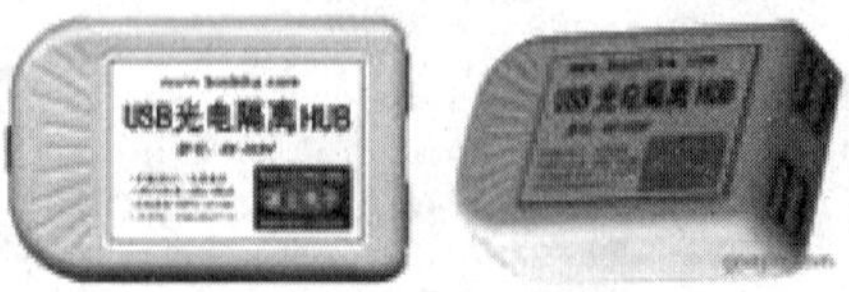

(c) USB 1口扩4口光电隔离USB集线器

(d) RS-485光隔4×4口交换机集线器

图 4-1　各种集线器

① 无源 Hub：它是最次的一种，不对信号做任何处理，对介质的传输距离没有扩展，并且对信号有一定的影响。连接在这种 Hub 上的每台计算机都能收到来自同一集线器上所有其他计算机发出的信号。

② 有源 Hub：有源 Hub 与无源 Hub 的区别在于它能对信号放大或再生，延长了两台主机间的有效传输距离。

③ 智能 Hub：智能 Hub 除具备有源 Hub 所有的功能外，还有网络管理及路由功能。在智能 Hub 网络中，不是每台机器都能收到信号，只有与信号目的地址相同端口的计算机才能收到。有些智能 Hub 可自行选择最佳路径，便于有效管理网络。

(2) 按照结构和功能，Hub 分为未管理的集线器、堆叠式集线器和底盘集线器 3 类。

(3) 从局域网角度，分为单中继网段集线器、多网段集线器、端口交换式集线器、网络互联集线器和交换式集线器 5 种。

2. 特点

依据 IEEE 802.3 协议，集线器的功能是随机选出某一端口的设备，并让它独占全部带宽，与集线器的上联设备(交换机、路由器或服务器等)通信。由此可见，集线器在工作时具有以下两个特点。

首先，Hub 只是一个多端口的信号放大设备。工作中，当一个端口接收到数据信号时，由于信号在从源端口到 Hub 的传输过程中已有衰减，所以 Hub 将该信号整形、放大，使被衰减的信号再生(恢复)到发送时的状态，然后转发到其他所有处于工作状态的端口。

其次，Hub 只与其上联设备(如上层 Hub、交换机或服务器)通信，同层的各端口之间不会直接通信，而是通过上联设备将信息广播到所有端口。

不过，随着技术的发展和需求的变化，目前许多 Hub 拓宽了功能，不再受这种工作机制的影响。由 Hub 组成的网络是共享式的，Hub 只能在半双工下工作。

4.1.2　交换机

交换机是指在网络中能够实现话务承载、交换、控制和信令传输的设备以及实现其他功能单元的集合体。交换机的英文是 switch,也称为交换式集线器,它是一种基于 MAC 地址(网卡的硬件地址)识别,能够在通信系统中完成信息交换功能的设备。本章从交换机的工作原理及特点、交换机的分类、交换机的交换模式以及交换机与集线器的主要区别等几个方面展开论述。

1. 交换机的工作原理及特点

在计算机网络系统中,交换机是针对共享工作模式的弱点而推出的。集线器是采用共享工作模式的代表,如果把集线器比作一位邮递员,那么该邮递员是个不认识字的——要他去送信,他不知道直接根据信件上的地址将信件送给收信人,只会拿着信分发给所有人,然后让接收的人根据地址信息来判断是不是自己的! 而交换机是一位"聪明"的邮递员——交换机拥有一条高带宽的背部总线和内部交换矩阵。交换机的所有端口都挂接在这条背部总线上,当控制电路收到数据包以后,处理端口查找内存中的地址对照表,确定目的 MAC(网卡的硬件地址)的 NIC(网卡)挂接在哪个端口上,然后通过内部交换矩阵迅速将数据包传送到目的端口。目的 MAC 若不存在,交换机才广播到所有端口。接收端口回应后,交换机会"学习"新的地址,并把它添加到内部地址表中。可见,交换机在收到某个网卡发过来的"信件"时,会根据上面的地址信息,以及自己掌握的"常住居民户口簿"快速地将信件送到收信人手中。万一收信人的地址不在"户口簿"上,交换机才会像集线器一样将信分发给所有人,然后从中找到收信人。找到收信人之后,交换机会立刻将这个人的信息登记到"户口簿"上,以后再为该客户服务时,就可以迅速将信件送达了。

2. 交换机的分类

交换机的分类标准多种多样,常见的有下述几种。

1) 按网络覆盖范围划分

按网络覆盖范围,分为广域网交换机和局域网交换机。广域网交换机主要应用于电信领域,提供通信用的基础平台。局域网交换机应用于局域网络,用于连接终端设备,如 PC 及网络打印机等。

2) 按传输介质和传输速度划分

从传输介质和传输速度方面,分为以太网交换机、快速以太网交换机、千兆以太网交换机、FDDI 交换机、ATM 交换机和令牌环交换机等,如图 4-2 所示。

3) 根据应用层次划分

从规模应用上,分为企业级交换机、校园网级交换机、部门级交换机、工作组交换机和桌面型交换机等。各交换机厂商划分类型的尺度不完全一致。一般来讲,企业级交换机都是机架式;部门级交换机可以是机架式(插槽数较少),也可以是固定配置式;工作组级交换机为固定配置式(功能较为简单)。另一方面,从应用的规模来看,对于骨干交换机支持 500 个信息点以上大型企业应用的是企业级交换机,支持 300 个信息点以下中型企业应用的是部门级交换机,支持 100 个信息点以内的是工作组级交换机。

4) 按交换机的结构划分

交换机大致分为固定端口和模块化两种结构。固定端口,顾名思义就是端口数量是固定的,标准的有 8 口、16 口、24 口,非标准的杂牌交换机有 4 口、5 口、10 口、12 口、20

图 4-2 各种类型的交换机

口、22 口、32 口等。模块化交换机就是可以根据具体需求，任意添加不同数量、不同速率、不同接口类型的模块。

5）按网络构成方式分

按照复杂的网络构成方式，分为接入层交换机、汇聚层交换机和核心层交换机。其中，核心层交换机全部采用机箱式模块化设计，基本上都有与之相配的1000Base-T模块。接入层支持1000Base-T的以太网交换机基本上是固定端口式，以10/100M端口为主，并且以固定端口或扩展槽方式提供1000Base-T的上联端口。汇聚层1000Base-T交换机同时存在机箱式和固定端口式两种设计，可以提供多个1000Base-T端口，一般也提供1000Base-X等其他形式的端口。接入层和汇聚层交换机共同构成完整的中小型局域网解决方案。

6）按网络模型划分

按照OSI 7层网络模型，分为第2层交换机、第3层交换机、第4层交换机等，一直到第7层交换机。基于MAC地址工作的第2层交换机最普遍，用于网络接入层和汇聚层。基于IP地址和协议交换的第3层交换机普遍应用于网络的核心层，少量应用于汇聚层。部分第3层交换机同时具有第4层交换功能，可以根据数据帧的协议端口信息判断目标端口。第4层以上的交换机称为内容型交换机，主要用于互联网数据中心。

第2层交换机属于数据链路层设备，可以识别数据包中的MAC地址信息，根据MAC地址进行转发，并将这些MAC地址与对应的端口记录在内部的一个地址表中。

第3层交换机最重要的功能是加快大型局域网络内部的数据快速转发。加入路由功能，也是为了这个目的服务。如果把大型网络按照部门、地域等因素划分成一个个小局域网，将导致大量的网际互访。单纯地使用第 2 层交换机不能实现网际互访。如单纯地使用路由器，由于接口数量有限，以及路由转发速度慢，将限制网络速度和规模。采用具有路由功能的快速转发的第 3 层交换机成为首选。

第 4 层交换的简单定义是：它是一种功能，它决定传输不仅仅依据 MAC 地址（第 2 层网桥）或源/目标 IP 地址（第 3 层路由），而且依据 TCP/UDP（第 4 层）应用端口号。第 4 层交换功能就像是虚 IP，指向物理服务器，传输的业务服从多种协议，有 HTTP、FTP、NFS、Telnet 或其他协议。

7）按可管理性划分

按照交换机的可管理性，分为可管理型交换机（网管型）和不可管理型交换机（非网管型），区别在于对 SNMP、RMON 等网管协议的支持。可管理型交换机便于网络监控、流量分析，但成本相对较高。大中型网络在汇聚层应该选择可管理型交换机，在接入层视应用需要而定；核心层交换机全部是可管理型交换机。

3. 交换机的交换模式

交换机在传送源和目的端口的数据包时通常采用直通式、存储—转发式和碎片隔离式这 3 种交换方式。存储—转发式是目前交换机的主流交换方式。

1）直通交换方式

采用直通交换方式（cut-through）的以太网交换机可以理解为在各端口间纵横交叉的线路矩阵电话交换机。它在输入端口检测到一个数据包时，检查该包的包头，获取包的目的地址；然后启动内部的动态查找表，将其转换成相应的输出端口；再在输入与输出交叉处接通，把数据包直通到相应的端口，实现交换功能。由于只检查数据包的包头（通常只检查 14 个字节），不需要存储，所以直通交换方式具有延时小，交换速度快的优点。所谓延时（latency），是指数据包进入一台网络设备到离开该设备所花的时间。

直通交换式的缺点主要有三个方面：一是因为数据包内容并没有被以太网交换机保存下来，所以无法检查所传送的数据包是否有误，不能提供错误检测能力；第二，由于没有缓存，不能将具有不同速率的输入/输出端口直接接通，而且容易丢包。如果要连到高速网络，如提供快速以太网（100Base-T）、FDDI 或 ATM 连接，不能简单地将输入/输出端口"接通"，因为输入/输出端口间有速度上的差异，必须提供缓存；第三，当以太网交换机的端口增加时，交换矩阵越来越复杂，实现起来越困难。

2）存储—转发方式

存储—转发（store-and-forward）是计算机网络领域使用最广泛的技术之一。以太网交换机的控制器将从输入端口到来的数据包缓存起来，先检查数据包是否正确，并过滤掉冲突包。确定包正确后，取出目的地址，通过查找表，找到想要发送的输出端口地址，然后将该包发送出去。正因如此，存储—转发方式在处理数据时延时大。这是它的不足，但是它可以对进入交换机的数据包进行错误检测，并且支持不同速度输入/输出端口间的交换，可有效地改善网络性能。它的另一个优点是支持不同速度端口间的转换，保持高速端口和低速端口间协同工作。实现的办法是将 10Mb/s 低速包存储起来，再以 100Mb/s 速率转发到端口上。

3）碎片隔离式

碎片隔离式（fragment free）是介于直通式和存储—转发式之间的一种解决方案。它在转发前,先检查数据包的长度是否够 64 字节(512b)。如果小于 64 字节,说明是假包(或称残帧),则丢弃该包;如果大于 64 字节,则发送该包。该方式的数据处理速度比存储一转发方式快,比直通式慢,但由于能够避免残帧转发,所以广泛应用于低档交换机中。

使用这类交换技术的交换机一般采用一种特殊的缓存。这是一种先进先出(first in first out,FIFO)的缓存,比特从一端进入,然后以同样的顺序从另一端出来。当帧被接收时,它被保存在 FIFO 缓存中。如果帧以小于 512b 的长度结束,FIFO 缓存中的内容(残帧)被丢弃。因此,不存在普通直通转发交换机存在的残帧转发问题,是一个非常好的解决方案。数据包在转发之前将被缓存保存下来,确保碎片不通过网络传播,能够在很大程度上提高网络传输效率。

4. 交换机的主要性能指标

市场上的交换机各式各样,品牌众多,价格从百元、数百元到数千元不等。用户如何选择合适的交换机,又如何判断交换机的好坏呢?需要注册交换机的各项性能指标,以此做出判断和选择。

1) 交换机类型

交换机类型包括机架式与固定配置式带/不带扩展槽型。机架式交换机是一种插槽式的交换机,其扩展性较好,支持不同的网络类型,但价格较贵;固定配置式带扩展槽交换机是一种有固定端口数并带少量扩展槽的交换机,支持固定端口类型网络,还支持其他类型的网络,价格居中;固定配置式不带扩展槽交换机仅支持一种类型的网络,但价格最便宜。

2) 端口

端口指的是交换机的接口数量及端口类型。交换机通常分为 16 口、24 口或更多端口数的。一般来说,端口数量越多,价格越高。端口类型一般有多个 RJ-45 口,还会提供一个 UP-Link 口,用来实现交换设备级联。有的端口还支持 MDI/MDIX 自动跳线功能,以便在级联交换设备时自动按照适当的线序连接,无须进行手工配置。

3) 传输速率

市场上的交换机主要分为百兆与千兆两种。百兆的以 10/100Mb/s 自适应交换机为主,能够通过网络自动判断,自适应运行,如果是一般公司或家庭局域网,百兆交换机就能满足用户需求。当然,有条件的用户也可以选择 100/1000Mb/s 自适应交换机,以适应未来网络升级的需要。

4) 传输模式

目前的交换机一般都支持全/半双工自适应模式,通过网络自行适应传输模式。全双工指可以同时接收和发送数据,数据流是双向的,用来提高网络传输效率;半双工模式指不能同时接收和发送数据,要么只能接收数据,要么只能发送数据,数据流是单向的。

5) 是否支持网管

网管是指网络管理员通过网络管理程序对网络资源集中化管理,包括配置管理、性能和记账管理、问题管理、操作管理和变化管理等。一般交换机厂商会提供管理软件或第三方管理软件来远程管理交换机。常见的网管类型包括 IBM 网络管理、HP Openview、Sun Solstice Domain Manager、Rmon 管理、Snmp 管理、基于 Web 管理等。网络管理界面分为命令行方式(CLI)与图形用户界面(GUI)方式。不同的管理程序反映了该设备的可管理性及可操作性。

6) 交换方式

目前交换机采用的交换方式主要有存储—转发与直通转发两种。存储—转发指的是交换机接收到全部数据包后再决定如何转发,可以检测数据包的错误,支持不同速度的输入,交换输出端口,但数据处理延时较长。直通转发是指在交换机收到整个帧之前就开始转发数据,以减少延时,但由于直接转发所有的完整数据包和错误数据包,给交换网带来许多垃圾通信包。低端交换机一般只支持一种交换方式,使用直通转发或存储—转发。如今大部分交换产品支持存储—转发技术;直通转发技术适用于网络链路质量较好,错误数据包较少的网络环境。

7) 背板吞吐量

背板吞吐量又称背板带宽,是指交换机接口处理器和数据总线之间所能吞吐的最大数据量。交换机的背板带宽越高,处理数据的能力越强,例如,两台同样是16口的10/100Mb/s自适应交换机,在同样的端口带宽与延时的情况下,背板带宽宽的交换机的传输速率快。一般情况下,5口与8口交换机的背板带宽在1～3.2Gb/s。背板吞吐量越大的交换机,价格越高。

8) 支持的网络类型

交换机支持的网络类型由交换机的类型决定。一般情况下,固定配置式不带扩展槽交换机仅支持一种类型的网络,是按需定制的。机架式交换机和固定式配置带扩展槽交换机可支持一种以上网络类型,如支持以太网、快速以太网、千兆以太网、ATM、令牌环及FDDI网络等。一台交换机支持的网络类型越多,其可用性、可扩展性越强,同时价格越高。

9) 安全性及VLAN支持

网络安全性越来越受到人们的重视。交换机可以在底层把非法用户隔离在网络之外。网络安全一般能通过MAC地址过滤,或将MAC地址与固定端口绑定来实现;同时,VLAN也是强化网络管理,保护网络安全的强有力手段。VLAN将局域网上的一组设备配置成好像在同一线路上通信,而实际上它们处于不同的网段。一个VLAN是一个独立的广播域,可以有效防止广播风暴。由于VLAN基于逻辑连接而不是物理连接,因此配置十分灵活,一个广播域可以是一组任意选定的MAC地址组成的虚拟网段,这样,网络中的工作组可以突破共享网络中的地理位置限制,根据管理功能来划分。现在,交换机是否支持VLAN,成为衡量其性能好坏的重要参数。

10) 冗余支持

交换机在运行过程中可能出现不同的故障。为了使交换机正常运行,是否支持冗余是其衡量交换机性能的重要指标。冗余是指当有一个部件出现故障时,其他部件能够接着工作,不影响设备继续运转。冗余组件一般包括管理卡、交换结构、接口模块、电源、冷却系统、机箱风扇等。另外,对于提供关键服务的管理引擎及交换阵列模块,不仅要求冗余,还要求这些部分具有自动切换的特性,以保证设备冗余的完整性。当有一块这样的部件失效时,冗余部件能够接替工作,以保障设备的可靠性。

5. 交换机的连接方式

常见的网络都是由多台网络设备连接在一起构成的。交换机之间的连接分为级联方式和堆叠方式。

1) 交换机级联

级联是最常用的多台交换机连接方式。它通过交换机上的级联口(UPlink)来连接。需要注意的是,交换机不能无限制级联,超过一定的数量,会引起广播风暴,导致网络性能严重下降。

级联又分为以下两种。

(1) 使用普通端口级联。所谓普通端口,就是通过交换机的某一个常用端口(如 RJ-45 端口)进行连接。需要注意的是,这时所用的连接双绞线要用反线,即双绞线的两端要跳线(1-3 线与 2-6 线脚对调),其连接示意如图 4-3 所示。

(2) 使用 UPlink 端口级联。在所有交换机端口中,都会在旁边包含一个 UPlink 端口,如图 4-4 所示。它是专门为上行连接提供的,只需通过直通双绞线将该端口连接至其他交换机上除 UPlink 端口外的任意端口即可(注意,并不是 UPlink 端口相互连接)。其连接示意如图 4-5 所示。

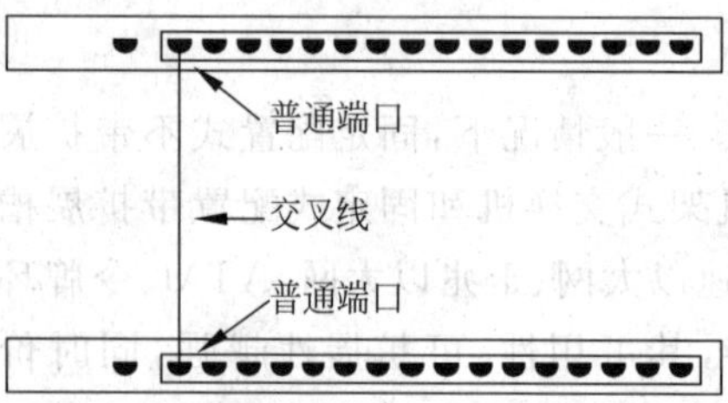

图 4-3 使用普通端口级联

图 4-4 UPlink 端口

2) 交换机堆叠

如图 4-6 所示,堆叠方式主要应用在大型网络中对端口需求比较大的情况下。交换机的堆叠是扩展端口最快捷、最便利的方式,堆叠后的带宽是单一交换机端口速率的几十倍。但是,并不是所有的交换机都支持堆叠,这取决于交换机的品牌、型号,还需要使用专门的堆叠电缆和堆叠模块;还要注意,同一堆叠中的交换机必须是同一品牌的。

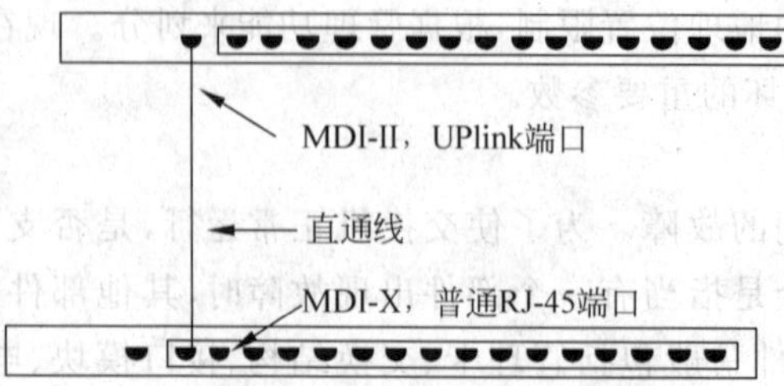

图 4-5 使用 UPlink 端口级联

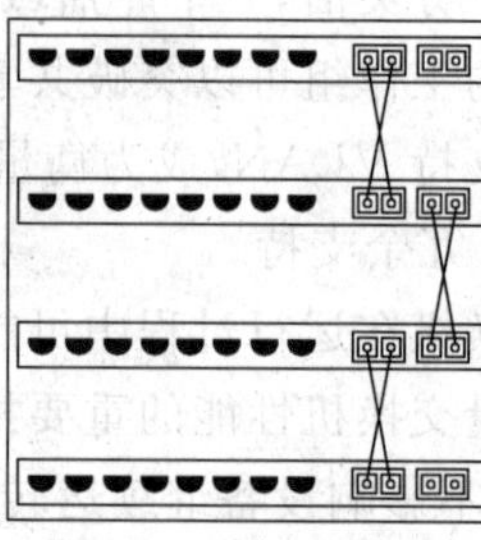
图 4-6 交换机堆叠

通过厂家提供的一条专用连接电缆，从一台交换机的“UP”堆叠端口直接连接到另一台交换机的“DOWN”堆叠端口。堆叠中的所有交换机可视为一个整体来管理。

提示：采用堆叠方式的交换机要受到种类和相互距离的限制。首先，实现堆叠的交换机必须是支持堆叠的；另外，由于厂家提供的堆叠连接电缆一般都在1m左右，故只能在很近的距离内使用堆叠功能。

综合以上两种方式，交换机的级联方式实现简单，只需一根普通的双绞线即可，节约成本，而且基本不受距离的限制。堆叠方式投资较大，且只能在很短的距离内连接，实现起来比较困难。

也要认识到，堆叠方式比级联方式具有更好的性能，信号不易衰减；且通过堆叠方式，可以集中管理多台交换机，大大简化了管理工作量。如果实在需要采用级联方式，最好选用UPlink端口的连接方式，以便在最大程度上保证信号强度；否则，如果是普通端口之间的连接，必定会使网络信号严重受损。

6. 交换机与集线器的主要区别

交换机和集线器的主要区别分为4个方面，即OSI体系结构、数据传输方式、带宽占用方式和传输模式。

1) OSI体系结构上的区别

集线器工作在物理层，交换机工作在数据链路层。更高级的交换机可以工作在第3层(网络层)、第4层(传输层)或更高层，意味着集线器只是对数据的传输起到同步、放大和整形的作用，对数据传输中的短帧、碎片等无法进行有效的处理，不能保证数据传输的完整性和正确性；而交换机不但可以对数据传输做到同步、放大和整形，而且可以过滤短帧、碎片等。

2) 数据传输方式上的区别

集线器的数据传输方式是广播(broadcast)方式，无论从哪一个端口接收到什么类型的数据包，都以广播的形式将其发送给其余的所有端口，由连接在这些端口上的网卡(NIC)判断、处理这些信息。符合的，留下处理；否则，丢弃，这很容易产生广播风暴。当网络较大时，网络性能会受到很大的影响。从它的工作状态看，Hub的执行效率比较低(将数据包发送到所有端口)，安全性差(所有网卡都能接收到，只是非目的地网卡丢弃了数据包)，而且一次只能处理一个数据包，在多个端口同时出现数据包的时候出现碰撞。数据包串行处理，不适合用于较大的网络主干中。

交换机的数据传输一般只发生在源端口和目的端口之间，它通过分析以太网数据包的包头信息(其中包含原MAC地址、目标MAC地址、信息长度等)，取得目标MAC地址，然后查找交换机中存储的地址对照表(MAC地址对应的端口)，确认具有此MAC地址的网卡连接在哪个端口上，仅将数据包送到对应的端口，有效地抑制了广播风暴。

这就是交换机同集线器最大的不同点。交换机内部转发数据包的背板带宽远大于端口带宽，因此数据包处于并行状态，效率较高，可以满足大型网络环境大量数据并行处理的要求。

3) 带宽占用方式上的区别

集线器不管有多少个端口，所有端口都共享一条带宽，在同一时刻只能有两个端口传送数据，其他端口只能等待。同时，集线器只能工作在半双工模式下。对于交换机而言，每个端口都有一条独占的带宽，在速率上对于每个端口来说有了根本的保障。当两个端口工作时，不影响其他端口的工作。同时，交换机不但可以工作在半双工模式下，还可以工作在全双工模式下。

4）传输模式上的区别

集线器只能采用半双工方式传输数据，因为集线器是共享传输介质的，在上行通道，集线器一次只能传输一个任务，要么接收数据，要么发送数据。交换机则不同，它采用全双工方式传输数据，因此在同一时刻可以同时接收和发送数据，这不但令数据的传输速度大大加快，而且在整个系统的吞吐量方面，交换机比集线器至少快 1 倍。实际上远不止 1 倍，因为交换机的端口带宽一般比集线器要宽许多倍。

4.1.3 路由器

路由器(router)用于连接局域网与广域网，是校园网的核心设备，也是较贵的设备。路由器工作在网络层，具有地址翻译、协议转换和数据格式转换等功能，通过分组转发来实现网络互联，有很强的异种网连接能力，并有路径选择和子网划分功能。

所谓路由，是指把数据从一个地方传送到另一个地方的行为和动作。路由器正是执行这种行为动作的机器，它是一种连接多个网络或网段的网络设备，能翻译不同网络或网段之间的数据信息，使它们相互“读懂”对方的数据，从而构成一个更大的网络。

1. 路由器的基本结构和工作原理

路由器实质上是一种将网络进行互联的专用计算机。路由器在 TCP/IP 中又称 IP 网关。本章以 TCP/IP 技术为例介绍路由器。

如图 4-7 所示，TCP/IP 模型只有 4 层，比 OSI 的 7 层模型简单一些。

路由器的软件结构以 TCP/IP 协议栈为核心。图 4-8 所示是一个简单的路由器软件结构。

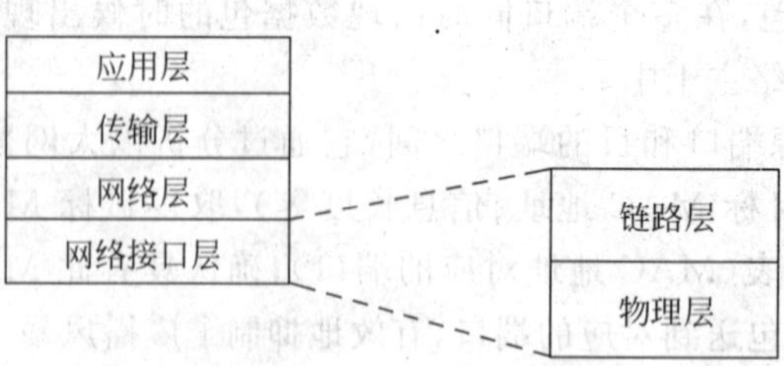

图 4-7 TCP/IP 层次模型

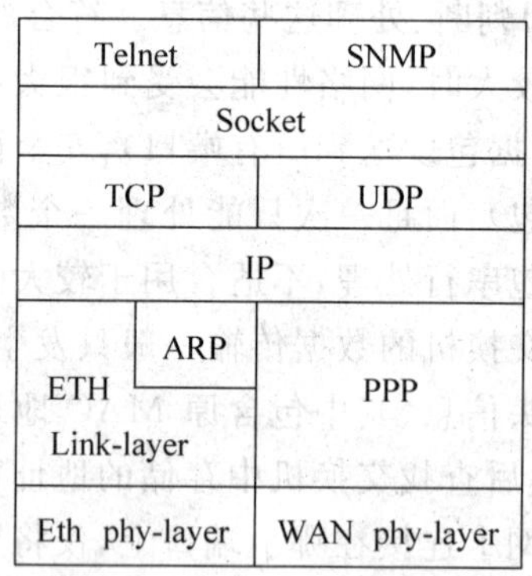

图 4-8 路由器软件结构

路由器的协议转换发生在 IP 层。如图 4-9 所示，路由器试图互联局域网和 Internet。

局域网是以太网，运行 IEEE 802.2 和 IEEE 802.3。路由器和接入服务器之间为专线，而链路层协议为点对点协议(point to point protocol，PPP)。以太网上的主机以及

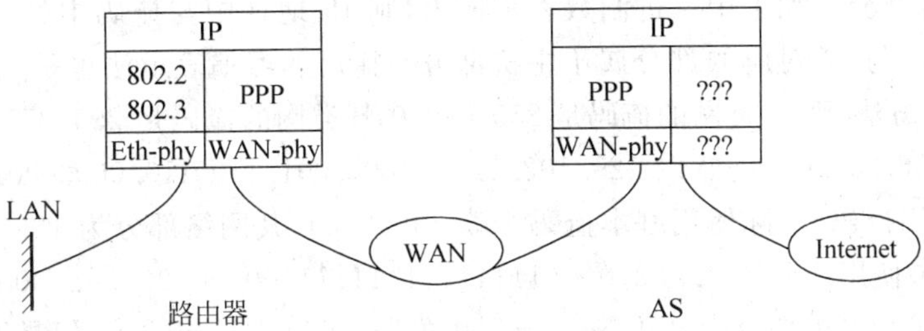

图 4-9 路由器工作原理

Internet 上的接入服务器的网络层协议都是 IP。主机将 IP 包封装在以太网帧中发向路由器；路由器的以太网口收到主机发来的以太网帧后，处理帧头，并上交到路由器的 IP 层；IP 查看报文头后，将 IP 包交给广域网口的 PPP；PPP 将 IP 包封装在 PPP 帧中，并通过专线发往接入服务器。上述互联原理具有普遍性：某种网络设备要在第 n 层上互联异种网 N_1 和 N_2，那么 N_1 和 N_2 在第 n 层及以上的协议(若有)必须相同。这实际上也是 N_1 和 N_2 能够互联的充要条件。

但问题是，主机如何知道把要送到 Internet 的报文交给正确的路由器(假设以太网上有多台主/路由器)，路由器又是如何知道将主机报文发给哪台接入服务器(假设路由器有多个广域网口，且每个广域网口都和一台接入服务器相连)的呢？答案是：依靠寻址和路由机制。

IP 地址用于标识一台工作在 IP 层的网络设备。在相互连接的网络中，IP 地址应该是唯一的，即一个 IP 地址不能同时被多台网络设备使用。但是，TCP/IP 允许一台网络设备占用多个 IP 地址，这种设备称为多穴主机。路由器就是一种多穴主机，它的每个端口都有一个 IP 地址，甚至于一个端口可以有多个 IP 地址。IP 地址长度为 4 字节。如图 4-10 所示。TCP/IP 将 IP 地址划为 A、B、C 3 个基本类(实际上，还有 D 类和 E 类，很少用到)。

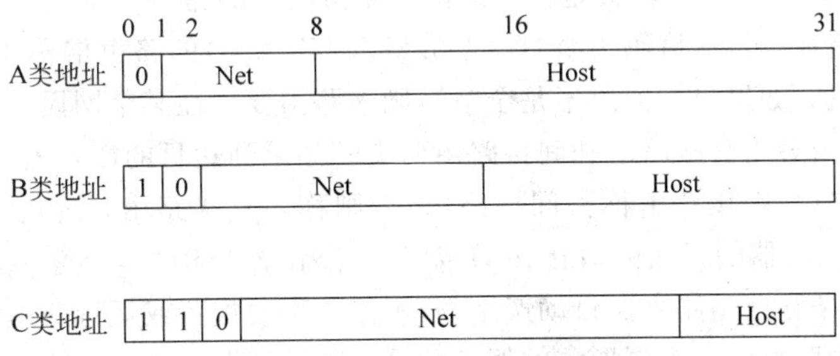

图 4-10 IP 地址格式

如图 4-10 所示，IP 地址分为网络(Net)部分和主机(Host)部分，分别相当于电话号码中的局号和用户线路号。使用点分十进制的形式来表示 IP 地址。例如 IP 地址 129.102.1.56，129.102 指北研所局域网，是个 B 类网，1.56 是主机号。RFC 不推荐把 0 作为 IP 地址的某个字节，如 129.102.1.0。

TCP/IP 还允许使用掩码来将 IP 地址非标准地(意指与 3 种基本类不同)划分为网

络部分和主机部分。如果用二进制数表示掩码，则 IP 地址中与掩码中的“1”对应的比特属于网络部分，与“0”对应的部分属于主机部分。掩码的习惯表示法也是点分十进制。若使用基本划分方法，则 A 类网的掩码是 255.0.0.0，B 类网的掩码是 255.255.0.0，C 类网的掩码是 255.255.255.0。仍然以 129.102.1.56(10000001.1100110.00000001.00111000)为例，如果不使用掩码(实际使用基本掩码 255.255.0.0)，其网络部分为 129.102，主机部分是 1.56。如果使用掩码 255.252.0.0(11111111.11111100.00000000.00000000)，其网络部分为 129.100，主机部分为 2.1.56。掩码中的“1”可以不是连续的，但是既没有必要，又费劲，RFC 也不推荐使用。

IP 地址属于高层地址，物理层只能依靠物理地址进行通信。数据发送者怎样通过接收者的 IP 地址找到对应的物理地址呢？如果发送者与接收者在同一个物理网上，可以通过地址解析协议(address resolution protocol，ARP)或手动配置确定接收者的物理地址。

ARP 用于共享式网络，如以太网，其工作方法如下所述：IP 把要发送的报文交给以太网链路层，同时高速链路将报文转发给哪个 IP 地址(记作 A)；链路用以太网广播帧的形式向本网询问谁是 A；A 收到 ARP 请求后，回答自己的物理地址(记作 P)；发送者收到 ARP 响应后，将 IP 报文发给 P。设备可以使用缓存。只有在缓存中查不到的，才做 ARP 请求。收到回答后，将接收到的物理地址插入缓存。这样，可以提高 ARP 的效率。为适应网络的变化，缓存要有时限。超时后，缓存失效。

手动配置方法主要用于不能运行 ARP 的非共享式网络。例如，2501 上需要配置 Dialer map，将 IP 地址与电话号码相对应。其中的电话号码就相当于电话网中的物理地址。其他如 X.25 网、帧中继网等，都需要手动将 IP 地址与物理地址相匹配。如果发送者与接收者不在一个物理网上，需要路由。

一条路由主要包括目的地址和下一跳两部分。目的(记作 D)可以是一台主机，也可以是某个网络，还可以是某个网络的一个子集。下一跳(记作 N)是直译，英文称为“next-hop”，理解成“下一个驿站”更形象。整个路由信息表达的意思就是“要到达 D，先要去 N”。比如，“经北京去往美国”就是一条路由。路由的目的是一个复合成员，由一个 IP 地址和一个掩码组成。目的掩码为全“1”(255.255.255.255)的路由俗称主机路由，它的目的地是一台主机。如果目的掩码不是全“1”，则该路由要去往某个网段(子网)。根据下一跳的性质，将路由分为直接路由和间接路由两类。如果到达目的需要经过路由器转发，即下一跳是一台路由器，该路由称为间接路由，否则称为直接路由。理解直接路由有点困难，举个例子：路由器的以太网口接在局域网上，路由器启动后，会有一条目的地为该以太网的路由，这条路由是路由器自动产生的，不需要手动配置或运行路由协议来获取。这条路由就是直接路由。一个更形象的例子就是：我们在北京，要去美国，北京有直飞美国的飞机，不需要中转。图 4-11 所示是直接路由和间接路由的对比。

2. 路由器的管理方式

路由器与其他网络接入设备不同，它不仅仅在硬件结构上相当复杂，而且集成了相当丰富的软件系统。路由器的主要功能通过软件来实现。路由器的软件配置相对硬件来说要复杂得多。

路由器有自己独立、功能强大的嵌入式操作系统，而且这个操作系统的功能比较复杂、强大。不同品牌的操作系统不尽相同，所以配置方法有所区别。下面以锐捷 RG-R1762 为例，介绍具体的配置过程。

(1) 通过带外对路由器进行管理。第一次使用路由器的时候，必须通过 Console 口进行配置，操作步骤如下所述。

如图 4-12 所示，将一台终端或者计算机的串口通过标准 RS-232 电缆和路由器的 Console 口(也叫配置口)相连。

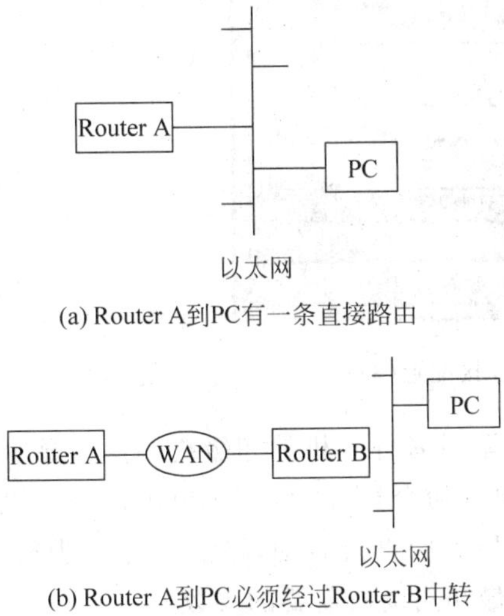

图 4-11 直接路由和间接路由

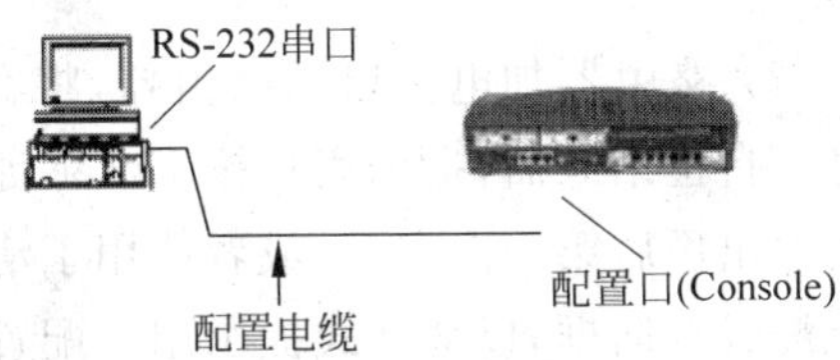

图 4-12 Console 口连接

(2) 配置终端的通信设置参数。如果采用计算机，需要运行终端仿真程序，如 Windows 操作系统提供的 Hyperterm(超级终端)等。下面以超级终端为例，说明具体的操作过程。运行超级终端软件，建立新连接，选择和路由器的 Console 相连的串口，设置通信参数：9600 波特率、8 位数据位、1 位停止位、无效验、无流控。Windows 的超级终端设置界面如图 4-13～图 4-15 所示。

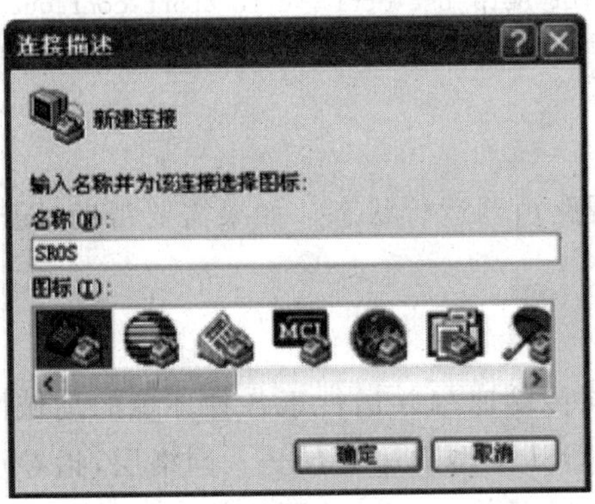

图 4-13 Console 口连接配置(1)

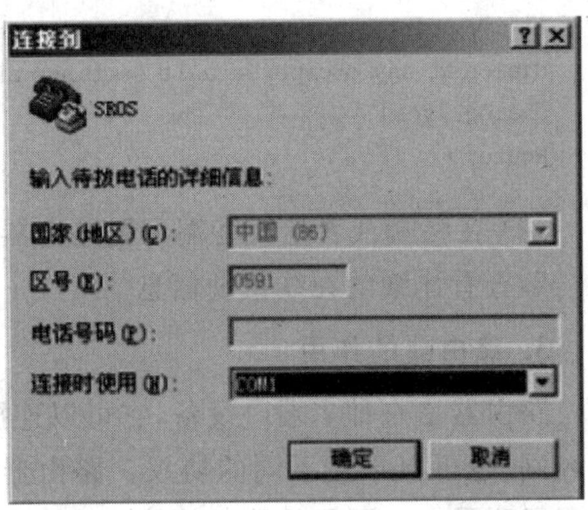

图 4-14 Console 口连接配置(2)

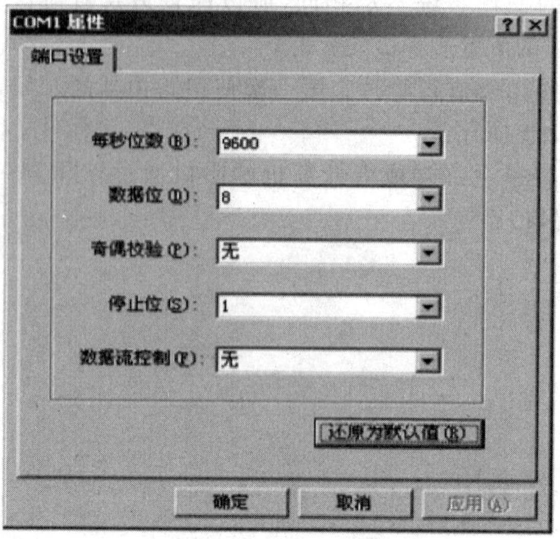

图 4-15 Console 口连接配置(3)

(3) 路由器加电。启动路由器,将在终端屏幕或者计算机的超级终端窗口显示自检信息。自检结束后,提示用户按 Enter 键,直到出现命令行提示符 Red-Giant>。如果是路由器出厂后第一次启动,或者使用了清除配置指令后再次启动,路由器自动进入 setup 智能配置对话框,以交互式提示用户配置路由器最初启动所需要的参数。

在首次加电使用时,在路由器内部没有任何配置,这时路由器自动进入 setup 交互式配置模式中;也可以在特权用户模式下,随时输入"setup",进入交互式配置模式。用户只需要简单地回答 RGNOS 的问题,便可以轻松地将路由器配置完成。

由于 setup 方式只能配置有限的命令,建议按 Ctrl+C 组合键中断 Setup,采用命令行的方式进行配置。

```
Red - Giant # setup
--- System Configuration Dialog --- 配置对话框
At any point you may enter a question mark?" for help. Use ctrl - c to abort configuration
dialog at any prompt. Default settings are in square brackets". Continue with configuration
dialog?[yes]:^C
Router >
```

(4) 在终端或者超级终端配置路由器,查看路由器运行状态。如果需要帮助,随时输入"?",查看详细的在线帮助信息。

3. 路由器的作用

路由器是一种多端口设备,它可以连接不同传输速率并运行于各种环境的局域网和广域网,也可以采用不同的协议。路由器属于 OSI 模型的第 3 层——网络层,指导从一个网段到另一个网段的数据传输,也能指导从一种网络向另一种网络的数据传输。它的主要作用有以下几点。

(1) 网络互联：路由器支持各种局域网和广域网接口，主要用于互联局域网和广域网，实现不同网络互相通信。

(2) 数据处理：提供包括分组过滤、分组转发、优先级、复用、加密、压缩和防火墙等功能。

(3) 网络管理：路由器提供包括路由器配置管理、性能管理、容错管理和流量控制等功能。

路由器是互联网中承担着“骨架”任务的装置，它能够通过路由选择策略，决定数据的转发，从而在数据源和数据目标地址之间建立一条通路。互联网中路由器的效率决定网络通信的效率，它的可靠性直接影响网络互联的质量。路由器分为骨干级路由器、太比特路由器、多 WAN 路由器、宽带路由器、模块化路由器、非模块化路由器、虚拟路由器、核心路由器、无线路由器、独臂路由器、无线网络路由器、智能流控路由器、动态限速路由器等，广泛应用于金融、水利、环保、电力、邮政、家庭、学校、办公室、网吧、小区接入、政府、企业等领域。

4.2 IP 协议

IP(Internet protocol)的意思是“网络之间互联的协议”，也就是为计算机网络相互连接通信而设计的协议。

在 Internet 中，IP 是使连接到网上的所有计算机网络实现相互通信的一套规则，它规定了计算机在 Internet 上通信时应当遵守的规则。任何厂家生产的计算机系统，只要遵守 IP 协议，就可以与 Internet 互联互通。正是因为有了 IP 协议，Internet 才得以迅速发展，成为世界上最大的、开放的计算机通信网络。因此，IP 协议也叫作因特网(Internet)协议。

4.2.1 IPv4

IPv4 是 IP 协议的第 4 版，也是第一个被广泛使用，构成现今互联网技术基石的协议。1981 年，Jon Postel 在 RFC 791 中定义了 IP。IPv4 可以运行在各种各样的底层网络上，比如端对端的串行数据链路(PPP 协议和 SLIP 协议)、卫星链路等。局域网中最常用的是以太网。

目前的全球因特网采用的是 TCP/IP 协议族。IP 是 TCP/IP 协议族中网络层的协议，是 TCP/IP 协议族的核心协议。目前 IP 协议的版本号是 4(简称 IPv4。v 即 version，版本)，下一个版本是 IPv6。IPv6 处在不断发展和完善的过程中，将逐步取代 IPv4。

IP 地址用来给 Internet 上的计算机编号。每台联网的 PC 上都要有 IP 地址，才能正常通信。把“个人计算机”比作“一台电话”，“IP 地址”就相当于“电话号码”，Internet 中的路由器相当于电信局的“程控式交换机”。

IP 地址(Internet protocol address)是一种在 Internet 上给主机的编址，也称为网际协议地址。常见的 IP 地址分为 IPv4 与 IPv6 两大类。

IPv4 地址有 4 段数字，每一段最大不超过 255。由于互联网蓬勃发展，IP 位址的需求量越来越大，使得 IP 位址的发放愈趋严格。各项资料显示，全球 IPv4 位址可能在 2005—2010 年全部发完(实际情况是在 2011 年 2 月 3 日，IPv4 位地址分配完毕)。

地址空间不足，必将妨碍互联网进一步发展。为了扩大地址空间，拟通过 IPv6 重新定义地址空间。IPv6 采用 128 位地址长度。在 IPv6 的设计过程中，除了一劳永逸地解决地址短缺问题以外，还考虑了在 IPv4 中解决不好的其他问题。

IP 地址由美国 Internet 信息中心(InterNIC)管理。如果想加入 Internet，必须向 Internet NIC 或当地 NIC(例如，中国大陆地区向 CNNIC 申请)申请 IP 地址。如果不加入 Internet，只是在局域网中使用 TCP/IP 协议，用户可以自己编排 IP 地址，只要网络内部不冲突即可。

1. IP 地址表示

IP 地址是一个 32 位的二进制数，通常被分割为 4 个 8 位二进制数(也就是 4 字节)。IP 地址通常用点分十进制表示成 a. b. c. d 的形式，其中，a、b、c、d 都是 0～255 之间的十进制整数。例如，点分十进制 IP 地址 100. 4. 5. 6 实际上是 32 位二进制数 01100100. 00000100. 00000101. 00000110。

IP 地址是一个长度为 32 位的二进制数，每 8 位为 1 组，共 4 组，每组用“. ”隔开。为了便于书写、记忆，IP 地址通常用点分十进制表示成 a. b. c. d 的形式，其中 a、b、c、d 都是 0～255 之间的十进制整数。

每台直接连接到 Internet 上的计算机、路由器等设备都必须有唯一的 IP 地址。IP 地址是 Internet 赖以工作的基础。

例如，B 类地址 10000001. 00001000. 00000001. 00011111 写成 129. 8. 1. 31。

2. IP 地址的组成

通常，IP 地址由网络标识和主机标识两部分组成，即

```
IP 地址 ::= { <网络标识>, <主机标识>}
              net - id     host - id
```

::= 代表“定义为”。

3. 网络地址(NetID)

网络地址又称网络号，是指 IP 地址的网络标识部分。

例如 C 类地址 192. 168. 1. 220，因为其默认的网络标识为 24 位，也就是说，前 3 个字节是网络地址部分，所以其网络地址是 192. 168. 1. 0。

4. 主机地址(HostID)

主机地址又称主机号，是指 IP 地址的主机标识部分。

例如 C 类地址 192. 168. 1. 220，其主机标识部分为低 8 位，也就是说，最后一个字节是主机地址部分，所以其主机地址是 0. 0. 0. 220。

5. 广播地址(Broadcast Address)

广播地址应用于网络内的所有主机，分为受限广播地址和直接广播地址两类。

1）受限广播地址

网络号与主机号的32位全为“1”的IP地址就是受限广播地址(255.255.255.255)。该地址用于主机配置过程中IP数据报的目的地址。此时，主机可能还不知道它所在网络的网络掩码，甚至连其IP地址也不知道。在任何情况下，路由器都不转发目的地址为受限的广播地址的数据报。这样的数据报仅出现在本地网络中，它不被路由器发送，但会被送到相同物理网络段上的所有主机。

2）直接广播地址

在A类、B类与C类IP地址中，如果主机号全为“1”，那么该地址就是广播地址，例如C类地址192.168.1.255。网络广播会被路由，路由器用它将一个分组以广播的方式发送给特定网络，例如发送给192.168.1.0网络上的每台主机。

6. 公有地址(全局地址)

公有IP地址是唯一的，因为公有IP地址是全局的和标准的，所以没有任何两台连到公共网络的主机拥有相同的IP地址。

7. 专用地址(私有地址)

RFC 1918提出了在A、B、C这3类IP地址中各保留一部分作为专用地址(又称本地地址或私有地址)，用于使用TCP/IP协议，但不接入Internet的内部网络(如果要接入Internet，需要把这些地址转换公有地址)。这部分地址无须申请，任何单位或个人都可以任意使用。这样做主要是为了缓解IPv4地址枯竭问题。对于这种IP地址，路由器不会转发该地址的分组。

8. 保留地址

保留地址指的是另有其他用途，不做分配的IP地址，共有3种。

(1) 全0地址。在A类IP地址中，网络号为0的是保留地址，一般使用0.0.0.0。此IP地址代指所有网络，一般用于路由器指定默认路由。

(2) 本地回送地址(回环测试地址)。在A类IP地址中，网络号为127的是保留地址，一般使用127.0.0.1，是本地回送地址，用于网络软件测试和本地进程间通信。

(3) 系统分配地址。在B类IP地址中，网络号为169.254的是保留地址，这是系统自动分配的IP地址。一般主机在DHCP自动获取IP地址失败时，系统会自动给计算机分配一个网络号为169.254的IP地址。所以，只要计算机的IP地址以169.254开头，就可以判定该计算机的网络连接一定有问题。

4.2.2 IP地址分类

IP地址分类就是将IP地址划分为若干个类别。现有分类方法是将IP地址分为五大类(A类、B类、C类、D类、E类)，其中A、B、C类是常用地址。各类地址的主要用途如下所述。

(1) A类地址：主要用于拥有大量主机的网络编址。

(2) B类地址：主要用于中等规模的网络编址。

(3) C类地址：主要用于小型局域网编址。

(4) D类地址：表示一个多播地址，即多目的地传输。

(5) E类地址：是一个实验地址，备用。

如前所述，IP地址由网络标识和主机标识组成。对于不同类别的IP地址，网络标识和主机标识字段各不相同。图4-16所示为IP地址的标准分类方法。

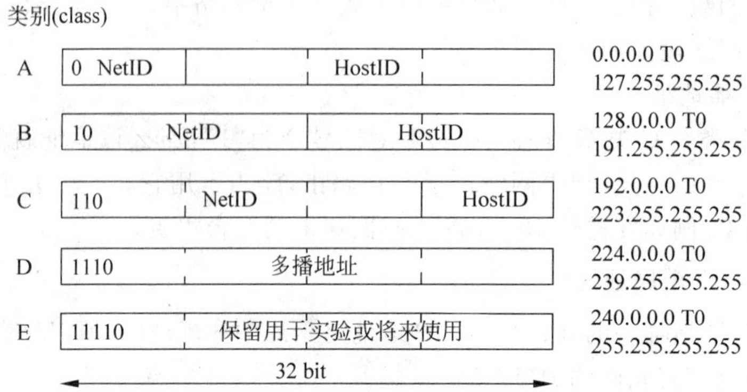

图4-16 IP地址分类

1. A类IP地址

A类IP地址网络标识(net-id)部分为8位(1字节)，网络标识第1位为“0”，其余7位可分配；主机标识(host-id)部分为24位(3字节)。由此确定，A类地址的理论范围是0.0.0.0～127.255.255.255。A类地址共有2^7=128个网络地址，每个A类网络可分配主机号$2^{24}-2$=16 777 214(个)。

(1) A类IP私有地址：10.0.0.0～10.255.255.255

(2) A类IP特殊用途IP地址：0.0.0.0～0.255.255.255
127.0.0.0～127.255.255.255
主机号全“0”(网络地址)
主机号全“1”(直接广播地址)

2. B类IP地址

B类IP地址网络标识(net-id)部分为16位(2字节)，网络标识以“10”开头，其余14位可分配；主机标识(host-id)部分为16位(2字节)。由此确定，B类地址的理论范围是128.0.0.0～191.255.255.255。B类地址共有2^{14}=16 384个网络地址，每个B类网络可分配主机号$2^{16}-2$=65 534(个)。

(1) B类IP私有地址：172.16.0.0～173.31.255.255

(2) B类IP特殊用途IP地址：169.254.0.0～169.254.255.255
主机号全“0”(网络地址)
主机号全“1”(直接广播地址)

3. C类IP地址

C类IP地址网络标识(net-id)部分为24位(3字节)，网络标识以“110”开头，其余21位可分配；主机标识(host-id)部分为8位(1字节)。由此确定，C类地址的理论范围是

192.0.0.0～223.255.255.255。C 类地址共有 2^{21} =2 097 152 个网络地址，每个 C 类网络可分配主机号 2^8-2=254(个)。

(1) C 类 IP 私有地址：192.168.0.0～192.168.255.255

(2) C 类 IP 特殊用途 IP 地址：主机号全“0”(网络地址)

主机号全“1”(直接广播地址)

4. D 类 IP 地址

D 类 IP 地址不区分网络标识和主机标识，以“1110”开头。由此确定，D 类地址的理论范围是 224.0.0.0～239.255.255.255。该类 IP 地址用于标识网络多播地址。

5. E 类 IP 地址

E 类 IP 地址也不区分网络标识和主机标识，以“11110”开头。由此确定，E 类地址的理论范围是 240.0.0.0～255.255.255.255。该类 IP 地址暂时保留，不使用。

特殊用途 IP 地址如表 4-1 所示。

表 4-1 特殊用途 IP 地址

网络部分	主机部分	地址类型	用途
Any	全“0”	网络地址	网络标识，代表一个网段
Any	全“1”	直接广播地址	只用于目的地址，对 NetID 上的所有主机广播
127	Any	回环测试地址	回环测试，用于网络软件测试和本地进程间通信
169.254	Any	系统分配地址	DHCP 失败时，本机系统自动分配
全“0”		所有网络	路由器指定默认路由
全“1”		有限广播地址	只用于目的地址，只在本网络广播，各路由器均不转发

4.2.3 IP 地址分类存在的问题

传统标准 IP 地址分类存在以下两个明显的弊端。

(1) IP 地址利用率极低，浪费严重。初期的 ARPANET 是一个研究性网络，研究者无法预知计算机网络的未来。在当时，即使把全美国的大学、研究机构，再加上其他一些友好国家接入，部门(单位)的总数也不会超过 20000 个，而 A～C 类 IP 地址能提供给主机使用的 IP 地址总数达 37 亿个之多，就算浪费很多也无所谓。但随着 ARPANET 成为全球互联网，世界上越来越多的国家和地区不断地加入，当初设定的 IP 地址数量变得捉襟见肘，无法应付了。

IP 地址一方面已严重不足，另一方面又存在浪费。例如，每一个 A 类地址网络可连接的主机数超过 1600 万，每一个 B 类地址网络可容纳 6 万多台主机，根本没有多少部门的主机数会达到这个数量，这使得 IP 地址浪费严重。无谓的浪费加重了 IP 地址短缺的状况。

(2) 路由器负担过重，工作效率每况愈下。每一个网络在路由器的路由表中对应一个项目，系统连入的网络数量越多，路由器路由表的项目越多，使得路由表越来越臃肿，路由器不仅需更多存储空间，查找路径耗费的时间也越来越多；同时，路由器之间周期性交换的路由信息急剧增加。路由器的负荷越来越重，导致路由器和整个互联网的性能不断下降。

为了提高IP地址利用率，改进以往的分类法，1991年人们提出了划分子网的方法；为了提高路由器效率，在1993年提出了构成超网的CIDR技术。

4.2.4 子网划分

如前所述，传统的IP地址分类存在很大的缺陷，某些网络址根本不可能有那么多主机存在，IP地址浪费严重。为了解决这个问题，人们提出了子网的概念。子网划分就是把一个大网络划分成若干个小网络，每一个小网络都称为子网。

1. 子网划分的意义

(1) 减少广播传输带来的负面影响，提高网络整体性能。广播传输，就是向本网段中的所有节点都发送同样的数据包，这势必占用相当多的网络资源(因为每个广播数据包硬件设备都要对它进行分析)，特别是带宽资源。然而在这些广播传输中，对终端真正有用的只是所有广播接收用户中的一个，因为广播的目的就是查询目标用户的MAC地址，也就是说，在所有广播传输中，绝大多数是没有任何作用的，纯粹是资源浪费；而且，网络规模越大，广播数据包发送占用的资源越多(因为广播中要传输的次数越多)，很可能形成广播风暴，正常的网络通信可能被中断，致使网络瘫痪。一些黑客惯常采用的"拒绝服务"就类似于这种手段，用来攻击比较著名的网站，只要不断地向网站服务器发送大量的数据包，使服务器疲于处理，占用服务器系统和带宽资源，使它最终崩溃。因为广播数据包只能在同一网段中传输，子网划分后，网络规模变小了，网络中的用户数少了，占用的资源也就少了。

(2) 节省IP地址资源。这看似与前面介绍的连接主机数减少相矛盾，其实是要看具体的对象来定。对于本身规模较大(200个用户以上)的网络，划分子网后，可用的IP地址数减少了，但是对于那些小型企业网络来说，划分子网后，可节省大量IP地址资源。因为几个小网络可以共用一个大的网络地址范围，同样可以起到隔离的作用。比如你是某个单位的网络管理员，现在你的单位内在不同的地点有4个机房，每个机房25台机器，需要给这些机器配置IP地址和子网掩码。你可能会觉得这再简单不过了，采用4个C类地址段，每个机房1个，然后一一配置。这样做，理论上没错，但一共耗费了(254－25)×4＝916(个)IP地址，如果公用网上也这样做，Internet上的IP地址早就枯竭了。通过子网划分，可以在同一个C类网络中容纳相对独立的子网，IP地址使用量就减少了。

(3) 提高网络安全性。由于不同子网之间是不能直接通信的(但可通过路由器或网关通信)，在网络安全形势不容乐观的今天，网络越小，安全性越高，因为入侵的途径少了。特别是对于那些企业敏感部门，如财务部和人事部等。况且，小的网络比较容易部署特别的安全策略，而在大的网络中，这些特别的安全策略可能影响其他用户的工作。

(4) 便于网络维护。对于一个大的网络来说，查找故障点相当困难。如果缩小网络规模，查找的范围就小了，维护起来更方便。

2. 子网的划分方法

1) 子网划分原理

划分子网，就是将一个大的网络分割成若干个小网络。如前所述，A、B、C类地址都是由网络地址和主机地址组成的，子网划分的原理就是从主机地址借出一部分位，作为子网的网络地址，子网网络地址和原来的网络地址共同组成新的网络地址，其原理如图 4-17 所示。

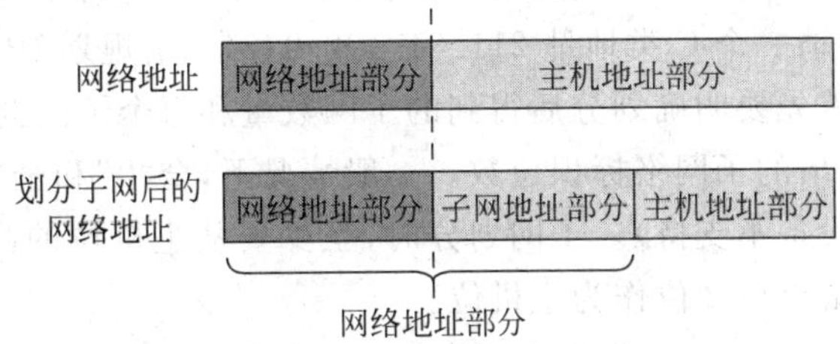

图 4-17　子网划分原理

2）子网掩码

子网划分后，网络地址相比没划分之前发生了改变。对于子网 IP 地址来说，如何让机器知道 IP 地址中哪些位表示网络位，哪些位表示主机位呢？这就需要借助子网掩码(subnet mask)。

子网掩码通常与 IP 地址配对出现，其功能是告知主机或路由器设备，IP 地址的哪一部分代表网络号部分，哪一部分代表主机号部分。

子网掩码也是 32 位长，由“1”和“0”组成。子网掩码必须与 IP 地址结合使用，其 32 位与 IP 地址 32 位一一对应。如果 IP 地址某一位是网络 ID，则子网掩码与之相对应的位就标记为“1”。换句话说，IP 地址有多少位网络位，子网掩码就有多少位标记为“1”。例如，A 类 IP 地址在默认情况下，前 8 位是网络位，则子网掩码把与之相对应的 8 位标记为“1”，其余位标记为“0”，转换成十进制得到 255.0.0.0。根据这个规则，A、B、C 三类 IP 地址的默认子网掩码如下所示。

(1) A 类地址：8 位网络位，默认子网掩码为 255.0.0.0。

(2) B 类地址：16 位网络位，默认子网掩码为 255.255.0.0。

(3) C 类地址：24 位网络位，默认(缺省)子网掩码为 255.255.255.0。

子网掩码通常有两种格式的表示方法：一种是前面介绍的，用与 IP 地址格式相同的点分十进制表示，例如 255.0.0.0；另一种方法是在 IP 地址后加上“/”以及 1～32 的数字。其中，1～32 的数字表示子网掩码中网络标识位的长度，如 IP 地址 192.168.1.1，子网掩码为 255.255.255.0，简写为 192.168.1.1/24。

根据 IP 地址与子网掩码的关系，可从一个主机 IP 利用子网掩码计算出其网络 ID 和主机 ID。网络 ID 的计算方法是把主机 IP 与子网掩码转换为二进制数，然后按位进行相与运算。

【例 4-1】 主机 IP 地址为 192.168.9.1，子网掩码为 255.255.255.0，求网络号和主机号。

将上述地址转化为二进制数，有

1100 0000.1010 1000.0000 1001.0000 0001 （IP 地址二进制值）

1111 1111.1111 1111.1111 1111.0000 0000 （子网掩码二进制值）

1100 0000. 1010 1000. 0000 1001. 0000 0000 （按位相与运算结果）

转化为十进制数，得到 192.168.9.0。

3）子网划分步骤

【例 4-2】 为网络中心规划 IP 地址。该中心有 6 个部门，每个部门最多有 24 台主机（或网络设备）。现申请一个 C 类地址 211.81.192.0/24。请规划 IP 地址。

在子网划分时，首先要明确划分后得到的子网数量和每个子网拥有的主机数，然后确定需要从原主机位借出的子网络标识位数。一般情况下，全“0”和全“1”IP 地址尽量保留不用(有部分较旧的设备不支持)。子网划分时，至少要从主机位的高位中选择 2 位作为子网络位，且保证保留至少 2 位作为主机位。

第一步：决定借用多少主机位作为网络位。

从 IP 地址得出如下信息：①此 IP 地址暂未划分子网；②此 IP 地址是 C 类地址，共有 8 个主机位，最多可借出 6 个主机位。

根据题意可知，需要 6 个子网，所以借出位数能组成的子网必须大于 6。根据数学中的排列知识，计算出需要借出 3 位主机位作为子网网络号，得到 $2^3=8$ 个子网。借出 3 个二进制位，每位有 0 和 1 两个数，8 个子网号分别是 000、001、010、011、100、101、110、111。剩余 5 个主机位可设置 $2^5-2=30$(台)主机。可以满足要求。

第二步：计算新的子网掩码。

由上一步计算出，子网划分需要从主机位借出其中的高 3 位作为子网络位，一共可得 8 个子网络。根据借出的主机位，加上原来的网络位，计算出子网掩码为 255.255.255.224，如图 4-18 所示。

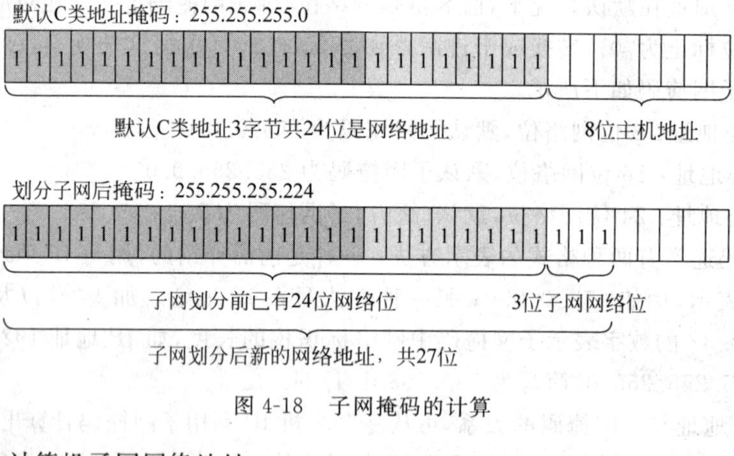

图 4-18 子网掩码的计算

第三步：计算机子网网络地址。

由 IP 地址 211.81.192.0、子网掩码 255.255.255.224、借出的主机位 3 位，根据排列计算，得到子网 ID 有 8 个：000、001、010、011、100、101、110、111。得到如下子网号：

11010011. 01010001. 11000000. 000 00000 211.81.192.0/27

11010011. 01010001. 11000000. 001 00000 211.81.192.32/27

11010011. 01010001. 11000000. 010 00000 211.81.192.64/27

11010011.01010001.11000000. 011 00000　211.81.192.96/27

11010011.01010001.11000000. 100 00000　211.81.192.128/27

11010011.01010001.11000000. 101 00000　211.81.192.160/27

11010011.01010001.11000000. 110 00000　211.81.192.192/27

11010011.01010001.11000000. 111 00000　211.81.192.224/27

第四步：选取所需子网及确定主机地址范围。

选取子网时，第1个子网因网络ID与子网划分前的原网络号211.81.192.0重复，所以子网够用时，尽量不用；第8个子网因为广播地址与子网划分前的原广播地址211.81.192.255重复，也尽量不用。于是选择6个可用子网中的网段进行IP地址分配，即211.81.192.32、211.81.192.64、211.81.192.96、211.81.192.128、211.81.192.160、211.81.192.192等6个子网。

用原来缺省的主机地址减去3个子网位，剩下的就是主机位，共有8－3＝5(位)，则每个子网最多可容纳 $2^5-2=30$(位)主机。每个子网络的相关信息如表4-2所示。

表4-2　子网划分主机地址范围表

子网编号	借出位组合	网络ID	广播ID	主机ID
子网0	000	211.81.192.0	211.81.192.31	1～30
子网1	001	211.81.192.32	211.81.192.63	33～62
子网2	010	211.81.192.64	211.81.192.95	65～94
子网3	011	211.81.192.96	211.81.192.127	97～126
子网4	100	211.81.192.128	211.81.192.159	129～158
子网5	101	211.81.192.160	211.81.192.191	161～190
子网6	110	211.81.192.192	211.81.192.223	193～222
子网7	111	211.81.192.224	211.81.192.255	225～254

3. 无分类编址(CIDR)和地址聚合

划分子网在一定程度上缓解了因特网在发展过程中IP地址枯竭的问题，但对于一些需要一定数量地址的大型部门，如果用A类或B类地址，会造成IP地址浪费；用多个C类地址，又会造成路由器路由表负担过重，导致效率降低。

因此，互联网工程任务组(the internet engineering task force，IETF)专门制定了短期和长期两套解决方案。短期方案是改善IPv4的低效率；长期方案是彻底废除IPv4，启用更长的地址空间，并开发出新的IP协议IPv6。短期方案在子网划分的基础上提出了可变长子网掩码(variable length subnet mask，VLSM)；为了改善路由器的效率，又在VLSM的基础上提出了无分类编址方法CIDR。

1) 可变长子网掩码(VLSM)

可变长子网掩码指的是在子网划分时，不再使用一个子网掩码，而是同时使用多个子网掩码。采用这种技术，IP地址的利用率更高。

【例4-3】 某公司申请了一个C类IP地址202.67.31.0。该公司有120人在销售部门工作，50 人在财务部门工作，50 人在设计部门工作。要求为销售部、财务部和设计部门规划子网。

对于这种情况，用前面介绍的等长子网划分不能满足要求，必须通过 VLSM 技术进行子网划分。为此，把财务部门和设计部门看作是一个部门，于是变成划分 2 个子网；划分完成，对其中一个子网再次划分成 2 个，任务就完成了。地址分配情况如表 4-3 所示。

表 4-3 某公司子网划分地址分配情况

部门	项目内容	IP 地址				IP 主机地址范围
销售部	IP 地址位	11001010	01000011	00011111	0xxxxxxx	202.67.31.1～202.67.31.126
	网络号	202	67	31	0	
	子网掩码	255	255	255	128	
财务部	IP 地址位	11001010	01000011	00011111	10xxxxxx	202.67.31.129～202.67.31.190
	网络号	202	67	31	128	
	子网掩码	255	255	255	192	
设计部	IP 地址位	11001010	01000011	00011111	11xxxxxx	202.67.31.193～202.67.31.254
	网络号	202	67	31	192	
	子网掩码	255	255	255	192	

2）无分类编址(CIDR)

在可变长子网掩码的基础上，为了改善路由器的效率，人们提出了无分类编址方法，全称为无分类域间路由选择(CIDR)。由于 CIDR 不再使用传统的标准 IP 地址分类方法，使得无法从 IP 地址本身来判断网络 ID 的长度，所以采用斜线记法，也就是在 IP 地址中加“/”的方式来标识网络 ID。原来的 IP 地址网络 ID 改称为网络前缀。某一个网络的全部地址称为地址块；与标准分类 IP 地址一样，主机号全“0”的是网络地址，主机全“1”的是广播地址。

IP 地址∷=<网络前缀><主机号>/网络前缀位数

【例 4-4】

IP 地址：192.14.35.15/20

网络号：192.14.32.0

广播地址：192.14.47.255

主机 IP 地址范围：192.14.32.1～192.14.47.254

网络地址块：128.14.32.0/20

3）地址聚合

引入无分类编址后，整个地址空间被划分成多个可管理的地址块。在路由表中，一个地址块仍对应一个路由表的表项，路由器的效率仍然没有提高。为了解决这个问题，人们在可变长子网掩码的基础上提出了地址聚合的概念。

地址聚合是指将小网络合并成大网络，方法是屏蔽网络间的不同部分。换句话说，就是从右往左删除，直到左边最多位数完全相同。

【例 4-5】 将网络地址 156.140.36.0/26、156.140.36.64/26、156.140.36.128/26 和 156.140.36.192/26 进行地址聚合。

首先，将 4 个网络地址转换成二进制形式：

156.140.36.0/26 对应为 10011100.10001100.00100100.00000000

156.140.36.64/26 对应为 10011100.10001100.00100100.01000000

156.140.36.128/26 对应为 10011100.10001100.00100100.10000000

156.140.36.192/26 对应为 10011100.10001100.00100100.11000000

聚合过程如图 4-19 所示。

从图 4-19 中可以看出，4 个网络的前 24 位完全相同，所以地址聚合后，得到 156.140.36.0/24。

```
10011100.10001100.00100100.|00000000
10011100.10001100.00100100.|01000000
10011100.10001100.00100100.|10000000
10011100.10001100.00100100.|11000000
```

图 4-19 地址聚合的计算

4.2.5 综合实例

【例 4-6】 IP地址为 128.36.199.3，子网掩码是 255.255.240.0。求网络地址、广播地址、地址范围和主机数。

（1）将 IP 地址和子网掩码换算为二进制形式。子网掩码连续全“1”的是网络地址，后面的是主机地址，虚线前为网络地址，虚线后为主机地址。

（2）IP 地址和子网掩码进行与运算，结果是网络地址。

（3）使运算结果中的网络地址不变，将主机地址变为“1”，结果是广播地址。

（4）地址范围就是包含在本网段内的所有主机。

网络地址+1 即为第一个主机地址，广播地址−1 即为最后一个主机地址。由此可得，地址范围是网络地址+1～广播地址−1。

```
128.36.11000111.00000011
&255.255.11110000.00000000
---------------------------------
128.36.11000000.00000000
```

即网络地址为 128.36.192.0，广播地址为 128.36.11000000.00000000。把主机位的 12 个“0”换成“1”，得 128.36.11001111.11111111，即 128.36.207.255。

本例的网络范围是 128.36.192.1～128.36.207.254。

（5）求主机的数量。

$$主机的数量 = 2^{二进制位数的主机数} - 2$$

$$主机的数量 = 2^{12} - 2 = 4094$$

“减去 2”是因为主机不包括网络地址和广播地址。

从上述两个例子可以看出，不管子网掩码是标准的，还是特殊的，计算网络地址、广播地址、地址数时，把地址换算成二进制形式，然后从子网掩码处区分，连续“1”以前的是网络地址，以后的是主机地址，再执行相应的计算。

【例 4-7】 一家集团公司有 12 家子公司，每家子公司有 4 个部门。上级给出一个 172.16.0.0/16 的网段，给每家子公司及其各部门分配网段。

思路：既然有 12 家子公司，就要划分 12 个子网段，但是每家子公司又有 4 个部门，因此要在每家子公司所属的网段中划分 4 个子网分配给各部门。

本例通过子网数来划分子网，未考虑主机数，操作步骤如下所述。

(1) 划分各子公司的所属网段。有 12 家子公司，就有 $2^n \geqslant 12$，n 的最小值为 4。因此，网络位需要向主机位借 4 位，于是从 172.16.0.0/16 这个大网段中划出 $2^4=16$(个)子网。

详细过程如下所述。

先将 172.16.0.0/16 用二进制表示为 10101100.00010000.00000000.00000000/16，借 4 位后(划分出 16 个子网)：

① 10101100.00010000.00000000.00000000/20【172.16.0.0/20】

② 10101100.00010000.00010000.00000000/20【172.16.16.0/20】

③ 10101100.00010000.00100000.00000000/20【172.16.32.0/20】

④ 10101100.00010000.00110000.00000000/20【172.16.48.0/20】

⑤ 10101100.00010000.01000000.00000000/20【172.16.64.0/20】

⑥ 10101100.00010000.01010000.00000000/20【172.16.80.0/20】

⑦ 10101100.00010000.01100000.00000000/20【172.16.96.0/20】

⑧ 10101100.00010000.01110000.00000000/20【172.16.112.0/20】

⑨ 10101100.00010000.10000000.00000000/20【172.16.128.0/20】

⑩ 10101100.00010000.10010000.00000000/20【172.16.144.0/20】

⑪ 10101100.00010000.10100000.00000000/20【172.16.160.0/20】

⑫ 10101100.00010000.10110000.00000000/20【172.16.176.0/20】

⑬ 10101100.00010000.11000000.00000000/20【172.16.192.0/20】

⑭ 10101100.00010000.11010000.00000000/20【172.16.208.0/20】

⑮ 10101100.00010000.11100000.00000000/20【172.16.224.0/20】

⑯ 10101100.00010000.11110000.00000000/20【172.16.240.0/20】

从这 16 个子网中选择 12 个，分给各子公司。每个子公司最多容纳主机数目为 $2^{12}-2=4094$。

(2) 划分子公司各部门的所属网段。以甲公司获得 172.16.0.0/20 为例，其他子公司的部门网段划分同甲公司。

有 4 个部门，就有 $2^n \geqslant 4$，n 的最小值为 2。因此，网络位需要向主机位借 2 位，于是从 172.16.0.0/20 这个网段中划出 $2^2=4$(个)子网，正符合要求。

详细过程如下所述。

先将 172.16.0.0/20 用二进制表示为 10101100.00010000.00000000.00000000/20，借 2 位后(划分出 4 个子网)：

① 10101100.00010000.00000000.00000000/22【172.16.0.0/22】

② 10101100.00010000.00000100.00000000/22【172.16.4.0/22】

③ 10101100.00010000.00001000.00000000/22【172.16.8.0/22】

④ 10101100.00010000.00001100.00000000/22【172.16.12.0/22】

将这4个网段分给甲公司的4个部门。每个部门最多容纳主机数目为 $2^{10}-2=1024$。

【例 4-8】 通过计算主机数来划分子网。

某集团公司给下属子公司甲分配了一段IP地址192.168.5.0/24。现在甲公司有两层办公楼(1楼和2楼),统一从1楼的路由器上公网。1楼有100台计算机联网,2楼有53台计算机联网。如果你是该公司的网管,怎样规划这个IP?

根据需求,画出简单的拓扑,如图4-20所示。将192.168.5.0/24划成3个网段,1楼一个网段,至少拥有101个可用IP地址;2楼一个网段,至少拥有54个可用IP地址;1楼和2楼的路由器互联,用一个网段,需要2个IP地址。

在划分子网时,优先考虑最大主机数。在本例中,先使用最大主机数来划分子网。101个可用IP地址,就要保证至少7位主机位可用($2^m-2\geqslant 101$,m的最小值为7)。如果保留7位主机位,只能划出2个网段,剩下的1个网段就划不出来了。但是剩下的1个网段只需要2个IP地址,并且2楼的网段只需要54个可用IP,因此从第一次划出的2个网段中选择1个网段来继续划分2楼的网段和路由器互联使用的网段。

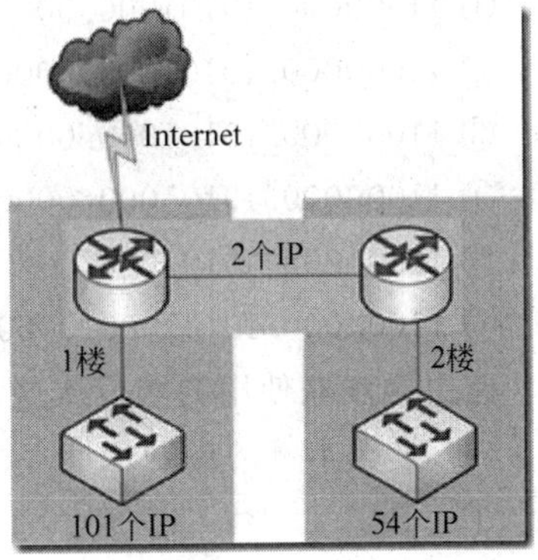

图4-20 网络结构

具体步骤如下。

(1) 根据大的主机数需求划分子网。因为要保证1楼网段至少有101个可用IP地址,所以主机位要保留至少7位。

先将192.168.5.0/24用二进制表示如下。

11000000.10101000.00000101.00000000/24

主机位保留7位,即在现有基础上,网络位向主机位借1位(可划分出2个子网),分别如下所示。

① 11000000.10101000.00000101.00000000/25【192.168.5.0/25】

② 11000000.10101000.00000101.10000000/25【192.168.5.128/25】

1楼网段从这2个子网段中选择1个即可。选择192.168.5.0/25。

2楼网段和路由器互联使用的网段从192.168.5.128/25中再次划分得到。

(2) 划分2楼使用的网段。2楼使用的网段从192.168.5.128/25这个子网段中再次划分子网获得。因为2楼至少要有54个可用IP地址,所以主机位至少要保留6位($2^m-2\geqslant 54$,m的最小值为6)。

先将192.168.5.128/25用二进制表示如下。

11000000.10101000.00000101.10000000/25

主机位保留6位,即在现有基础上网络位向主机位借1位(可划分出2个子网),分别如下所示。

① 11000000.10101000.00000101.10000000/26【192.168.5.128/26】

② 11000000.10101000.00000101.11000000/26【192.168.5.192/26】

2楼网段从这2个子网段中选择1个即可。选择192.168.5.128/26。

路由器互联使用的网段从 192.168.5.192/26 中再次划分得到。

(3) 划分路由器互联使用的网段。路由器互联使用的网段从 192.168.5.192/26 这个子网段中再次划分子网获得。因为只需要 2 个可用 IP 地址，所以主机位只要保留 2 位即可($2^m-2\geqslant 2$，m 的最小值为 2)。

先将 192.168.5.192/26 用二进制表示如下。

11000000.10101000.00000101.11000000/26

主机位保留 2 位，即在现有基础上网络位向主机位借 4 位(可划分出 16 个子网)，分别如下所示。

① 11000000.10101000.00000101.11000000/30【192.168.5.192/30】

② 11000000.10101000.00000101.11000100/30【192.168.5.196/30】

③ 11000000.10101000.00000101.11001000/30【192.168.5.200/30】

④ 11000000.10101000.00000101.11110100/30【192.168.5.244/30】

⑤ 11000000.10101000.00000101.11111000/30【192.168.5.248/30】

⑥ 11000000.10101000.00000101.11111100/30【192.168.5.252/30】

路由器互联使用的网段从这 16 个子网中选择 1 个即可。选择 192.168.5.252/30。

(4) 整理本例的规划地址。

① 1 楼。

网络地址：192.168.5.0/25

主机 IP 地址：192.168.5.1/25～192.168.5.126/25

广播地址：192.168.5.127/25

② 2 楼。

网络地址：192.168.5.128/26

主机 IP 地址：192.168.5.129/26～192.168.5.190/26

广播地址：192.168.5.191/26

③ 路由器互联。

网络地址：192.168.5.252/30

两个 IP 地址：192.168.5.253/30 和 192.168.5.254/30

广播地址：192.168.5.255/30

(5) 速划分子网，确定 IP。

题目要求将 192.168.5.0/24 这个网络地址划分成能容纳 101/54/2 个主机的子网。因此先确定主机位，然后根据主机位决定网络位，最后确定详细的 IP 地址。

① 确定主机位。

将所需要的主机数自大而小排列出来：101/54/2；然后根据网络拥有的 IP 数目，确定每个子网的主机位：如果 $2^n-2\geqslant$该网段的 IP 数目，那么主机位等于 n。于是得到：7/6/2。

② 根据主机位决定网络位。

用 32 减去主机位剩下的数值，就是网络位，得到：25/26/30。

③ 确定详细的 IP 地址。

在二进制中，用网络位数掩盖 IP 前面相应的位数，后面的为 IP 位。选取每个子网的第一个 IP 为网络地址，最后一个为广播地址，之间的为有效 IP，得到：

【网络地址】【有效 IP】【广播地址】

【192.168.5.0/25】【192.168.5.1/25-192.168.5.126/25】【192.168.5.127/25】

【192.168.5.128/26】【192.168.5.129/26-192.168.5.190/26】【192.168.5.191/26】

【192.168.5.192/30】【192.168.5.193/30-192.168.5.194/30】【192.168.5.195/30】

4.2.6 IPv6

IPv6(internet protocol version 6)是互联网工程任务组(Internet Engineering Task Force,IETF)设计用于替代现行版本 IP 协议(IPv4)的下一代 IP 协议。

1. IPv4 的缺陷

IPv4 协议存在诸多缺陷，主要有以下几个方面。

(1) 网络地址短缺。IPv4 地址只有 32 位二进制数，只能提供大约 40 亿个地址，且两级编址造成很多无用的地址，浪费很大。另一方面，随着 TCP/IP 应用的扩大，对 IP 地址的需求越来越大，使得 IPv4 地址更加紧缺，虽然采用了一系列办法，但无法从根本上解决问题。

(2) 路由速度慢。随着网络规模扩大，路由表越来越大，加上 IPv4 头部字段多达 13 个，路由处理信息量非常大，使得处理速度越来越慢，路由器成了现代网络通信的瓶颈。

(3) 缺乏安全功能。随着网络广泛应用，网络安全形势越来越严峻，成为迫切需要解决的问题，但 IPv4 没有提供安全功能，阻碍了其在电子商务等信息敏感领域的应用。虽然近年在网络安全上取得了一些成果，但无法为各种应用领域提供统一的安全解决方案。

(4) 不支持新的业务模式。对于许多新的业务模式，IPv4 都无法支持，例如语音、视频等实时信息传输需要 QoS 的支持。新业务对因特网应用提出了一些 IPv4 难以解决的问题，需要对现行 IP 协议做出根本性的变革。

IPv6 地址从 IPv4 的 32 位扩展到 128 位。2^{128} 足够大，这个地址空间现在看来可能永远不会用完。形象地说，它足够为地球上的每个分子分配一个 IP 地址。

2. IPv6 书写格式

IPv6 地址采用以冒号分隔的十六进制数表示，例如：

6000:0000:0000:0000:0023:5678:79AC:12CD

为了便于书写，IPv6 规定了一些简化写法。首先，每个字段开始的 0 可以省去，比如 0023 可以写为 123；其次，一个或多个 0000 可以用一对冒号代替。这样，上述地址简写如下。

80000::23:4567:79AC:12CD

另外，为了使 IPv4 平缓过渡到 IPv6，IPv6 对 IPv4 进行了兼容，只需在 IPv4 地址前加上一对冒号，就成为 IPv6 地址，如下所示。

::192.168.0.1

IPv6 地址是一个或一组接口的标识符。IPv6 地址被分配到接口，而不是分配给节点。

3. IPv6 地址的种类

IPv6 地址有下述 3 种类型。

1）单播地址(UniCast)

单播地址是单个网络接口的标识符。对于多个接口的节点，其中任何一个单播地址都可以用作该节点的标识符，但是为了满足负载平衡的需求，在 RFC 2373 中允许多个接口使用同一地址，只要在实现中这些接口看起来形同一个接口。IPv6 的单播地址是用一定长度的格式前缀汇聚的地址，类似于 IPv4 中的 CIDR 地址。单播地址中有下列两种特殊地址：

(1) 不确定地址。地址 0:0:0:0:0:0:0:0 称为不确定地址，不能分配给任何节点。此地址可以在初始化主机时使用。在主机未取得地址之前，它发送的 IPv6wv 组中的源地址字段可以使用此地址。不确定地址不能用作目标地址，也不能用在 IPv6 路由头中。

(2) 回环地址。地址 0:0:0:0:0:0:0:1 称为回环地址。节点用这种地址向自身发送 IPv6 分组。回环地址不能分配给任何物理接口。

2）任意播地址(AnyCast)

一个 IPv6 任意播地址与组播地址一样，也可以识别多个接口，对应一组接口的地址。大多数情况下，这些接口属于不同的节点。但是，与组播地址不同的是，发送到任意播地址的数据包被送到由该地址标识的其中一个接口，通常是路由距离最近的。对 IPv6 任意播地址，有如下限制：任意播地址不能用作源地址，只能作为目标地址；任意播地址不能指定给 IPv6 主机，只能指定给 IPv6 路由器。

3）组播地址(MultiCast)

IPv6 组播地址是一组接口(一般属于不同节点)的标识符，发往组播地址的分组被传送给该地址标识的所有接口。使用适当的组播路由拓扑，将向组播地址发送的数据包发送给该地址识别的所有接口。任意位置的 IPv6 节点可以侦听任意 IPv6 组播地址上的组播通信。IPv6 节点可以同时侦听多个组播地址，也可以随时加入或离开组播组。

IPv6 没有广播地址，它的功能被组播地址代替。另外，在 IPv6 地址中，任何全“0”和全“1”字段都是合法的，除非特别排除的之外；特别是，前缀可以包含“0”值字段，也可以用“0”字作为终结字段。一个接口可以被赋予任何类型的多个地址(单播、任意播、组播)或地址范围。

IPv6 组播地址的最明显特征就是最高的 8 位固定为 1111 1111。IPv6 地址很容易区分组播地址，因为它总是以 FF 开始。

4. IPv6 的特点

(1) IPv6 地址长度为 128 位，地址空间增大了 2^{96} 倍。

(2) 灵活的 IP 报文头部格式。使用一系列固定格式的扩展头部取代 IPv4 中可变长度的选项字段。IPv6 中选项部分的出现方式也有所变化，使路由器可以简单路过选项，而不做任何处理，加快了报文处理速度。

(3) IPv6 简化了报文头部格式，字段只有 8 个，加快了报文转发，提高了吞吐量。

(4) 提高安全性。身份认证和隐私权是 IPv6 的关键特性。

(5) 支持更多的服务类型。

(6) 允许协议继续演变,增加新的功能,使之适应未来技术的发展。

5. IPv6 的优点

与 IPv4 相比,IPv6 具有以下几个优势。

(1) IPv6 具有更大的地址空间。IPv4 规定 IP 地址长度为 32,最大地址个数为 2^{32};而 IPv6 中 IP 地址的长度为 128,即最大地址个数为 2^{128}。与 32 位地址空间相比,其地址空间增加了 $2^{128}2^{32}$ 个。

现在,IPv4 采用 32 位地址长度,约有 43 亿地址;IPv6 采用 128 位地址长度,有足够的地址资源。地址的丰富将完全删除在 IPv4 互联网应用上的很多限制。例如,每一部电话,每一个带电的东西,都可以有一个 IP 地址,真正构成数字家庭。IPv6 的技术优势在一定程度上解决了 IPv4 存在的问题,是 IPv4 向 IPv6 演进的重要动力之一。

(2) IPv6 使用更小的路由表。IPv6 的地址分配一开始就遵循聚类(Aggregation)的原则,使得路由器能在路由表中用一条记录(entry)表示一片子网,缩短了路由器中路由表的长度,提高了路由器转发数据包的速度。

(3) IPv6 增加了增强的组播(MultiCast)支持以及对流的控制(flow control),使得网络上的多媒体应用有了长足的发展机会,为服务质量(quality of service,QoS)控制提供了良好的网络平台。

(4) IPv6 加入了对自动配置(auto configuration)的支持。这是对 DHCP 协议的改进和扩展,使得网络(尤其是局域网)管理更加方便和快捷。

(5) IPv6 具有更高的安全性。在使用 IPv6 的网络中,用户可以加密网络层数据,并校验 IP 报文。IPv6 中的加密与鉴别选项提供了分组的保密性与完整性,极大地增强了网络的安全性。

(6) 允许扩充。如果新的技术或应用需要,则 IPv6 允许协议扩充。

(7) 更好的头部格式。IPv6 使用新的头部格式,其选项与基本头部分开。如果需要,可将选项插入到基本头部与上层数据之间。这就简化和加速了路由选择过程,因为大多数选项不需要由路由选择。

(8) 新的选项。IPv6 有一些新的选项用于实现附加的功能。

6. 过渡技术

IPv6 不可能立刻替代 IPv4,因此在相当一段时间内,IPv4 和 IPv6 共存在一个环境中。要提供平稳的转换过程,使得对现有使用者影响最小,需要有良好的转换机制。这个议题是 IETF 工作小组的主要目标。IETF 推荐了双协议栈、隧道技术以及网络地址转换等转换机制。

1) IPv6/IPv4 双协议栈技术

双协议栈机制就是使 IPv6 网络节点具有一个 IPv4 栈和一个 IPv6 栈,同时支持 IPv4 和 IPv6 协议。IPv6 和 IPv4 是功能相近的网络层协议,两者都应用于相同的物理平台,并承载相同的传输层协议 TCP 或 UDP。如果一台主机同时支持 IPv6 和 IPv4 协议,该主机可以和仅支持 IPv4 或 IPv6 协议的主机通信。

2）隧道技术

隧道机制就是必要时将 IPv6 数据包作为数据封装在 IPv4 数据包里，使 IPv6 数据包能在已有的 IPv4 基础设施（主要是指 IPv4 路由器）上传输的机制。随着 IPv6 的发展，出现了一些被运行 IPv4 协议的骨干网络隔离开的局部 IPv6 网络。为了实现这些 IPv6 网络之间的通信，必须采用隧道技术。隧道对于源站点和目的站点是透明的。在隧道的入口处，路由器将 IPv6 的数据分组封装在 IPv4 中，该 IPv4 分组的源地址和目的地址分别是隧道入口和出口的 IPv4 地址；在隧道出口处，将 IPv6 分组取出，转发给目的站点。隧道技术的优点在于隧道的透明性。IPv6 主机之间的通信可以忽略隧道的存在，隧道只起到物理通道的作用。隧道技术在 IPv4 向 IPv6 演进的初期应用非常广泛。但是，隧道技术不能实现 IPv4 主机和 IPv6 主机之间的通信。

3）网络地址转换技术

网络地址转换（network address translator，NAT）技术是将 IPv4 地址和 IPv6 地址分别看作内部地址和全局地址，或者相反。例如，内部 IPv4 主机要和外部 IPv6 主机通信时，在 NAT 服务器中将 IPv4 地址（相当于内部地址）变换成 IPv6 地址（相当于全局地址），服务器维护一个 IPv4 与 IPv6 地址的映射表；反之，当内部 IPv6 主机和外部 IPv4 主机通信时，IPv6 主机映射成内部地址，IPv4 主机映射成全局地址。NAT 技术可以解决 IPv4 主机和 IPv6 主机之间的互通问题。

4.3 地址映射

地址映射是指为了保证 CPU 执行指令时可正确访问存储单元，需要将用户程序中的逻辑地址转换为运行时由机器直接寻址的物理地址。这一过程称为地址映射。本节介绍 IP 地址与 MAC 地址的映射原理。

MAC（media access control）地址，或称为 MAC 位址、物理地址，用来定义网络设备的位置，共 6 字节（48 个二进制位），采用十六进制数表示。其中，前 3 个字节是由 IEEE 的注册管理机构 RA 给不同厂家分配的代码（高 24 位），也称为编制上唯一的标识符（organizationally unique identifier）；后 3 个字节（低 24 位）由各厂家自行指派给生产的适配器接口，称为扩展标识符（唯一性）。1 个地址块可以生成 224 个不同的地址。MAC 地址实际上就是适配器地址或适配器标识符。

网卡的物理地址通常由网卡生产厂家烧入网卡的 EPROM（一种闪存芯片，通常可以通过程序擦写），它存储的是传输数据时真正用于标识发出数据的计算机和接收数据的主机的地址。

也就是说，在网络底层的物理传输过程中，通过物理地址来识别主机。该地址是唯一的。例如著名的以太网卡，其物理地址是 48b（比特位）的整数，如 44-45-53-54-00-00，以机器可读的方式存入主机接口。以太网地址管理机构（IEEE，电气和电子工程师协会）将以太网地址，也就是 48 比特的不同组合，分为若干独立的连续地址组，生产以太网网卡的厂家购买其中一组，具体生产时，逐个将唯一地址赋予网卡。MAC 地址就如同身份证上的号码，具有全球唯一性。物理地址是数据链路层地址，用于标识网络主机。

IP 地址作用于 OSI 参考模型的第 3 层——网络层。通过 IP 地址，可以找到目的主机所在的网络；到达该网络后，通过 MAC 地址找到相应的主机。

IP 地址和 MAC 地址的相同点是它们都是唯一的，不同点主要有以下几个：

(1) 对于网络上的某一设备，如一台计算机或一台路由器，其 IP 地址可变(但必须唯一)，而 MAC 地址不可变。可以根据需要，给一台主机指定任意的 IP 地址，例如，给局域网上的某台计算机分配 IP 地址 192.168.1.1，也可以将它改成 192.168.1.2。网络设备(如网卡、路由器)一旦生产出来，其 MAC 地址永远唯一，且不能由用户改变。

(2) 长度不同。IP 地址为 32 位，MAC 地址为 48 位。

(3) 分配依据不同。IP 地址的分配基于网络拓扑，MAC 地址的分配基于制造商。

(4) 寻址协议层不同。IP 地址应用于 OSI 第 3 层，即网络层；MAC 地址应用在 OSI 第 2 层，即数据链路层。数据链路层协议可以使数据从一个节点传递到相同链路的另一个节点(通过 MAC 地址)，而网络层协议使数据从一个网络传递到另一个网络(ARP 根据目的 IP 地址找到中间节点的 MAC 地址，通过中间节点传送，最终到达目的网络)。

4.3.1 ARP

地址解析协议(address resolution protocol，ARP)是获取物理地址的一个 TCP/IP 协议。某节点 IP 地址的 ARP 请求被广播到网络上后，该节点会收到确认其物理地址的应答，这样的数据包才能被传送出去。RARP(逆向 ARP)经常在无盘工作站上使用，以便获得它的逻辑 IP 地址。

地址解析协议是在仅知道主机的 IP 地址时确定其物理地址的一种协议。因为 IPv4 和以太网应用广泛，其主要作用是通过已知 IP 地址，获取对应的物理地址，它也能在 ATM(异步传输模式)和光纤分布式数据接口(fiber distributed data interface，FDDI)网络中使用。从 IP 地址到物理地址的映射有两种方式：表格方式和非表格方式。具体说来，ARP 就是将网络层(IP 层，相当于 OSI 的第 3 层)地址解析为数据链路层(MAC 层，相当于 OSI 的第 2 层)的 MAC 地址。

1. ARP 的工作过程

在 TCP/IP 协议中，若计算机 A 给 B 发送 IP 包，在报头中需要填写 B 的 IP 作为目标地址。但这个 IP 包在以太网上传输的时候，还需要进行一次以太包封装。在这个以太包中，目标地址就是 B 的 MAC 地址。

计算机 A 如何得知 B 的 MAC 地址呢？关键就在于 ARP 协议。

在 A 不知道 B 的 MAC 地址的情况下，A 广播一个 ARP 请求包，请求包中填有 B 的 IP。以太网中的所有计算机都会接收这个请求。正常情况下，只有 B 会给出 ARP 应答包，包中就填充 B 的 MAC 地址，并回复给 A。

A 得到 ARP 应答后，将 B 的 MAC 地址放入本机缓存，便于下次使用。

本机 MAC 缓存是有生存期的。生存期结束后，将再次重复上述过程。

【例 4-9】 主机 A 的 IP 地址为 192.168.1.1，MAC 地址为 0A-11-22-33-44-01；主机 B 的 IP 地址为 192.168.1.2，MAC 地址为 0A-11-22-33-44-02。当主机 A 要与主机 B 通

信时，地址解析协议将主机 B 的 IP 地址(192.168.1.2)解析成主机 B 的 MAC 地址。工作流程如下所述。

第 1 步：根据主机 A 的路由表内容，确定用于访问主机 B 的转发 IP 地址是 192.168.1.2。主机 A 在自己的本地 ARP 缓存中检查主机 B 的匹配 MAC 地址。

第 2 步：如果主机 A 在 ARP 缓存中没有找到映射，它将询问 192.168.1.2 的硬件地址，将 ARP 请求帧广播到本地网络的所有主机。源主机 A 的 IP 地址和 MAC 地址都包括在 ARP 请求中。本地网络的每台主机都接收到 ARP 请求，并且检查是否与自己的 IP 地址匹配。如果不匹配，将丢弃 ARP 请求。

第 3 步：主机 B 确定 ARP 请求中的 IP 地址与自己的 IP 地址匹配，则将主机 A 的 IP 地址和 MAC 地址映射添加到本地 ARP 缓存中。

第 4 步：主机 B 将包含其 MAC 地址的 ARP 回复消息直接发送回主机 A。

第 5 步：当主机 A 收到从主机 B 发来的 ARP 回复消息时，用主机 B 的 IP 和 MAC 地址映射更新 ARP 缓存。本机缓存是有生存期的，生存期结束后，将再次重复上述过程。主机 B 的 MAC 地址一旦确定，主机 A 就能向主机 B 发起 IP 通信。

其中，第 2 步所说的 ARP 缓存是个用来存储 IP 地址和 MAC 地址的缓冲区，其本质是一个 IP 地址与 MAC 地址的映射表，表中每一个条目分别记录网络上其他主机的 IP 地址和对应的 MAC 地址。每一个以太网或令牌环网络适配器都有自己单独的表。当地址解析协议被询问一个已知 IP 地址节点的 MAC 地址时，先在 ARP 缓存中查看。若存在，则直接返回与之对应的 MAC 地址；若不存在，则发送 ARP 请求，向局域网查询。

ARP 协议并不只在发送了 ARP 请求，才接收 ARP 应答。当计算机接收到 ARP 应答数据包的时候，就会更新本地 ARP 缓存，将应答中的 IP 和 MAC 地址存储在 ARP 缓存中。因此，当局域网中的某台机器 B 向 A 发送一个伪造的 ARP 应答时，如果该应答是 B 冒充 C 伪造的，即 IP 地址为 C 的 IP，而 MAC 地址是伪造的，则 A 接收到 B 伪造的 ARP 应答后，就会更新本地 ARP 缓存，这样在 A 看来，C 的 IP 地址没有变，而它的 MAC 地址已经不是原来的了。由于局域网的网络流通不是根据 IP 地址实现，而是按照 MAC 地址传输，所以那个伪造出来的 MAC 地址在 A 上被改变成一个不存在的 MAC 地址，将造成网络不通，导致 A 不能 Ping 通 C，这就是简单的 ARP 欺骗。

2. ARP 命令

ARP 缓存中包含一个或多个表，用于存储 IP 地址及其经过解析的 MAC 地址。ARP 命令用于查询本机 ARP 缓存中 IP 地址与 MAC 地址的对应关系，添加或删除静态对应关系等。如果在没有参数的情况下使用，ARP 命令将显示帮助信息。

常见用法如下所述。

(1) arp -a 或 arp -g

用于查看缓存中的所有项目。-a 和 -g 参数的结果是一样的。多年来，-g 一直是 UNIX 平台上用来显示 ARP 缓存中所有项目的选项；Windows 使用 arp -a(-a 可被视为 all，即全部的意思)，它也接受比较传统的-g 选项。

(2) arp -a IP

如果有多个网卡，使用 arp -a 加上接口的 IP 地址，可以只显示与该接口相关的 ARP

缓存项目。

(3) arp -s IP 物理地址

可以向 ARP 缓存人工输入一个静态项目。该项目在计算机引导过程中将保持有效状态，或者在出现错误时，人工配置的物理地址将自动更新该项目。

(4) arp -d Ip

使用该命令，能够人工删除一个静态项目。

4.3.2 RARP

反向地址转换协议(reverse address resolution protocol，RARP)允许局域网的物理机器从网关服务器的 ARP 表或者缓存请求其 IP 地址。网络管理员在局域网网关路由器里创建一个表，用于映射物理地址(MAC)和与其对应的 IP 地址。当设置一台新的机器时，其 RARP 客户机程序需要向路由器上的 RARP 服务器请求相应的 IP 地址。假设在路由表中已经设置了一个记录，RARP 服务器将返回 IP 地址给机器。该机器将存储此地址，以便日后使用。RARP 可以用于以太网、光纤分布式数据接口及令牌环 LAN 。

地址解析协议(ARP)是设备通过已知的 IP 地址来获得未知物理地址的协议。假如一台设备不知道它自己的 IP 地址，但是知道物理地址(例如网络上的无盘工作站，只知道网络接口卡上的物理地址)，应该怎么办呢？可能采用 RARP(逆地址解析协议)。

RARP 以与 ARP 相反的方式工作。RARP 发出要反向解析的物理地址，并希望返回其对应的 IP 地址，应答包括由能够提供所需信息的 RARP 服务器发出的 IP 地址。虽然发送方发出的是广播信息，RARP 规定，只有 RARP 服务器能产生应答。许多网络指定多个 RARP 服务器，这既是为了平衡负载，也是为了作为出现问题时的备份。

1. RARP 工作原理

将源设备和目标设备的 MAC 地址字段都设为发送者的 MAC 地址和 IP 地址，发送主机发送一个本地的 RARP 广播，能够到达网络上的所有设备。在此广播包中，声明自己的 MAC 地址，并且请求任何收到此请求的 RARP 服务器分配一个 IP 地址。本地网段上的 RARP 服务器收到请求后，检查其 RARP 列表，查找该 MAC 地址对应的 IP 地址。如果存在，RARP 服务器给源主机发送一个响应数据包，并将此 IP 地址提供给对方主机使用；如果不存在，RARP 服务器对此不做任何响应。源主机收到 RARP 服务器的响应信息，就利用得到的 IP 地址进行通信；如果一直没有收到 RARP 服务器的响应信息，表示初始化失败。

虽然 RARP 在概念上很简单，但是 RARP 服务器的设计与系统相关，而且比较复杂。相反，提供 ARP 服务器很简单，通常是 TCP/IP 在内核中实现的一部分。由于内核知道 IP 地址和硬件地址，因此当它收到一个询问 IP 地址的 ARP 请求时，只需用相应的硬件地址提供应答即可以。

作为用户进程的 RARP 服务器的复杂性在于：服务器一般要为多台主机(网络上所有的无盘系统)提供硬件地址到 IP 地址的映射。该映射包含在一个磁盘文件中(在 UNIX 系统中，一般位于/etc/ethers 目录中)。由于内核一般不读取和分析磁盘文件，因此 RARP 服务器的功能由用户进程提供，而不是作为内核的 TCP/IP 实现的一部分。

更为复杂的是，RARP请求是作为一个特殊类型的以太网数据帧来传送的（帧类型字段值为0x8035），说明RARP服务器必须能够发送和接收这种类型的以太网数据帧。由于发送和接收这些数据帧与系统有关，因此RARP服务器的实现与系统捆绑在一起。

每个网络由多台RARP服务器实现的一个复杂因素是RARP请求是在硬件层上广播的。这意味着，它们不经过路由器转发。为了让无盘系统在RARP服务器关机的状态下也能引导，通常在一个网络上（例如一根电缆）要提供多台RARP服务器。当服务器数目增加时（以提供冗余备份），网络流量随之增加，因为每台服务器对每个RARP请求都要发送RARP应答。发送RARP请求的无盘系统一般采用最先收到的RARP应答。还有一种可能的情况是每台RARP服务器同时应答，增加了以太网发生冲突的概率。

2. 解决RARP回应问题的两种方法

（1）为每一个提出RARP请求的主机分配一台主服务器。正常来说，只有主服务器才会做出RARP回应，其他主机只是记录下接收到RARP请求的时间。假如主服务器不能顺利做出回应，那么，查询主机在等待逾时再次用广播方式发送RARP请求，其他非主服务器在接到第一个请求后很短时间内再收到相同请求的话，才会做出回应动作。

（2）正常来说，当主服务器收到RARP请求之后，会直接做出回应。为避免所有非主服务器同时传回RARP回应，每台非主服务器都会随机等待一段时间再回应。如果主服务器未能回应，查询主机会延迟一段时间再进行第二次请求，确保这段时间内获得非主服务器的回应。当然，设计者可以精心地设计延迟时间至一个合理的间隔。

4.4 ICMP

Internet控制报文协议（Internet control message protocol，ICMP）是TCP/IP协议族的一个子协议，用于在IP主机、路由器之间传递控制消息。控制消息是指网络通不通、主机是否可达、路由是否可用等有关网络本身的消息。这些控制消息虽然并不传输用户数据，但是对于用户数据的传递起着重要的作用。

ICMP协议是一种面向连接的协议，用于传输出错报告控制信息。它是一个非常重要的协议，对于网络安全具有极其重要的意义。ICMP是TCP/IP协议族的一个子协议，属于网络层协议，主要用于在主机与路由器之间传递控制信息，包括报告错误、交换受限控制和状态信息等。当遇到IP数据无法访问目标、IP路由器无法按当前的传输速率转发数据包等情况时，会自动发送ICMP消息。

1. ICMP的原理

ICMP提供一致、易懂的出错报告信息。发送的出错报文返回到发送原数据的设备，因为只有发送设备才是出错报文的逻辑接受者。发送设备随后可根据ICMP报文确定发生错误的类型，并确定如何才能更好地重发失败的数据包。但是，ICMP唯一的功能是报告问题，而不是纠正错误，纠正错误的任务由发送方完成。网络中经常用到ICMP协议，比如用于检查网络通不通的Ping命令（Linux和Windows中均有），Ping的过程实际上就是ICMP协议工作的过程。还有其他网络命令，如跟踪路由的Tracert命令，也是基于

ICMP 协议。

2. ICMP 的作用

从技术角度来说,ICMP 是一个错误侦测与回报机制,其目的就是检测网络的连线状况,确保连线的准确性,主要功能如下所述。

(1) 侦测远端主机是否存在。

(2) 建立及维护路由资料。

(3) 重导资料传送路径。

(4) 资料流量控制。

3. ICMP 的重要性

ICMP 协议对于网络安全具有极其重要的意义。ICMP 协议本身的特点决定了它非常容易被用于攻击网络上的路由器和主机。例如,利用操作系统规定的 ICMP 数据包最大尺寸不超过 64KB 这一规定,向主机发起"Ping of Death"攻击,其原理是:如果 ICMP 数据包的尺寸超过 64KB 上限,主机出现内存分配错误,导致 TCP/IP 堆栈崩溃,致使主机死机(操作系统取消了发送 ICMP 数据包大小的限制,解决了这个漏洞)。

此外,向目标主机长时间、连续、大量地发送 ICMP 数据包,也会最终使系统瘫痪。大量 ICMP 数据包会形成 ICMP 风暴,使目标主机耗费大量的 CPU 资源处理,疲于奔命。

虽然 ICMP 协议给黑客以可乘之机,但是 ICMP 攻击并非无药可医。只要做好日常网络管理,提前做好准备,就可以有效地避免 ICMP 攻击造成的损失。

对于"Ping of Death"攻击,有两种方法可以防范:第一种方法是在路由器上对 ICMP 数据包进行带宽限制,将 ICMP 占用的带宽控制在一定范围内,即使有 ICMP 攻击,它所占用的带宽也是非常有限的,对整个网络的影响非常少;第二种方法是在主机上设置 ICMP 数据包的处理规则,最好设定拒绝所有的 ICMP 数据包。

设置 ICMP 数据包处理规则的方法也有两种:一种是在操作系统上设置包过滤,另一种是在主机上安装防火墙。

1) 在 Windows 2000 Server 中设置 ICMP 过滤

Windows 2000 Server 提供了"路由与远程访问"服务,但在默认情况下没有启动,因此首先要启动它:单击"管理工具"中的"路由与远程访问",启动设置向导。在其中选择"手动配置服务器"项,然后单击"下一步"按钮。稍等片刻,系统提示"路由和远程访问服务现在已被安装。要开始服务吗?",单击"是"按钮,启动服务。

服务启动后,在计算机名称的分支下出现一个"IP 路由选择",单击它展开分支,再单击"常规",在其右边出现服务器中的网络连接(即网卡)。用鼠标右键单击要配置的网络连接,在弹出的菜单中单击"属性",弹出网络连接属性窗口。窗口中有两个按钮,一个是"输入筛选器"(指对此服务器接受的数据包进行筛选),另一个是"输出筛选器"(指对此服务器发送的数据包进行筛选)。这里单击"输入筛选器"按钮,弹出一个"添加筛选器"窗口。单击"添加"按钮,表示要增加一个筛选条件。在"协议"右边的下拉列表中选择"ICMP",在随后出现的"ICMP 类型"和"ICMP 编码"中均输入"255",代表所有的 ICMP

类型及其编码。ICMP 有许多不同的类型(Ping 就是其中一种),每种类型有许多不同的状态,用不同的“编码”表示。因为类型和编码很复杂,这里不再叙述。单击“确定”按钮,返回“输入筛选器”窗口,发现“筛选器”列表中多了一项内容。单击“确定”按钮,返回“本地连接”窗口,再单击“确定”按钮,筛选器生效,从其他计算机 Ping 这台主机就不会成功了。

2) 用防火墙设置 ICMP 过滤

许多防火墙在默认情况下都启用 ICMP 过滤功能。如果没有启用,选中“防御 ICMP 攻击”“防止别人用 Ping 命令探测”。选择合适的防火墙能有效防止 ICMP 攻击。防火墙应该具有状态检测、细致的数据包完整性检查和很好的过滤规则控制功能。

状态检测防火墙通过跟踪连接状态,动态允许外出数据包的响应信息进入防火墙保护的网络。例如,状态检测防火墙可以记录一个出去的 Ping(ICMP Echo Request),在接下来确定的时间段内,允许目标主机响应的 ICMP Echo Reply 直接发送给前面发出 Ping 命令的 IP,除此之外的其他 ICMP Echo Reply 消息都会被防火墙阻止。与此形成对比的是,包过滤类型的防火墙允许所有的 ICMP Echo Reply 消息进入防火墙保护的网络。许多路由器和基于 Linux 内核 2.2 或以前版本的防火墙系统都属于包过滤型,用户应该避免选择这些系统。

新的攻击不断出现,防火墙仅能防止已知攻击。这是远远不够的。通过细致分析所有数据包,删除非法数据包,防火墙可以防止已知和未知的 DoS 攻击。这就要求防火墙能够进行数据包一致性检查。安全策略需要针对 ICMP 进行细致的控制。因此,防火墙应该允许对 ICMP 类型、代码和包大小进行过滤,并且能够控制连接时间和 ICMP 包的生成速率。

4. ICMP 应用举例:Ping 命令的使用

Ping 命令经常用来测试两台主机之间的连通性,它使用 ICMP 回送请求与回送回答报文。它没有通过运输层的 TCP 或 UDP,是应用层直接使用网络层 ICMP 的例子。

【例 4-10】 测试本主机与 www.baidu.com 之间的网络是否连通,如图 4-21 所示。

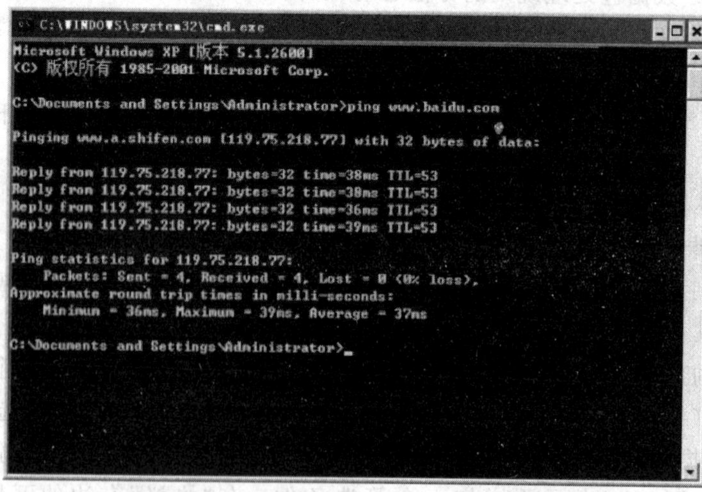

图 4-21 测试两台主机间的连通性

另外，A 类 IP 地址 127.0.0.1 是回送地址，它是一个保留地址。回送地址用于网络软件测试和本地进程之间的通信。“Ping”应用程序可以发送一个将回送地址作为目的地址的分组，以测试本机 IP 软件能否接收或发送一个分组。一个客户进程可以用回送地址发送一个分组给本机的另一个进程，以测试本地进程之间的连通性。

习题

一、单项选择题

1. 对于网段地址为 154.27.0.0 的网络，若不做子网划分，能支持(　　)台主机。

A. 254　　B. 1024　　C. 65536　　D. 65534

2. 某公司申请到一个 C 类 IP 地址，但要连接 9 个子公司，最大的一个子公司有 12 台计算机。每个子公司在一个网段中，则子网掩码应设为(　　)。

A. 255.254.255.240　　B. 255.255.255.192

C. 255.255.255.128　　D. 255.255.255.240

3. 下列(　　)是合法的 IP 主机地址。

A. 127.2.3.5　　B. 1.255.15.255/22

C. 255.23.200.9　　D. 192.240.150.255/23

4. C 类地址的最大可能子网位数是(　　)。

A. 6　　B. 8　　C. 12　　D. 14

5. 与 10.110.12.29 掩码 255.255.255.224 属于同一网段的主机 IP 地址的是(　　)。

A. 10.110.12.0　　B. 10.110.12.32

C. 10.110.12.31　　D. 10.110.12.30

6. 对于一个子网网段地址为 2.0.0.0，掩码为 255.255.224.0 的网络，其有效子网网段地址是(　　)。

A. 2.1.16.0　　B. 2.2.160.0

C. 2.3.48.0　　D. 2.4.172.0

7. 对于一个子网网段地址为 5.96.0.0，掩码为 255.224.0.0 网络，它允许的最大主机地址是(　　)。

A. 5.127.255.254　　B. 5.128.255.254

C. 5.126.255.254　　D. 5.129.255.255

8. 在一个子网掩码为 255.255.248.0 的网络中，(　　)是合法的网络地址。

A. 150.150.42.0　　B. 150.150.15.0

C. 150.150.7.0　　D. 150.150.96.0

9. 如果 C 类子网的掩码为 255.255.255.224，则包含的子网位数、子网数目、每个子网中的主机数目是(　　)。

A. 2,2,62　　B. 3,8,30　　C. 3,14,30　　D. 5,8,6

10. IP 地址为 172.168.120.1/20，则子网 ID、子网掩码、子网个数分别为(　　)。

A. 172.168.112.0、255.255.240.0 、16

B. 172.168.108.0、255.255.240.0、16

C. 172.168.96.0、255.240.0.0、256

D. 172.168.96.0、255.240.0.0、16

11. IP 地址为 126.68.24.0，子网掩码为 255.192.0.0，该网段的广播地址为(   )。

A. 126.68.24.255　　B. 126.64.255.255

C. 126.127.255.255　　D. 126.255.255.255

12. 可以分配给主机的 IP 地址是(   )。

A. 131.107.256.80/17　　B. 231.222.0.11/27

C. 198.121.252.0/23　　D. 126.3.255.255/15

E. 172.168.126.255/22

13. 已知 IP 地址为 202.196.200.173，掩码为 255.255.255.192，其子网网络 ID 以及该 IP 所在子网的广播地址是(   )。

A. 202.196.200.172、202.196.200.255

B. 202.196.200.128、202.196.200.191

C. 202.196.200.0、202.196.200.255

D. 202.196.200.160、202.196.200.192

14. 一个 B 类 IP 地址最多可用(   )位来划分子网。

A. 8　　B. 14　　C. 16　　D. 22

15. 给定 IP 地址 167.77.88.99 和掩码 255.255.255.240，它的子网号是(   )，广播地址是(   )。

A. 167.77.88.96,167.77.88.111　　B. 167.77.88.64,167.77.88.111

C. 167.77.88.92,167.77.88.192　　D. 167.77.88.96,167.77.88.255

16. 使用 CIDR 技术把 4 个网络 100.100.0.0/18、100.100.64.0/18、100.100.128.0/18 和 100.100.192.0/18 汇聚成一个超网，得到的地址是(   )。

A. 100.100.0.0/16　　B. 100.100.0.0/18

C. 100.100.128.0/18　　D. 100.100.64.0/18

17. 使用 CIDR 技术把 4 个 C 类网络 192.24.12.0/24、192.24.13.0/24、192.24.14.0/24 和 192.24.15.0/24 汇聚成一个超网，得到的地址是(   )。

A. 192.24.8.0/22　　B. 192.24.12.0/22

C. 192.24.8.0/21　　D. 192.24.12.0/21

18. 使用 CIDR 技术把 4 个 C 类网络 220.117.12.0/24、220.117.13.0/24、220.117.14.0/24 和 220.117.15.0/24 汇聚成一个超网，得到的地址是(   )。

A. 220.117.8.0/22　　B. 220.117.12.0/22

C. 220.117.8.0/21　　D. 220.117.12.0/21

19. IPv6 地址 12AB:0000:0000:CD30:0000:0000:0000:0000/60 可以表示成各种简写形式。下面的选项中，写法正确的是(   )。

A. 12AB:0:0:CD30::/60　　B. 12AB:0:0:CD3 /60

C. 12AB::CD30 /60　　D. 12AB::CD3 /60

20. IPv6 地址以十六进制数表示，每 4 个十六进制数为一组，组之间用冒号分隔。IPv6 地址 ADBF:0000:FEEA:0000:0000:00EA:00AC:DEED 的简化写法是(   )。

A. ADBF:0:FEEA:00:EA:AC:DEED

B. ADBF:0:FEEA::EA:AC:DEED

C. ADBF:0:FEEA:EA:AC:DEED

D. ADBF::FEEA::EA:AC:DEED

21. 在 IPv6 的单播地址中有两种特殊地址，其中地址 0:0:0:0:0:0:0:0 表示(　　)，地址 0:0:0:0:0:0:0:1 表示(　　)。

A. 不确定地址，不能分配给任何节点

B. 回环地址，节点用这种地址向自身发送 IPv6 分组

C. 不确定地址，可以分配给任何地址

D. 回环地址，用于测试远程节点的连通性

22. 为了确定一个网络是否可以连通，主机应该发送 ICMP(　　)报文。

A. 回声请求　　B. 路由重定向

C. 时间戳请求　　D. 地址掩码请求

23. 在域名系统中，根域下面是顶级域(TLD)。在下面的选项中，(　　)属于全世界通用的顶级域。

A. org　　B. cn　　C. microsoft　　D. mil

二、简答题

1. 请说出静态路由、默认路由和动态路由协议的区别。

2. 说明中继器、网桥、交换机、路由器和网络运行的层次。

3. 简述 2 层交换机和 3 层交换机的区别。

4. IP 地址分为几类？主要特点分别是什么？

5. MAC 地址与 IP 地址有什么区别？为什么要使用这两种不同的地址？

三、应用题

1. IP 地址是 130.151.31.58，子网掩码是 255.248.0.0，请计算网络地址、广播地址、子网的主机可用地址范围。

2. 有以下 4 个子网掩码，哪些是不推荐使用的？为什么？

(1) 176.0.0.0　　(2) 96.0.0.0

(3) 127.192.0.0　　(4) 255.128.0.0

3. 某单位分布在 6 个不同的地点，现分配到一个 B 类 IP 地址 128.252.0.0。按照等分 IP 地址的方案，给每个地点分配 1 个子网号码，求出每个地点主机 IP 地址的范围。

4. 某学校分配了一个 C 类地址 202.96.20.0，需要分成 6 个子网，其中信息学院、软件学院各需要 50 个地址，管理学院、艺术学院、工学院、文学院各需要 20 个 IP 地址，应该如何分配？请给出各部门子网网络号、子网掩码和主机地址范围。

5. 有以下 4 个地址块，请进行最大可能的地址聚合。

(1) 215.68.132.0/24　　(2) 215.68.133.0/24

(3) 215.68.134.0/24　　(4) 215.68.135.0/24

第 5 章 传输层

本章讨论 TCP/IP 体系中最重要的 3 种协议：UDP 和 TCP 和 SCTP。TCP 比 UDP 复杂得多，必须弄清 TCP 的各种机制（如面向连接的可靠服务、流量控制、差错控制、拥塞控制等）；SCTP 也是一个传输层协议，兼有 TCP 及 UDP 的特点，是 TCP 的改进协议。

5.1 传输层概述

传输层（transport layer）是 OSI 中最重要，最关键的一层，是唯一负责总体的数据传输和数据控制的一层，传输层提供端到端的交换数据的机制，传输层对会话层等高三层提供可靠的传输服务，对网络层提供可靠的目的地站点信息。如图 5-1 所示。与网络层相比，网络层为主机之间提供点对点逻辑通信，传输层为应用进程之间提供端到端的逻辑通信，如图 5-2 所示。

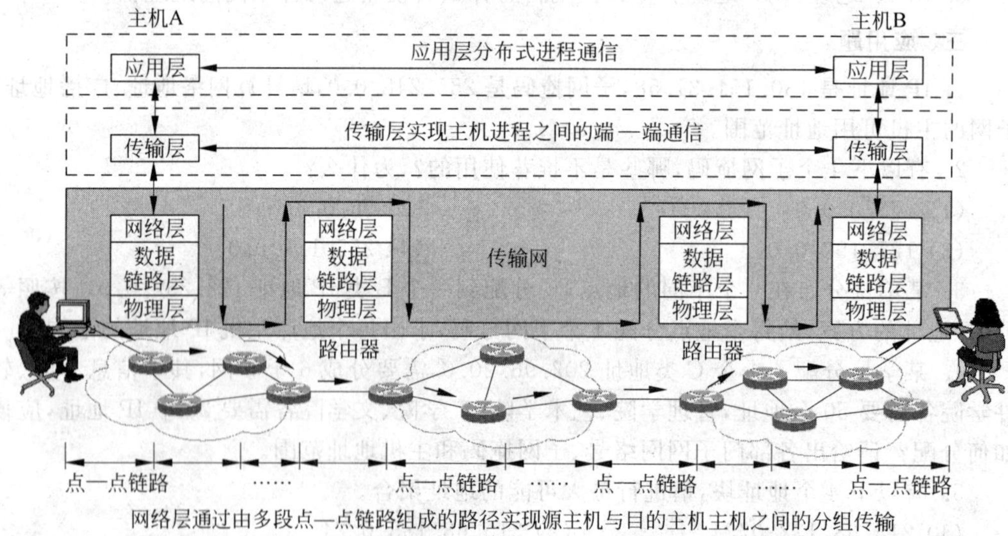

网络层通过由多段点—点链路组成的路径实现源主机与目的主机主机之间的分组传输

图 5-1 传输层与其上、下层的关系

传输层的 TCP 和 UDP 可以接收来自多个应用程序的数据流，用端口号标识，然后送给网络层处理；同时，TCP 和 UDP 接收来自网络层的数据包，用端口号区分，然后交给

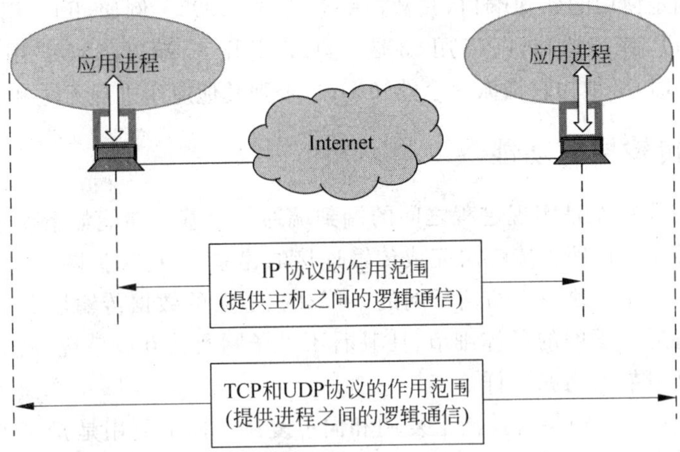

图 5-2 传输层协议和网络层协议的主要区别

不同的应用程序，如图 5-3 所示。

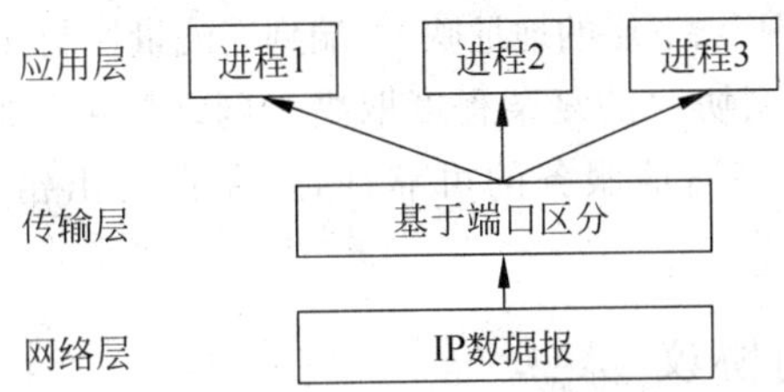

图 5-3 基于端口来区分数据流

UDP 和 TCP 都使用应用层接口处的端口与上层应用进程通信。端口在通信中的作用如图 5-4 所示。

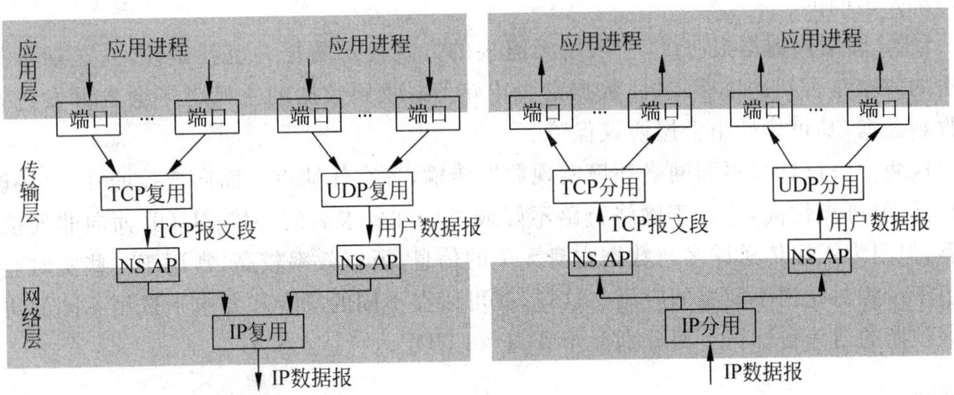

图 5-4 端口在进程之间通信中的作用

若没有端口，传输层无法知道数据应当交付给应用层的哪一个进程。端口用来标识应用层的进程。

端口分为两类。一类是由因特网指派名字和号码公司(ICANN)，负责分配给一些常用的应用层程序固定使用的熟知端口，其数值一般为 0～1023。例如，FTP 用 21 端口，Telnet 用 23 端口，SMTP 用 25 端口，DNS 用 53 端口，HTTP 用 80 端口，SNMP 用 161 端口。当新的应用程序出现时，必须为它指派一个熟知端口，否则其他应用进程无法和它交互。

5.1.1 传输层的功能

传输层的主要功能是实现进程之间的端到端通信。基本功能如下所述。

(1) 传输层连接管理。传输层完成传输连接的建立、维持和拆除。

(2) 向会话层提供独立于通信子网的、可靠的、透明的数据传输服务。传输层向高层用户屏蔽下面各通信子网的具体细节，使其看不见子网及其互联情况，就好像在两个传输实体之间有一条可靠的通路一样。

(3) 多路复用。传输层支持向上复用和向下复用。向上复用是指一个传输层协议可同时支持多条进程连接，即将多条进程连接绑定在一条网络连接(虚电路)上；向下复用是指一个传输层使用多条网络连接。在网络速度很慢时，可在网络层使用多条虚电路来提高传输效率。

(4) 寻址。传输层实现上、下层的地址映射、端到端流量控制，以及差错控制与恢复等。

(5) 差错控制。传输层协议的复杂程度取决于网络提供的服务。

传输层要向会话层提供通信服务的可靠性，避免报文出错、丢失、延迟时间紊乱、重复、乱序等差错。

5.1.2 传输层的协议

传输层的协议主要有两个：TCP 协议和 UDP 协议。

TCP 即传输控制协议，是一个可靠的、面向连接的协议。它允许网络中两台主机之间无差错地传输信息。TCP 协议还支持流量控制，避免发送过快而发生拥塞。这一切对用户都是透明的。

UDP 即用户数据报协议，它采用无连接的方式传送数据。也就是说，发送端不关心发送的数据是否到达目标主机，数据是否出错等；收到数据的主机也不会告诉发送方是否收到数据，其可靠性由上层协议保障。

这两个协议针对不同网络环境实现数据传输，各有优缺点。面向连接的 TCP 协议效率较低，但可靠性高，适合于网络链路不好或可靠性要求高的环境；UDP 面向非连接，不可靠，但因为不用传送许多与数据本身无关的信息，所以效率较高，常用于一些实时业务，也用于一些对差错不敏感的应用。这样，就可以在不同的场合和要求下选用不同的协议，达到预期的通信目标。下面分别介绍 TCP 和 UDP。

5.2 用户数据报协议 UDP

UDP 全称用户数据报协议，在网络中，它与 TCP 协议一样，用于处理数据包，是一种无连接协议。在 OSI 模型中，在第 4 层——传输层，处于 IP 协议的上一层。UDP 有不提供数据包分组、组装和不能对数据包排序的缺点，也就是说，当报文发送之后，无法得知其是否安全、完整到达。UDP 用来支持那些需要在计算机之间传输数据的网络应用,包括网络视频会议系统在内的众多客户机/服务器模式的网络应用都需要使用 UDP 协议。UDP 协议从问世至今被使用了很多年,虽然其最初的光彩已经被一些类似协议掩盖,但即使在今天,它仍然不失为一项非常实用和可行的网络传输层协议。

但是,在使用协议的时候,选择 UDP 必须谨慎。在网络质量令人十分不满意的环境下,采用 UDP 协议,数据包丢失比较严重。但是由于 UDP 的特性:它不属于连接型协议,因而具有资源消耗小、处理速度快的优点,所以通常音频、视频和普通数据在传送时使用 UDP 较多,即使偶尔丢失一两个数据包,也不会对接收结果产生太大影响。比如聊天用的 ICQ 和 QQ,就使用 UDP 协议。

UDP 使用底层的互联网协议来传送报文,同 IP 一样,提供不可靠的无连接数据包传输服务。它不提供报文到达确认、排序及流量控制等功能。

5.2.1 UDP 数据报格式

UDP 报文没有可靠性保证、顺序保证和流量控制字段等,可靠性较差。但是正因为 UDP 协议的控制选项较少,在数据传输过程中延时小,数据传输效率高,适合对可靠性要求不高的应用程序,或者可以保障可靠性的应用程序,如 DNS、TFTP、SNMP 等。UDP 在 IP 报文中的位置如图 5-5 所示。

UDP 报头由 4 个域组成,其中每个域各占用 2 字节。用户数据报协议 UDP 只在 IP 的数据报服务上增加了端口功能和差错检测功能。UDP 只能提供不可靠的交付,其报文格式如图 5-6 所示。

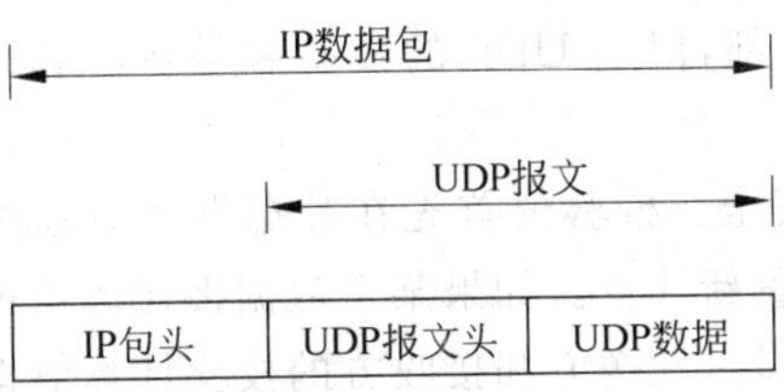

图 5-5 UDP 在 IP 报文中的位置

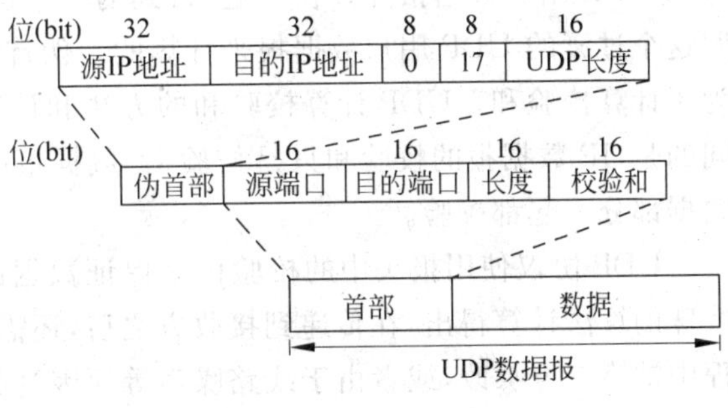

图 5-6 UDP 数据报格式

UDP 报文中有 2 个部分:数据部分和首部。首部很简单,只有 8 字节,由 4 个字段组成,每个字段都是 2 字节。各字段含义如下所述。

(1) 源端口号:在源主机上运行的进程所使用的端口号。如果源主机是客户端(发起请求的一方),则在大多数情况下,这是临时端口号;如果源主机是服务器端(发送响应时),则在大多数情况下,这是熟知端口号。

(2) 目的端口号:在目的主机上运行的进程所使用的端口号。如果目的主机是客户端(发起请求的一方),则在大多数情况下,这是临时端口号,服务器需要将此临时端口号复制下来;如果目的主机是服务器端(发送响应时),则在大多数情况下,这是熟知端口号。

(3) 长度：定义了用户数据报的总长度为首部加上数据，数据部分的长度范围是 0～65507。

数据报的长度是指包括报头和数据部分在内的总字节数。因为报头长度是固定的，所以该域主要被用来计算可变长度的数据部分(又称数据负载)。数据报的最大长度根据操作环境的不同而各异。从理论上说，包含报头在内的数据报的最大长度为 65 535 字节。不过，一些实际应用会限制数据报的大小。由 UDP 数据报格式可知，UDP 数据报没有标识数据分段的字段，因而接收端无从知道所接收的数据报是否发生混序，是否是重复发送的数据报。为了避免这种情况发生，UDP 协议常用于一次性传输数据量较小的网络应用，UDP 实体就不用对数据分段。这种数据传送方式就是前面讨论的报文交换方式。在许多 UDP 应用程序的设计中，其应用程序数据被限制成 512 字节或更小。

UDP 协议使用端口号为不同的应用保留其各自的数据传输通道。UDP 和 TCP 协议正是采用这一机制支持同一时刻内的多项应用同时发送和接收数据。数据发送一方(可以是客户端或服务器端)将 UDP 数据包通过源端口发送出去，数据接收方通过目标端口接收数据。有的网络应用只能使用预先为其预留或注册的静态端口；有些网络应用可以使用未被注册的动态端口。因为 UDP 报头使用 2 个字节存放端口号，所以端口号的有效范围是 0～65535。一般来说，大于 49151 的端口号都代表动态端口。

(4) 校验和，该字段用来检验用户数据报(首部加上数据)出现的差错。UDP 用户数据报首部中校验和的计算方法有些特殊。在计算校验和时，需要在 UDP 用户数据报之前增加 12 字节的伪首部。这个伪首部并不是 UDP 真正的首部，而是在计算校验和时临时和 UDP 用户数据报连接在一起，得到的一个过渡的 UDP 用户数据报。校验和就是按照这个过渡的 UDP 用户数据报来计算的。伪首部既不向下传送，也不向上提交，仅仅是为了计算校验和。UDP 计算校验和的方法和计算 IP 数据报首部校验和的方法相似，不同的是，IP 数据报的校验和只是校验 IP 数据报的首部，但是 UDP 的校验和是将首部和数据部分一起都校验。

UDP 协议使用报头中的校验值来保证数据的安全。校验值首先在数据发送方通过特殊的算法计算得出，在传递到接收方之后，还需要重新计算。如果某个数据报在传输过程中被第三方篡改，或者由于线路噪声等原因受到损坏，发送方和接收方的校验计算值将不会相符。由此，UDP 协议可以检测是否出错。这与 TCP 协议不同，后者要求必须具有校验值。

许多链路层协议都提供错误检查，包括流行的以太网协议，也许你想知道为什么 UDP 也要提供检查和校验。其原因是：链路层以下的协议在源端和终端之间的某些通道可能不提供错误检测。虽然 UDP 提供错误检测，但检测到错误时，UDP 不做错误校正，只是简单地把损坏的消息段扔掉，或者给应用程序提供警告信息。

5.2.2 UDP 协议的特点

(1) UDP 是一个无连接协议，传输数据之前，源端和终端不建立连接。当它想传送时，简单地抓取来自应用程序的数据，并尽可能快地把它扔到网络上。在发送端，UDP 传送数据的速度仅受应用程序生成数据的速度、计算机的能力和传输带宽的限制；在接收端，UDP 把每个消息段放在队列中，应用程序每次从队列中读一个消息段。

(2) 由于传输数据不建立连接，因此不需要维护连接状态，包括收发状态等。因此，一台服务器可同时向多台客户机传输相同的消息。

(3) UDP 信息包的标题很短，只有 8 字节，相对于 TCP 的 20 字节信息包，额外开销很小。

(4) 吞吐量不受拥挤控制算法的调节，只受应用软件生成数据的速率、传输带宽、源端和终端主机性能的限制。

(5) UDP 采用尽最大努力交付，即不保证可靠交付，因此主机不需要维持复杂的链接状态表(其中有许多参数)。

(6) UDP 是面向报文的。发送方的 UDP 对于应用程序发来的报文，在添加首部后，向下交付给 IP 层。既不拆分，也不合并，而是保留这些报文的边界。因此，应用程序需要选择合适的报文大小。

虽然 UDP 是一个不可靠的协议，但它是分发信息的理想协议。例如，在屏幕上报告股票市场、在屏幕上显示航空信息等。UDP 也用在路由信息协议(routing information protocol，RIP)中修改路由表。在这些应用场合，如果有一个消息丢失，几秒之后，新的消息就会替换它。UDP 广泛应用于多媒体领域。例如 Progressive Networks 公司开发的 RealAudio 软件，它在因特网上把预先录制的音乐或者现场音乐实时传送给客户机。该软件使用的 RealAudio audio-on-demand protocol 就是运行在 UDP 之上的协议。大多数因特网电话软件产品也都运行在 UDP 之上。

UDP 和 TCP 协议的主要区别是两者在实现信息可靠传递方面不同。

TCP 协议中包含专门的传递保证机制，当数据接收方收到发送方传来的信息时，自动向发送方发出确认消息；发送方只有在接收到该确认消息之后，才继续传送其他信息，否则将一直等待，直到收到确认信息为止。与 TCP 不同，UDP 协议并不提供数据传送的保证机制。如果在从发送方到接收方的传递过程中出现数据报丢失，协议本身并不能做出任何检测或提示。因此，通常人们把 UDP 协议称为不可靠的传输协议。

相对于 TCP 协议，UDP 协议的另外一个不同之处在于如何接收突发性的多个数据报，UDP 不能确保数据的发送和接收顺序。例如，一个位于客户端的应用程序向服务器发出了以下 4 个数据报：D1、D22、D333、D4444，UDP 有可能按照以下顺序将所接收的数据提交到服务端应用：D333、D1、D4444、D22。

事实上，UDP 协议的这种乱序性很少出现，通常只会在网络非常拥挤的情况下才有可能发生。

5.2.3 UDP 协议的应用

既然 UDP 是一种不可靠的网络协议，那么，还有什么使用价值呢？其实，在有些情况下，UDP 协议可能非常有用。因为 UDP 具有 TCP 望尘莫及的速度优势。虽然 TCP 协议中植入了各种安全保障功能，但是在实际执行的过程中会占用大量的系统开销，使其速度受到严重的影响。反观 UDP，由于排除了信息可靠传递机制，将安全和排序等功能移交给上层应用来完成，极大地降低了执行时间，使速度得到保证。

UDP 与 TCP 位于同一层，但不能够检测数据包的顺序错误并重发。因此，UDP 不被应用于那些使用虚电路的面向连接的服务，而是主要用于面向查询—应答的服务，例如 NFS，相对于 FTP 或 Telnet，这些服务需要交换的信息量较小，以及用于即时通信（如 QQ 聊天，对数据准确性和丢包要求比较低，但速度必须快）、在线视频（RTSP 速度一定要快，保证视频连续，但是偶尔花了一个图像帧，人们还是能接受的）、网络语音电话（VoIP 语音数据包一般比较小，需要高速发送，偶尔断音或串音也没有问题）等。

UDP 协议的最早规范是 RFC 768，于 1980 年发布。尽管时间久远，但是 UDP 协议仍然继续在主流应用中发挥着作用。包括视频电话会议系统在内的许多应用都证明了 UDP 协议的存在价值。因为相对于可靠性来说，这些应用更加注重实际性能，所以为了获得更好的使用效果（例如更高的画面帧刷新速率），可以牺牲一定的可靠性（例如画面质量）。这就是 UDP 和 TCP 两种协议的权衡之处。根据不同的环境和特点，两种传输协议都将在今后的网络世界中发挥更加重要的作用。

在网络安全方面，欺骗 UDP 包比欺骗 TCP 包更容易，因为 UDP 没有建立初始化连接（也称为三次握手，因为在两个系统间没有虚电路），也就是说，与 UDP 相关的服务面临更大的危险。

总的来说，UDP 协议的应用如表 5-1 所示。

表 5-1 UDP 协议的应用

应　用	应用层协议	运输层协议
名字转换	DNS	UDP
文件传送	TFTP	UDP
路由选择协议	RIP	UDP
IP 地址配置	BOOTP，DHCP	UDP
网络管理	SNMP	UDP
远程文件服务器	NFS	UDP
IP 电话	专用协议	UDP
流式多媒体通信	专用协议	UDP
多播	IGMP	UDP

5.3 TCP 协议

5.3.1 TCP 协议概述

传输控制协议（transmission control protocol，TCP）最早由斯坦福大学的两名研究人员于 1973 年提出。1983 年，TCP/IP 被 UNIX 4.2 BSD 系统采用。随着 UNIX 的发展，TCP/IP 逐步成为 UNIX 机器的标准网络协议。Internet 的前身 ARPANET 最初使用 NCP(network control protocol)协议。由于 TCP/IP 协议具有跨平台特性，ARPANET 的实验人员在对 TCP/IP 改进以后，规定联入 ARPANET 的计算机都必须采用 TCP/IP 协议。随着 ARPANET 逐渐发展成为 Internet，TCP/IP 协议成为 Internet 的标准连接协议。

TCP是一种面向连接的、可靠的、基于字节流的传输层通信协议，由IETF的RFC 793定义。在简化的计算机网络OSI模型中，它完成第4层——传输层指定的功能。用户数据报协议（UDP）是同一层内另一个重要的传输协议。在因特网协议族（Internet protocol suite）中，TCP层是位于IP层之上、应用层之下的中间层，如图5-7所示。不同主机的应用层之间经常需要可靠的、像管道一样的连接，但是IP层不提供这样的流机制，而是提供不可靠的分组交换。

应用层向TCP层发送用于网间传输的，用8位字节表示的数据流；然后，TCP把数据流分区成适当长度的报文段（通常受该计算机连接的网络的数据链路层的最大传输单元的限制）。之后，TCP把结果包传给IP层，由它来通过网络将包传送给接收端实体的TCP层。TCP为了保证不发生丢包，给每个包一个序号；同时，序号保证了传送到接收端实体的包按序接收。接收端实体对成功收到的包发回一个相应的确认（ACK）。如果发送端实体在合理的往返时延内未收到确认，对应的数据包就被假设为已丢失，将被重传。TCP用校验和函数来检验数据是否有错误，在发送和接收时都要计算校验和。

应用层
传输层(UDP协议，TCP协议)
网际层(IP协议)
数据链路层
物理层

图5-7 TCP/IP 5层参考模型

5.3.2 TCP服务

TCP提供的是一种可靠的面向连接的传送服务。对于计算机网络应用，经常需要通过网络在两台计算机的应用程序间传输大量数据。许多网络应用程序正确工作的前提是数据可靠传输。但是，现实世界中的网络通信往往不能够提供完全可靠的、无差错的数据传输。TCP协议软件的设计目标，就是要在传输层将IP协议服务在互联网层提供的点到点的、无连接的和不可靠的数据包传输服务，变为TCP协议软件间端到端的、面向连接的及可靠的数据分组传输服务。

1. TCP提供可靠性的服务

TCP通过下列方式来提供可靠性。

(1) 应用数据被分割成TCP认为最适合发送的数据块。这和UDP完全不同，应用程序产生的数据长度将保持不变。由TCP传递给IP的信息单位称为报文段或段（segment）。

(2) 当TCP发出一个段后，它启动一个定时器，等待目的端确认收到该报文段。如果不能及时收到确认，将重发该报文段。当TCP收到发自TCP连接另一端的数据时，它将发送一个确认。TCP有延迟确认的功能。若此功能没有打开，则立即确认；功能打开，由定时器触发确认时间点。

(3) TCP将保持其首部和数据的校验和。这是一个端到端的校验和，目的是检测数据在传输过程中的变化。如果收到段的校验和有差错，TCP将丢弃该报文段，不确认收到该报文段（希望发送端超时并重发）。

(4) 既然TCP报文段作为IP数据报来传输，而IP数据报的到达可能会失序，因此

TCP 报文段的到达也可能失序。如果必要，TCP 将对收到的数据重新排序，将收到的数据以正确的顺序交给应用层。

(5) 既然 IP 数据报会发生重复，TCP 的接收端必须丢弃重复的数据。

(6) TCP 还能提供流量控制。TCP 连接的每一方都有固定大小的缓冲空间。TCP 的接收端只允许另一端发送接收端缓冲区所能接纳的数据。这将防止较快主机致使较慢主机的缓冲区溢出。

两个应用程序通过 TCP 连接交换 8bit 字节构成的字节流。TCP 不在字节流中插入记录标识符，称之为字节流服务(byte stream service)。如果一方的应用程序先传 10 字节，又传 20 字节，再传 50 字节，连接的另一方将无法了解发送方每次发送了多少字节。只要自己的接收缓存没有塞满，TCP 接收方将有多少就收多少。一端将字节流放到 TCP 连接上，同样的字节流将出现在 TCP 连接的另一端。

另外，TCP 对字节流的内容不做任何解释。TCP 不知道传输的数据字节流是二进制数据，还是 ASCII 字符、EBCDIC 字符，或者其他类型的数据。字节流由 TCP 连接双方的应用层解释。

这种对字节流的处理方式与 UNIX 操作系统对文件的处理方式相似。UNIX 的内核对一个应用读或写的内容不做任何解释，而是交给应用程序处理。对 UNIX 内核来说，它无法区分一个二进制文件与一个文本文件。

2. TCP 提供面向连接服务

面向连接的服务(connection-oriented service)是指通信双方在通信时，事先建立一条通信线路，分为建立连接(通过三次握手的方式建立，建立连接时需要分配相应的资源，如缓冲区，以保证通信正常进行)、使用连接和释放连接 3 个过程。图 5-8 所示为建立连接的三次握手，它可以保证数据以相同的顺序到达。面向连接的服务在端系统之间建立通过网络的虚链路。TCP 协议就是一种面向连接服务的协议，电话系统是面向连接的模式。

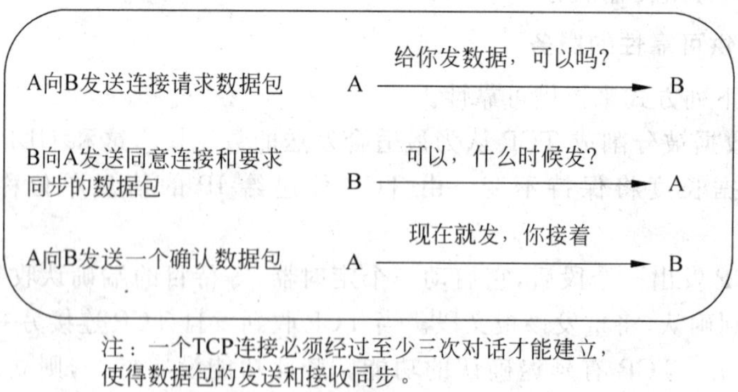

图 5-8　TCP 连接的三次对话

面向连接服务和电话系统的工作模式类似，其特点是：数据传输前必须经过建立连接、维护连接和释放连接 3 个过程；在数据传输过程中，各分组不需要携带目的节点的地址。面向连接服务的传输连接类似于一条通信管道，发送者在一端放入数据，接收者从另一端取出数据。面向连接数据传输的收、发数据顺序不变,因此传输的可靠性好,但需通信开始前的链接开销,协议复杂,通信效率不高。

3. TCP 服务特点

TCP 向应用程序提供的可靠传输服务具备下述特点。

(1) 面向数据流服务。TCP 可以从应用程序接收任意长度的数据。两个应用程序相互传输大量数据时,可以将所传的二进制数据流作为连续的字节流信息看待。接收端应用程序收到的字节流顺序同发送端送出的字节流顺序一样。

(2) 虚电路连接。数据流在传输前,收、发端应用程序首先通知各自计算机的 TCP 协议软件,系统需要进行数据传输。双方负责应用程序数据传输的 TCP 协议软件先交换信息,建立连接,然后开始传输数据。在数据的传输过程中,双方的 TCP 协议软件继续通信,确保数据正确到达。

(3) 有缓冲的数据传输。在数据传输过程中,发送端应用程序不断地向 TCP 协议软件传输数据字节流。在向 TCP 协议软件传输数据字节流时,应用程序按照自己认为合适的大小对数据流分段。为了提高数据传输效率,减小网络通信量,TCP 协议软件通常将应用程序传来的数据重新组成长度合适的数据分组,而不考虑应用程序原来的数据流分段。TCP 通常把它们组装成不超过 64KB 的段(segment)。

(4) 无结构的数据流。TCP 协议软件将数据流组装到数据分组传输时,不考虑流中数据的结构划分,仅仅按照应用程序提供的流顺序传输,并且保证接收端的流顺序不变。数据流的结构由应用程序自己管理。

(5) 全双工连接。TCP 协议软件支持全双工数据通信,可以同时进行两个独立的、方向相反的数据流传输。流的控制信息可以放在相反方向的数据分组中发回到源节点计算机。这种捎带(piggybacking)方式可以减少网络流量。

5.3.3 TCP 协议特点

TCP 协议是开放式的,可免费使用,且与具体的计算机硬件或操作系统无关。由于它受到广泛支持,即使不通过 Internet,利用 TCP/IP 来统一不同的硬件和软件也是很理想的。

由于与物理网络硬件无关,就允许 TCP/IP 可以将很多不同类型的网络集成在一起。它适用于以太网、令牌环网、拨号线、X. 25 网络以及任何其他类型的物理传输介质。

由于是通用的寻址方案,所以允许任何 TCP/IP 设备唯一地寻址整个网络中的任何其他设备。该网络甚至可以像全球 Internet 那样大。

1. TCP 协议的特点

TCP 协议是一种标准化的高级协议,是 TCP/IP 协议族中非常复杂的一个协议,可广泛而持续地提供多种用户服务。它的主要特点如下。

(1) 面向连接的运输层协议。在使用 TCP 协议之前,首先需要建立 TCP 连接。传送数据完毕,必须释放已经建立的 TCP 连接。

(2) 一条 TCP 连接有两个端点,连接是点对点的。

(3) 提供可靠交付的服务。通过 TCP 连接传送的数据，不会出现差错，不会丢失，并且按序到达。

(4) 提供全双工通信。TCP 允许通信双方的应用程序进程在任何时候都能发送数据。TCP 连接的两端都设有缓存，分为发送缓存和接收缓存，用来临时存放双向通信的数据。发送时，应用程序把数据传给 TCP 的缓存后，就可以做自己的事情了。TCP 会在合适的时候把数据发送出去。接收时，TCP 把接收到的数据放入缓存，供上层应用程序读取。

(5) 面向字节流。虽然应用程序和 TCP 的交互是一次一个数据块，但 TCP 把应用程序交下来的数据看成一串无结构的字节流。TCP 对应用进程一次把多长的报文发送到 TCP 缓存中是不关心的。TCP 根据对方给出的窗口值和当前网络的拥塞程度决定一个报文段包含多少字节。如果应用程序传到 TCP 缓存的数据块太长，TCP 会把它划分短些再传送。如果应用程序发来的数据太少，TCP 将等待积累足够多的字节后，再构成报文段发送出去。

2. TCP 报文段

TCP 是面向字节流的，但是 TCP 传送的数据是报文段。一个 TCP 报文段分为首部和数据两部分。只有真正弄清 TCP 的首部各字段的作用，才能掌握 TCP 的原理。

一个 TCP 报文段分为首部和数据两部分。其中，首部的前 20 字节是固定的，后面有 $4N$ 字节是根据需要而增加的选项（N 必须是整数）。因此，TCP 首部的最小长度是 20 字节，如图 5-9 所示。首部固定部分各字段的含义如下所述。

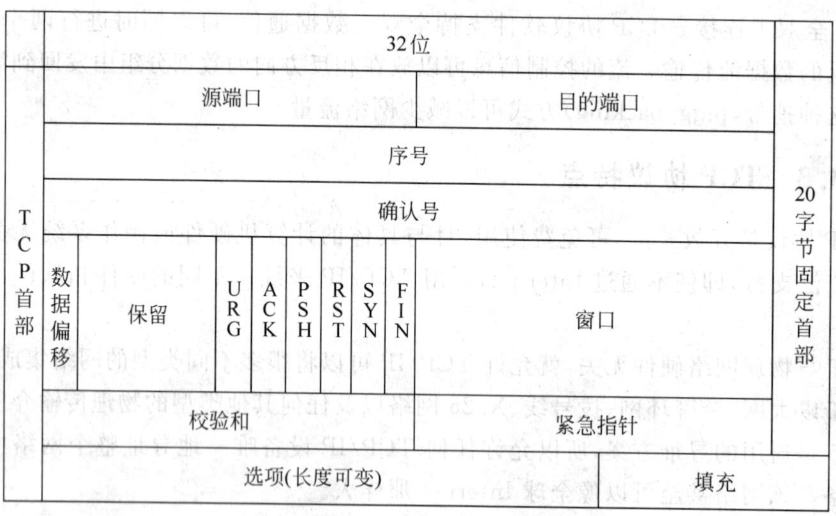

图 5-9 TCP 报文段的首部

(1) 源端口和目的端口：源端口和目的端口各占 2 字节，分别写入源端口号和目的端口号。

(2) 序号：TCP 协议是面向字节的。TCP 将所要传送的整个报文（可能包括许多个报文段）看成是一个个字节组成的数据流，并使每一个字节对应一个序号。序号用来标识从 TCP 发送端向 TCP 接收端发送的数据字节流，表示在该报文段中的第一个数据字节。如果将字节流看作两个应用程序间的单向流动，则 TCP 用序号对每个字节计数。序号是 32bit 的无符号数，序号到达 $2^{32}-1$ 后，又从 0 开始。

(3) 确认序号：确认序号包含发送确认的一端期望收到的下一个序号。因此，确认序号应当是上次已成功收到数据字节序号加 1。只有 ACK 标志(下面将介绍)为 1 时，确认序号字段才有效。

TCP 的确认是对接收到的数据的最高序号(即收到的数据流中的最后一个序号)表示确认，但接收端返回的确认序号是已收到的数据的最高序号加 1。也就是说，确认序号表示接收端期望下次收到的数据中的第一个数据字节的序号。

(4) 数据偏移：首部长度给出首部中 32b 字的数目。需要这个值，是因为任选字段的长度是可变的。

例如，首部长度 4 位比特是 0011，表示该 TCP 首部长度为 3×8=24(字节)。

(5) 保留：占 6 位，保留为今后使用，目前置为“0”。

(6) 紧急比特 URG(URGent)：当 URG=1 时，表明紧急指针字段有效。这时，发送方 TCP 把紧急数据插到本报文段数据的最前面，在紧急数据后面的仍是普通数据。

(7) 确认比特 ACK：当 ACK=1 时，确认字段有效；当 ACK=0 时，确认号无效。TCP 规定，在连接建立后，所有传送的报文段都必须把 ACK 置“1”。

(8) 推送比特 PSH(PuSH)：接收方 TCP 收到 PSH=1 的报文段，将尽快交付给接收应用进程，而不再等到整个缓存都填满后再向上交付。

(9) 复位比特 RST(ReSeT)：当 RST=1 时，表明 TCP 连接中出现严重差错，必须释放连接，然后重新建立运输连接。

(10) 同步比特 SYN：在连接建立时用来同步序号。当 SYN=1 而 ACK=0 时，表明这是一个连接请求报文段。对方若同意建立连接，应在响应的报文段中使 SYN=1 和 ACK=1。故 SYN 置为“1”，表示这是一个连接请求和连接接收报文。

(11) 终止比特 FIN(FINal)：用来释放连接。当 FIN=1 时，表明此报文段发送方的数据发送完毕，并要求释放运输连接。

(12) 窗口：TCP 的流量控制由连接的每一端通过声明的窗口大小来提供。窗口大小为字节数，起始于确认序号字段指明的值。这个值是接收端正期望接收的字节。窗口大小是一个 16b 字段，因而窗口最大为 65535 字节。

(13) 校验和：占 2 字节。校验和字段检验的范围包括首部和数据这两部分。和 UDP 数据报一样，在计算校验和时，也要在 TCP 报文段的前面加上 12 字节的伪首部。伪首部的格式与 UDP 用户数据报的伪首部一样，但要将伪首部第 4 个字段中的 17 改为 6(协议号)，把第 5 字段中的 UDP 长度改为 TCP 长度。

(14) 紧急指针：占 2 字节。紧急指针仅在 URG=1 时才有意义，它指出本报文段中紧急数据的字节数。

(15) 选项：长度可变，TCP 规定了一种选项，即最长报文段 MSS，用于告诉对方 TCP，本地缓冲区所能接收报文段的最大长度。

① MSS 是选项的一种，称为最大报文段长度，是每个 TCP 报文段中数据字段的最大

长度。它加上 TCP 首部，才是整个 TCP 报文段；再加上 20 字节的 IP 首部，才能组装成一个 IP 数据报。当 MSS 非常小时，网络的利用率低。如果发送只含 1 字节的数据，在 IP 层传输至少需要 40 字节开销(IP 头 20 字节，TCP 头至少 20 字节)。到链路层还需要开销。如果 MSS 非常大，在 IP 层传输时可能要分片；到终点后，再将各个分片组装成原来的 TCP 报文段，使开销增大。因此，MSS 可以尽量大，只要在 IP 层传输时不分片就行。MSS 的默认长度是 536。

② 窗口扩大选项是为了扩大窗口。窗口字段长度是 16 位，因此最大的窗口大小是 64 字节。窗口扩大选项占 3 字节，每一个字节表示移位值。新的窗口值等于原来的 16＋窗口扩大选项的值，相当于把窗口值向左移动移位值位。

③ 时间戳选项占 10 字节，最主要的两个地段是时间戳值和时间戳回送回答字段。

时间戳选项具有以下两个功能。

a. 计算往返时间。

b. 用于处理 TCP 序号超过 2^{32} 的情况，又称为防止序号绕回。在报文段中加入时间戳，可以区分新的报文段和迟到很久的报文段。

(16) 填充：不定长，填充的内容必须为“0”。它是为了保证包头的结合和数据的开始处偏移量能够被 32 整除。

TCP 和 UDP 各有应用场合。UDP 适用于不需要 TCP 可靠机制的情形，比如当高层协议或应用程序提供错误和流量控制功能的时候。UDP 是传输层协议，服务于很多知名应用层协议，包括网络文件系统(NFS)、简单网络管理协议(SNMP)、域名系统(DNS)以及简单文件传输系统(TFTP)。TCP 是一种面向连接的、可靠的、基于字节流的传输层通信协议，通常由 IETF RFC 793 说明。在简化的计算机网络 OSI 模型中，它完成传输层指定的功能。一些要求较高的服务一般使用该协议，如 FTP、Telnet、SMTP、HTTP、POP3 等。

5.3.4 TCP 连接

TCP 是面向连接的协议，分为以下三个阶段。

1. 连接建立

在 TCP 连接建立的过程中需要解决以下 3 个问题。

(1) 要使每一方能够通知对方的存在。

(2) 允许双方协商一些参数，如窗口最大值、是否使用窗口扩大选项和时间戳选项。

(3) 能够分配传输实体资源，如缓存。

TCP 通过三次握手来解决这几个问题。

在 TCP 会话初期，有所谓的“三握手”，即对每次发送的数据量怎样跟踪进行协商，使数据段的发送和接收同步，根据接收到的数据量确定数据发送、接收完毕后何时撤销联系，并建立虚连接。为了提供可靠的传送，TCP 在发送新数据之前，要以特定的顺序给数据包建立序号，并且需要这些包传送给目标机之后的确认消息。TCP 总是用来发送大批量数据。当应用程序在收到数据后需要确认时，也要用到 TCP。由于 TCP 要求时刻跟踪，所以需要额外开销，使得 TCP 的格式有些复杂。

TCP 握手协议在 TCP/IP 协议中。TCP 协议提供可靠的连接服务，采用三次握手建立一个连接，如图 5-10 所示。

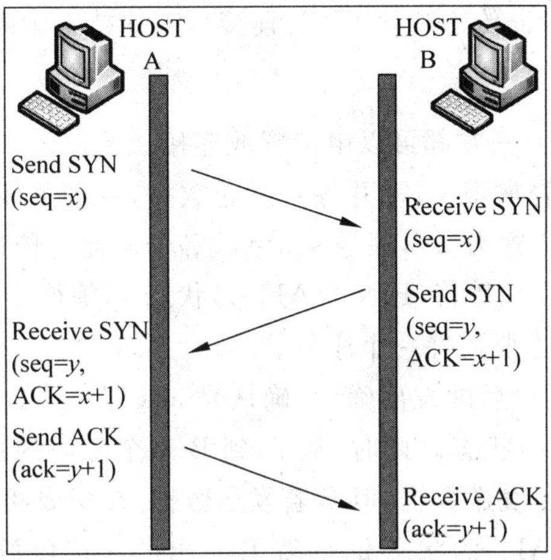

图 5-10　三次握手

第一次握手：建立连接时，客户端发送 syn 包（syn＝j）到服务器，并进入 SYN_SEND 状态，等待服务器确认。

第二次握手：服务器收到 syn 包，必须确认客户的 SYN（ack＝j＋1），同时自己发送一个 SYN 包（syn＝k），即 SYN＋ACK 包。此时服务器进入 SYN_RECV 状态。

第三次握手：客户端收到服务器的 SYN＋ACK 包，向服务器发送确认包 ACK（ack＝k＋1）。此包发送完毕，客户端和服务器进入 ESTABLISHED 状态，完成三次握手。然后，客户端与服务器开始传送数据。

在上述过程中，还有一些重要的概念简述如下。

① 未连接队列：在三次握手协议中，服务器维护一个未连接队列。该队列为每个客户端的 SYN 包（syn＝j）开设一个条目，该条目表明服务器已收到 SYN 包，并向客户发出确认，正在等待客户的确认包。这些条目所标识的连接在服务器处于 Syn_RECV 状态，当服务器收到客户的确认包时，删除该条目，服务器进入 ESTABLISHED 状态。

② Backlog 参数：表示未连接队列的最大容纳数目。

③ SYN-ACK：重传次数。服务器发送完 SYN-ACK 包，如果未收到客户确认包，服务器首次重传；等待一段时间，仍未收到客户确认包，第二次重传。如果重传次数超过系统规定的最大次数，系统将该连接信息从半连接队列中删除。注意，每次重传等待的时间不一定相同。

④ 半连接存活时间：是指半连接队列的条目存活的最长时间，即服务从收到 SYN 包到确认该报文无效的最长时间。该时间值是所有重传请求包的最长等待时间总和。有时也称半连接存活时间为 Timeout 时间、SYN_RECV 存活时间。

数据传输完毕，连接被释放。如果此时客户端第一次发送的报文段在网络中滞留一段时间后到达服务器，服务器收到这个失效的请求，误以为是客户端发出的新的连接请求，于是向客户端发送同一个连接请求。由于客户端没有发出连接请求，当然会将此报文丢弃，而服务器一直等待客户端的回复。

2. 数据传送

此阶段是通信双方数据传输阶段，TCP 连接只需保持不中断即可。

3. 连接释放

数据传输结束后，任何一方都可以申请释放连接。

若 A 向 B 发送连接释放报文段，并停止发送数据，主动关闭 TCP 连接，此时 A 的连接释放报文段首部 FIN 应置为“1”，序号 seq=x，等于前面已传送过的数据的最后一个序号加 1。这时，A 进入终止—等待(FIN-WAIT-1)状态 1，等待 B 的确认。TCP 规定，FIN 报文段即使不携带数据，也要消耗一个序号。

B 收到连接释放报文段后即发出确认，确认号 ack 是 $x+1$，seq=y。然后，B 进入关闭—等待(CLOSE_WAIT)状态。此时，从 A 到 B 这个方向的连接已经释放，TCP 处于半关闭状态。即 A 不会再发送数据，但 B 若发送数据，A 仍要接收。A 收到 B 的确认后，进入终止—等待(FIN-WAIT-2)状态 2，等待 B 发出的连接释放报文段。若 B 没有数据要发送给 A，它发出连接释放报文段，将 FIN 置为“1”，ACK=1，seq=w，ack=$u+1$。此时，B 处于最后确认状态，等待 A 的确认。A 在收到 B 的连接释放报文段后，必须对此确认，将 ACK 置为“1”，确认号 ack=$w+1$，seq=$u+1$，然后进入时间—等待(TIME-WAIT)状态。此时，TCP 连接还没有被释放，必须经过时间计时器设置的 2MSL 后，A 才进入关闭状态。MSL 即 Maximum Segment Lifetime，指最长报文段寿命。

之所以要设置最长报文段寿命，有以下两个原因。

(1) 保证 A 发送的最后一个 ACK 报文能够到达 B。因为它有可能丢失，导致 B 收不到对方对 FIN+ACK 报文段的确认。此后，B 超时重传。由于 A 设置了 2MSL 计时器，使得 A 有机会收到 B 的报文。如果 A 不设置 2MSL，而是发送完 ACK 报文段后立即释放，就无法收到 B 重传的 FIN+ACK 报文段；B 也就无法按正常步骤进入 closed 状态。

(2) 防止出现已失效的连接请求报文段。A 发送完最后一个 ACK 报文段后，等待 2MSL，就可使本次连接产生的所有报文段都从网络中消失，不会对下一次连接造成影响。

除等待计时器外，TCP 还设置一个保活计时器。如果客户端主动与服务器建立起连接，而此后客户端突然出现故障，服务器不能收到从客户端发来的数据，应采取一定的措施，使服务器不白白等待。服务器每收到一次客户端的数据就重置保活计时器，时间通常是 2 小时。若 2 小时内没有收到客户端的数据，服务器发送探测报文，每隔 75 分钟发送一次。若一连发送 10 次探测报文段后仍无客户端响应，服务器认为客户端出现故障，将关闭连接。

图 5-11 展示了一个完整的 TCP 连接发生的实际分组交换情况，包括连接建立、数据传送和连接终止 3 个阶段。

在客户机/服务器模型中，通常服务器分配的一个套接字(socket)对某一端口进行监听。一旦监听到有连接请求，就调用 accept。accept 将产生新的 socket。然后，服务器创建新的线程，新的 socket 将作为新线程的参数。系统为这个新的 socket 分配一个服务器端的自由端口号。该套接字专用于在连接建立后与客户端交换数据，一般称为响应套接字。

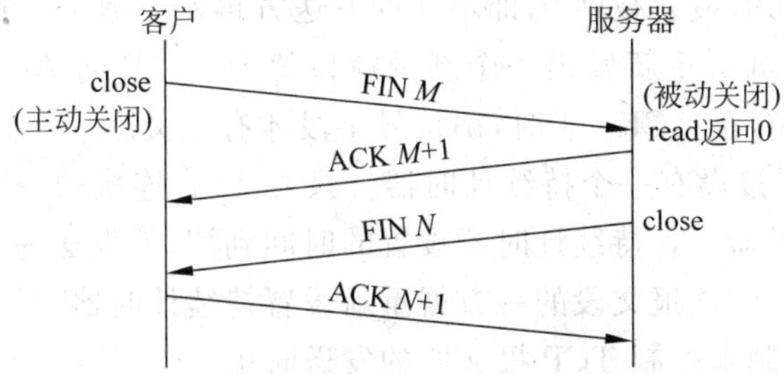

图 5-11 完整的 TCP 连接发生的实际分组交换情况

5.3.5 流量控制

所谓流量控制，就是让发送方的发送速率不要太快，让接收方来得及接收。采用滑动窗口机制可以很方便地在 TCP 连接上实现对发送方的流量控制。TCP 的窗口单位是字节，不是报文段。发送方的发送窗口不能超过接收方给出的接收窗口的数值。

1. 利用滑动窗口实现流量控制

如果发送方把数据发送得过快，接收方可能来不及接收，将造成数据丢失。流量控制就是让发送方的发送速率不要太快，以便让接收方来得及接收。

利用滑动窗口机制，可以很方便地在 TCP 连接上实现对发送方的流量控制，如图 5-12 所示。

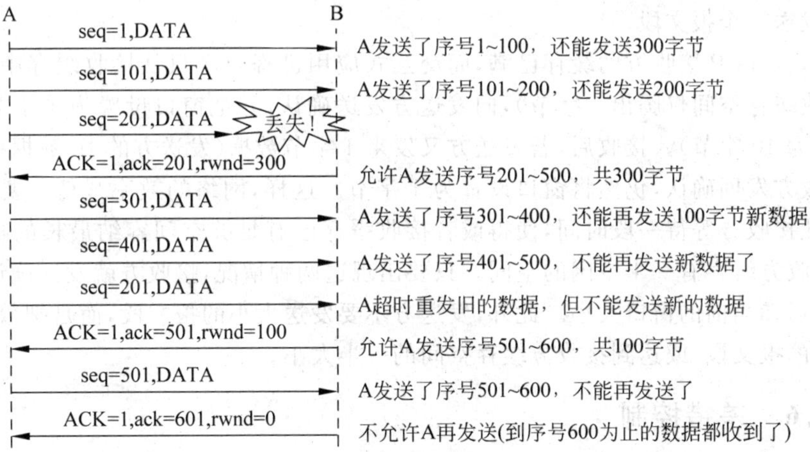

图 5-12 利用可变窗口进行流量控制

设 A 向 B 发送数据。在连接建立时，B 告诉 A："我的接收窗口是 rwnd＝400。"(这里的 rwnd 表示 receiver window)因此，发送方的发送窗口不能超过接收方给出的接收窗口的数值。请注意，TCP 的窗口单位是字节，不是报文段。TCP 连接建立时的窗口协商过程在图中没有显示出来。设每一个报文段为 100 字节长，数据报文段序号的初始值设为 1；大写 ACK 表示首部中的确认位 ACK，小写 ack 表示确认字段的值 ack。

从图 5-12 中可以看出，B 实施了 3 次流量控制。第一次把窗口减少到 rwnd＝300，第二次减到了 rwnd=100，最后减到 0，即不允许发送方再发送数据。这种使发送方暂停发送的状态将持续到主机 B 重新发出一个新的窗口值为止。B 向 A 发送的 3 个报文段都设置了 ACK=1。只有在 ACK=1 时，确认号字段才有意义。

TCP 为每一个连接设有一个持续计时器。只要 TCP 连接的一方收到对方的零窗口通知，就启动持续计时器。若持续计时器设置的时间到期，就发送一个零窗口探测报文段(携有 1 字节数据)，收到该报文段的一方就重新设置持续计时器。

可以用不同的机制来控制 TCP 报文段的发送时机。

(1) TCP 维持一个变量，它等于最大报文段长度 MSS。只要缓存中存放的数据达到 MSS 字节，就组装一个 TCP 报文段发送出去。

(2) 由发送方的应用进程指明要求发送报文段，即 TCP 支持的推送操作。

(3) 发送方的一个计时器期限到了，就把已有的缓存数据装入报文段(但长度不能超过 MSS)发送出去。

2. Nagle 算法

若发送应用进程把要发送的数据逐个字节地送到 TCP 的发送缓存，发送方就把第一个数据字节发送出去，把后面到达的数据字节都缓存起来。当发送方接收对第一个数据字符的确认后，把发送缓存中的所有数据组装成一个报文段发送出去；同时，继续对随后到达的数据进行缓存。只有在收到对前一个报文段的确认后，才继续发送下一个报文段。当数据到达较快，而网络速率较慢时，用这样的方法可明显地减少所用网络带宽。Nagle 算法还规定：当到达的数据已达到发送窗口大小的一半，或已经达到报文段的最大长度时，立即发送一个报文段。

另外，若 TCP 接收方的缓存已满，而交互式应用进程一次只从接收缓存中读取 1 字节(使接收缓存空间仅腾出 1 字节)，向发送方发送确认，并把窗口设置为 1 字节(但发送的数据报为 40 字节)。接收后，若发送方又发来 1 字节数据(发送方的 IP 数据报是 41 字节)。接收方发回确认，仍然将窗口设置为 1 字节。这样，网络的效率很低。要解决这个问题，可让接收方等待一段时间，使得或者接收缓存已有足够空间容纳最长的报文段，或者等到接收方缓存有一半空闲的空间。只要出现这两种情况，接收方就发回确认报文，并向发送方通知当前的窗口大小。此外，发送方不要发送太小的报文段，而是把数据报积累成足够大的报文段，或达到接收方缓存空间的一半大小。

5.3.6 差错控制

TCP 是一种面向连接的、可靠的、基于字节流的协议。可靠性指的是发送应用程序把数据流交付给 TCP 后，能够把数据流按序、无差错地交给接收端的应用程序。TCP 通过差错控制来提供可靠性。TCP 差错控制包括以下内容。

(1) 检测并重传受损伤的报文段。

(2) 重传丢失的报文段。

(3) 丢弃重传的报文段，并重传该报文段的 ACK。

(4) 保证接收缓冲区的报文段按序交给接收端的应用程序。

TCP 必须保证数据按序、没有差错、没有部分丢失、没有重复地交给应用层。TCP 中的差错检测和纠正通过 3 种简单工具来完成：校验和、确认和超时重传。

1. 校验和

和 UDP 的做法一样，TCP 校验和也要伪首部；和 UDP 不同的是，该功能在 TCP 中是必需的，每个段都包括校验和字段，用来检查损坏的段。如果段被损坏，它将被目的端 TCP 丢弃，并被认为是丢失了。TCP 在每段中强制使用一个 16 位的校验和。

2. 确认

TCP 使用确认方法来证实收到了数据段。对于不携带数据但占用序号的一些控制段，也要确认。

1）确认类型

过去，TCP 只使用一种类型确认：累积确认。现在，一些 TCP 也使用选择性确认。

（1）累积确认（ACK）：最初的 TCP 被设计成累积确认接收段。接收方通告下一个预期接收的字节，忽略所有失序段，被称为积极累积确认（positive cumulative acknowledgment）或 ACK。“积极”这个词表示不为丢弃、丢失或被破坏的段提供反馈。TCP 头部的 32 位 ACK 字段用来累积确认，且只有当 ACK 标志位置“1”时才有效。

（2）选择性确认（SACK）：越来越多 TCP 协议的实现方法加入了另外一种称为选择性确认（selective acknowledgment）或 SACK 的确认类型。SACK 并不替代 ACK，但它向发送方报告额外的信息。SACK 报告失序字节块，也报告重复字节块，即接收了一次以上的字节块。然而，因为 TCP 头部没有为加入这种类型的信息做准备，SACK 以一种 TCP 头部末端选项的形式实现。

2）确认原则

（1）ACK 报文不需要确认，也不消耗序号。

（2）当一端发送数据时，尽量包含捎带确认。

（3）如果仅有一个未确认的按序报文段，接收端推迟发送 ACK 报文段，延迟到 500ms，或者有第二个报文段接收时（转（4）），或者有数据要发送时（转（2））。

（4）在任何时候，不能有 2 个（以上）未确认的报文段（就是说，如果接收端有 2 个未确认的按序报文段，马上发送 ACK 报文段进行确认）。

（5）当收到一个序号比期望序号还大的报文段时，马上发送 ACK，让发送端进行快速重传。

（6）收到重复的报文段，立即发送确认（解决 ACK 丢失问题）。

（7）丢失的报文段到达，发送确认，表示已经收到丢失的报文。

3. 超时重传

TCP 是一种可靠的协议，在网络交互的过程中，由于 TCP 报文封装在 IP 协议中，IP 协议的无连接特性导致其可能在交互的过程中丢失。在这种情况下，TCP 协议如何保障传输的可靠性呢？TCP 通过在发送数据报文时设置一个超时定时器来解决这个问题。如果在定时器溢出时还没有收到来自对端对发送报文的确认，将重传该数据报文。

重传分两种情况：一种是重传计时器超时；另一种是发送端收到重复的 3 个 ACK（快速重传）。

差错控制机制的核心是段的重传。当一个段被发送时，它被存储在一个队列中，直到被确认。当重传计时器超时，或当发送方接收到对队列中第一个段的 3 次重复 ACK 时，就重传该段。下面分别讨论这两种情况。

1）重传超时(RTO)之后重传

发送方 TCP 为每个连接维护一个重传超时(retransmission time-out，RTO)。若计时器到，即超时，TCP 重发队列前面的段(具有最小序号的段)并重启计时器。在后面看到 RTO 的数值在 TCP 中是动态的，并根据段的往返时间(Round-Trip Time，RTT)进行更新。RTT 是一个段到达目的端并接收到一个确认所需要的时间。

2）3 次重复 ACK 段之后重传

如果 RTO 的值不是很大，之前关于段重传的规则就足够了。当今，大多数实现遵循 3 次重复 ACK 规则，立即重发缺少的段。这种方法通过允许发送方不等待超时而重传，加速了因特网中的服务。这个特性称为快速重传(fast retransmission)。在这个版本中，如果 3 个对同一段的重复确认(即 1 个原始 ACK 加上 3 个完全相同的副本)到达，那么下一段被重传，不必等待超时。

5.3.7 拥塞控制

1. 拥塞控制的原理

在某段时间，若对网络中某一资源的需求超过了该资源所能提供的可用部分，网络性能将发生变化。这种情况叫作拥塞。

网络拥塞是由多种因素引起的。简单地提高节点处理机的速度，或者扩大节点缓存的存储空间，并不能解决拥塞问题。

例如，某个节点的缓存容量扩展到非常大，凡是到达该节点的分组均可在节点的缓存队列中排队，不受任何限制。由于输出链路的容量和处理机的速度并未提高，因此在这个队列中的绝大多数分组的排队等待时间会大大增加。结果，上层软件只好把它们重传。

因此，问题的关键是整个系统的各个部分不匹配。只有各个部分平衡了，问题才会解决。

2. 拥塞控制和流量控制的差别

所谓拥塞控制，就是防止过多的数据注入网络，使网络中的路由器或链路不致过载。拥塞控制所要做的都有一个前提，就是网络能承受现有的网络负荷。

流量控制往往指的是点对点通信量的控制，是个端到端的问题。流量控制要做的是控制发送端发送数据的速率，以便使接收端来得及接收。

拥塞控制代价是指需要获得的网络内部流量分布的信息。在实施拥塞控制之前，还需要在节点之间交换信息和命令，以便选择控制策略并实施控制，于是产生了额外的开销。拥塞控制还需要将一些资源分配给各个用户单独使用，致使网络资源不能更好地实现共享。

3. 造成拥塞的原因

(1) 多条流入线路有分组到达，并需要同一条输出线路。此时，如果路由器没有足够的内存来存放所有这些分组,有的分组就会丢失。

(2) 路由器处理速度慢,以至于难以完成必要的处理工作,如缓冲区排队、更新路由表等。

4. 防止拥塞的方法

(1) 在传输层可采用重传策略、乱序缓存策略、确认策略、流控制策略和确定超时策略。

(2) 在网络层可采用子网内部的虚电路与数据报策略、分组排队和服务策略、分组丢弃策略、路由算法和分组生存管理。

(3) 在数据链路层可采用重传策略、乱序缓存策略、确认策略和流控制策略。

5. 拥塞控制设计

拥塞控制是很难设计的,因为它是一个动态的问题。在许多情况下,甚至是拥塞控制机制本身成为引起网络性能恶化,甚至死锁的原因。从控制理论的角度来看拥塞控制这个问题,分为开环控制和闭环控制两种方法。开环控制就是在设计网络时,事先将拥塞发生的所有因素考虑周到,一旦系统运行起来,不能在中途改正。

闭环控制是基于反馈环路的概念,包括如下措施。

(1) 监测网络系统,以便检测拥塞在何时、何地发生。

(2) 把拥塞发生的信息传送到可采取行动的地方。

(3) 调整网络系统的行动,解决出现的问题。

6. 拥塞控制方法

因特网建议标准 RFC 2581 定义了拥塞控制的 4 种算法,即慢启动(slow-start)、拥塞避免(congestion avoidance)、快速重传(fast restrangsmit)和快速回复(fast recovery)。有如下假设。

第一,数据单方向传送,在另一个方向上只传送确认。

第二,接收方总是有足够大的缓存空间,因为发送窗口的大小由网络的拥塞程度来决定。

1) 慢启动算法和拥塞避免算法

发送方维持一个拥塞窗口 cwnd 的状态变量。拥塞窗口的大小取决于网络的拥塞程度,并且动态地变化。发送方让自己的发送窗口等于拥塞窗口。

发送方控制拥塞窗口的原则是:只要网络没有出现拥塞,拥塞窗口就增大一些,以便把更多的分组发送出去;但只要网络出现拥塞,拥塞窗口就减少一些,以减少注入网络中的分组数。

(1) 慢启动算法:当主机开始发送数据时,如果立即把大量数据字节注入网络,有可能引起网络拥塞,因为现在并不清楚网络的负荷情况。因此,较好的办法是先探测一下,即由小到大,逐渐增大发送窗口。也就说,由小到大,逐渐增大拥塞窗口数值。通常,在刚刚开始发送报文段时,先把拥塞窗口 cwnd 设置为一个最大报文段 MSS 的数值;每收到一个对新报文段的确认后,把拥塞窗口增加至多一个 MSS 的数值(如图 5-13 所示)。采用这样的方法,逐步增大发送方的拥塞窗口 cwnd,可以使分组注入网络的速率更加合理。

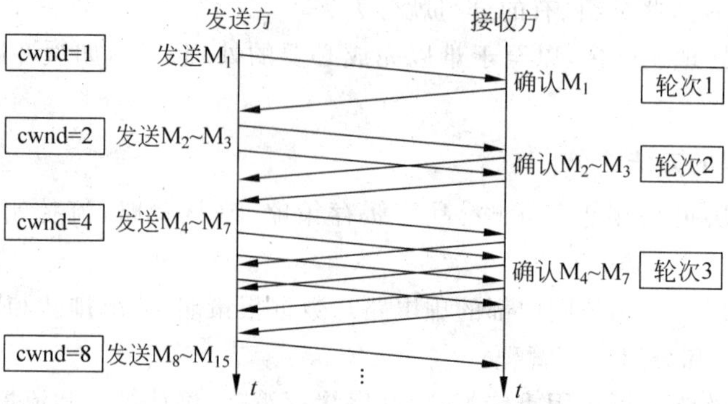

图 5-13 慢启动算法

每经过一个传输轮次,拥塞窗口 cwnd 加倍。一个传输轮次经历的时间其实就是往返时间 RTT。不过,传输轮次强调：把拥塞窗口 cwnd 允许发送的报文段都连续发送出去,并收到对已经发送的最后一个字节的确认。

另外,慢启动的"慢"并不是指 cwnd 的增长速度慢,而是指在 TCP 开始发送报文段时,先设置 cwnd=1,使得发送方在开始时只发送一个报文段(目的是探测网络拥塞情况),然后逐渐增大 cwnd。

为了防止拥塞窗口 cwnd 增长过大而引起网络拥塞,还需要设置一个慢启动门限 ssthresh 状态变量,其用法如下所述。

当 cwnd<ssthresh 时,使用上述慢启动算法。

当 cwnd>ssthresh 时,停止使用慢启动算法,改用拥塞避免算法。

当 cwnd=ssthresh 时,使用慢启动算法,也可以使用拥塞避免算法。

(2) 拥塞避免算法：让拥塞窗口 cwnd 缓慢增大,即每经过一个往返时间 RTT,就把发送方的拥塞窗口 cwnd 加 1,而不是加倍。这样,拥塞窗口 cwnd 按线性规律缓慢增长,比慢启动算法的拥塞窗口增长速率缓慢得多。

无论在慢启动开始阶段,还是在拥塞避免阶段,只要发送方判断网络出现拥塞(根据就是没有收到确认),就要把慢启动门限 ssthresh 设置为出现拥塞时的发送方窗口值的一半(但不能小于 2)；然后,把拥塞窗口 cwnd 重新设置为 1,执行慢启动算法。这样做的目的是迅速减少主机发送到网络中的分组数,使得发生拥塞的路由器有足够的时间把队列中积压的分组处理完毕。

图 5-14 用具体数值说明了上述拥塞控制的过程。图中,发送窗口的大小和拥塞窗口一样大。

① 当 TCP 连接初始化时,把拥塞窗口 cwnd 置为 1。如前所述,为了便于理解,图中的窗口单位不使用字节,而使用报文段的个数。慢启动门限的初始值设置为 16 个报文段,即 cwnd=16。

② 在执行慢启动算法时,拥塞窗口 cwnd 的初始值为 1。以后,发送方每收到一个对新报文段的确认 ACK,就把拥塞窗口值加 1,再开始下一轮传输(图中,横坐标表示传输轮次)。因此,拥塞窗口 cwnd 随着传输轮次按指数规律增长。当拥塞窗口 cwnd 增长到

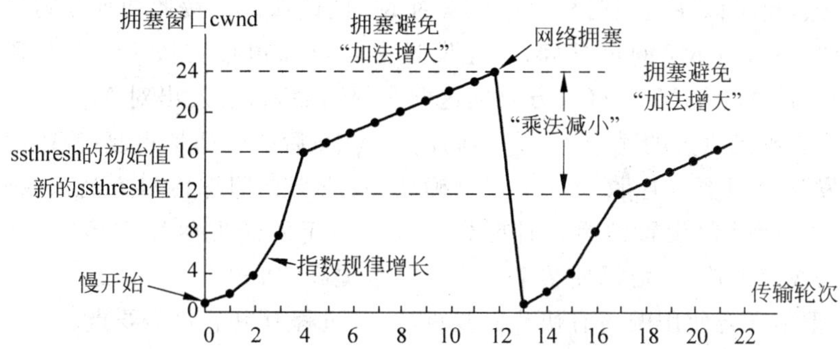

图 5-14 拥塞控制的过程

慢启动门限值 ssthresh 时(即当 cwnd=16 时),改为执行拥塞控制算法,拥塞窗口按线性规律增长。

③ 假定拥塞窗口的数值增长到 24 时,网络出现超时(很可能网络发生拥塞)。更新后的 ssthresh 值变为 12(即变为超时时拥塞窗口数值 24 的一半),拥塞窗口重新设置为 1,并执行慢启动算法。当 cwnd=ssthresh=12 时,改为执行拥塞避免算法,拥塞窗口按线性规律增长,每经过一个往返时间,增加一个 MSS 的大小。

"拥塞避免"并非指完全能够避免拥塞。采用以上措施,要完全避免网络拥塞是不可能的。"拥塞避免"是说在拥塞避免阶段,将拥塞窗口控制为按线性规律增长,使网络比较不容易出现拥塞。

2) 快速重传和快速恢复

如果发送方设置的超时计时器时限已到,但还没有收到确认,很可能是网络出现了拥塞,致使报文段在网络中的某处被丢弃。这时,TCP 马上把拥塞窗口 cwnd 减少到 1,并执行慢启动算法,同时把慢启动门限值 ssthresh 减半。这是不使用快速重传的情况。

快速重传算法首先要求接收方每收到一个失序的报文段后就立即发出重复确认(为的是使发送方及早知道有报文段没有到达对方),而不要等到自己发送数据时才进行捎带确认,如图 5-15 所示。

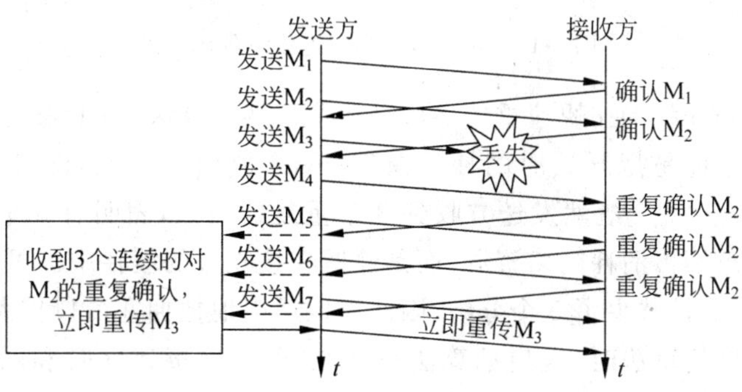

图 5-15 快速重传示意图

接收方收到 M_1 和 M_2 后,分别发出确认。假定接收方没有收到 M_3,但收到了 M_4。显然,接收方不能确认 M_4,因为 M_4 是收到的失序报文段。根据可靠传输原理,接收方可以什么都不做,也可以在适当时机发送一次对 M_2 的确认。但按照快速重传算法的规定,接收方应及时发送对 M_2 的重复确认,让发送方及早知道报文段 M_3 没有到达接收方。发送方接着发送 M_5 和 M_6。接收方收到这两个报文后,再次发出对 M_2 的重复确认。这样,发送方共收到接收方的 4 个对 M_2 的确认。其中,后 3 个都是重复确认。快速重传算法还规定,发送方只要一连收到 3 个重复确认,就应当立即重传对方尚未收到的报文段 M_3,不必继续等待 M_3 设置的重传计时器到期。由于发送方尽早重传未被确认的报文段,因此采用快速重传后,可以使整个网络吞吐量提高约 20%。

与快速重传配合使用的还有快速恢复算法,其过程有以下两个要点。

① 当发送方连续收到 3 个重复确认后,执行"乘法减小"算法,把慢启动门限 ssthresh 减半,以便预防网络拥塞。请注意:接下去,不执行慢启动算法。

② 由于发送方现在认为网络很可能没有发生拥塞,因此与慢启动的不同之处是现在不执行慢启动算法(即拥塞窗口 cwnd 现在不设置为 1),而是把 cwnd 值设置为慢启动门限 ssthresh 减半后的数值,然后执行拥塞避免算法("加法增大"),使拥塞窗口缓慢地线性增大。

图 5-16 所示为快速重传和快速恢复示意图,并标明了"TCP Reno 版本"。

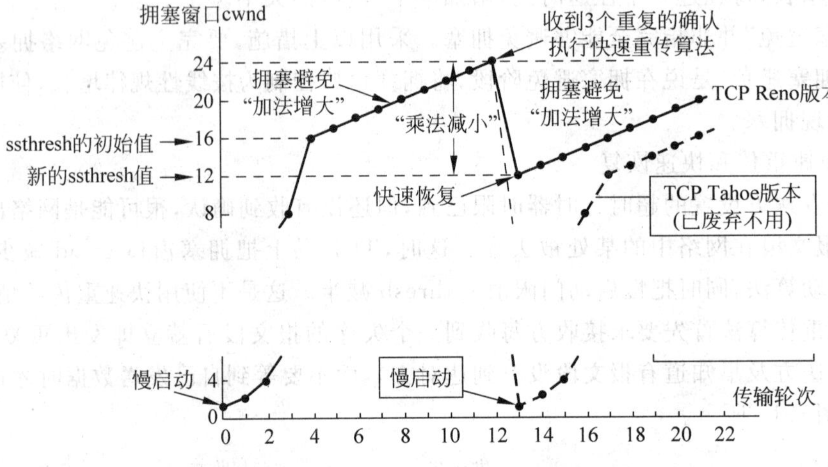

图 5-16 快速重传和快速恢复的示意图

新的 TCP Reno 版本在快速重传之后采用快速恢复算法,而不采用慢启动算法。

也有的快速重传是把开始时的拥塞窗口 cwnd 值增大一点,即等于 ssthresh+3×MSS。这样做的理由是:既然发送方收到 3 个重复的确认,表明有 3 个分组已经离开了网络。这 3 个分组不再消耗网络资源,而是停留在接收方的缓存中。可见,现在网络中并不是堆积了分组,而是减少了 3 个分组,因此可以适当地把拥塞窗口扩大些。

在采用快速恢复算法时,慢启动算法只是在 TCP 连接建立时和网络出现超时时才使用。

采用这样的拥塞控制方法,使得 TCP 的性能有明显改进。

接收方根据自己的接收能力设定接收窗口 rwnd,并把该窗口值写入 TCP 首部的窗口字段,然后传送给发送方。因此,接收窗口又称为通知窗口。从接收方对发送方的流量

控制的角度考虑，发送方的发送窗口一定不能超过对方给出的接收窗口 rwnd，即

```
发送方窗口的上限值 = Min [ rwnd, cwnd ]
```

当 rwnd>cwnd 时，是接收方的接收能力限制发送方窗口的最大值。

当 cwnd<rwnd 时，是网络的拥塞限制发送方窗口的最大值。

5.4 流控制传输协议 SCTP

流控制传输协议(stream control transmission protocol，SCTP)是一种可靠的传输协议，它在两个端点之间提供稳定、有序的数据传递服务(类似于 TCP)，并且可以保护数据消息边界(例如 UDP)。然而，与 TCP 和 UDP 不同，SCTP 是通过多宿主(multi-homing)和多流(multi-streaming)功能提供这些服务的。这两种功能均可提高可用性。

SCTP 是一个面向连接的流传输协议，在两个端点之间提供稳定、有序的数据传递服务。SCTP 可以看作是 TCP 协议的改进，它继承了 TCP 较为完善的拥塞控制，并改进了 TCP 的一些不足之处，如下所述。

(1) SCTP 与 TCP 的最大不同之处在于它是多宿主(multi-homing)连接，而 TCP 是单地址连接。

(2) 一个 TCP 连接只能支持一个流，一个 SCTP 连接可以支持多个流(multi-streaming)。在 SCTP 协议中，流(stream)是指从一个 SCTP 端点到另一个端点之间建立的单向逻辑通路。通常情况下，所有用户消息在流中按序传递。

(3) SCTP 有更好的安全性。SCTP 实际上是一个面向连接的协议，但 SCTP 偶联的概念比 TCP 的连接具有更广泛的含义。SCTP 对 TCP 的缺陷进行了完善，使得信令传输具有更高的可靠性。SCTP 的设计包括适当的拥塞控制，防止泛滥和伪装攻击，更优的实时性能和多归属性支持。

SCTP 最初被设计用于在 IP 上传输电话，把 SS7(signaling system No. 7，7 号信令系统)信令网络的一些可靠特性引入 IP。IETF 的这方面工作称为信令传输 SIGTRAN。在此期间，也提出了该协议一些其他的用途。

SCTP 是一个相当新的协议，它在 2000 年 10 月才成为 RFC 规范。从那以后，它开始进入所有的主流操作系统，包括 GNU/Linux、BSD 和 Solaris。在 Microsoft Windows 操作系统上有第三方商业包可以使用。

在获得高可用性的同时，应用程序开始使用 SCTP 作为自己的主要传输机制，如文件传输协议(file transfer protocol，FTP)和超文本传输协议(hypertext transfer protocol，HTTP)之类的传统应用程序已经在 SCTP 的特性基础上进行了构建。其他一些协议也开始使用 SCTP，例如会话初始化协议(session initiation protocol，SIP)和 7 号信令系统(signaling system No. 7，SS7)。在商业领域，可以在 Cisco 的互操作规范(inter-operation specification，IOS)中找到 SCTP 的影子。

随着 SCTP 被吸纳到 2.6 版本的 Linux 内核中，可以构建并部署高可用性、高可靠性的网络应用程序。作为一种基于 IP 的协议，SCTP 不但可以无缝地替换 TCP 和 UDP，而

且扩展了很多新服务，例如多宿主、多流，并且提高了安全性。

5.4.1 SCTP 相关术语

1. 传送地址

传送地址由 IP 地址、传输层协议类型和传输层端口号定义。由于 SCTP 在 IP 上传输，所以一个 SCTP 传送地址由一个 IP 地址加一个 SCTP 端口号决定。SCTP 端口号是 SCTP 用来识别同一地址上的用户的，和 TCP 端口号是一个概念。比如，IP 地址 10.105.28.92 和 SCTP 端口号 1024 标识了一个传送地址，10.105.28.93 和 1024 标识了另外一个传送地址；同样，10.105.28.92 和端口号 1023 标识了一个不同的传送地址。

2. 主机和端点

主机(Host)配有一个或多个 IP 地址，是一个典型的物理实体。

端点(Endpoint)是 SCTP 的基本逻辑概念，是数据报的逻辑发送者和接收者，是一个典型的逻辑实体。

一个传送地址(IP 地址＋SCTP 端口号)唯一标识一个端点。一个端点可以由多个传送地址定义。对于同一个目的端点，这些传送地址中的 IP 地址可以配置成多个，但必须使用相同的 SCTP 端口。

3. 偶联和流

偶联(Association)是两个 SCTP 端点通过 SCTP 协议规定的四步握手机制建立起来的进行数据传递的逻辑联系或者通道。SCTP 协议规定，在任何时刻，两个端点之间能且仅能建立一个偶联。由于偶联由两个端点的传送地址定义，所以通过数据配置本地 IP 地址、本地 SCTP 端口号、对端 IP 地址、对端 SCTP 端口号 4 个参数，可以唯一标识一个 SCTP 偶联。正因为如此，在 GTSOFTX 3000 中，偶联可以被看成是一条 M2UA 链路或 M3UA 链路。

流(Stream)是 SCTP 协议的一个特色术语。SCTP 偶联中的流用来指示需要按顺序递交到高层协议的用户消息的序列，同一个流中的消息需要按顺序递交。严格地说，流是在一个 SCTP 偶联中，从一个端点到另一个端点的单向逻辑通道。一个偶联由多个单向流组成。各个流之间相对独立，使用流 ID 标识；每个流可以单独发送数据，而不受其他流的影响。

4. 通路和首选通路

通路(path)是一个端点将 SCTP 分组发送到对端端点特定目的传送地址的路由。如果分组发送到对端端点不同的目的传送地址，不需要配置单独的通路。

首选通路(primary path)是在默认情况下，目的地址和源地址在 SCTP 分组中发到对端端点的通路。

如果可以使用多个目的地址作为到一个端点的目的地址，则该 SCTP 端点为多归属。如果发出 SCTP 分组的端点属于多归属节点，定义了目的地址和源地址，能够更好地控制响应数据块返回的通路和数据包被发送的接口。一个 SCTP 偶联的两个 SCTP 端点都可以配置多个 IP 地址，这样，一个偶联的两个端点之间具有多条通路。这就是 SCTP 偶联的多地址性，它是 SCTP 与 TCP 最大的不同之处。

5.4.2 STCP 的特点

1. 多宿主

多宿主为应用程序提供了比 TCP 更高的可用性。多宿主主机是一台具有多个网络接口的主机，可以通过多个 IP 地址来访问这台主机。在 TCP 中，连接(connection)是指两个端点之间的一条通道(在这种情况下，就是两台主机的网络接口之间的一个套接字)。SCTP 引入了联合(association)的概念，它也存在于两台主机之间，但可以使用每台主机上的多个接口进行协作。图 5-17 所示为 TCP 连接与 SCTP 联合之间的区别。

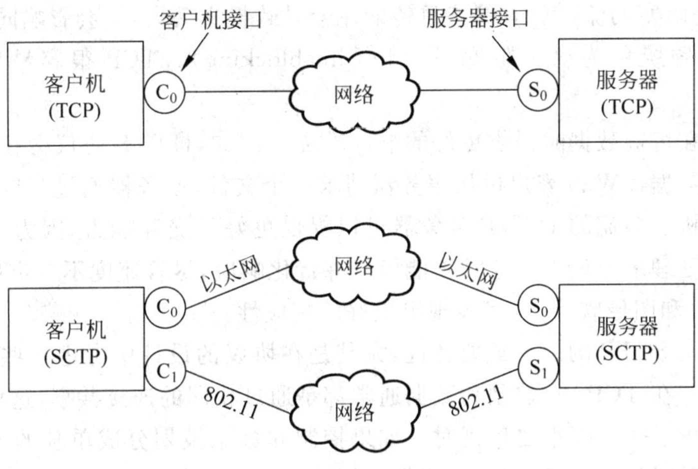

图 5-17　TCP 连接与 SCTP 联合

在图 5-17 中，上面部分是 TCP 连接，每台主机都只包含一个网络接口；连接是在每台客户机和服务器之间的单个接口之间建立。在建立连接时，就被绑定到每个接口上。在图中的下面部分可以看到，每台主机上都包含两个网络接口。通过独立网络提供了两条路径，一条是从接口 C_0 到 S_0，另外一条是从接口 C_1 到 S_1。在 SCTP 中，这两条路径可以合并到一个联合中。

SCTP 负责使用内嵌的 heartbeat 机制来监视联合的路径。在检测到一条路径失效时，协议通过另外一条路径来发送通信数据，应用程序甚至不必知道发生了故障恢复。故障转移也可以用于维护网络应用程序的连通性。考虑一台包含一个无线 802.11 接口和一个以太网接口的笔记本电脑的例子。当笔记本电脑放在固定位置上时，我们倾向于使用高速以太网接口(在 SCTP 中称为主地址)；但是当该连接丢失时(例如离开了固定位置)，连接可迁移到无线接口上。在返回固定位置时，以太网连接被重新检测到，通信就可以在此接口上恢复。这是一种能提供更高的可用性和可靠性的强大机制。

2. 多流

从某种意义上来讲，SCTP 连接与 TCP 连接类似，不同之处只是 SCTP 能够在一个联合中支持多流机制。一个联合中的所有流都是独立的，但均与该联合相关(如图 5-18

所示)。

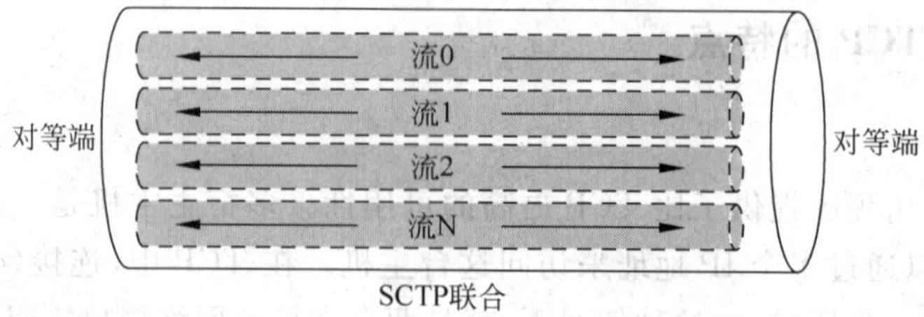

图 5-18 SCTP 联合与流之间的关系

每个流都给定一个流编号,它被编码到 SCTP 报文中,通过联合在网络上传送。多流非常重要,因为阻塞的流(例如,等待重传的流会导致报文丢失)不会影响同一联合中的其他流。这个问题统称为对头阻塞(head-of-lineblocking)。TCP 很容易出现这类阻塞问题。

多流如何在传输数据时提供更好的响应性呢?例如,HTTP 协议会在相同的套接字上共享控制和数据。Web 客户机从服务器请求一个文件,服务器通过相同的连接将该文件发回给客户机。多流的 HTTP 服务器可以提供更好的交互能力,因为在联合中,各单独的流上可以处理多个请求。这种功能可以并行化响应,尽管速度不一定更快,但可以同时加载 HTML 和图像映像,从而表现出更好的响应性。

多流处理是 SCTP 的一个重要特性,尤其是在协议的设计中考虑一些控制和数据问题时更是如此。在 TCP 中,控制和数据通常都是通过相同的连接共享,这可能产生问题,因为控制报文可能在数据报之后延时。如果控制和数据被划分成单独的流,控制数据就可以以一种更及时的方式进行处理,以便更好地利用可用资源。

3. 初始化保护

在 TCP 和 SCTP 中,对新连接的初始化是通过报文握手来完成的。在 TCP 中,这种机制称为三次握手(three-way handshake)。客户机向服务器首先发送一个 SYN(synchronize)报文,服务器用一个 SYN-ACK 报文响应(synchronize-acknowledge)。最后,客户机使用一个 ACK 报文确认已接收到报文(如图 5-19 所示)。

当恶意客户机使用虚假的源地址来伪造一个 IP 报文时,TCP 就会出现问题,导致大量 TCP SYN 报文攻击服务器。服务器在接收 SYN 报文之前,要为连接分配资源,但是在大量产生 SYN 报文的情况下,最终会耗尽资源,从而无法处理新的请求。这种情况称为服务拒绝(denial of service,DoS)攻击。

SCTP 通过一种四次握手的机制并引入 COOKIE 的概念来有效地防止攻击的产生。在 SCTP 中,客户机使用一个 INIT 报文发起一个连接。服务器使用一个 INIT-ACK 报文进行响应,其中包括 COOKIE(标识连接的唯一上下文)。客户机使用一个 COOKIE-ECHO 报文进行响应,其中包含服务器发送的 COOKIE。服务器要为该连接分配资源,并通过向客户机发送一个 COOKIE-ACK 报文对其进行响应。

要使用这种四次握手机制解决延时数据移动的问题,SCTP 允许把数据包含到 COOKIE-ECHO 和 COOKIE-ACK 报文中。

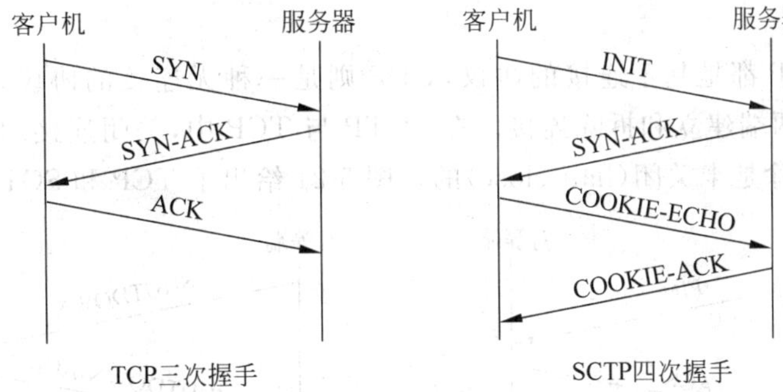

图 5-19 TCP 和 STCP 握手使用的报文交换

4. 消息分帧

使用消息分帧机制，可以保护消息只在一个边界内通过 socket(套接字)通信。这意味着，如果客户机向服务器先发送 100 字节，然后又发送 50 字节，服务器就会在两次读取操作中分别读取到 100 字节和 50 字节。UDP 也是这样操作，这对于面向消息的协议非常有益。

与此不同，TCP 按照字节流的方式操作。如果没有分帧机制，一端接收到的数据可能比另外一端发送的数据多或少(这会将一次写操作划分成多次操作，或者将多次写操作合并到一个读操作中)。这种行为需要基于 TCP 连接方式的消息协议(如 HTTP 协议)来完成，消息协议可以在应用层中提供数据缓冲和消息分帧机制。

SCTP 在数据传输中提供了消息分帧功能。当一端对一个套接字执行写操作时，可确保对等端读出的数据大小与此相同(如图 5-20 所示)。对于面向流的数据来说，例如音频和视频数据，可以没有分帧机制。

图 5-20 UDP/SCTP 中的消息分帧与面向字节流协议的比较

5. 可配置的无序发送

SCTP 中的消息传输十分可靠，但未必按照想要的次序来传输。TCP 可以确保数据按照次序发送(考虑到 TCP 是一种流协议，这是一件好事)。UDP 无法确保有序地发送数据。但是如果需要，可以在 SCTP 中配置流来接收无序的消息。这种特性在面向消息的协议中可能非常有用，因为其中的消息都是独立的，次序并不重要。另外，可以在一个联合中逐个流配置无序发送。

6. 平滑关闭

TCP 和 SCTP 都是基于连接的协议，UDP 则是一种无连接的协议。TCP 和 SCTP 都需要在对等的两端建立和拆除连接。在 SCTP 与 TCP 中，关闭连接的不同之处在于，TCP 中连接的删除是半关闭(half-close)的。图 5-21 给出了 TCP 和 SCTP 的关闭序列。

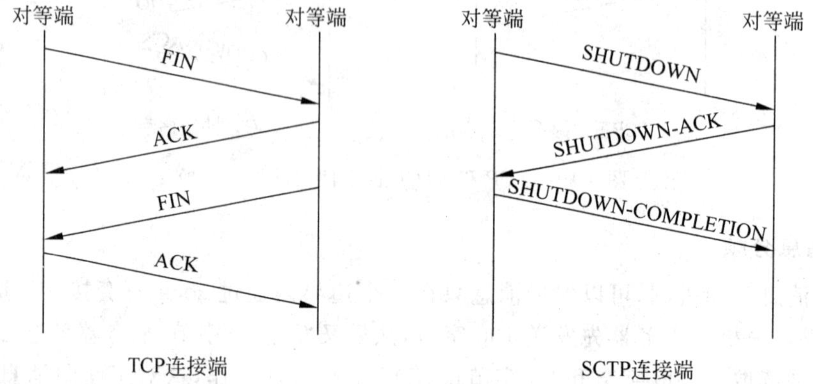

图 5-21 TCP 和 SCTP 的连接结束序列

在 TCP 中，一端可以关闭自己这端的 socket(导致发送一个 FIN 报文)，但是可以继续接收数据。FIN 说明该端点不会再发送数据，但是在这一端关闭自己的套接字之前，它一直可以传输数据。应用程序很少使用这种半关闭状态，因此 SCTP 的设计者选择放弃这种状态，并将其替换成一个显式的终结序列。当一端关闭自己的套接字时(产生一个 SHUTDOWN 原语)，对等的两端全部需要关闭，将来任何一端都不允许再移动数据了。

5.4.3 SCTP 的功能

SCTP 的功能主要包括：偶联的建立和关闭、流内消息顺序递交、用户数据分段、证实和避免拥塞、消息块绑定、分组的有效性和通路管理。

1. 偶联的建立和关闭

偶联的建立是由 SCTP 用户(如 M2UA、M3UA 等)发起请求来启动的。而且建立过程相对于 TCP 连接而言比较复杂，是个四次握手过程，并用到了 COOKIE 机制。COOKIE 是一个含有端点初始信息和加密信息的数据块，通信双方在关联建立时需要处理并交换，从而增加协议的安全性，防止拒绝服务和伪装等潜在的攻击。SCTP 提供了激活偶联的正常关闭程序，必须根据 SCTP 用户的请求来执行；也提供一种非正常(即中止)程序，既可以根据 SCTP 用户的请求来启动，也可以由 SCTP 协议检查出差错来中止。SCTP 不支持半打开状态(即一端在另一端结束后继续发送数据)。无论哪个端点执行了关闭程序，偶联的两端都应停止接收从 SCTP 用户发来请求原语。

2. 流内消息顺序递交

SCTP 提供数据报的顺序传递，顺序传递的数据报必须放在一个“流”中。流是顺序传递的基石。通过流，SCTP 将数据的确认和传输的有序递交分成两种不同机制。SCTP 使用 TSN 机制实现数据的确认传输，使用流号和 SSN(流顺序号)实现数据的有序递交。

当 SCTP 收到数据的 SSN 连续时，SCTP 将数据向 SCTP 用户递交，不用等到数据的 TSN 号连续以后才向 SCTP 用户递交。

当一个流被闭塞时，期望的下一个连续的 SCTP 用户消息可以从另外的流上递交。SCTP 也提供非顺序递交的业务，接收到的用户消息可以使用这种方式立即递交到 SCTP 用户，而不需要保证其接收顺序。

3. 用户数据分段

SCTP 通过对传送通路上最大 PMTU(path maximum transmission unit)的检测，实现在 SCTP 层将超大用户数据分片打包，避免在 IP 层的多次分片、重组，减少了 IP 层的数据负担。

在发送端，SCTP 对大的用户数据报分片，确保 SCTP 数据报传递到低层时适合通路 MTU(maximum transmission unit)。

在接收端，SCTP 将分片重组为完整的用户数据报，然后传递给 SCTP 用户。

4. 证实和避免拥塞

证实和重传是协议保证传输可靠性的策略，SCTP 也一样。证实机制是 SCTP 保证传输可靠性的基石。避免拥塞沿袭了 TCP 的窗口机制，实现合适的流量控制。

SCTP 在将数据(数据分片或未分片的用户数据报)发送给底层之前，顺序地为其分配一个发送顺序号(TSN)。

TSN 和 SSN(流顺序号)相互独立。TSN 用于保证传输的可靠性，SSN 用于保证流内消息顺序传递。

TSN 和 SSN 在功能上使可靠传递和顺序传递分开。接收端证实所有收到的 TSN，即使其中有些尚未收到。

包重发功能负责 TSN 的证实，还负责拥塞消除。

5. 消息块绑定

如果长度很短的用户数据被带上一个很大的 SCTP 消息头，其传递效率会很低。因此，SCTP 将几个用户数据绑定在一个 SCTP 报文里传输，以提高带宽利用率。

SCTP 分组由公共分组头和一个/多个信息块组成。信息块可以是用户数据，也可以是 SCTP 控制信息。

SCTP 用户能够可选地使用捆绑功能，决定是否将多个用户数据报捆绑在一个 SCTP 分组中。

为提高效率，拥塞/重发时，捆绑功能可能仍被执行，即使用户已经禁止捆绑。

6. 分组的有效性

分组的有效性是 SCTP 提供无差错传输的基石。SCTP 分组的公共分组头包含一个验证标签(verification tag)和一个可选的 32 位校验码(checksum)。验证标签的值由偶联两端在偶联启动时选择。如果收到的分组中没有期望的验证标签值，接收端将丢弃该分组，以阻止攻击和失效的 SCTP 分组。校验码由 SCTP 分组的发送方设置，提供附加的保护，避免由网络造成的数据差错。接收端将丢弃包含无效校验码的 SCTP 分组。

7. 通路管理

发送端的 SCTP 用户使用一组传送地址作为 SCTP 分组的目的地。SCTP 管理功能可以根据 SCTP 用户的指令和当前合格的目的地集合的可达性状态，为每个发送的 SCTP 分组选择一个目的地传送地址。当其他分组业务量不能完全表明可达性时，通路管理功能通过心跳消息来监视到某个目的地地址的可达性，并当任何对端传送地址的可达性发生变化时，向 SCTP 用户提供指示。通路功能也用来在偶联建立时，向对端报告合格的本端传送地址集合，并把从对端返回的传送地址报告给本地 SCTP 用户。在偶联建立时，为每个 SCTP 端点定义一个首选通路，用来在正常情况下发送 SCTP 分组。

在接收端，通路管理功能在处理 SCTP 分组前，用来验证入局的 SCTP 分组所属的偶联是否存在。

5.4.4 SCTP 分组格式

SCTP 分组由公共的分组头和若干数据块组成。每个数据块中既可以包含控制信息，也可以包含用户数据。除了 INIT、INIT ACK 和 SHUTDOWN COMPLETE 数据块外，其他类型的多个数据块可以捆绑在一个 SCTP 分组中，当然，必须要满足偶联对 MTU 的要求。这些数据块也可以不与其他数据块捆绑在一个分组中。如果一个用户消息不能放在一个 SCTP 分组中，则该消息可以被分成若干个数据块。

SCTP 分组的格式如图 5-22 所示。

0 1 2 3
0 1 2 3 4 5 6 7 8 9 0 1 2 3 4 5 6 7 8 9 0 1 2 3 4 5 6 7 8 9 0 1

公共的分组头
数据块 #1
⋮
数据块 #n

图 5-22 SCTP 分组的格式

1. SCTP 公共分组头字段的格式

SCTP 公共分组头字段的格式如图 5-23 所示，各字段含义如下所述。

0 1 2 3
0 1 2 3 4 5 6 7 8 9 0 1 2 3 4 5 6 7 8 9 0 1 2 3 4 5 6 7 8 9 0 1

起源端口号	目的地端口号
分组有效性验证标签	
校验码	

图 5-23 SCTP 公共分组头字段的格式

(1) 起源端口号(16 比特无符号整数)：用来识别 SCTP 发送方的端口号码。接收方使用起源端口号和起源 IP 地址，以及目的地端口号和可能的目的地 IP 地址来识别属于某个偶联的分组。

(2) 目的端口号(16 比特无符号整数)：用来确定分组的去向。接收方主机将利用该端口号把 SCTP 分组解复用到正确的接收端点或应用。

(3) 验证标签(32 比特无符号整数)：接收到分组的接收方使用验证标签来判别发送方 SCTP 分组的有效性。在发送方，该验证标签必须设置为在偶联启动阶段中从对端点收到的启动标签中的值，以下情况除外。

① 在包含 INIT 数据块的分组中，验证标签必须为 0，携带 INIT 块的 SCTP 分组中不能包含其他数据块。

② 在包含 SHUTDOWN-COMPLETE 数据块且设置了 T 比特的分组中，验证标签必须要从包含 SHUTDOWN-ACK 数据块的分组中复制。

③ 在包含 ABORT 数据块的分组中，验证标签必须要从触发该 ABORT 发送的分组中复制。

(4) 校验码(32 比特无符号整数)：用来传送 SCTP 分组的校验码。

2. 数据块字段的格式

SCTP 分组中数据块字段的格式如图 5-24 所示，每个数据块中都包括数据块类型字段、数据块特定的标志位字段、数据块长度字段和取值字段。

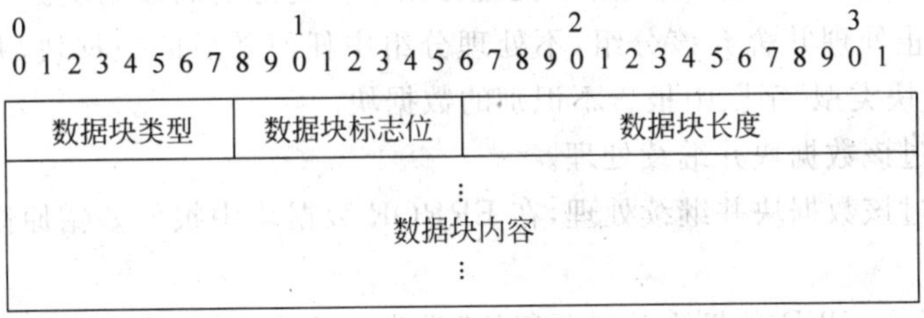

图 5-24 SCTP 分组中数据块字段的格式

在 SCTP 分组的数据块字段中，各字段含义如下所述。

(1) 数据块类型(8 比特无符号整数)：用来在数据块中表明内容字段的信息类型，取值范围为 0～254，255 留作今后的扩展。

数据块类型字段的编码分配如下所示。

类型编码	含义
0	净荷数据(DATA)
1	启动(INIT)
2	启动证实(INIT ACK)
3	选择证实(SACK)
4	Heartbeat 请求(HEARTBEAT)
5	Heartbeat 证实(HEARTBEAT ACK)
6	中止(ABORT)
7	关闭(SHUTDOWN)
8	关闭证实(SHUTDOWN ACK)
9	操作差错(ERROR)

10	状态 COOKIE(COOKIE ECHO)
11	COOKIE 证实(COOKIE ACK)
12	为明确拥塞通知响应(ECNE)预留
13	为降低拥塞窗口(CWR)预留
14	关闭完成(SHUTDOWN COMPLETE)
15～62	IETF 预留
63	IETF 定义的数据块扩展
64～126	IETF 预留
127	IETF 定义的数据块扩展
128～190	IETF 预留
191	IETF 定义的数据块扩展
192～254	IETF 预留
255	IETF 定义的数据块扩展

采用这种方式编码,可以使用数据块类型字段的高 2 位比特指示当端点收到不识别该数据块类型时所要采取的特定动作。

① 00:停止处理并舍弃该分组,不处理分组中任何随后的数据块。

② 01:停止处理并舍弃该分组,不处理分组中任何随后的数据块,并在 ERROR 的“不识别的数据块类型”字段中报告不识别的数据块。

③ 10:跳过该数据块并继续处理。

④ 11:跳过该数据块并继续处理,在 ERROR 数据块中报告差错原因为不识别的参数类型。

注:ECNE 和 CWR 数据块类型预留给“明确拥塞通知”备用。

(2) 数据块标志位(8 比特):根据数据块类型的取值来选用,除非特殊规定,否则该字段设置为 0,并在接收方忽略。

(3) 数据块长度(16 比特无符号整数):表示包含数据块类型字段、数据块标志位字段、数据块长度字段和取值字段在内的字节数。因此,如果数据块取值部分的长度为 0,则该长度字段应设置为 4。数据块长度字段不计算该数据块最后一个参数中包含的填充字节。

(4) 数据块内容:可变长度。数据块内容字段包含在该数据块中传送的真正信息。该字段的使用和格式取决于数据块类型。

数据块的总长度(包括类型、长度和取值字段)必须是 4 字节的整数倍,否则,发送方应当向数据块中填充全“0”字节。填充的字节不计入数据块长度字段。发送方填充的字节数应不超过 3 字节,在接收方忽略所有的填充字节。除最后一个参数外,其他参数中的填充字段作为数据块长度进行计算。

5.4.5 SCTP 关联

1. SCTP 建立关联

为了简化程序描述,对于以下关联的建立程序,使用 SCTP 端点 A 和 SCTP 端点 B 来描述,其中假定 SCTP 端点 A 试图与 SCTP 端点 B 建立关联。

从 SCTP 端点 A 向 SCTP 端点 B 传送第一个用户数据块之前，两个端点必须完成启动程序，建立 SCTP 关联。

端点的 SCTP 用户应使用 ASSOCIATE 原语来请求启动到另一个 SCTP 端点的关联。从 SCTP 用户的观点来看，可以在没有发起 ASSOCIATE 原语的情况下，SCTP 偶联隐含地打开，通过启动端点发送第一个用户数据到目的地端点的方式来实现。启动 SCTP 将使用 INIT/INIT ACK 中所有必备和任选参数的默认值。一旦关联建立起来，在两端就打开了用于数据传送的单向流。

一个 SCTP 关联定义为：[主机 A 的一组 IP 地址]+[主机 A 的端口]+[主机 B 的一组 IP 地址]+[主机 B 的端口]。因此，每一端对应组中的任何一个 IP 地址都可作为相应的源/目的地址来标示本次关联。通过四次握手，两端 SCTP 主机交换通信状态。

SCTP 关联的建立也就是 SCTP 连接的建立，建立连接图如图 5-25 所示。有以下几个步骤。

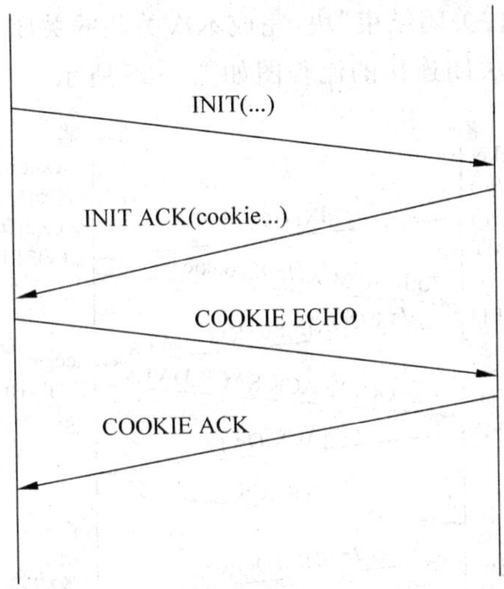

图 5-25 SCTP 连接建立的过程

(1) 客户端给服务器发送一个 INIT 初始化消息，消息中包含客户端要告诉服务器客户端的 IP 地址的清单，初始化列号(可以和 TCP 初始化序列一样来理解)，用于表示本关联中所有分组的起始标志，客户请求以及能够支持流的数目等。

(2) 服务器给客户端发回一个 INIT ACK，确认刚收到的消息，包括客户端给服务器发的所有种类的服务器自己的信息。除此之外，还有一个状态 cookie。

(3) 客户端收到状态 cookie 之后，给服务器发回一个 COOKIE ECHO，还可以在此数据包中包含用户数据。

(4) 服务器收到客户端给其发送的 COOKIE ECHO 之后，再发回 COOKIE ACK。此时同样可以携带数据。

至此，一个 SCTP 关联建立成功。

2. SCTP 关闭关联

作为面向连接的传输协议，SCTP 也通过三次握手来关闭一个关联，但与 TCP 有一点不同：一个 TCP 终端在关联关闭的过程中能够保持连接开启，并从对端接收新的数据，而 SCTP 不支持 TCP 的这种半关闭状态。

(1) 主机 A 发出“关闭”(SHUTDOWN)块来终止与主机 B 的关联，主机 A 进入“SHUTDOWN-PENDING”状态，对应的动作是：不再接收上层应用的数据，只发送队列中剩余的数据，进入“SHUTDOWN-SENT”状态。

(2) 主机 B 一旦接收到“关闭”块，就进入“SHUTDOWN-RECEIVED”状态，同主机 A 一样，不再接收上层应用的数据，只发送队列中剩余的数据。

(3) 主机 A 再次发送“关闭”块，通知主机 B 所发送的剩余数据已到达，并且重申关联正在关闭。

(4) 当第二次收到“关闭”块时，主机 B 发送“确认关闭”块。

(5) 主机 A 随后发送“关闭结束”块，完成本次关联的关闭。

SCTP 从建立连接到关闭连接的流程图如图 5-26 所示。

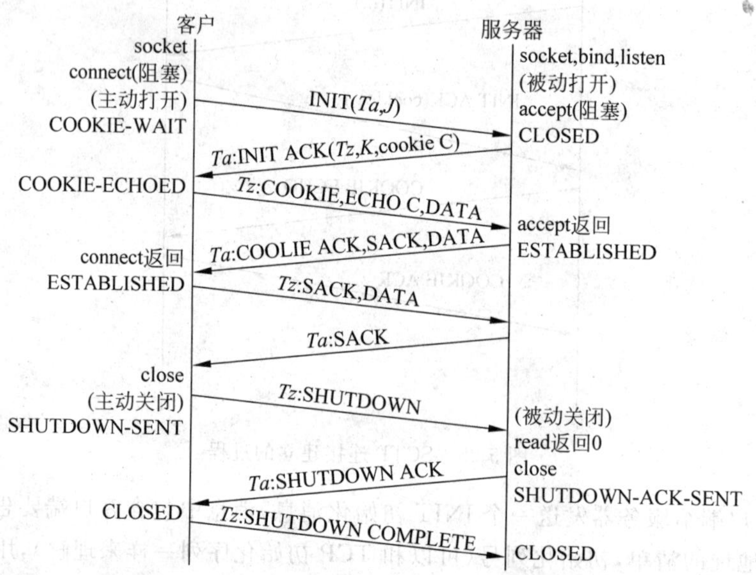

图 5-26 SCTP 从建立连接到关闭连接的流程图

5.4.6 SCTP 拥塞控制

拥塞控制是 SCTP 的一个基本功能。对于一些应用，可以为 SCTP 业务量分配足够的资源，以确保准确地递交那些对时间要求较高的数据。在正常情况下，传送就不大可能经历严重的拥塞状态。但 SCTP 必须能在不正常的情况下工作，可以是部分网络故障或者是异常业务量的情况。为了使数据尽可能地递交到高层，在上述情况下，SCTP 必须采用拥塞控制机制，使其从拥塞状态迅速恢复。

在网络没有发生拥塞的时候，预防性的拥塞控制算法不会对网络协议性能产生任何影响。

注意：在满足规定的性能要求的前提下，一个 SCTP 实施总允许采用多种拥塞控制算法，而不单是下述算法。

1. SCTP 的慢启动和避免拥塞

为了避免网络出现不必要的拥塞，SCTP 偶联会在适当时候控制进入网络的数据包数量，方法是端点使用慢启动和避免拥塞等算法。无论如何，慢启动和避免拥塞都会尽量增大拥塞控制窗口(cwnd)；重传或通路空闲时，会试图降低拥塞控制窗口。

端点必须使用慢启动和避免拥塞算法，控制进入网络的数据量。SCTP 的拥塞控制是关于偶联的，而不是针对一个流。在某些情况下，对 SCTP 发送方使用更保守的算法比其他允许的算法更有益。

与 TCP 相似，SCTP 端点使用以下 3 个控制变量来规定其传送速率。

(1) 接收方广播的窗口大小(rwnd，单位：8 位位组数)：由接收方根据入局分组的缓存容量来设置(该变量是对整个偶联而言的)。

(2) 拥塞控制窗口(cwnd，单位：8 位位组数)：该变量根据发送方观察的网络情况来调整(到每个目的地地址都应维持这样一个变量)。

(3) 慢启动门限(ssthresh，单位：8 位位组数)：发送方使用该变量确定是处于慢启动阶段，还是避免拥塞阶段(到每个目的地地址都应维持这样一个变量)。

SCTP 还需要一个附加的控制变量 partial_bytes_acked，用于在避免拥塞阶段帮助调整 cwnd。与 TCP 不同，SCTP 发送方必须要针对每个端点的目的地地址维护这组变量(此时，对端点是一个多归属的点)。

1) 慢启动(Slow-Start)

当在一个状态不明的网络，或者是空闲了相当长时间的网络上传送数据时，要求 SCTP 向网络探询，确定其可用容量。出于这个目的，在开始传送数据时，或者是对重发定时器检出的丢失消息重发时，使用慢启动算法。

在数据传送前，或者是空闲了足够长时间后，初始 cwnd 应当设置为小于或等于 2×MTU。

(1) 在重发定时器超时后，初始的 cwnd 应当不大于 1×MTU。

(2) ssthresh 的初始值可以任意大(例如，使用接收方广播窗口的大小)。

(3) 只要 cwnd 大于 0，就允许端点到某个传送地址有 cwnd 字节长的未完成数据。

(4) 当 cwnd 小于或等于 ssthresh 时，SCTP 端点采用慢启动算法来增加 cwnd(假定当前的拥塞窗口已经完全被使用了)。如果一个接收的 SACK 提高了累积 TSN ACK 的值，cwnd 最多就只能按照①和②中的最小值来增加。

① 先前未证实 DATA 数据块已被证实的总数。

② 到目的地通路的 MTU。

这主要是用来保护在 SAVAGE99 中规定的 ACK-Splitting 攻击。

若对端点是一个多归属的端点，如果一个端点收到的 SACK 增加了累积 TSN ACK 的值，则该端点应当增加与发送证实数据的目的地地址对应的 cwnd。但如果接收的 SACK 不能提高累积 TSN ACK 的值，则端点不必针对任何目的地地址调整 cwnd。

由于端点的 cwnd 并没有与累积 TSN ACK 相关联，如果收到了两个重复的 SACK，尽管它们可以不改变累积 TSN ACK，端点仍可以使用它们来记录新数据发送的时间。这样，由 SACK 证实的数据降低了传送中的数据数量，并使之小于 cwnd。于是 cwnd 的值没有变化，又允许发送新的数据。另一方面，cwnd 的增加必须要跟累积 TSN ACK 的增加相联系，否则在可能拥塞的时间里，重复的 SACK 不仅能记录新数据的时间，也能反过来记录此网络留下的更多的新数据。

当端点不向一个给定的传送地址传送数据时，该传送地址的 cwnd 应当在每个 RTO 时间内按照 max(cwnd/2,2×MTU)进行调整。

2）避免拥塞

当 cwnd 大于 ssthresh 时，如果发送方有与该传送地址对应的 cwnd 或更多未完成的数据，cwnd 应当在每个 RTT 中增加 1×MTU。

在实际实施中，采用以下方式达到这个目标。

(1) partial_bytes_acked 初始为 0。

(2) 当 cwnd 大于 ssthresh 时，若收到 SACK 提高了累积 TSN ACK 的值，则把 partial_bytes_acked 加上所有用该 SACK 的累积 TSN ACK 和 GAP ACK 块证实的所有新数据块的 8 位位组总数。

(3) 当 partial_bytes_acked 等于或大于 cwnd，且在 SACK 到达之前，发送方有 cwnd 或更多未证实的数据(表明在 SACK 到达之前，途中传送的字节数大于或等于 cwnd)时，用 MTU 来增加 cwnd，并把 partial_bytes_acked 设置为 partial_bytes_acke 的当前值减 cwnd。

(4) 与在慢启动中相同，当发送方不向一个给定的传送地址发送数据时，该传送地址的 cwnd 应当在每个 RTO 时间内按照 max(cwnd/2,2×MTU)进行调整。

(5) 当所有发送方传送的数据都被接收者证实后，partial_bytes_acked 又被重新初始化为 0。

3）拥塞控制

当根据收到的 SACK 检测到有分组丢失时，端点应采取以下动作。

```
ssthresh = max(cwnd/2,2 * MTU); cwnd = ssthresh;
```

基本上，分组的丢失将导致 cwnd 降低一半。

若到某个地址的 T3-rtx 超时，SCTP 将用如下动作进行慢启动。

```
ssthresh = max(cwnd/2,2 * MTU); cwnd = 1 * MTU;
```

并应确保在端点收到数据成功递交给该地址的确认前，不会有多于一个的 SCTP 分组在向该地址传送。

4）根据 GAP 报告的快速重发

在没有数据丢失的时候，端点采用延迟确认方式，但当端点发现到达的 TSN 顺序中出现间隔时，在这个间隔被补上之前，它每收到一个携带数据的分组，就后向发送一个 SACK。

当一个端点收到的 SACK 中指示一些 TSN 丢失，在开始采取快速重发动作前，它应当等待至少 3 次或更多次对相同 TSN 的指示(通过后续的 SACK)。

若从连续第 4 个 SACK 中收到相同的指示，该 TSN 就当作丢失来报告，发送方应采取以下动作。

(1) 标记丢失的 DATA 数据块为重发。

(2) 按照上述公式，针对最后一次发送的丢失的 DATA 数据块的目的地地址调整 ssthresh 和 cwnd。

(3) 确定有多少个最早的(最低的 TSN)标记为重发的 DATA 数据块可以放在一个分组中，不会收到该分组需要发送到的目的地地址的通路 MTU 的限制。这个值称为 K。在一个分组中，重传 K 个 DATA 数据块。

(4) 当且仅当最后的 SACK 确认的最低未完成 TSN 的 DATA 数据块发送给该地址后，或者是端点向该地址重发了第一个未证实的 DATA 数据块，重新启动 T3-rtx 定时器。

上述描述的一个最直接的实施就是针对每个由 SACK 报告的 TSN 间隔设一个计数器，这个计数器针对每个报告的 TSN 间隔来加 1，在达到 4 之后，则开始重发过程，并把该计数器清 0。

因为 SCTP 中的 cwnd 间接地限制了未完成的 TSN 的数量，TCP 的快速恢复的影响是通过不调整拥塞控制窗口的大小来自动获得的。

5) SCTP 拥塞控制的 3 种场景

(1) 建立偶联后或长期空闲后，开始传送数据。此时初始 cwnd 较小，肯定小于或等于阈值 ssthresh，选择慢启动，适当增加 cwnd。

(2) cwnd 值慢慢变大。当 cwnd>ssthresh 时，如果发送方有 cwnd 或更多完成证实(收到 SACK)的数据，启用避免拥塞算法。cwnd 应当在每个 RTT(双向传播时间)中增加一个 MTU 值。

(3) 当有未证实的数据时，启动重传，开启拥塞控制。此时先减小 cwnd 到一个较小的值，比如 MTU。开始慢启动，慢慢增大 cwnd。等 cwnd>ssthresh 时，判断是否开启避免拥塞算法。

2. SCTP 与 TCP 拥塞控制的区别

在 SCTP 的 SACK 中包含的 GAP ACK 块与 TCP 的 SACK 有着相同的含义。TCP 认为 SACK 中的信息只是建议性的，SCTP 也认为 SACK 中的 GAP ACK 块包含的信息是建议性的。在 SCTP 中，任何由 SACK 证实的 DATA 数据块，包括那些在接收方失序的 DATA 数据块，只有在通过累积的 TSN ACK 确认后，才把这些 TSN 的 DATA 数据块递交给高层(用 SACK 中累积的 TSN ACK 证实的 DATA 数据块)，因此用 cwnd 的值来控制未证实的数据，(在无 SACK 的 TCP 中)要比用最高确认的顺序号码和在拥塞窗口中可以发送的最后一个 DATA 数据块之间的上边界好。SCTP 使用了与无 SACK 的 TCP 不同的快速重发和快速恢复。

SCTP 与 TCP 的最大区别就是多归属功能。SCTP 被设计在两个端点间建立一个可靠的通信偶联，每个端点可以使用多个传送地址，两个端点间不同的地址可以产生不同的通路，其比较理想的拥塞算法就是针对不同的通路使用不同的拥塞控制参数集。对于 SCTP 来说，在拥塞控制中对多归属接收方的处理就是一个新情况，并且需要在今后改进。目前的算法使用以下假设。

(1) 除非高层有明确的指示，否则发送方总是使用相同的目的地，但是SCTP可以在一个地址被标记为未激活时选择另外一个目的地地址。同样地，在重发过程中，也可以使用与最初发送不同的传送地址。

(2) 发送方针对每个可以发送去的目的地地址使用分别的拥塞控制参数集(不是针对每个起源和目的地地址对，而只是对每个目的地地址)。如果一个地址很长时间不使用，则这些参数应当丢弃(失效)。

对于每个目的地地址，一个端点根据第一次的传送地址进行慢启动。

注：在一个单独的TCP进程中，TCP保证把数据按照顺序递交给高层。这意味着，若TCP发现在接收的顺序号码中有间隔，它一直要等待这个间隔被填好后，才把顺序号码高于丢失的顺序号码的数据递交给高层。另一方面，尽管在TSN中还有间隔，只要对于特定的流，其流顺序号码是连续的(丢失的DAT数据块属于不同的流)，或者是指示采用无序方式，SCTP可以把这些数据递交到高层协议。尽管这不会影响cwnd，但会影响rwnd的计算。

5.4.7 SCTP在工业以太网通信技术中的应用

随着自动化领域的信息化不断加深，工业以太网应用的广度和深度不断扩展。社会对关键基础设施的依赖不断加强，工业以太网在这些领域正发挥越来越重要的作用。自动控制的应用向高、精、尖发展，工业控制方面的要求越来越高，在某些高危领域的应用甚至是极端、苛刻的。另一方面，工业以太网通信所处的环境越来越多样化、复杂化，受干扰和入侵攻击的概率加大。因此，工业以太网通信要求有足够的高实时性、高可靠性，以及抗干扰、抗网络故障、抗截取、抗伪造性能，保证高质量的控制数据通信。

如前所述，现有的工业以太网方案面临着巨大的信息安全风险，下一代通用传输协议SCTP提供了一些UDP和TCP不具备的新特性。用SCTP替换现有工业以太网协议中的UDP和TCP，构建基于SCTP的工业以太网通信将更有优势，表现在以下几个方面。

(1) 利用SCTP偶联的多宿主特性，在工业以太网的端点建立网络级冗余方案，还可以采取不同的媒体通信手段，大幅度提高网络的可靠性。

(2) 多流控制能有效地减少通信延时，这样，控制数据能够通过单独的流通道来传递，其他非控制数据流走其他的多条流通道，控制数据将不会被其他通信阻塞，从而获得更好的实时性能。另外，接收端发现数据丢失时，通过SACK机制，SCTP直接给发送端反馈要求重传的消息序号，并且支持无序递交，有利于快速重传。

(3) 增加的安全机制有助于工业以太网抵御synflood(拒绝服务攻击)和匿名攻击。

基于SCTP的工业以太网通信是可行的，原因如下所述。

首先，SCTP和TCP、UDP一样，是基于IP的通用传输层协议，而且更加先进。以太网解决方案SCTP协议已经成为IETF的正式标准，有部分计算机操作系统提供SCTP的支持。在电信行业，NGN中关键的Sigtran协议栈正是基于SCTP传输层协议的。这些足以证明SCTP协议本身的成熟性。

其次，具体到工业以太网，涉及的端设备包括控制器的以太网模块、工控机板卡、OPC

软件、HMI软件等，只需要对它们进行改造，将原本基于UDP和TCP的通信协议和服务应用实现转到基于SCTP上来即可。因为网络通信对于控制网络的应用而言是透明的，因此，这种升级和改变带来了通信服务质量的提升，而对控制业务本身没有任何影响。

最后，由于基于SCTP的工业以太网只是对原有工业以太网协议的改进，因此，不会带来巨大的成本压力。

5.5 QoS

1. 定义

QoS(quality of service，服务质量)是网络的一种安全机制，是用来解决网络延时和阻塞等问题的一种技术。在正常情况下，如果网络只用于特定的无时间限制的应用系统，并不需要QoS，比如Web应用或E-mail设置等，但是对关键应用和多媒体应用十分必要。当网络过载或拥塞时，QoS能确保重要业务量不被延迟或丢弃，同时保证网络高效运行。现在的路由器一般都支持QoS。

2. 背景

在因特网创建初期，人们没有意识到QoS应用的重要性。因此，整个因特网运作犹如一个"竭尽全力"的系统。每段信息都有4个"服务类别"位和3个"优先级"位，但是它们完全没有派上用场。依发送者和接收者看来，数据包从起点到终点的传输过程中会发生许多事情，并产生如下有问题的结果。

(1) 丢失数据包。当数据包到达一个缓冲器(buffer)已满的路由器时，代表此次发送失败，路由器依照网络状况决定丢弃一部分、不丢弃或者是丢弃所有的数据包，而且这不可能预先知道。接收端的应用程序在这时必须请求重新传送，造成总体传输严重延迟。

(2) 延迟。或许需要很长时间才能将数据包传送到终点，因为它会被漫长的队列迟滞，或需要运用间接路由来避免阻塞。也许能找到快速、直接的路由，但是，延迟难以预料。

(3) 传输顺序出错。当一群相关的数据包被路由经过因特网时，不同的数据包可能选择不同的路由器，导致每个数据包有不同的延迟时间。最后，数据包到达目的地的顺序会和数据包从发送端发送出去的顺序不一致。这个问题必须要有特殊、额外的协议来负责刷新失序的数据包。

(4) 出错。有些时候，数据包在被运送的途中发生跑错路径、被合并，甚至是被毁坏的情况，接收端必须要能侦测出这些情况，并将它们统统判别为已遗失的数据包，然后请求发送端再送一份同样的数据包。

对于网络业务，QoS服务质量包括传输带宽、传送时延、数据丢包率等。在网络中，可以通过保证传输带宽、降低传送时延、降低数据丢包率以及时延抖动等措施来提高服务质量，解决上述问题。

3. QoS功能

当网络发生拥塞的时候，所有的数据流都有可能被丢弃。为满足用户对不同应用不同服务质量的要求，需要网络能根据用户的要求分配和调度资源，对不同的数据流提供不同的服务质量：对实时性强且重要的数据报文优先处理；对于实时性不强的普通数据报文，提供较低的处理优先级，网络拥塞时甚至丢弃。QoS应运而生。支持QoS功能的设备，能够提供传输品质服务；针对某种类别的数据流，可以为它赋予某个级别的传输优先级，来标识它的相对重要性，并使用设备提供的各种优先级转发策略、拥塞避免等机制为这些数据流提供特殊的传输服务。配置了QoS的网络环境，增加了网络性能的可预知性，并能够有效地分配网络带宽，更加合理地利用网络资源，如图5-27所示。

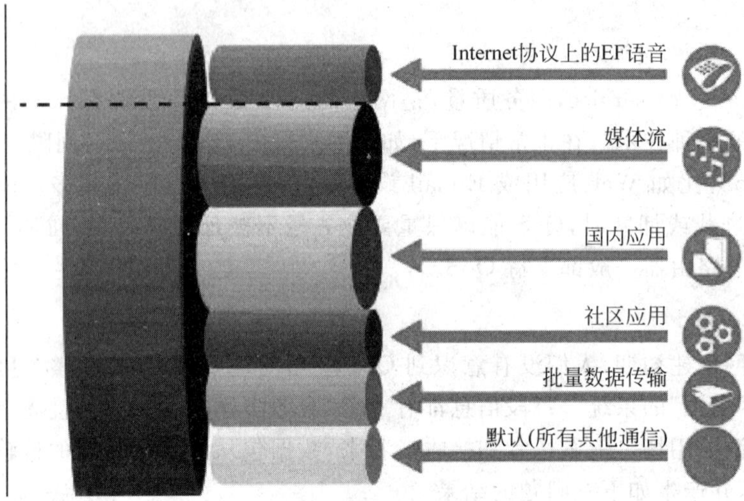

图5-27 QoS功能示意图

4. QoS服务模型

通常QoS提供3种服务模型：Best-Effort service(尽力而为服务模型)、Integrated service(综合服务模型，简称Int-Serv)和Differentiated service(区分服务模型，简称Diff-Serv)。

(1) Best-Effort是一个单一的服务模型，也是最简单的服务模型。在此模型中，网络尽最大的可能性来发送报文，但对时延、可靠性等性能不提供任何保证。

Best-Effort服务模型是网络的默认服务模型，通过FIFO队列实现，适用于绝大多数网络应用，如FTP、E-mail等。

(2) Int-Serv是一个综合服务模型，可以满足多种QoS需求，使用资源预留协议(RSVP)。RSVP运行在从源端到目的端的每台设备上，监视每个流，防止其消耗资源过多。这种体系的网络能够明确区分并保证每一个业务流的服务质量，为网络提供最细粒度化的服务质量区分。

但是，Inter-Serv模型对设备的要求很高，当网络中的数据流数量很大时，设备的存储和处理能力会承受很大的压力。Inter-Serv模型可扩展性很差，难以在Internet核心网络实施。

(3) Diff-Serv是一个多服务模型，它可以满足不同的QoS需求。与Int-Serv不同，它不需要通知网络为每个业务预留资源，区分服务实现简单，扩展性较好。

5. QoS 处理流程分类

QoS 分类是指具有 QoS 的网络能够识别哪种应用,产生哪种数据包。没有分类,网络不能确定对特殊数据包要进行的处理。所有应用都会在数据包上留下可以用来识别源应用的标识。分类就是检查这些标识,识别数据包是由哪个应用产生的。以下是 4 种常见的分类方法。

1) 协议

有些协议非常"健谈",只要它们存在,就会导致业务延迟。因此,根据协议对数据包进行识别和优先级处理,可以降低延迟。应用可以通过它们的 EtherType 进行识别。譬如,AppleTalk 协议采用 0x809B,IPX 使用 0x8137。根据协议进行优先级处理,是控制或阻止少数较老设备所使用的"健谈"协议的一种强有力方法。

2) TCP 和 UDP 端口号码

许多应用都采用一些 TCP 或 UDP 端口进行通信,如 HTTP 采用 TCP 端口 80。通过检查 IP 数据包的端口号码,智能网络可以确定数据包是由哪类应用产生的。这种方法也称为第 4 层交换,因为 TCP 和 UDP 都位于 OSI 模型的第 4 层。

3) 源 IP 地址

许多应用都是通过其源 IP 地址识别的。由于服务器有时是专门针对单一应用而配置的,如电子邮件服务器,所以分析数据包的源 IP 地址可以识别该数据包是由什么应用产生的。当识别交换机与应用服务器不直接相连,而且许多不同服务器的数据流都到达该交换机时,这种方法非常有用。

4) 物理端口号码

与源 IP 地址类似,物理端口号码指示哪个服务器正在发送数据。这种方法取决于交换机物理端口和应用服务器的映射关系。虽然这是最简单的分类形式,但是它依赖于直接与该交换机连接的服务器。

6. 优先级设置

一旦网络可以区分电话通话和网上浏览,优先级处理就可以确保进行 Internet 上大型下载的同时不中断电话通话。为了确保准确的优先级处理,所有业务量都必须在网络骨干内识别。在工作站终端进行的数据优先级处理可能会因人为差错或恶意破坏而出现问题。黑客可以有意地将普通数据标注为高优先级,窃取重要商业应用的带宽,导致商业应用失效。这种情况称为拒绝服务攻击。通过分析进入网络的所有业务量,可以检查安全攻击,并且在其导致任何危害之前及时阻止。

在局域网交换机中,多种业务队列允许数据包优先级存在。较高优先级的业务可以在不受较低优先级业务的影响下通过交换机,减少对诸如话音或视频等对时间敏感业务的延迟事故。

为了提供优先级,交换机的每个端口必须有至少 2 个队列。虽然每个端口有更多队列可以提供更为精细的优先级选择,但是在局域网环境中,每个端口需要 4 个以上队列的可能性不大。当每个数据包到达交换机时,都要根据其优先级别分配到适当的队列,该交换机再从每个队列转发数据包。该交换机通过其排队机制确定下一步要服务的队列。有以下两种排队方式。

(1) 严格优先队列(SPQ):这是一种最简单的排队方式。它首先为最高优先级的队列服务,直到该队列为空;然后为次高优先级队列服务,依此类推。这种方法的优势是,高优先级业务总是在低优先级业务之前处理。但是,低优先级业务有可能被高优先级业务完全阻塞。

(2) 加权循环(WRR):这种方法为所有业务队列服务,并且将优先权分配给较高优先级队列。在大多数情况下,相对低优先级,WRR 将首先处理高优先级;但是当高优先级业务很多时,较低优先级的业务并没有被完全阻塞。

7. QoS 关键指标

QoS 的关键指标主要包括:可用性、吞吐量、时延、时延变化(包括抖动和漂移)和丢失。下面详细介绍。

(1) 可用性:是当用户需要时网络即能工作的时间百分比。可用性主要是设备可靠性和网络存活性相结合的结果。对它起作用的还有一些其他因素,包括软件稳定性,以及网络演进或升级时不中断服务的能力。

(2) 吞吐量:是在一定时间段内对网上流量(或带宽)的度量。对 IP 网而言,可以从帧中继网借用一些概念。根据应用和服务类型,服务水平协议(SLA)可以规定承诺信息速率(CIR)、突发信息速率(BIR)和最大突发信号长度。承诺信息速率是应该严格保证的;对突发信息速率可以有所限定,以便在容纳预定长度突发信号的同时容纳从语音到视像,以及一般数据的各种服务。一般来说,吞吐量越大越好。

(3) 时延:指一项服务从网络入口到出口的平均经过时间。许多服务,特别是语音和视像等实时服务,都是高度不能容忍时延的。当时延超过 200～250ms 时,交互式会话是非常麻烦的。为了提供高质量语音和会议电视业务,网络设备必须保证低的时延。

产生时延的因素很多,包括分组时延、排队时延、交换时延和传播时延。传播时延是信息通过铜线、光纤或无线链路所需的时间,它是光速的函数。在任何系统中,包括同步数字系列(SDH)、异步传输模式(ATM)和弹性分组环路(RPR),传播时延总是存在。

(4) 时延变化:是指同一业务流中不同分组所呈现的时延不同。高频率的时延变化称作抖动,低频率的时延变化称作漂移。抖动主要是由于业务流中相继分组的排队等候时间不同引起的,是对服务质量影响最大的一个问题。某些业务类型,特别是语音和视像等实时业务,是极不容忍抖动的。分组到达时间的差异将在语音或视像中造成断续。所有传送系统都有抖动,只要抖动落在规定容差之内,就不会影响服务质量。利用缓存可以克服过量的抖动,但将增加时延,造成其他问题。

漂移是任何同步传输系统都有的一个问题。在 SDH 系统中,通过严格的全网分级定时来克服漂移。在异步系统中,漂移一般不是问题。但漂移会造成基群失帧,使服务质量的要求不能满足。

(5) 丢包:不管是比特丢失,还是分组丢失,对分组数据业务的影响比对实时业务的影响都大。在通话期间,丢失一个比特或一个分组的信息,用户往往注意不到。在视像广播期间,在屏幕上可能造成瞬间的波形干扰,然后视像很快恢复如初。即便是用传输控制协议(TCP)传送数据,也能处理丢失,因为传输控制协议允许丢失的信息重发。事实上,一种叫作随机早丢(RED)的拥塞控制机制在故意丢失分组，其目的是在流量达到设定门限时，抑制TCP传输速率，减少拥塞，同时使TCP流失去同步，防止因速率窗口的闭合引起吞吐量摆动。但分组丢失多了，会影响传输质量。所以，要保持统计数字，当超过预定门限时，就向网络管理人员告警。

习题

一、填空题

1. 从通信的角度看，网络体系结构中各层提供的服务分为两大类，即________服务和________服务。

2. 在TCP连接中，主动发起连接建立的进程是________。

3. 在TCP连接中，被动等待连接的进程是________。

4. TCP和SCTP都是基于________的协议，UDP则是一种________的协议。

5. UDP首部字段由________、________、________以及校验和字段4部分组成。

6. 在TCP报文段中，序号字段为________字节。

7. TCP报文段中的数据偏移实际指的是________。

8. TCP流量控制窗口大小的单位是________。

9. 网络在传输层上互联的设备名称是________。

10. SCTP与TCP中关闭连接的不同之处在于，TCP中连接的删除是________的。

二、单项选择题

1. 在OSI模型中，提供端到端传输功能的层次是(　　)。

A. 物理层　　B. 数据链路层　　C. 传输层　　D. 应用层

2. TCP的主要功能是(　　)。

A. 进行数据分组　　B. 保证可靠传输
C. 确定数据传输路径　　D. 提高传输速度

3. 在传输层上实现不可靠传输的协议是(　　)。

A. TCP　　B. UDP　　C. IP　　D. ARP

4. 欲传输一个短报文，TCP和UDP更快的是(　　)。

A. TCP　　B. UDP　　C. 两个都快　　D. 不能

5. 下面应用在传输层不采用TCP协议的是(　　)。

A. IP电话　　B. 万维网　　C. 电子邮件　　D. 软件下载

6. 应用层的各种进程通过(　　)实现与传输实体交互。

A. 程序　　B. 端口　　C. 进程　　D. 调用

7. 在TCP/IP参考模型中，TCP协议工作在(　　)。

A. 应用层　　B. 传输层
C. 互联层　　D. 主机—网络层

8. TCP报文中确认序号指的是(　　)。

A. 已经收到的最后一个数据序号　　B. 期望收到的第一个字节序号

C. 出现错误的数据序号 D. 请求重传的数据序号

9. TCP 报文段中,序号字段指的是(　　)。

A. 数据部分第一个字节 B. 数据部分最后一个字节

C. 报文首部第一个字节 D. 报文最后一个字节

10. TCP 流量控制中,通知窗口的功能是(　　)。

A. 指明接收端的接收能力 B. 指明接收端已经接收的数据

C. 指明发送端的发送能力 D. 指明发送端已经发送的数据

11. TCP 流量控制中,拥塞窗口的大小是(　　)。

A. 接收方根据网络状况得到的数值 B. 发送方根据网络状况得到的数值

C. 接收方根据接收能力得到的数值 D. 发送方根据发送能力得到的数值

12. 网络互联时,传输层及以上层常采用的设备是(　　)。

A. 中继器 B. 路由器 C. 网关 D. 网桥

13. 用于高层协议转换的网间连接器是(　　)。

A. 路由器 B. 集线器 C. 网关 D. 网桥

14. 三次握手方法用于(　　)。

A. 传输层连接的建立 B. 数据链路层的流量控制

C. 传输层的重复检测 D. 传输层的流量控制

15. TCP 的协议数据单元称为(　　)。

A. 比特 B. 帧 C. 分段 D. 字符

三、简答题

1. 简要说明 TCP 与 UDP 之间的相同点与不同点。

2. TCP 协议与 UDP 协议各有什么特点?各在什么情况下使用?

3. 在 TCP 的拥塞控制中,什么是慢启动和拥塞避免?各起什么作用?

4. 简述 TCP 建立连接时需要解决的问题。

5. 简述 TCP 建立连接的过程。

6. 简述 TCP 协议如何实现端到端可靠的通信服务。

7. 试说明传输层在协议栈中的地位和作用。传输层通信和网络层通信有什么重要区别?为什么传输层是必不可少的?

8. 试举例说明为何有些应用程序愿意采用不可靠的 UDP,而不采用可靠的 TCP。

9. 简述 SCTP 的主要功能。

10. 简述 SCTP 与 TCP 拥塞控制的区别。

第6章 应用层

本书前5章讨论了计算机网络是怎样提供完备的通信服务的，但是没有讨论这些通信服务是如何提供给用户计算机上的应用进程来使用的。本章将讨论计算机上的各种应用进程通过什么样的应用层协议来使用计算机网络提供的通信服务。

如第5章所述，传输层为应用进程提供了端到端通信服务。但是不同的网络应用的应用进程之间需要有不同的通信规则。所以在传输层协议之上，还需要有应用层协议(application layer protocol)。每一个应用层协议都是为了解决某一类应用问题，而应用问题的解决又必须通过位于不同主机中的多个应用进程之间的通信和协同工作来实现。应用进程之间的通信必须遵循严格的规则。应用层的内容就是精确定义这些通信规则，即应用层协议。具体而言，应用层协议应当定义下述内容。

(1) 应用进程间交换的报文类型，如请求报文和响应报文。

(2) 各种报文类型的语法，如报文中的各个字段，以及这些字段的详细描述。

(3) 字段的语义，即包含在字段中的信息所表达的意思。

(4) 进程什么时候、怎样发送报文，以及响应报文的规则。

应用层公共领域的标准应用的应用层协议由RFC文档定义，是大家都能使用的协议。例如，WWW的应用层超文本传输协议(hyper text transfer protocol，HTTP)由RFC 2616定义，作为一个RFC供大家使用。如果浏览器开发者遵守RFC 2616标准，开发出来的浏览器就可以访问任何遵守该标准的WWW服务器，并获取相应的Web页面。在因特网中，还有很多其他的应用层协议不是公开的，是专用的，不能随意应用于公共领域。例如，很多P2P文件共享系统使用的是专用应用层协议。

除此之外，还有一点需要注意，应用层协议和网络应用是两个不同的概念。应用层协议只是网络应用的一部分。比如，WWW应用是一种基于客户机/服务器体系结构的网络应用。WWW应用包含很多组件，如WWW浏览器、WWW服务器、WWW文档的格式标准，以及一个应用层协议。WWW的应用层协议是HTTP，定义了在WWW浏览器和服务器之间传送的报文类型、格式和序列规则，而WWW浏览器如何显示一个Web页面，WWW服务器是用多线程还是多进程来实现，并不是HTTP定义的内容。

下面各节将讨论一些常用的应用层协议及其应用。首先讨论的是多数应用协议都要使用的域名系统(DNS)；接下来，在介绍文件传输协议(FTP)和远程登录协议(Telnet)之后，讨论用户最常用的因特网电子邮件；之后，重点介绍万维网(WWW)的工作原理及其主要协议。万维网(WWW)的出现使因特网飞速发展,因此有关万维网的内容在本章将占用相当多的篇幅,是本章的重点。

本章主要内容如下所示。

(1) 域名系统 DNS,如何从域名解析出 IP 地址。

(2) 远程登录 Telnet,为用户提供在本地计算机上完成远程主机工作的能力。

(3) 电子邮件的传送过程,电子邮件协议 SMTP 及邮局协议 POP3 的应用。

(4) 文件的上传、下载,文件传输协议 FTP 的使用。

(5) 万维网与超文本传输协议 HTTP 的工作原理及应用。

(6) SNMP 及其 3 个组成部分(被管理的设备、SNMP 代理、网络管理系统(NMS))的作用。

6.1 域名系统 DNS

域名系统(domain name system,DNS)是在 Internet 上解决网上计算机命名问题的一种系统。就像人类走亲访友,要先知道亲友家怎么走一样,在 Internet 上,当一台主机要访问另外一台主机时,必须首先获知被访问主机的地址。在 Internet 上,主机的地址一般用 IP 地址表示,但是 TCP/IP 中的 IP 地址(这里指的是 IPv4)是由 4 段以“.”分开的数字组成,不太好记,不如名字或称域名(domain name)那么方便。所以,采用域名系统来管理名字(域名)和 IP 的对应关系。

虽然因特网上的节点都可以用 IP 地址唯一标识,并且可以通过 IP 地址被访问,但即使将 32 位二进制 IP 地址写成 4 个 0~255 的十位数形式,也依然太长、太难记。因此,人们发明了域名(domain name)。域名可将一个 IP 地址关联到一组有意义的字符上。用户访问一个网站的时候,既可以输入该网站的 IP 地址,也可以输入其域名。对访问网站而言,两者是等价的。例如,微软公司的 Web 服务器的 IP 地址是 207.46.230.229,其对应的域名是 www.microsoft.com,不管用户在浏览器地址栏中输入的是 207.46.230.229,还是 www.microsoft.com,都可以访问微软公司 Web 网站。

一个公司的 Web 网站可看作是它在网上的门户,域名相当于其门牌地址。通常,域名都使用该公司的名称或简称,例如上面提到的微软公司的域名,类似的还有:百度公司的域名是 www.baidu.com,Oracle 公司的域名是 www.oracle.com,Cisco 公司的域名是 www.cisco.com 等。生活中,若要访问一家公司的 Web 网站,如果不知道其确切域名,总会首先输入公司名称作为试探。但是由于利益牵扯或拼写等原因,由一个公司的名称或简称构成的域名,有可能被其他公司或个人抢注,甚至还有一些公司或个人恶意抢注大量由知名公司的名称构成的域名,再高价转卖给这些公司,以此牟利。虽然有了一些域名注册纠纷的仲裁措施,但要从源头上控制这类现象,需要有一套完整的限制机制,目前还没有。所以,尽早注册由自己的名称构成的域名,是任何一家公司或机构,特别是著名企业必须重视的事情。也有一些公司对由自己的品牌构成的域名实施了保护性注册。

6.1.1 名字空间

1. 域名

域名(domain name)是由一串用点(.)分隔的名字组成的Internet上某一台计算机或计算机组的名称,用于在数据传输时标识计算机在Internet上的电子方位(有时也指地理位置),是互联网上的企业、个人或机构间相互联络的网络地址。

名字空间是指定义了所有可能的名字(域名)的集合。

2. 名字空间的层次结构

域名系统的名字空间是层次结构的,类似Windows的文件名。它可看作是一个树状结构。域名系统不区分树内节点和叶子节点,统称为节点。不同节点可以使用相同的标记。所有节点的标记只能由3类字符组成:26个英文字母(a~z)、10个阿拉伯数字(0~9)和英文连词号(-),并且标记节点的长度不得超过63个字符。一个节点的域名是由从该节点到根的所有节点的标记连接组成的,中间以点分隔。最上层节点的域名称为顶级域名(top-level domain,TLD),第二层节点的域名称为二级域名,依此类推,其格式为:

……三级域名.二级域名.顶级域名

各分量分别代表不同级别的域名,每一级域名都由英文字母、数字和连字符(-)组成(并且不区分大小写字母),完整的域名不超过255个字符。采用这种方法,使每一个名字都是唯一的,并且容易设计出一种查找域名的机制。需要注意的是,域名只是个逻辑概念,并不反映计算机所在的物理地点。

目前,顶级域名有国家顶级域名、国际顶级域名和通用顶级域名三大类。最早的顶级域名是:.com表示公司企业,.net表示网络服务机构,.org表示非营利性组织,.edu表示教育机构(美国专用),.gov表示政府部门,.mil表示军事部门(美国专用)等。

因特网的域名空间如图6-1所示。它实际上是一棵倒过来的树,树根在最上面,没有名字。树根下面一级的节点就是最高一级的顶级域节点,各顶级域节点下面的是二级域节点,最下面的叶节点就是单台计算机。图6-1中列举了一些域名作为例子。凡是在顶级域名com下注册的单位都获得了一个二级域名。图中的例子有中央电视台、新浪网、IBM公司以及腾讯公司等。在顶级域名cn(中国)下的二级域名的例子是:香港特别行政区、上海市、北京市以及我国规定的6个类别域名。这些二级域名由我国自行规定,凡在其中的某一个二级域名下注册的单位都可以获得一个三级域名。如图6-1所示,在edu下面的三级域名有清华大学、北京大学、四川大学等。一旦某个单位拥有了一个域名,它就可以自己决定是否要进一步划分其下属的子域,并且不需要将这些子域的划分情况报告给上级机构。图6-1中画出了在顶级域名com下的中央电视台划分的三级域名mail。在清华大学下的四级域名的例子是mail、ep等。域名树的树叶就是单台计算机的名字,它不能再继续往下划分子域。

应当注意,虽然中央电视台和清华大学都各有一台计算机取名为mail,但其域名并不相同。因为前者是mail.cctv.com,后者是mail.tsinghua.edu.cn。因此,即使世界上有很多计算机取名为mail,但是它们在因特网的域名是唯一的。

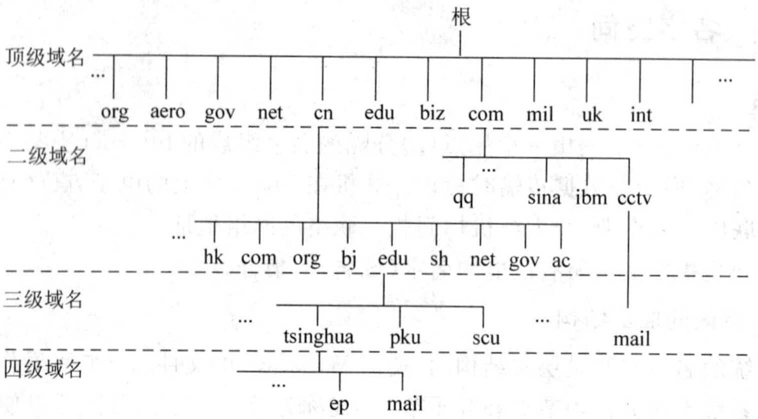

图 6-1 因特网的域名空间

还要特别指出，因特网的名字空间是按照机构的组织来划分的，与物理网络无关，与IP 地址中的"子网"也没有关系。

3. 名字的管理

因特网的域名管理机构经过了多次变化。最初由因特网网络信息中心 INTERNIC 负责，后来改由因特网国际特别委员会(Internet International Ad Hoc Committee, IAHC)负责。但是 IAHC 于 1997 年 5 月 1 日解散。现在由新成立的 gTLD-MoU 负责。gTLD-MoU 即 generic Top Level Domain Memorandum of Understanding，译为通用顶级域名协定备忘录。参加 gTLD-MoU 活动的，除因特网的有关单位外，还有 IANA (Internet Assigned Number Authority)、ISOC (Internet SOCiety)、IAB (Internet Architecture Board)等。

现在的顶级域名 TLD(top level domain)有下述 3 类。

(1) 国家顶级域名 nTDL：采用 ISO 3166 规定。例如，cn 表示中国，us 表示美国，uk 表示英国，等等。

(2) 国际顶级域名 iTDL：采用 int。国际性组织可在 int 下注册。

(3) 通用顶级域名 gTDL：根据 RFC 1591 的规定，最早的顶级域名共 6 个，如下所述。

① com：表示公司企业。

② net：表示网络服务机构。

③ org：表示非营利性组织。

④ edu：表示教育机构。

⑤ gov：表示政府部门(美国专用)。

⑥ mil：表示军事部门(美国专用)。

由于最初的 ARPANET 是美国人建造的，在通用顶级域名中，有关政府和军事部门的两个域名都是美国专用。另外，虽然美国的机构可以注册在其国家顶级域名 us 下，但它们通常注册在通用顶级域名下。一些人误认为："凡注册在通用顶级域名下的机构都在美国。"这种看法明显是不正确的。

由于因特网上的用户急剧增加，现在又新增了 7 个通用顶级域名。

① firm：表示公司企业。

② shop：表示销售公司和企业(这个域名曾经是 store)。

③ web：表示突出万维网活动的单位。

④ arts：表示突出文化、娱乐活动的单位。

⑤ rec：表示突出消遣、娱乐活动的单位。

⑥ info：表示提供信息服务的单位。

⑦ nom：表示个人。

在国家顶级域名下注册的二级域名均由该国自行确定。我国将二级域名划分为"类别域名"和"行政区域名"两大类。其中，类别域名有以下 6 个。

① ac：表示科研机构。

② com：表示工、商、金融等企业。

③ edu：表示教育机构。

④ gov：表示政府部门。

⑤ net：表示互联网络、接入网络的信息中心(NIC)和运行中心(NOC)。

⑥ org：表示各种非营利性组织。

我国一级行政区域名共有 34 个，适用于我国各省、自治区、直辖市。例如，bj 表示北京市；sh 表示上海市；js 表示江苏省。

在我国，在二级域名 edu 下申请注册三级域名由中国教育和科研计算机网网络(China Education and Research Network，CERNET)中心负责。在二级域名 edu 之外的其他二级域名下申请注册三级域名，应向中国互联网网络信息中心(China Internet Network Information Center，CNNIC)申请。关于我国的互联网络发展情况以及各种规定，均可在 CNNIC 的网址上找到。

6.1.2 域名服务器

域名服务器(domain name server，DNS)是进行域名(domain name)和与之相对应的 IP 地址(IP address)转换的服务器。DNS 中保存了一张域名和与之相对应的 IP 地址的表格，用于解析消息的域名。域名是 Internet 上某一台计算机或计算机组的符号标识，用于在数据传输时标识计算机的电子方位(有时也指地理位置)。

每一台域名服务器既要能够实现一部分域名到 IP 地址的转换(这种地址转换常称为地址解析)，还必须具有连向其他域名服务器的信息。当该域名服务器不能完成域名到 IP 地址的转换时，可以知道到什么地方去找别的域名服务器进行解析。

因特网上的域名服务器系统也是按照域名层次安排的。每一台域名服务器都只管辖域名体系中的一部分。共有以下 4 种类型的域名服务器。

(1) 本地域名服务器(local name server)：每一个因特网服务提供者 ISP，或一所大学，甚至大学里的系，都可以拥有一台本地域名服务器，有时也称为默认域名服务器。当一台主机发出 DNS 查询报文时，该报文首先被送往主机的本地域名服务器。当 PC 使用

Windows 7 时，打开“控制面板”，选择“网络和共享中心”，然后单击“更改适配器设置”打开“网络连接”。右击“本地连接”，选择本地连接的“属性”，在打开的“属性”对话框中选择“TCP/IPv4”，再选择“属性”，可看见“DNS 配置”项，其中的 DNS 服务器就是这里所说的本地域名服务器。本地域名服务器离用户较近，一般不超过几个路由器的距离。当所要查询的主机也属于同一台本地 ISP 时，该本地域名服务器立即就能将所查询的主机名转换为它的 IP 地址，不需要再去询问其他域名服务器。

(2) 根域名服务器(root name server)：目前在因特网上有十几个根域名服务器，大部分都在北美。当一个本地域名服务器不能立即回答某台主机的查询时(因为它没有保存被查询主机的信息)，该本地域名服务器就以 DNS 客户的身份向某一台根域名服务器查询。若根域名服务器有被查询主机的信息，就发送 DNS 问答报文给本地域名服务器；本地域名服务器回答发起查询的主机。但当根域名服务器没有被查询主机的信息时，它就一定知道某台保存有被查询主机名字映射的授权域名服务器的 IP 地址。通常，根域服务器用来管理顶级域(如. com)。根域名服务器并不直接对顶级域下面所属的所有域名进行转换，但它一定能够找到下面的所有一级域名的域名服务器。

(3) 顶级域名服务器(TLD 服务器)：这类域名服务器负责管理在该顶级域名服务器注册的所有二级域名。当收到 DNS 查询请求时，给出相应的应答(可能是最后的结果，也可能是下一步应当找的域名服务器的 IP 地址)。

(4) 授权域名服务器(authoritative name server)：每一台主机必须在授权域名服务器处注册、登记。通常，一台主机的授权域名服务器就是其本地 ISP 的一台域名服务器。实际上，为了更加可靠地工作，一台主机最好有至少两台授权域名服务器。许多域名服务器同时充当本地域名服务器和授权域名服务器。授权域名服务器总是能够将其管辖的主机名转换为该主机的 IP 地址。

因特网允许各单位根据具体情况，将本单位的域名划分为若干个域名服务器管辖区(zone)，一般就在各管辖区中设置相应的授权域名服务器。例如，图 6-2 中的 abc 公司有下属部门 x 和 y，部门 x 下面又有 3 个分部门 u、v 和 w，y 下面还有下属部门 t。可以看出，管辖区是“域”的子集。

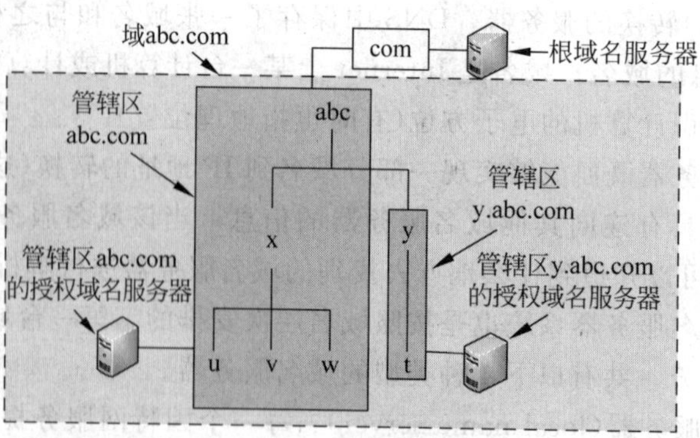

图 6-2 管辖区的划分

6.1.3 域名解析

1. 概述

在域名注册商那里注册域名之后,如何才能看到网站内容?这就叫域名解析。

域名是为了方便记忆而专门建立的一套地址转换系统。要访问一台互联网上的服务器,最终必须通过IP地址来实现,域名解析就是将域名重新转换为IP地址的过程。一个域名对应一个IP地址,一个IP地址可以对应多个域名。因此,多个域名可以同时被解析到同一个IP地址。域名解析需要由专门的域名解析服务器(DNS)来完成。

下面举例说明域名解析过程。比如域名abc.com,如果是想看到其HTTP服务,需要访问网站,进行域名解析,过程是:首先在域名注册商那里通过专门的DNS服务器将abc.com解析到Web服务器的一个固定IP地址211.214.1.×××;然后,通过Web服务器接收该域名,把域名abc.com映射到服务器上。那么,输入域名abc.com,就可以访问网站内容了,即实现了域名解析。

简言之,人们习惯记忆域名,但机器间(计算机之间)只认IP地址,域名与IP地址之间是对应的,它们之间的转换工作称为域名解析。域名解析需要由专门的域名解析服务器来完成,整个过程是自动进行的。

域名解析协议(DNS)用来把便于人们记忆的主机域名和电子邮件地址映射为计算机易于识别的IP地址。DNS是一种C/S(client/server,客户机/服务器)的结构,用户使用客户机查找一个名字对应的地址,服务器通常用于提供查询服务。

2. 域名解析过程

当DNS客户机需要查询程序中使用的名称时,它会查询本地DNS服务器来解析该名称。客户机发送的每条查询消息都包括3条信息,用于指定服务器应回答的问题。

(1) 指定的DNS域名,表示为完全合格的域名(FQDN)。

(2) 指定的查询类型,可根据类型指定资源记录,或作为查询操作的专门类型。

(3) DNS域名的指定类别。

对于DNS服务器,它始终应指定为Internet类别。例如,指定的名称可以是计算机的完全合格的域名,如im.qq.com,并且指定的查询类型用于通过该名称搜索地址资源记录。

DNS查询以各种不同的方式进行解析。客户机有时也可以通过使用从以前查询获得的缓存信息就地应答查询。DNS服务器可使用其自身的资源记录信息缓存来应答查询,也可代表请求客户机来查询或联系其他DNS服务器,以便完全解析该名称,并随后将应答返回给客户机。这个过程称为递归。

同时,客户机可尝试联系其他DNS服务器来解析名称。如果客户机通过这种方式来解析名称,它会使用基于服务器应答的独立和附加的查询。该过程称作迭代,即DNS服务器之间的交互查询就是迭代查询。

迭代查询和递归查询(见图6-3)是可以发送到域名服务器的两种请求。递归查询是最常见的发送到本地域名服务器的请求。当本地域名服务器接受了客户机的查询请求

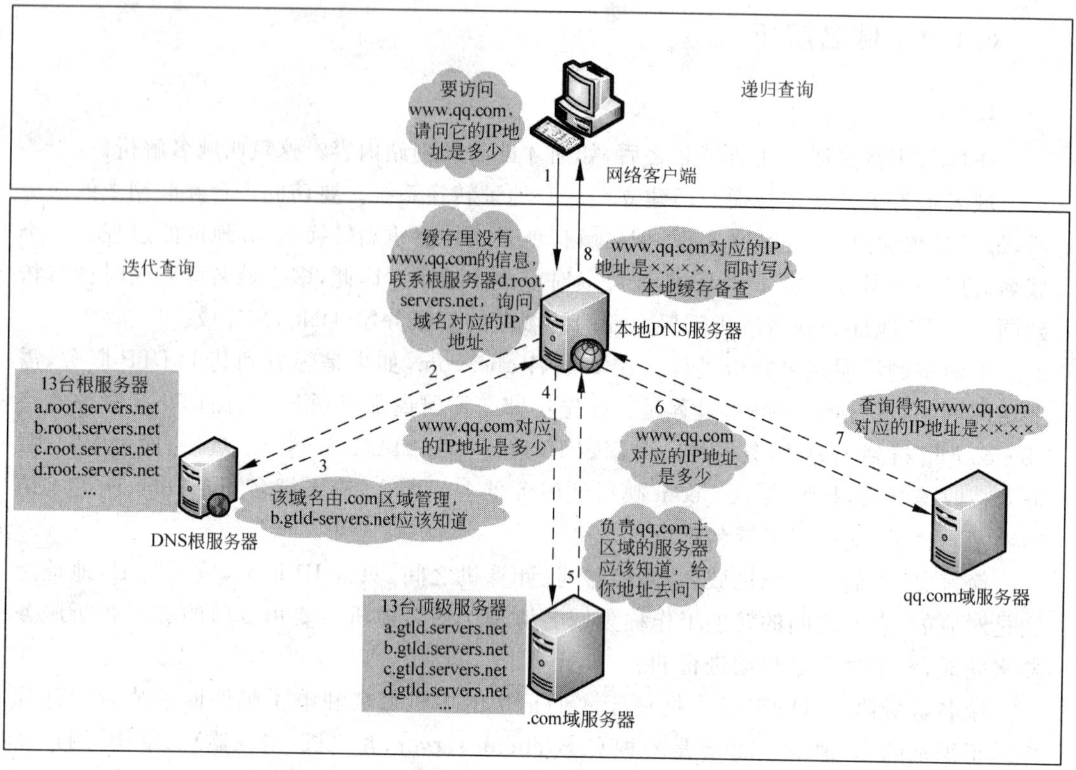

图 6-3 递归查询和迭代查询

时，本地域名服务器将力图代表客户机来找到答案；而在域名服务器执行所有工作的时候，客户机只是等待。如果本地域名服务器不能直接回答，它将在域名树中的各分支上下递归搜索来寻找答案。

对于一个递归查询，DNS 服务器将持续搜索，直到收到回答。这种回答可以是主机的 IP 地址，也可以回答"主机不存在"。不论是哪种结果，递归域名服务器将把结果返回给客户机。

一台域名服务器若设置为使用前向服务器，则它将发送递归查询到指定的前向主机。这台收到前向查询的主机也将工作在递归模式回答查询。如果本地服务器不是从属服务器，过一会儿，它可能自行开始查询过程，尽管它仍然希望从其前向主机处得到回答。如果本地域名服务器设置为一前向服务器的从属服务器，工作方式会有所不同。客户机可以发送递归查询到一台从属服务器，但从属服务器不能递归查询，它实质上将成为其前向服务器的客户机，等待回答。

迭代查询有所不同。迭代查询的最好例子是一台本地域名服务器发送请求到根服务器。当某个企业的本地域名服务器向根服务器提出查询时，根服务器并不一定代表本地域名服务器来担当回答查询的责任。另一种说法是根服务器不接收递归查询。事实上，根服务器只为解析查询做一件事：指引本地域名服务器到另一台主机来查询回答。这种做法通常称为重指引，也是期望得到的迭代查询的结果。例如，当根服务器被要求查询 www. isi. edu 的地址，根服务器不会到 ISI 域名服务器查询 www 主机的地址，它只是给本地域名服务器返回一个提示，告诉本地域名服务器到 ISI 域名服务器去继续查询和获得结果。

6.1.4 DNS 报文

DNS 请求和应答都使用相同的报文格式，分成 5 个段(有的报文段在不同的情况下可能为空)，其格式如图 6-4 所示。

注意：并不是所有 DNS 报文都有如图 6-4 所示的各个部分。图中标示的“12 字节”为 DNS 首部，肯定都会有；首部下面是正文部分，其中的查询问题部分也都会有。除此之外，回答、授权和额外信息部分只出现在 DNS 应答报文中，而这 3 个部分都采用资源记录(resource record)的相同格式。

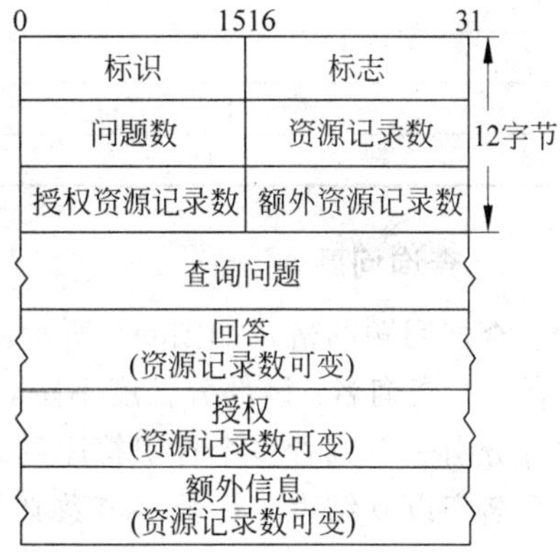

图 6-4 DNS 报文格式

DNS 报文各个部分的含义如下所述。

1. DNS 首部

(1) 标识(2 字节)：这个字段网上的解释有点不清楚：“由客户程序设置，并由服务器返回结果。”这个字段可以看作是 DNS 报文的 ID，对于相关联的请求报文和应答报文，该字段是相同的，由此可以区分 DNS 应答报文是哪个请求报文的响应。

(2) 标志(2 字节)：这部分非常重要，需要逐比特分析(见图 6-5)。

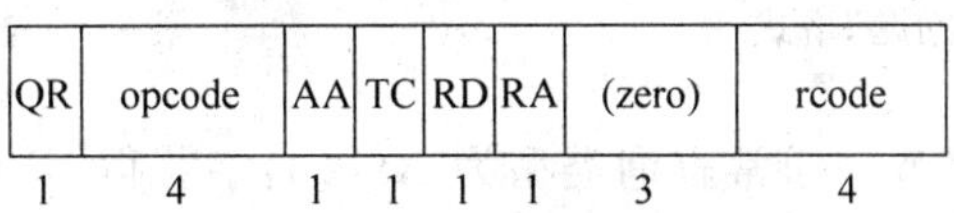

图 6-5 标志

① QR(1 比特)：查询/响应的标志位。“1”为响应，“0”为查询。

② opcode(4 比特)：定义查询或响应的类型(若为“0”，表示是标准的；若为“1”，表示是反向的；若为“2”，表示是服务器状态请求)。

③ AA(1 比特)：授权回答的标志位。该位在响应报文中有效，“1”表示名字服务器是权限服务器。

④ TC(1 比特)：截断标志位。“1”表示响应已超过 512 字节，并已被截断。

⑤ RD(1 比特)：为“1”，表示客户端希望得到递归回答。

⑥ RA(1 比特)：只能在响应报文中置为“1”，表示可以得到递归响应。

⑦ zero(3 比特)：都是“0”，保留字段。

⑧ rcode(4 比特)：返回码，表示响应的差错状态，通常为 0 和 3。各取值的含义如表 6-1 所示。

(3) 问题数、资源记录数、授权资源记录数和额外资源记录数：这 4 个字段都是 2 字节的，分别对应下面的查询问题、回答、授权和额外信息部分的数量。一般问题数都为 1。

在DNS查询报文中，资源记录数、授权资源记录数和额外资源记录数都为0。

表 6-1 rcode 取值含义

值	含 义
0	无差错
1	格式差错
2	问题在域名服务器上
3	域参照问题
4	查询类型不支持
5	在管理上被禁止
6～15	保留

2. 查询问题

查询问题的格式如图6-6所示。

(1) 查询名：该部分长度不定，一般为要查询的域名(也有IP的时候，即反向查询)。此部分由一个或者多个标识符序列组成，每个标识符以首字节数的计数值来说明其长度。每个名字以0结束。计数字节数必须在0～63之间。该字段无须填充字节。例如，查询gemi.gdlgxy.nnemero.edu，如图6-7所示。

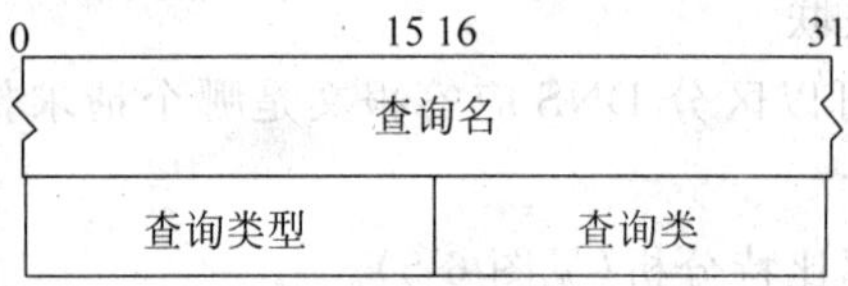

图 6-6 "查询问题"格式

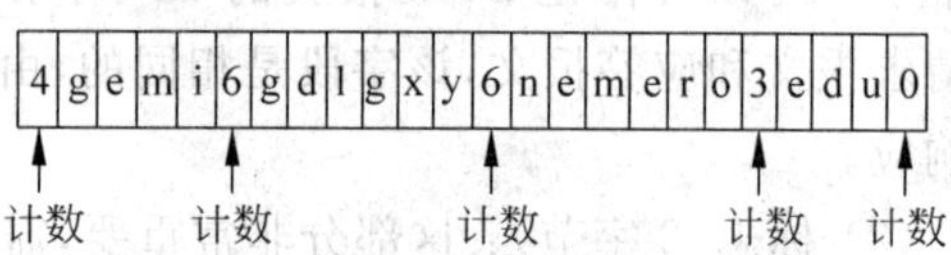

图 6-7 查询名示例

(2) 查询类型：2字节。通常查询类型为A(由名字获得IP地址)或者PTR(获得IP地址对应的域名)，其类型如表6-2所示。

表 6-2 查询类型

类型	助记符	说 明
1	A	IPv4 地址
2	NS	名字服务器
5	CNAME	规范名称。定义主机的正式名字的别名
6	SOA	开始授权。标记一个区的开始
11	WKS	熟知服务。定义主机提供的网络服务
12	PTR	指针。把IP地址转化为域名
13	HINFO	主机信息。给出主机使用的硬件和操作系统的表述
15	MX	邮件交换。把邮件改变路由，送到邮件服务器
28	AAAA	IPv6 地址
252	AXFR	传送整个区的请求
255	ANY	对所有记录的请求

(3) 查询类(2 字节):通常为 1,指 Internet 数据。

3. 回答字段、授权字段和附加信息字段

回答字段、授权字段和附加信息字段均采用与资源记录 RR(resource record)相同的格式,如图 6-8 所示。

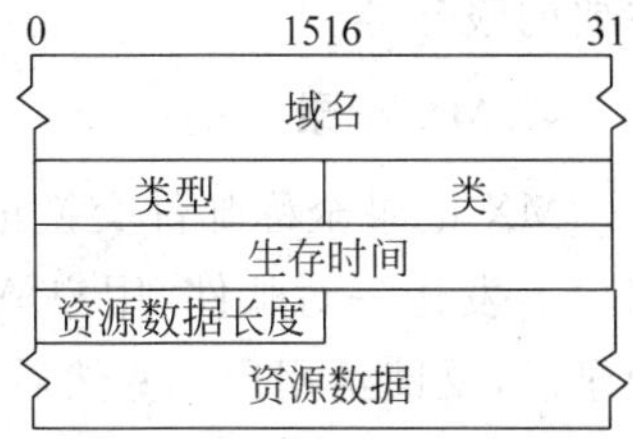

图 6-8 资源记录格式

(1) 域名字段:长度为 2 字节或不定长,记录资源数据对应的名字,它的格式和查询名字段格式相同。当报文中域名重复出现时,就需要使用 2 字节的偏移指针来替换。例如,在资源记录中,域名通常是查询问题部分的域名的重复,就需要用指针指向查询问题部分的域名。TCP/IP 详解里面有关于指针怎么用的叙述,即 2 字节的指针,最前面的两个高位是 11,用于识别指针。其他 14 位从报文开始处计数(从 0 开始),指出该报文中的相应字节数。

注意:DNS 报文的第一个报文是字节 0,第二个报文是字节 1。一般响应报文中,资源部分的域名都是指针 C00C(1100000000001100),刚好指向请求部分的域名。

(2) 类型(2 字节)、类(2 字节):含义与查询问题部分的类型和类相同。

(3) 生存时间(4 字节):该字段表示资源记录的生命周期(以秒为单位),一般用于当地址解析程序取出资源记录后决定保存及使用缓存数据的时间,是客户程序保留该资源记录的秒数。

(4) 资源数据长度(2 字节):表示资源数据的长度(以字节为单位。如果资源数据为 IP,则为 0004),说明资源数据的数量。该数据的格式依赖于类型字段的值。对于类型 1(A 记录),资源数据是 4 字节的 IP 地址。

(5) 资源数据:可变长字段,表示按查询段要求返回的相关资源记录的数据。

6.1.5 记录类型

DNS 分为正向查找区域和反向查找区域,又分为主要、辅助和存根区域。在这些区域里,又有很多记录,如下所述。

1. A 记录

A 记录也称主机记录,是使用最广泛的 DNS 记录。A 记录的基本作用就是说明一个域名对应的 IP 是多少,它是域名和 IP 地址的对应关系,表现形式为 www.contoso.com,对应 192.168.1.1。A 记录除了完成域名与 IP 的对应以外,还有一个高级用法,作为低成本的负载均衡的解决方案。比如,www.contoso.com 可以创建多个 A 记录,对应多台物理服务器的 IP 地址,实现基本的流量均衡。

2. NS 记录

NS 记录和下面要介绍的 SOA 记录一样,是任何一个 DNS 区域都不可或缺的两条记录。NS 记录也叫名称服务器记录,用于说明该区域有哪些 DNS 服务器负责解析。SOA 记录说明负责解析的 DNS 服务器中,哪一台是主服务器。因此,任何一个 DNS 区域都不可能缺少这两条记录。

3. SOA 记录

NS 记录说明了有多台服务器在进行解析，但哪一台才是主服务器呢？NS 没有说明，要看 SOA 记录。SOA 称为起始授权机构记录，说明了在众多 NS 记录里哪一台才是主要的服务器。

4. MX 记录

MX 记录全称邮件交换记录，在使用邮件服务器时，是不可或缺的。比如，用户 A 向用户 B 发送一封邮件，用户 A 需要向 DNS 查询 B 的 MX 记录。DNS 在定位到 B 的 MX 记录后，反馈给用户 A；然后，用户 A 把邮件投递到用户 B 的 MX 记录服务器里。

5. CNAME 记录

CNAME(canonical name，别名)记录允许用户将多个名字映射到同一台计算机，通常用于同时提供 WWW 和 Mail 服务的计算机。例如，有一台计算机名为“host. mydomain. com”(A 记录)，它同时提供 WWW 和 Mail 服务，为了便于用户访问这两个服务，为该计算机设置两个别名(CNAME)：WWW 和 Mail，这两个别名的全称就是“www. mydomain. com”和“mail. mydomain. com”。实际上，它们都指向“host. mydomain. com”。

6. SRV 记录

SRV 记录即服务器资源记录，是 DNS 记录中的新面孔，在 RFC 2052 中定义，因此很多老版本的 DNS 服务器不支持 SRV 记录。那么，SRV 记录有什么用呢？SRV 记录用于说明一台服务器能够提供什么样的服务。SRV 记录在微软的 Active Directory 中有着重要地位。在 NT4 时代，域和 DNS 没有太多关系。但从 Win 2000 开始，域就离不开 DNS 的帮助了。为什么呢？因为域内的计算机要依赖 DNS 的 SRV 记录来定位域控制器，表现形式为

```
--ldap._tcp.contoso.com 600 IN SRV 0 100 389 NS.contoso.com
```

其中，

(1) ldap：是一个服务，该标识说明把这台服务器当作响应 LDAP 请求的服务器。

(2) tcp：该服务使用的协议，可以是 TCP，也可以是用户数据包协议 UDP。这里是 TCP。

(3) contoso. com：此记录所指的域名。

(4) 600：此记录默认的生存时间(秒)。

(5) IN：标准 DNS Internet 类。

(6) SRV：将这条记录标识为 SRV 记录。

(7) 0：优先级。如果相同的服务有多条 SRV 记录，用户尝试先连接优先级最低的记录。

(8) 100：负载平衡机制。有多条 SRV，并且优先级相同，用户先尝试连接权重高的记录。

(9) 389：此服务使用的端口。

(10) NS. contoso. com：提供此服务的主机。

7. PTR 记录

PTR 记录也称指针记录，是 A 记录的逆向记录，作用是把 IP 地址解析为域名。如前所述，DNS 的反向区域负责从 IP 到域名的解析，因此，必须在反向区域中创建 PTR 记录。

6.2 远程登录 Telnet

远程登录 Telnet 是一个简单的远程终端协议。用户使用 Telnet，可在其所在地通过 TCP 连接注册(即登录)到远程的另一台主机(使用主机名或 IP 地址)。Telnet 能将用户的击键传到远程主机，也能将远程主机的输出通过 TCP 连接返回到用户屏幕。这种服务是透明的，用户感觉到好像键盘和显示器直接连到远程主机。

Telnet 并不复杂，以前应用得很广。现在由于 PC 的功能越来越强，用户较少使用 Telnet。Telnet 也采用客户机/服务器(C/S)模式，在本地系统运行 Telnet 客户进程，在远程主机运行 Telnet 服务器进程。服务器中的主进程等待新的请求，并产生从属进程来处理每一个连接。

6.2.1 远程登录原理

1. 远程登录的概念

分时系统允许多个用户同时使用一台计算机，为了保证系统安全和记账方便，系统要求每个用户有单独的账号作为登录标识，还为每个用户指定一个口令。用户在使用该系统之前，要输入标识和口令，这个过程称为登录。

远程登录是指用户使用 Telnet 命令，使自己的计算机暂时成为远程主机的一个仿真终端的过程。仿真终端等效于一个非智能的机器，它只负责把用户输入的每个字符传递给主机，再将主机输出的每条信息回显在屏幕上。

2. 远程登录的原理

当用 Telnet 登录进入远程计算机系统时，事实上启动了两个程序，一个叫作 Telnet 客户程序，它运行在本地计算机上；另一个叫作 Telnet 服务器程序，它运行在要登录的远程计算机上。

本地机上的客户程序要实现以下功能。

(1) 建立与服务器的 TCP 连接。

(2) 从键盘接收输入的字符。

(3) 把输入的字符串变成标准格式，并送给远程服务器。

(4) 从远程服务器接收输出的信息。

(5) 把该信息显示在屏幕上。

远程计算机的服务程序通常称为“精灵”，它平时不声不响地等候在远程计算机上，一旦接到请求,马上活跃起来,并完成以下功能。

(1) 通知用户的计算机,远程计算机已经准备好。

(2) 等候用户输入命令。

(3) 对命令做出反应(如显示目录内容,或执行某个程序等)。

(4) 把执行命令的结果送回给远程登录用户的计算机显示终端。

(5) 重新等候用户的命令。

在 Internet 中,很多服务都采取这种客户机/服务器(C/S)结构。对于 Internet 的使用者来讲,通常只要了解客户端的程序就够了。

3. 远程登录过程

使用 Telnet 协议远程登录时需要满足以下条件:在本地计算机上必须装有包含 Telnet 协议的客户程序;必须知道远程主机的 IP 地址或域名;必须知道登录标识与口令。

Telnet 远程登录服务分为以下 4 个步骤。

(1) 本地主机与远程主机建立连接。该过程实际上是建立一个 TCP 连接,用户必须知道远程主机的 IP 地址或域名。

(2) 将本地终端上输入的用户名和口令及以后输入的任何命令或字符以 NVT(net virtual terminal)格式传送到远程主机。该过程实际上是从本地主机向远程主机发送一个 IP 数据报。

(3) 将远程主机输出的 NVT 格式的数据转化为本地能接受的格式送回本地终端,包括输入命令回显和命令执行结果。

(4) 最后,本地终端对远程主机撤销连接。该过程实际是撤销一个 TCP 连接。

6.2.2 远程登录发展历程

可以先构想一个提供远程文字编辑的服务。该服务的实现,需要一台接收编辑文件请求和数据的服务器以及一台发送该请求的客户机。客户机将建立一条从本地机到服务器的 TCP 连接,当然,这中间需要服务器的应答;然后,向服务器发送输入的信息(文件编辑信息),并读取从服务器返回的输出。这便是一个标准而普通的客户机/服务器模型的服务。

好像有了客户机/服务器模型的服务,一切远程问题都可以解决了。实际情况并非如此。如果只是需要远程编辑文件,之前构想的服务完全可以胜任,但假如用户的要求不是这么简单,还想实现远程用户管理、远程数据录入、远程系统维护,想实现一切可以在远程主机上实现的操作,将需要大量专用的服务器程序,并为每一个可计算服务使用一个服务器进程。随之而来的问题是:远程机器将很快对服务器进程应接不暇,并逐渐淹没在服务器进程的海洋里(在这里排除最专业化的远程机器)。

那么,有没有办法解决上述问题呢?当然有,可以采用远程登录。允许用户在远程机器上建立一个登录会话,然后通过执行命令来实现更一般的服务,就像在本地操作一样。这样,便可以访问远程系统上所有可用的命令,并且系统设计员不需提供多个专用地服务器程序。

要实现远程登录并不简单。不考虑网络设计的计算机系统期望用户只从直接相连的键盘和显示器上登录，在这种机器上增加远程登录功能，需要修改机器的操作系统，这是极其艰巨，也是需要尽量避免的。因此，应该集中力量构造远程登录服务器软件，这也是比较困难的。

举个例子来说：一般情况下，操作系统为一些特殊按键分配特殊的含义，比如本地系统将 Ctrl＋C 解释为“终止当前运行的命令进程”。假设运行了远程登录服务器软件，Ctrl＋C 也有可能无法被传送到远端机器，如果客户机真的将 Ctrl＋C 传到远端机器，Ctrl＋C 命令也有可能不能终止本地进程，也就是说，在这里很可能产生混乱。这仅仅是遇到的难题之一。

尽管有技术上的困难，系统编程人员还是设法构造了能够应用于大多数操作系统的远程登录服务器软件，并构造了充当客户机的应用软件。通常，客户机软件取消了除一个键以外的所有键的本地解释，并将这些本地解释相应地转换成远程解释，使得客户机软件与远程机器的交互，就如同坐在远程主机面前一样，避免了上述混乱。那个唯一例外的键，使用户回到本地环境。

将远程登录服务器设计为应用级软件，还有另一个要求，就是需要操作系统提供对伪终端(pseudo terminal)的支持。用伪终端描述操作系统的入口点，它允许像 Telnet 服务器一样的程序向操作系统传送字符，并且使得字符像是来自本地键盘一样。只有使用这样的操作系统，才能将远程登录服务器设计为应用级软件(比如 Telnet 服务器软件)，否则，本地操作系统和远程系统将不能识别从对方传送过来的信息(因为它们仅能识别从本地键盘输入的信息)，远程登录将宣告失败。

将远程登录服务器设计为应用级软件，虽然有其显著的优点：比将代码嵌入操作系统更易修改和控制服务器，也有效率不高的缺点，好在用户输入信息的速率不高。这种设计还是可以接受的。

6.2.3 Telnet 协议

1. 协议的基本内容

Telnet 协议是 TCP/IP 协议族中的一员，是 Internet 远程登录服务的标准协议。应用 Telnet 协议，能够把本地用户使用的计算机变成远程主机系统的一个终端。它提供了以下 3 种基本服务。

(1) Telnet 定义一个网络虚拟终端为远程系统提供一个标准接口。客户机程序不必详细了解远程系统，它们只需构造使用标准接口的程序。

(2) Telnet 包括一个允许客户机和服务器协商选项的机制，还提供了一组标准选项。

(3) Telnet 对称处理连接的两端，即 Telnet 不强迫客户机从键盘输入，也不强迫客户机在屏幕上显示输出。

2. 适应异构

为了使多个操作系统间的 Telnet 交互操作成为可能，必须详细了解异构计算机和操作系统。比如，一些操作系统需要每行文本用 ASCII 回车控制符(CR)结束，另一些系统则需要使用ASCII换行符(LF),还有一些系统需要用两个字符的序列“回车—换行”(CR-LF);再比如,大多数操作系统为用户提供了一个中断程序运行的快捷键,但这个快捷键在各个系统中可能不同(一些系统使用Ctrl+C,另一些系统使用(ESC))。如果不考虑系统间的异构性,在本地发出的字符或命令传送到远地并被远地系统解释后,很可能不准确,或者出现错误。因此,Telnet协议必须解决这个问题。

为了适应异构环境,Telnet协议定义了数据和命令在Internet上的传输方式。此定义称作网络虚拟终端NVT(net virtual terminal)。它的应用过程如下所述。

(1) 对于发送的数据:客户机软件把来自用户终端的按键和命令序列转换为NVT格式,并发送到服务器;服务器软件将收到的数据和命令从NVT格式转换为远地系统需要的格式。

(2) 对于返回的数据:远地服务器将数据从远地机器的格式转换为NVT格式,本地客户机将接收到的NVT格式数据转换为本地格式。

对于NVT格式的详细定义,6.2.4小节将详细介绍。

3. 传送远地命令

绝大多数操作系统都提供各种快捷键来实现相应的控制命令。当用户在本地终端操作这些快捷键的时候,本地系统将执行相应的控制命令,而不把快捷键作为输入。对于Telnet来说,用什么来实现控制命令的远地传送呢?

Telnet同样使用NVT来定义如何从客户机将控制功能传送到服务器。US ASCII字符集包括95个可打印字符和33个控制码。当用户从本地输入普通字符时,NVT将按照其原始含义传送;当用户按快捷键(组合键)时,NVT将把它转化为特殊的ASCII字符在网络上传送,并在其到达远程机器后转化为相应的控制命令。将正常ASCII字符集与控制命令区分开,主要有以下两个原因。

(1) 这种区分意味着Telnet具有更大的灵活性:它可以在客户机与服务器间传送所有可能的ASCII字符,以及所有控制功能。

(2) 这种区分使得客户机可以无二义性地指定信令,不会产生控制功能与普通字符的混乱。

4. 数据流向

有些资料中提到,将Telnet设计为应用级软件有一个缺点,就是效率不高。这是为什么呢?主要是Telnet的数据流向造成的。下面讨论Telnet中的数据流向。

数据信息被用户从本地键盘输入,并通过操作系统传到客户机程序;客户机程序将其处理后返回操作系统,并由操作系统经过网络传送到远程机器;远程操作系统将接收到的数据传给服务器程序,经服务器程序再次处理后返回到操作系统上的伪终端入口点;最后,远程操作系统将数据传送到用户正在运行的应用程序。这便是一次完整的输入过程。输出将按照同一通路,将数据从服务器传送到客户机。

因为对于每一次输入和输出,计算机将切换进程环境好几次,这个开销是很昂贵的。还好用户的输入速率并不算快,这个缺点仍能接受。

5. 强制命令

考虑下面这种情况：假设本地用户运行了远程机器的一个无休止循环的错误命令或程序，且此命令或程序已经停止读取输入，那么，操作系统的缓冲区可能因此而被占满，远程服务器也就无法再将数据写入伪终端，最终导致停止从 TCP 连接读取数据，TCP 连接的缓冲区最终也会被占满，导致阻止数据流流入此连接。如果以上事情真的发生了，本地用户将失去对远程机器的控制。

为此，Telnet 协议必须使用外带信令，以便强制服务器读取一个控制命令。TCP 用紧急数据机制实现外带数据信令，那么，Telnet 只要附加一个称为数据标记(date mark)的保留 8 位组，并通过让 TCP 发送已设置紧急数据比特的报文段通知服务器就可以了。携带紧急数据的报文段将绕过流量控制，直接到达服务器。作为对紧急信令的响应，服务器将读取并抛弃所有数据，直到找到了一个数据标记。服务器在遇到数据标记后，将返回正常的处理过程。

6. 选项协商

由于 Telnet 两端的机器和操作系统的异构性，使得 Telnet 不可能，也不应该严格规定每一个 Telnet 连接的详细配置，否则将大大影响 Telnet 的适应异构性。因此，Telnet 采用选项协商机制来解决这一问题。

Telnet 选项的范围很广，一些选项扩充了大方向的功能，一些选项只涉及微小细节。例如，有一个选项可以控制 Telnet 是在半双工还是全双工模式下工作(大方向)；还有一个选项允许远程机器上的服务器决定用户终端类型(小细节)。

Telnet 选项的协商方式也很有意思，它对于每个选项的处理都是对称的，即任何一端都可以发出协商申请；任何一端都可以接受或拒绝这个申请。另外，如果一端试图协商另一端不了解的选项，接受请求的一端可简单地拒绝协商。因此，有可能将更新、更复杂的 Telnet 客户机/服务器版本与较老的、不太复杂的版本交互操作。如果客户机和服务器都理解新的选项，可能对交互有所改善；否则，它们将一起转到效率较低但可工作的方式下运行。

所有的这些设计都是为了增强适应异构性，可见，Telnet 的适应异构性对其应用和发展是多么重要。

6.2.4 网络虚拟终端

Telnet 能够适应许多计算机和操作系统的差异。例如，对于文本中一行的结束，有的系统使用 ASCII 码的回车(CR)，有的系统使用换行(LF)，还有的系统使用两个字符——回车—换行(CR-LF)。又如，许多系统在中断一个程序时使用 Ctrl+C(^C)，也有系统使用 ESCAPE(Esc)键。为了适应这种差异，Telnet 定义了数据和命令应怎样通过因特网传输。这些定义就是所谓的网络虚拟终端 NVT(network virtual terminal)。

网络虚拟终端(NVT)是一种虚拟的终端设备，它被客户机和服务器采用，用来建立数据表示和解释的一致性。网络虚拟终端 NVT 包括两个部分：一个是输出设备，用于输出远程数据，一般为显示器；另一个是输入设备，用于本地数据输入。在网络虚拟终端

NVT 上传输的数据采用 8b 数据形式，即 1 字节。其中，最高位为 0 的字节为一般数据；最高位为 1 的字节用于 NVT 命令，如图 6-9 所示。

0	1 2 3 4 5 6 7		0	1 2 3 4 5 6 7
0	标准7比特USASCII字符，表示数据		1	保留用作命令序列

图 6-9　NVT上传输的数据

客户软件将用户的击键和命令转换成 NVT 格式并送交服务器。服务器软件将收到的数据和命令从 NVT 格式转换成服务器端所需的格式。向用户返回数据时，服务器将自己的格式转换为 NVT 格式，本地客户再从 NVT 格式转换到本地系统所需的格式，如图 6-10 所示。

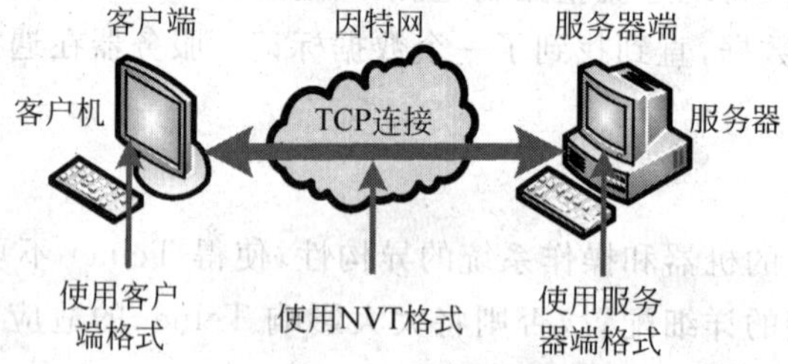

图 6-10　NVT 终端格式

NVT 的格式定义很简单，所有的通信都使用 8b 字节。在运行时，NVT 使用 7 位 ASCII 码传送数据，当高位置“1”时，用作控制命令。ASCII 码共有 95 个可打印字符（如字母、数字、标点符号）和 33 个控制字符。所有可打印字符在 NVT 中的意义和在 ASCII 码中一样。但 NVT 只使用了 ASCII 码的控制字符中的几个，如 NUL、BEL、BS、HT、LE、VF、EF 和 CR 等。此外，NVT 定义了 2 字段的 CR-LF 为标准的行结束控制符。当用户按 Enter 或 Return 键时，Telnet 客户将其转换为 CR-LF 后再传输，而 Telnet 服务器要将 CR-LF 转换为远地机器的行结束字符。

虽然 Telnet 的 NVT 的功能非常简单，但 Telnet 定义了自己的一些控制命令。如通过 Telnet 的选项协商（option negotiation），Telnet 客户和 Telnet 服务器可商定使用更多的终端功能。

6.3　电子邮件

6.3.1　电子邮件概述

电子邮件（E-mail）是因特网上使用得最多，并且最受用户欢迎的一种应用。电子邮件被发送到 ISP 的邮件服务器，并放入其中的收信人邮箱（mail-box），收信人可随时上网到 ISP 的邮件服务器读取。正因为上述性质相当于利用因特网为用户设立了存放邮件的信箱，因此 E-mail 有时也称为电子信箱。电子邮件不仅使用方便，而且具有传递迅速和费用低廉的优点。现在的电子邮件不仅可传送文字信息，还可附上声音和图像。

最初的电子邮件系统的功能很简单，邮件无标准的内部结构格式，计算机很难对邮件进行处理；用户接口也不好；用户将邮件编辑完毕后，必须退出邮件编辑程序，再调用文件传送程序，方能传送已编辑好的邮件。经过努力，人们在 1982 年制定出 ARPANET 上的电子邮件标准：简单邮件传送协议(simple mail transfer protocol，SMTP)RFC 821 和因特网文本报文格式 RFC 822，它们已成为因特网的事实上的标准。两年以后，CCITT 制定了报文处理系统 MHS 的标准，即 X.400 建议书。之后，OSI 在此基础上制定了一个面向报文的电文交换系统 MOTIF(message oriented text interchange system)的标准。1988 年，CCIIT 参照 MOTIF 修改了 X.400。X.400 是一个功能很强的电子邮件标准。

由于因特网的 SMTP 只能传送可打印的 ASCII 码邮件，因此在 1993 年人们制定了新的电子邮件标准 RFC 1521，RFC 1522，即通用因特网邮件扩充 MIME(multipurpose internet mail extension)。MIME 在其邮件首部中说明了邮件的数据类型(如文本、声音、图像、视频等)。MIME 邮件可同时传送多种类型的数据，这在多媒体通信环境下是非常有用的。

经过 10 年的竞争，全世界已广泛地使用因特网的电子邮件系统，X.400 基本上销声匿迹了。X.400 的失败是由于过于复杂，使其难于实现，因此这里不再讨论 X.400。

一个电子邮件系统应具有如图 6-11 所示的 3 个主要组成部件，即用户代理、邮件服务器和电子邮件使用的协议，如 SMTP 和 POP3(或 IMAP)等。图 6-11 中只画出了 POP3。

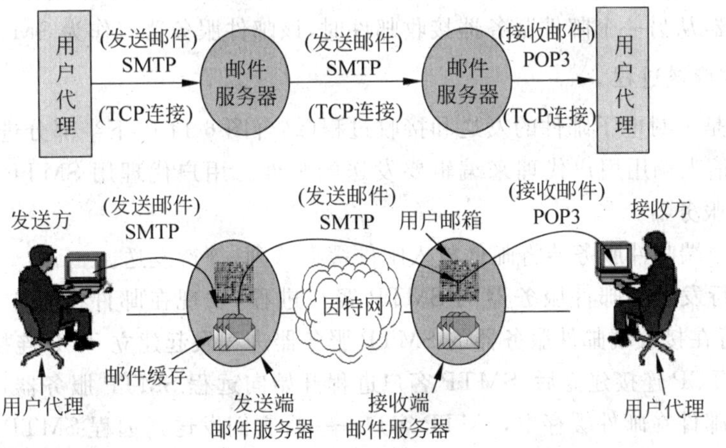

图 6-11 电子邮件系统

1. 用户代理

用户代理 UA(user agent)就是用户的电子邮件系统的接口。在大多数情况下，它是在用户 PC 中运行的程序。用户代理使用户能够通过一个很友好的接口(目前主要是用窗口界面)来发送和接收邮件。现在可供选择的用户代理有很多种。例如，微软公司的 Outlook Express 和我国张小龙制作的 Fox Mail，都是很受欢迎的电子邮件用户代理程序。

用户代理至少应当具有以下 3 个功能。

(1) 撰写邮件。给用户提供很方便地编辑信件的环境。例如，应让用户能创建便于使用的通讯录(有常用的人名和地址)；回信时,不仅能很方便地从来信中提取出对方地址,并自动地将此地址写入邮件中合适的位置,还能方便地对来信提出的问题进行答复(系统自动将来信在用户撰写回信的窗口中复制一份,因而用户不需要再输入来信中的问题)。

(2) 显示邮件内容。能方便地在计算机屏幕上显示来信(包括来信附上的声音和图像)。

(3) 处理邮件。处理包括发送邮件和接收邮件。收信人应能根据情况,按不同方式对来信进行处理。比如,邮件阅读后的删除、存盘、打印、转发等,以及自建目录对来信进行分类保存。有时还可以在读取信件之前先查看邮件的发信人和长度等,对于不愿接收的信件,可直接在邮箱中删除。

2. 邮件服务器

邮件服务器是电子邮件系统的核心构件,因特网上所有的 ISP 都有邮件服务器。邮件服务器的功能是发送和接收邮件,还要向发信人报告邮件传送的情况(已交付、被拒绝、丢失等)。邮件服务器按照客户机/服务器方式工作。邮件服务器需要使用两个不同的协议。一个协议用于发送邮件,即 SMTP 协议；另一个协议用于接收邮件,即邮局协议(post office protocol,POP)。

当邮件服务器向另一个邮件服务器发送邮件时,该邮件服务器就作为 SMTP 客户。当邮件服务器从另一个邮件服务器接收邮件时,该邮件服务器就作为 SMTP 服务器。

3. 邮件传送过程

下面就是一封电子邮件的发送和接收过程(结合图 6-11 中下半部分进行说明)。

(1) 发信人调用用户代理来编辑要发送的邮件。用户代理用 SMTP 将邮件传送给发送端邮件服务器。

(2) 发送端邮件服务器将邮件放入邮件缓存队列,等待发送。

(3) 运行发送端邮件服务器的 SMTP 客户进程,发现在邮件缓存中有待发送的邮件,就向运行在接收端邮件服务器的 SMTP 服务器进程发起建立 TCP 连接。

(4) 当 TCP 连接建立后,SMTP 客户进程开始向远程 SMTP 服务器进程发送邮件。如果有多个邮件在邮件缓存中,SMTP 客户一一将它们发送到远程 SMTP 服务器。当所有的待发送邮件发完了,SMTP 关闭所建立的 TCP 连接。

(5) 运行在接收端邮件服务器中的 SMTP 服务器进程收到邮件后,将邮件放入收件人的用户邮箱中,等待收信人在方便时读取。

(6) 收信人打算收信时,调用用户代理,使用 POP3(或 IMAP)协议,将自己的邮件从接收端邮件服务器的用户邮件中取回(如果邮箱中有来信的话)。

如果让图 6-11 中所示邮件服务器程序在发送方和接收方的 PC 中运行,是否可以将两个用户端的用户代理程序省略呢?

答案是“不行”,因为并非所有的计算机都能运行邮件服务器程序。有些计算机可能没有足够的存储器来运行允许程序在后台运行的操作系统,或是可能没有足够的 CPU 能力来运行邮件服务器程序。更重要的是,邮件服务器程序必须不间断地运行,每天 24

小时都必须不间断地连接在因特网上，否则可能使很多外面发来的邮件丢失。这样看来，让用户的 PC 运行邮件服务器程序显然是很不现实的(一般用户在不使用 PC 时，将机器关闭)。让来信暂时存储在 ISP 的邮件服务器中，当用户方便时，从邮件服务器的用户信箱中读取来信，这是一种比较合适的做法。

电子邮件由信封(envelope)和内容(content)两部分组成。电子邮件的传输程序根据邮件信封上的信息来传送邮件。用户在自己的邮箱中读取邮件时，才能见到邮件的内容。

在邮件的信封上，最重要的就是收信人地址。TCP/IP 体系的电子邮件系统规定电子邮件地址(E-mail address)的格式如下：

收信人邮箱名@邮箱所在主机的域名

其中，符号"@"读作"at"，表示"在"的意思。收信人邮箱名简称用户名(user name)，是收信人自己定义的字符串标识符。但应注意，标识收信人邮箱名的字符串在邮箱所在计算机中必须是唯一的。电子邮件的用户一般采用容易记忆的字符串，不宜使用难于记忆的字符串作为邮箱名，否则只会给自己和别人增加麻烦。例如，本书编者的电子邮件地址为

junlinzh@163.com

邮箱所在主机的域名是 163.com，即网易的主机域名。该域名在整个因特网范围内必须是唯一的。当作者到该 ISP 申请电子邮件账号时，必须保证 junlinzh 这个用户名在该 ISP 的范围内是唯一的，若已经有其他用户选用此用户名，后来的登记者只能选用另一个用户名。

由于一台主机的域名在因特网上是唯一的，而每一个邮箱名在该主机中也是唯一的，因此在因特网上的每一个电子邮件地址都是唯一的。这一点对保证电子邮件在整个因特网范围内准确交付是十分重要的。

还应注意，在发送电子邮件时，邮件服务器只使用电子邮件地址中的后一部分，即目的主机的域名。只有在邮件到达目的主机后，目的主机的邮件服务器才根据电子邮件地址中的前一部分(即收信人邮箱名)，将邮件存放在收件人的邮箱中。

6.3.2 报文传输协议 SMTP

1. SMTP 简介

简单邮件传输协议(simple mail transfer protocal，SMTP)，目标是向用户提供高效、可靠的邮件传输服务。它的一个重要特点是它能够在传送中接力传送邮件，即邮件可以通过不同网络上的主机接力式传送。通常它工作在两种情况下：一是邮件从客户机传输到服务器；二是从某一台服务器传输到另一台服务器。SMTP 是一个请求/响应协议，它监听 25 号端口，用于接收用户的 Mail 请求，并与远端 Mail 服务器建立 SMTP 连接。

使用 SMTP 时，收信人可以是和发信人连接在同一个本地网络上的用户；也可以是因特网上的其他网络用户；或者是与因特网相连，但不是 TCP/IP 网络上的用户。

SMTP 没有规定发信人应如何将邮件提交给 SMTP，以及 SMTP 应如何将邮件投递给收信人。至于邮件内部的格式，邮件如何存储，以及邮件系统应以多快的速度来发送邮

件,SMTP也都未做规定。SMTP规定的是在两个相互通信的SMTP进程之间应如何交换信息。由于SMTP使用客户机/服务器方式,因此负责发送邮件的SMTP进程就是SMTP客户,负责接收邮件的SMTP进程就是SMTP服务器。

2. SMTP模型

SMTP设计基于以下通信模型:针对用户的邮件请求,发送SMTP与接收SMTP之间建立一条双向传送通道。接收SMTP可以是最终接收者,也可以是中间传送者。SMTP命令由发送SMTP发出,由接收SMTP接收,应答则反方向传送。

一旦传送通道建立,SMTP发送者发送Mail命令,指明邮件发送者。例如,SMTP接收者可以接收邮件,返回"OK"应答。SMTP发送者再发出RCPT命令,确认邮件是否接收到。如果SMTP接收者接收,则返回"OK"应答;如果不能接收到,则发出拒绝接收应答(但不中止整个邮件操作)。双方将如此重复多次。当接收者收到全部邮件后,会接收到特别的序列;如果接收者成功处理了邮件,返回"OK"应答。

SMTP提供传送邮件的机制。如果接收方与发送方连接在同一个传送服务下,邮件可以直接由发送方主机传送到接收方主机;或者,当两者不在同一个传送服务下时,通过中继SMTP服务器传送。为了对SMTP服务器提供中继能力,它必须拥有最终目的主机地址和邮箱名称。

MAIL命令参数是回复路径,它指定邮件从何处来;RCPT命令的参数是转发路径的,它指定邮件向何处去。向前路径是源路径,回复路径是返回路径(它用于发生错误时返回邮件)。

当同一个消息要发往不同的接收者时,SMTP遇到了向不同接收者发送同一份数据的复制品的问题。邮件命令和应答有一个比较奇怪的语法,应答也有一个数字代码。在下面的例子中,可以看到哪些使用实际的命令和应答。

命令与应答对大小写不敏感,也就是说,命令和应答可以是大写、小写,或两者混合使用,但这一点对用户邮件名称不一定是对的,因为有的主机对用户名大小写敏感。这样在SMTP实现中,就将用户邮箱名称保留成初始时的样子,主机名称对大小写不敏感。

命令与应答由ASCII码字母表组成。若传送服务提供8位的字节传送通道,每7位字符正确传送,最高位被填充为0。当指定一般的命令或应答格式后,参数会由一些类似于自然语言的字符串表示出来,如"<string>"或"<reverse-path>"。尖括号表示这是一种类似于语言的变量。

3. SMTP过程

头一个说明的是基本发送过程(定义为发送操作)。接下来,介绍向前传送邮件、确认邮箱名称和扩展邮件列表,发送到终端和打开关闭交换。最后是对中断、邮件域的说明。下面的例子只是一部分命令和应答的序列。

1) Mail发送

在SMTP发送操作中有3步,操作由Mail命令开始给出发送者标识,一系列或更多的RCPT命令紧跟其后,给出了接收者信息;然后,DATA命令列出发送的邮件内容;最后,邮件内容指示符确认操作。

2）转发路径

以下例子中，<forward-path>中的目的地址不正确，但接收者知道正确的目的地址。

```
251：用户不在本地，将向前发送到<forward-path>
```

这个应答意味着接收方 SMTP 知道用户的邮箱在另外的主机上，而且意味着将在未来使用正确的转向路径。请注意，主机或者用户，两者是不同的。接收方负责传送消息。

```
551：用户非本地，请尝试<forward-path>
```

这个应答意味着接收 SMTP 知道用户的邮箱在另外的主机上，并意味着使用了正确的转发路径。接收方拒绝接收此用户的信件，发送者必须根据提供的信息重新发送，或者向原发送者返回错误信息。

3）确认和扩展

SMTP 提供了另外的确认用户名和扩展邮件列表的功能。这些功能由 VREF 和 EXPN 命令完成，都以字符串为参数。对于 VREF 命令，字符串参数指的是用户名，对此命令的响应包括用户命名及其邮箱。对于 EXPN 命令，字符串参数指的是邮件列表，对此命令的响应多于一个，包括所有列表中用户的命名及其邮箱。

"用户名"是一个多余的项目，是故意被加上的。如果主机采用 VREF 命令和 EXPN 命令，本地邮箱必须提供用户名，使它被主机确认。如果主机选择由另外的字符串作为用户名，也是允许的。

在一些主机中，邮箱列表和一个邮箱的用户名可能不是一一对应，因为一般的数据结构可能包括两种类型的入口。如果要发出对邮件列表的确认，应该给出确定响应。在接收到这个消息后，主机将把邮件传送到列表上所有的地址中；如果没有接收到确定响应，会报告错误，例如"550 That is a mail list, not a user name"。如果请求用于扩展一个用户名，可能通过返回包括一个名字的列表来形成确定响应；如果没有接收到确定响应，会报告错误，例如"550 That is a user name,not a mailing list"。

在多个响应的情况下（通常对于 EXPN 而言），每个应答指定一个邮箱。在模糊请求的情况下，例如"VRFY Smith"，多个 Smith 的响应必须是"553 User ambiguous"。

VERF 和 EXPN 命令的字符串命令参数因为具体实现的不同而不能再限制。在一些系统上，EXPN 命令的参数可能是一个包含邮件列表的文件名，但是在 Internet 上有许多不同的文件结构。

VRFY 和 EXPN 命令在最小实现中并不包括，也不要求在传送间实现。

4）发送信件（mailing）和获得信件（sending）

SMTP 的主要目的是将邮件发送到用户的邮箱中。由一些主机提供的类似功能是把邮件送至用户终端（如果用户正打开终端）。将邮件送到用户的邮箱中称为发送信件（mailing）；送至用户终端称为获得信件（sending）。因为在一些主机上，这两者的实现十分类似，所以它们同时被放入 SMTP。然而，获得信件命令在 SMTP 的最小实现中是没有的。用户应该具有控制向终端写信息的能力。大部分主机允许用户接受或者拒绝类似的信息。

5）打开和关闭

当打开传送通道时，要交换一些信息，以确定双方的身份。以下命令用于打开和关闭：

```
HELO<SP><domain><CRLF>
QUIT<CRLF>
```

在 HELLO 命令中，主机自己发送命令。此命令可以解释为："你好，我是××。"

6）转发

转发路径可能是如下格式："@ONE，@TWO：JOE@THREE"。在这里，ONE、TWO 和 THREE 是主机。这种格式用于强调地址和路径的区别。邮箱是绝对地址，路径是关于如何到达的信息。这两个概念不应混淆。

概念上，转发路径的元素被移动到回复路径，作为从一台 SMTP 服务器到另一台 SMTP 服务器的信息。回复路径是一条反向数据源路径，例如从当前信息的位置到发起者的位置。当一台 SMTP 服务器从转发路径中删除自己的标记，并将它插入回复路径时，必须使用发送环境能够理解的名称，以防名称在不同环境中被理解为不同的名字。

如果当 SMTP 接收到信息的转发路径的第一个元素不是此 SMTP 的标记时，此元素不从转发路径中删除，而被用来决定下一个应该发送到的 SMTP 服务器。在任何情况下，SMTP 都将自己的标记加入反向路径。

使用源路径时，接收 SMTP 接收转发的邮件，并发送到另一台接收 SMTP 服务器。接收服务器可以接受或拒绝转发本地用户的邮件。接收 SMTP 通过将它自己的标记从转发路径移至回复路径的开始处来改变命令参数。这时，接收 SMTP 变成发送 SMTP，也就建立了到下一个转发路径中 SMTP 的通道。然后，它向这个 SMTP 发送邮件。

在回复路径上的第一台主机应是发送 SMTP 命令的主机，在转发路径上的第一台主机应是接收 SMTP 命令的主机。

注意：转发路径和回复路径出现在 SMTP 命令和应答中，但不一定出现在信息中。也就是说，没有必须要这样的路径，特别是这种格式出现在信息头的"To:""From:"和"Cc:"等域中。

如果 SMTP 服务器接受了转发任务，但后来发现因为转发路径不正确或者其他原因无法发送邮件，它必须建立一个"undeliverable mail"信号，并将此信号送到邮件发送者那里。

此信号必须是从该主机的 SMTP 服务器发出。当然，该服务器不应再报告出错信息。一种阻止这种出错报告循环的方法，是在信号的邮件命令回复路径上置空。传送此信息时，允许将回复路径也置为空。一个 MAIL 命令后的回复路径为空，表现为如下形式：

```
MAIL FROM:<>
```

7）域

域是最近被引入 ARPA Internet 邮件系统的。使用域可以使地址空间从一个平面的普通字符串主机名，变成全局地址的一个层次结构。主机由一个域名取代，起始主机由一系列元串组成,按最特殊到一般的顺序排列,以“,”分隔。例如,“USC-ISIF. ARPA”“Fred. Cambridge. UK”和“PC7. LCS. MIT. ARPA”可能是主机—域标识符。

无论域名在SMTP中如何使用,只有正式的名称才可以被使用,不可以使用假名或者昵称。

8) 改变角色

TURN命令用来改变在传输信道上通信的程序的角色。如果程序A现在发送SMTP,它发送TURN命令并接到OK应答(250)后,变为接收SMTP。同理,程序B也可以从接收SMTP变为发送SMTP。若要拒绝改变角色,接收方发送502作为应答。

注意:此命令是可选的。在使用TCP的传输信道时,一般不使用此命令。然而,当建立传输信道的代价比较大时,此命令很有用。例如,此命令支持一般公共交换电话系统作为传输信道。

6.3.3 电子邮件的信息格式

一个电子邮件分为信封和内容两大部分。RFC 822只规定了邮件内容中的首部(即head)格式,邮件的主体(body)部分让用户自由撰写。用户写好首部后,邮件系统自动地将信封所需信息提取出来并写在信封上,用户不需要填写电子邮件信封上的信息。

邮件首部包含一些关键字,后面加上冒号。最重要的关键字是To和Subject。

“To:”后面填入一个或多个收信人的电子邮件地址。在电子邮件软件中,用户将经常通信的对象姓名和电子邮件地址写到地址簿(address book)中。当撰写邮件时,只需打开地址簿,点击收信人名字,收信人的电子邮件地址就会自动地填到合适的位置上。

“Subject”是邮件的主题,反映了邮件的主要内容。主题可以方便用户查找邮件。

邮件首部还有一项是抄送“Cc:”。这两个字符来自“Carbon copy”,意思是留下一个“复写副本”。这是借用旧的名词,表示应给某人发送一个邮件副本。

有些邮件系统允许用户使用关键字Bcc(Blind carbon copy)来实现盲复写副本,以便发信人能将邮件的副本送给某人,但不希望此事被收信人知道。Bcc又称暗送。

首部关键字还有“From”和“Date”,表示发送人的电子邮件地址和发信日期。这两项一般由邮件系统自动填入。

另一个关键字是“Reply-To”,即对方回信所用的地址,可以与发信人发信时所用的地址不同。这一项是事先设置好的,不需要在每次写信时设置。

6.3.4 邮件读取协议

常用的邮件读取协议有两个,即邮局协议第3个版本POP3和因特网报文存取协议(Internet message access protocol,IMAP)。分别讨论如下。

1. POP3

1) POP3简介

邮局协议POP是个非常简单,但功能有限的邮件读取协议。邮局协议POP最初公布于1984年的RFC 918。经过几次更新,现在使用的是它的第3个版本POP3 RFC 1939。POP3是因特网标准,大多数ISP都支持POP3。

POP也使用客户机/服务器工作方式。在接收邮件的用户的PC中必须运行POP客户程序,而在其ISP的邮件服务器中运行POP服务器程序。当然,这个ISP的邮件服务器还必须运行SMTP服务器程序,以便接收发送方邮件服务器的SMTP客户程序发来的邮件,如图6-11所示。POP服务器只有在用户输入鉴别信息(用户名和口令)后,才允许对邮箱进行读取。应当注意的是,邮件服务器只能传输电子邮件,但POP服务器还能向用户提供邮箱内容的信息。

对依靠拨号连接的用户来说,POP协议使用得最普遍。当用户拨号上网连接成功后,就可以运行POP客户程序,与ISP邮件服务器的POP服务器程序建立TCP连接(POP客户和POP服务器之间要交互一些命令与响应,但对收信人来说都是透明的),然后就可以接收电子邮件了。

2) 用POP3接收邮件的过程

用户从邮件服务器接收邮件的典型通信过程如下所述。

(1) 用户运行用户代理(如Foxmail或Outlook Express)。

(2) 用户代理(以下简称客户端)与邮件服务器(以下简称服务器端)的110端口建立TCP连接。

(3) 客户端向服务器发出命令,请求服务(如查询邮箱信息、下载一封邮件等)。

(4) 服务端解析用户命令,做出相应动作,并返回给客户端一个响应。

(5) (3)和(4)交替执行,直到接收完所有邮件,然后转到步骤(6),或两者的连接被意外中断而直接退出。

(6) 用户代理分析从服务器获得的邮件,以适当的形式(如可读)呈现给用户。

其中,(2)、(3)和(4)步采用POP3协议通信。可以看出,命令和响应是POP3通信的重点。

3) POP3命令格式

POP3的命令不多,一般形式是:COMMAND [Parameter] <CRLF>。其中,COMMAND是ASCII形式的命令名,Parameter是相应的命令参数,<CRLF>是回车换行符(0DH,0AH)。

服务器响应由一个单独的命令行组成,或多个命令行组成。响应第一行以"+OK"或"-ERR"开头,再加上一些ASCII文本。"+OK"和"-ERR"分别指出相应的操作状态是成功的,还是失败的。

4) POP3的3种状态

POP3协议中有3种状态,即认证状态、处理状态和更新状态。命令的执行可以改变协议的状态,而对于具体的某条命令,它只能在一种状态下使用。

客户机与服务器刚与服务器建立连接时,它处于认证状态;一旦客户机提供了自己的身份并被成功确认,即由认证状态转入处理状态;在完成相应的操作后,客户机发出QUIT命令,进入更新状态;更新之后,重返认证状态。当然,在认证状态下执行QUIT命令,可以释放连接。状态间转移如图6-12所示。

2. IMAP

下面介绍另一种邮件协议——因特网报文存取协议IMAP(Internet message access

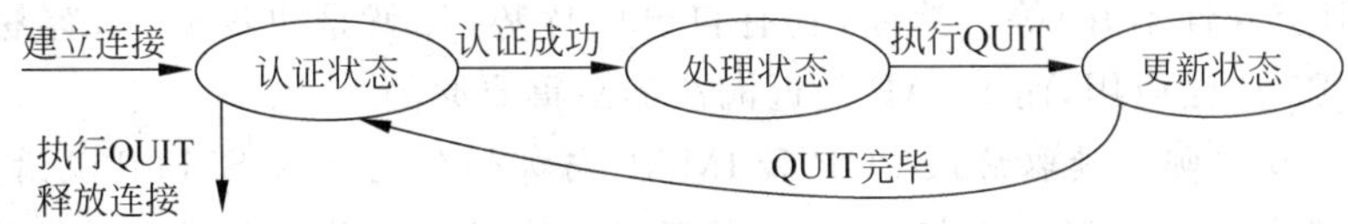

图 6-12 POP3 状态转移

protocol)。IMAP 和 POP 一样,都按客户机/服务器方式工作,但它们有很大的差别。较新的是版本 4,即 IMAP4 RFC 2060。

对于 POP,从网上收到的邮件是根据收信人的邮件地址交付给目的 ISP 邮件服务器,收信人用 PC 不定期地连接到这台邮件服务器,以便将发送给他的邮件下载到其 PC 上。此后,所有对邮件的处理都在用户 PC 上进行,因此 POP 服务器是一台具有存储—转发功能的中间服务器。一旦邮件交付给用户的 PC,POP 服务器就不再保存这些邮件(用户也可以通过事先的设置,使 POP 服务器在收信人读取邮件后仍保留此邮件。但一般都不这样做,因为这样会很快地使用户在邮件服务器的邮箱装满,因而无法再接收新的邮件)。用户在取回邮件并中断与 POP 服务器的连接后,可在自己的 PC 上慢慢处理收到的邮件。因此,POP 实际上是一个脱机协议。

在使用 IMAP 时,所有收到的邮件同样是先送到 ISP 邮件服务器的 IMAP 服务器。而在用户 PC 上运行 IMAP 客户程序,然后与 ISP 邮件服务器上的 IMAP 服务器程序建立 TCP 连接。用户在自己的 PC 上就可以操作 ISP 邮件服务器的邮箱,就像在本地操作一样,因此 IMAP 是个联机协议。当用户用 PC 上的 IMAP 客户程序打开 IMAP 服务器的邮箱时,就可以看到邮件的首部。若需要打开某个邮件,该邮件才传到用户的计算机上。用户可以根据需要为自己的邮箱创建便于分类管理的层次式邮箱文件夹,并且将存放的邮件从某一个文件夹移动到另一个文件夹中;也可按某种条件查找邮件。在用户未发出删除邮件的命令之前,IMAP 服务器邮箱中的邮件一直保存着,省去了用户 PC 硬盘上的大量存储空间。

IMAP 最大的好处就是用户可以在不同的地方使用不同的计算机(例如,使用办公室的计算机,或家中的计算机,或在外地使用笔记本电脑)随时阅读和处理自己的邮件(必须上网才能阅读邮件)。如果使用 POP3,用户出差时使用笔记本电脑就不可能再次阅读曾经在办公室台式 PC 上读取过的信件(除非经常使用复制技术,使几台计算机都存放所有已经读取过的邮件。这是很麻烦的事)。因为在使用 POP3 的 ISP 服务器上不保存已读取过的信件。

IMAP 还允许收信人只记取邮件中的某一个部分。例如,收到一个带有视频附件(此文件可能很大)的邮件,而用户是无线上网,信道的传输速率很低,为了节省时间,可以先下载邮件的正文部分,待以后有时间再读取或下载很长的附件。IMAP 的缺点是如果用户没有将邮件复制到自己的 PC 上,邮件将一直存放在 IMAP 服务器上。因此,用户需要经常与 IMAP 服务器建立连接(许多用户要考虑上网费用问题)。

POP3 相对于因特网报文存取协议(Internet message access protocol,IMAP)的最大的不足是:它只是一个脱机协议,客户与服务器的交互性不是特别好。例如,不能直接在邮箱中创建文件夹,不太好选择性地下载邮件的某些部分(虽然 TOP 命令部分地实现了这个功能，但交互性不好）等。然而，它有自己的优势，那就是协议简单，容易实现，成本低，这是 POP3 广泛应用，而 IMAP 几近淘汰的最重要原因。

注意：不要将邮件读取协议 POP 和 IMAP 与邮件传送协议 SMTP 混淆。发信人的用户代理向源邮件服务器发送邮件，源邮件服务器向目的邮件服务器发送邮件，都是使用 SMTP 协议。POP 和 IMAP 则是用户从目的邮件服务器读取邮件所使用的协议。

6.3.5 Webmail

Webmail（基于万维网的电子邮件服务）是因特网上一种主要使用网页浏览器来阅读或发送电子邮件的服务，与使用 Microsoft Outlook、Mozilla Thunderbird 等电子邮件客户端软件的电子邮件服务相对。

因特网上的许多公司，诸如雅虎、中国新浪等，都提供 Webmail 服务。此外，个人的因特网服务提供商也可能提供 Webmail，这样，他们的用户不必通过上网终端就可以直接获得邮件服务。

Webmail 是一个基于 Web 的电子邮件收发系统，扮演邮件用户代理的角色，一般而言，Webmail 系统提供邮件收发、用户在线服务和系统服务管理等功能。

Webmail 的界面直观、友好，不需要借助客户端，免除了用户配置 E-mail 客户软件（如 Foxmail、Outlook 等）的麻烦。只要能上网，就能使用 Webmail，方便用户接收和发送邮件。Webmail 使得 E-mail 在 Internet 上应用更广泛。

Webmail 与 Foxmail、Outlook 等客户端软件相比，有如下优点。

（1）只要计算机能连上网络，便可随时随地转发邮件。

（2）在 Webmail 中可以修改密码，设置自动转发、自动回复等。

（3）在 Webmail 中可以了解邮箱已使用容量，及时清理不需要的邮件，防止邮箱爆满。

（4）邮件发送速度比通过 Foxmail、Outlook Express 等软件快。

多数 Webmail 具有下列特色。

（1）文件夹。

（2）不同的邮件分入不同的文件夹。

（3）垃圾筒。

（4）地址簿。

不少 Webmail 服务同时具有下列特征。

（1）垃圾邮件检查和设置，如 U-mail 邮件服务器。

（2）POP3 收取其他电子信箱。

（3）检查附件中的计算机病毒。

（4）字典（词典）功能，拼写错误检查等。

6.3.6 多用途互联网邮件扩展 MIME

1. MIME 概述

前面所述的简单邮件传输协议 SMTP 具有以下缺点。

(1) SMTP 不能传送可执行文件或其他二进制对象。人们曾试图将二进制文件转换为 SMTP 使用的 ASCII 文本,例如流行的 UNIX Uuencode/Uudecode 方案,但均未形成正式标准或事实上的标准。

(2) SMTP 限于传送 7 位 ASCII 码,许多其他非英语国家的文字(如中文、俄文),甚至带重音符号的法文或德文都无法传送,即使在 SMTP 网关将 EBCDIC 码转换为 ASCII 码,也会遇到一些麻烦。

(3) SMTP 服务器拒绝超过一定长度的邮件。

(4) 某些 SMTP 的实现并没有完全按照 RFC 821 的 SMTP 标准,常见问题如下所述。

① 回车、换行的删除和增加。

② 超过 76 个字符时的处理,截断或自动换行。

③ 后面多余空格的删除。

④ 将制表符 Tab 转换为若干个空格。

MIME 没有改动 SMTP 或取代它,其意图是继续使用目前的 RFC 822 格式,但增加了邮件主体的结构,定义了传送非 ASCII 码的编码规则。MIME 邮件可在现有电子邮件程序和协议中传送。

多用途互联网邮件扩展类型(multipurpose internet mail extensions,MIME)设定某种扩展名的文件用一种应用程序来打开的方式。当该扩展名文件被访问的时候,浏览器自动使用指定应用程序来打开。MIME 多用于指定客户端自定义的文件名,以及媒体文件打开方式。

多用途互联网邮件扩展是一个互联网标准,在 1992 年最早应用于电子邮件系统,后来也应用到浏览器。服务器将它们发送的多媒体数据的类型告诉浏览器,通知手段就是说明该多媒体数据的 MIME 类型,让浏览器知道接收到的信息中哪些是 MP3 文件,哪些是 Shockwave 文件等。服务器将 MIME 标志符放入传送的数据,以便告诉浏览器使用哪种插件读取相关文件。

MIME 支持非 ASCII 字符、二进制格式附件等多种格式的邮件消息。这个标准被定义在 RFC 2045、RFC 2046、RFC 2047、RFC 2048、RFC 2049 中。由 RFC 822 转变而来的 RFC 2822 规定,电子邮件标准并不允许在邮件消息中使用 7 位 ASCII 字符集以外的字符。正因如此,一些非英语字符消息和二进制文件、图像、声音等非文字消息都不能在电子邮件中传输。MIME 规定了用于表示各种数据类型的符号化方法。

浏览器接收到文件后,进入插件系统进行查找,找出哪种插件可以识别、读取接收到的文件。如果浏览器不清楚调用哪种插件系统,它可能会告诉用户缺少某插件,或者直接选择某种现有插件来试图读取接收到的文件,或者导致系统崩溃。传输的信息中缺少 MIME 标识可能导致的情况很难估计,因为某些计算机系统可能不会出现故障,但某些计算机可能因此而崩溃。

检查一台服务器是否正确设置了 MIME 类型的步骤如下所述。

(1) 在 Netscape 浏览器中打开服务器网页。

(2) 进入"Tools"菜单,选择"Page Info"项。

（3）在弹出的窗口中单击上层框架中的“EMBED”。

在下层框架中查看 MIME 的类型是否为“application/x-director”或“application/x-shockwave-flash”。如果是上述信息，表明服务器已经正确设置 MIME 类型；如果 MIME 类型列出的是文本内容、8 位一组的数据或其他形式，均表明服务器的 MIME 类型没有设置正确。

如果服务器没有正确标明其发送数据的类型，服务器管理员应该正确添加相关信息，操作方法非常简单、快捷。

Microsoft 公司应用于 Windows 系统下的浏览器使用 ActiveX 控件，而不是 Netscape 插件，这种浏览器不必像其他浏览器那样依靠 MIME 的编码。OBJECT 标签的 CLSID 属性准确地标明了应调用哪种程序来读取接收到的文件，因此浏览器不必像 EMBED 标签那样选择一种读取程序。正因为如此，用户会在使用带插件的浏览器时遇到 MIME 问题，使用 ActiveX 控件的浏览器则很少出现此类麻烦。

正是由于上述工作方式的差别，也解释了一种现象。在使用 Netscape 浏览器播放 WAV 文件时，浏览器调用 LiveConnect 插件进行播放，其他浏览器一般使用通用 QuickTime 播放插件等来播放。这是因为 Netscape 浏览器接收文件时需要读取 MIME 标识符，以便决定调用哪种程序来读取接收的文件，而服务器设置在 Netscape 浏览器中播放 WAV 文件应使用 LiveConnect 插件，所以 Netscape 浏览器接收到 WAV 格式的文件时，必然调用 LiveConnect 插件，但由于其他浏览器不使用这种方式，因此它们都使用系统默认的播放 WAV 格式文件的播放器。Flash 电影文件不存在这种问题，因为只有 Flash 播放器才能够正确读取这种格式的文件。

在把输出结果传送到浏览器上的时候，浏览器必须启动适当的应用程序来处理输出文档。这通过多种类型 MIME(多功能网际邮件扩充协议)完成。在 HTTP 中，MIME 类型被定义在 Content-Type header 中。

例如，假设用户要传送一个 Microsoft Excel 文件到客户端，这时的 MIME 类型就是“excel”。在大多数实际情况中，该文件将传送给 Excel 来处理(假设设定 Excel 为处理特殊 MIME 类型的应用程序)。

2. 文件格式

最早的 HTTP 协议中没有附加的数据类型信息，所有传送的数据都被客户程序解释为超文本标记语言 HTML 文档。为了支持多媒体数据类型，HTTP 协议中使用了附加在文档之前的 MIME 数据类型信息来标识数据类型。

MIME 意为多功能 Internet 邮件扩展，其最初目的是为了在发送电子邮件时附加多媒体数据，让邮件客户程序能根据其类型进行处理。然而，当它被 HTTP 协议支持之后，其意义更显著，使得 HTTP 传输的不仅是普通文本，变得丰富多彩。

每个 MIME 类型由两部分组成，前面是数据的大类别，例如声音 audio、图像 image 等，后面定义具体的种类。

常见的 MIME 类型(通用型)如下所述。

（1）超文本标记语言文本. html text/html

（2）XML 文档. xml text/xml

(3) XHTML 文档. xhtml application/xhtml+xml
(4) 普通文本. txt text/plain
(5) RTF 文本. rtf application/rtf
(6) PDF 文档. pdf application/pdf
(7) Microsoft Word 文件. word application/msword
(8) PNG 图像. png image/png
(9) GIF 图形. gif image/gif
(10) JPEG 图形. jpeg,. jpg image/jpeg
(11) au 声音文件. au audio/basic
(12) MIDI 音乐文件 mid,. midi audio/midi,audio/x-midi
(13) RealAudio 音乐文件. ra, . ram audio/x-pn-realaudio
(14) MPEG 文件. mpg,. mpeg video/mpeg
(15) AVI 文件. avi video/x-msvideo
(16) GZIP 文件. gz application/x-gzip
(17) TAR 文件. tar application/x-tar
(18) 任意的二进制数据 application/octet-stream

除了通用型 MIME 类型之外,还有一些用于 WAP 服务器的 MINE 类型,如表 6-3 所示。

表 6-3 用于 WAP 服务器的 MIME 类型

MRP 文件(国内普遍使用的手机)	. mrp application/octet-stream
IPA 文件(iPhone,iOS 系统)	. ipa application/iphone-package-archive
	. deb application/x-debian-package-archive
APK 文件(安卓系统)	. apk application/vnd. android. package-archive
CAB 文件(Windows Mobile)	. cab application/vnd. cab-com-archive
XAP 文件(Windows Phone 7)	. xap application/x-silverlight-app
JAR、JAD 文件(Java 平台手机通用格式)	. jar . jad

Internet 中有一个专门组织 IANA 来确认标准的 MIME 类型。但 Internet 发展太快,很多应用程序等不及 IANA 来确认它们使用的 MIME 类型为标准类型,因此用在类别中以 x-开头的方法标识该类别还没有成为标准,例如 x-gzip、x-tar 等。事实上,这些类型运用得很广泛,已经成为了事实标准。只要客户机和服务器共同承认这个 MIME 类型,即使它是不标准的类型,也没有关系,客户程序就能根据 MIME 类型,采用相应的手段来处理数据。在 Web 服务器和浏览器(包括操作系统)中,都缺省设置了标准的和常见的 MIME 类型,只有对于不常见的 MIME 类型,才需要同时设置服务器和客户浏览器来识别。

由于 MIME 类型与文档的后缀相关,因此服务器使用文档的后缀来区分不同文件的 MIME 类型。在服务器中必须定义文档后缀和 MIME 类型之间的对应关系。客户程序从服务器接收数据的时候,只是从服务器接收数据流,并不了解文档的名字,因此服务器必须使用附加信息来告诉客户程序数据的 MIME 类型。服务器在发送真正的数据之前，先发送标志数据 MIME 类型的信息，该信息用 Content-type 关键字定义。例如对于 HTML 文档，服务器首先发送以下两行 MIME 标识信息：

```
Content-type: text/html

```

该标识不是真正的数据文件的一部分。

注意：第 2 行为空行，这是必需的。使用空行的目的是将 MIME 信息与真正的数据内容分隔开。

MIME 利用了一个事实，就是 RFC 822 在消息体的内容中做了一点限制：只能使用简单的 ASCII 文本。所以，MIME 信息由正常的 Internet 文本邮件组成，文本邮件拥有一些特别的符合 RFC 822 的信息头和格式化过的信息体(用 ASCII 的子集表示的附件)。这些 MIME 头给出了一种在邮件中表示附件的特别的方法。

3. 邮件头

1) 邮件头的域

邮件头包含发件人、收件人、主题、时间、MIME 版本、邮件内容的类型等重要信息。每条信息称为一个域，由域名后加"："和信息内容构成，可以是一行，较长的可以占用多行。域的首行必须"顶头"写，即左边不能有空白字符(空格和制表符)；续行则必须以空白字符打头，且第一个空白字符不是信息本身固有的，解码时要过滤掉。如上例中的第 7、8 行分别属于一个域，如表 6-4 所示。

表 6-4 邮件头中常见的域

域　名	含　义	添　加　者
Received	传输路径	各级邮件服务器
Return-Path	回复地址	目标邮件服务器
Delivered-To	发送地址	目标邮件服务器
Reply-To	回复地址	邮件的创建者
From	发件人地址	邮件的创建者
To	收件人地址	邮件的创建者
Cc	抄送地址	邮件的创建者
Bcc	暗送地址	邮件的创建者
Date	日期和时间	邮件的创建者
Subject	主题	邮件的创建者
Message-ID	消息 ID	邮件的创建者
MIME-Version	MIME 版本	邮件的创建者
Content-Type	内容的类型	邮件的创建者
Content-Transfer-Encoding	内容的传输编码方式	邮件的创建者

非标准的自定义域名都以 X-开头，例如 X-Mailer、X-MSMail-Priority 等，通常在接收和发送邮件的是同一程序时才能理解它们的含义。除了后面两个域之外，其他域的意

思很明了，所以下面只简单解释表中最后两个邮件头的域。

2）Content-Type 域

Content-Type 域，即内容类型域，用来说明传输内容的类型。Cotent-Type 域由“主类型/子类型”构成，主类型有 text、image、audio、video、application、multipart、message 等，分别表示文本、图片、音频、视频、应用、分段、消息等。每个主类型都可能包含多个子类型，如 text 类型包含 plain、html、xml、css 等子类型。以 x-开头的主类型和子类型同样表示自定义的类型，未向 IANA 正式注册，但大多约定俗成，如 application/x-zip-compressed 是 ZIP 文件类型。在 Windows 中，注册表的“HKEY_CLASSES_ROOT/MIME/Database/Content Type”内列举了除 multipart 之外大部分已知的 Content-Type。

各种类型一般都可以带参数。至于参数的形式，RFC 里有很多补充规定，有的允许带几个参数，常见的如表 6-5 所示。

表 6-5 常见类型的参数

主 类 型	参 数 名	含 义
text	charset	字符集
image	name	名称
application	name	名称
multipart	boundary	边界

3）Content-Transfer-Encoding 域

Content-Transfer-Encoding 域，即传送编码域，用来说明后面传输的内容的编码方式。

Content-Transfer-Encoding 共有 Base64、Quoted-printable、7bit、8bit、Binary 等几种。其中，7bit 是默认的编码方式。电子邮件源码最初设计为全部是可打印的 ASCII 码的形式。Base64 和 Quoted-Printable 是在非英语国家使用最广泛的编码方式。Binary 方式只具有象征意义，没有任何实用价值。

近年来，国内多数邮件服务器支持 8b 方式，因此对于只在国内传输的邮件，特别是在邮件头中，可直接使用 8b 编码，对汉字不做处理。如果邮件要送出国，还得按 Base64 或 Quoted-printable 编码。

4. 邮件体

邮件体的类型由邮件头的 Content-Type 域指出。常见的简单类型有 text/plain（纯文本）和 text/html（超文本）。

源码中出现的 multipart 类型，是 MIME 邮件的精髓。邮件体分为多个段，每个段又包含段头和段体两部分，这两部分之间以空行分隔。常见的 multipart 类型有 3 种：multipart/mixed、multipart/related 和 multipart/alternative。从其名称不难推知这些类型的含义和用处。它们之间的层次关系如图 6-13 所示。

可以看出，如果要在邮件中添加附件，必须定义 multipart/mixed 段；如果存在内嵌资源，至少要定义 multipart/related 段；如果纯文本与超文本共存，至少要定义

multipart/alternative 段。什么是“至少”？举个例子说，如果只有纯文本与超文本正文，那么在邮件头中将类型扩大化，定义为 multipart/related，甚至 multipart/mixed，都是允许的。

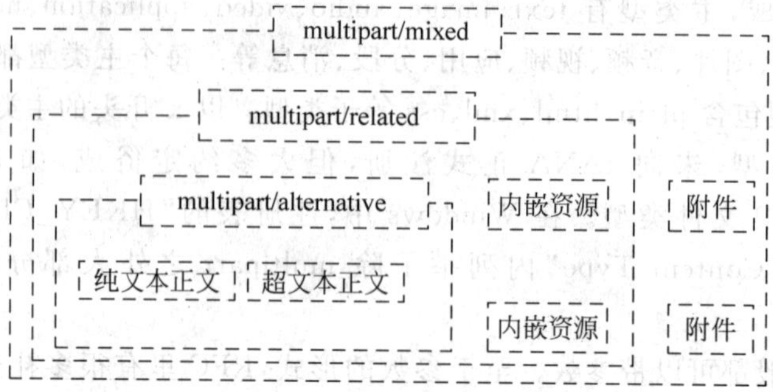

图 6-13 邮件体的层次关系

multipart 类型的共同特征是：在段头指定“boundary”参数字符串，段体内的每个子段以此串定界。所有的子段都以“--”＋boundary 行开始，父段以“--”＋boundary＋“--”行结束。段与段之间以空行分隔。在邮件体是 multipart 类型的情况下，邮件体的开始部分(第一个“--”＋boundary 行之前)可以有一些附加的文本行，相当于注释，解码时应忽略；段间也可以有一些附加的文本行，不会显示出来。

下面结合 boundary 定界和 multipart 层次关系图，分析源码中的邮件体层次与段嵌套关系。在源码中，10～12 行是附加文本行；13～82 行是 multipart/alternative 类型的段，包含 2 个子段：13～30 行是纯文本正文，32～79 行是超文本正文。

需要补充说明的是，构成邮件体的各段有自己的属性，这些属性由段头的域说明。段头中常见的域如表 6-6 所示。

表 6-6 段头中常见的域

域名	含义
Content-Type	段体的类型
Content-Transfer-Encoding	段体的传输编码方式
Content-Disposition	段体的安排方式
Content-ID	段体的 ID
Content-Location	段体的位置(路径)
Content-Base	段体的基位置

各域的含义与邮件头中同名域的含义一样，只是前者的作用域为段，后者的作用域为整个邮件体。

6.4 文件传输协议 FTP

文件传输(file transfer)是将一个文件或其中一部分从一个计算机系统传到另一个计算机系统。它可能把文件传输至另一台计算机中去存储，或访问远程计算机上的文件，或把文件传输至另一台计算机上去运行(作为一个程序)或处理(作为数据),或把文件传输至打印机去打印。由于网络中计算机的文件系统各不相同,因此要建立全网公用的文件传输规则,称之为文件传输协议(file transfer protocol,FTP)。

FTP用于Internet上控制文件的双向传输。它也是一个应用程序(application)。基于不同的操作系统有不同的FTP应用程序,而所有这些应用程序都遵守同一种协议来传输文件。在FTP的使用当中,经常遇到两个概念:下载(Download)和上传(Upload)。下载文件,就是从远程主机复制文件至自己的计算机;上传文件,就是将文件从自己的计算机复制至远程主机。用Internet语言来说,用户可通过客户机程序向(从)远程主机上传(下载)文件。

6.4.1 FTP的工作原理

文件传输只涉及两个站:本地主机和远端主机。文件的传输和管理是通过通信双方共同建立和使用单一连接实现的,即控制连接和数据连接合而为一。在单一连接上,既传输控制信息,也传输数据。远方主机建立服务进程,提供访问本地文件的功能。本地主机兼具控制和服务功能。

FTP具有以下特点。

(1) 文件传送协议只提供文件传送的基本服务,它是面向连接的服务,使用TCP作为传输协议,提供可靠的传输服务。

(2) FTP的主要作用是在不同计算机系统间传送文件,它与这两台计算机所处的位置、连接的方式以及使用的操作系统无关。

(3) FTP采用客户机/服务器方式。

文件传送协议FTP只提供文件传送的一些基本服务,利用TCP进行可靠的传输服务。FTP的主要功能是减少或消除在不同操作系统下处理文件的不兼容性。

一个FTP服务器进程可同时为多个客户进程提供服务。FTP的服务器进程由两大部分组成:一个主进程,负责接收新的请求;若干从属进程,负责处理单个请求。

主进程的工作步骤如下所述。

① 打开熟知端口(端口号为21),连接客户进程。

② 等待客户进程发出连接请求。

③ 启动从属进程,处理客户进程发来的请求。从属进程对客户进程的请求处理完毕后即终止,但从属进程在运行期间根据需要还可能创建其他子进程。

④ 回到等待状态,继续接收其他客户进程发来的请求。主进程与从属进程的处理是并发的。

FTP的工作情况如图6-14所示。在传输文件时,FTP的客户机和服务器之间建立两条连接:控制连接和数据连接。

客户端发起控制连接,服务器端发起数据连接。当客户进程向服务器进程发出建立连接请求时,首先寻找连接服务器进程的熟知端口(21),还要告诉服务器进程自己的另一个端口号码,用于建立数据传送连接,控制进程和控制连接随之创建。控制进程在接收到FTP客户发送过来的请求后,创建传送进程和数据连接。服务器进程用传送数据的熟知

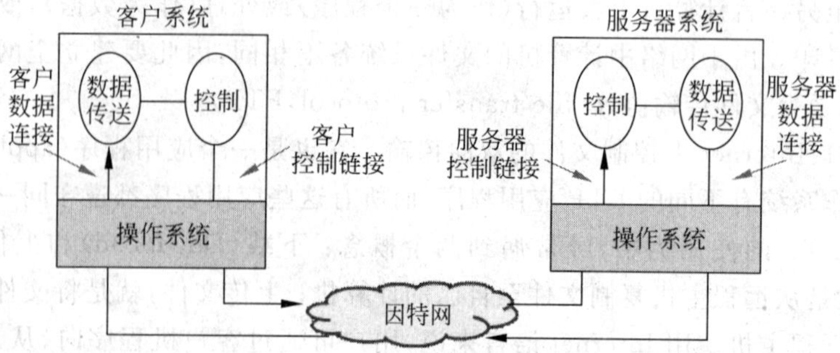

图 6-14 FTP 使用的两条 TCP 连接

端口(20)与客户进程提供的端口号建立数据传送连接。由于 FTP 使用了两个不同的端口号,所以数据连接与控制连接不会发生混乱。

大多数 FTP 服务都是匿名的。匿名 FTP 服务的实质是:提供服务的机构在其 FTP 服务器上建立一个公开账户(一般为 anonymous),并赋予该账户访问公共目录的权限,以便提供免费服务。如果用户要访问这些提供匿名服务的 FTP 服务器,一般不需要输入用户名与用户密码。为了保证 FTP 服务器的安全,几乎所有的匿名 FTP 服务器都只允许用户下载文件,而不允许用户上载文件。在 Internet 中,许多公司、大学的主机上含有数量众多的各种程序与文件,这是 Internet 巨大与宝贵的信息资源。通过使用 FTP 服务,用户可以方便地访问这些信息资源。

1. 服务器

简单地说,支持 FTP 协议的服务器就是 FTP 服务器。

与大多数 Internet 服务一样,FTP 也是一个客户机/服务器系统。用户通过一个支持 FTP 协议的客户机程序,连接到在远程主机上的 FTP 服务器程序。用户通过客户机程序向服务器程序发出命令,服务器程序执行用户发出的命令,并将执行结果返回客户机。比如,用户发出一条命令,要求服务器向用户传送某一个文件,服务器响应这条命令,将指定文件送至用户的机器。客户机程序代表用户接收到这个文件,将其存放在用户目录中。

2. 用户分类

(1) Real 账户。这类用户在 FTP 服务器上拥有账号。当这类用户登录 FTP 服务器的时候,其默认的主目录就是其账号命名的目录。但是,该目录还可以变更到其他目录中去,如系统的主目录等。

(2) Guest 用户。在 FTP 服务器中,往往会给不同的部门或者某个特定的用户设置一个账户。但是,该账户有个特点,就是只能够访问自己的主目录。服务器通过这种方式来保障 FTP 服务器上其他文件的安全性。这类账户在 Vsftpd 软件中就叫作 Guest 用户。拥有这类用户的账户只能够访问其主目录下的目录,不得访问主目录以外的文件。

(3) Anonymous(匿名)用户。这也是通常所说的匿名访问。这类用户是指在 FTP 服务器中没有指定账户,但是仍然可以匿名访问某些公开的资源。

在组建 FTP 服务器的时候,需要根据用户的类型,对用户归类。默认情况下,Vsftpd

(是一个在UNIX类操作系统上运行的服务器的名字)服务器把建立的所有账户都归属为Real用户。但是,这往往不符合企业安全的需要。因为这类用户不仅可以访问自己的主目录,还可以访问其他用户的目录,给其他用户所在的空间带来安全隐患。所以,企业要根据实际情况,修改用户所在的类别。

3. 使用方式

在TCP/IP协议中,FTP标准命令TCP端口号为21,Port方式数据端口为20。FTP的任务是从一台计算机将文件传送到另一台计算机,不受操作系统的限制。

需要进行远程文件传输的计算机必须安装和运行FTP客户程序。在Windows操作系统的安装过程中,通常都安装了TCP/IP协议软件,其中就包含FTP客户程序。但是该程序是字符界面,而不是图形界面,必须以命令提示符的方式操作,很不方便。

启动FTP客户程序工作的另一条途径是使用IE浏览器。用户只需要在IE地址栏中输入如下格式的URL地址:

```
FTP://[用户名:口令@]FTP服务器域名:[端口号]
```

注: 在CMD命令行下也可以用上述方法连接,通过put命令和get命令达到上传和下载的目的,通过ls命令列出目录。除了上述方法外,还可以在CMD下输入FTP后按Enter键,然后输入open IP来建立连接。此方法还适用于在Linux下连接FTP服务器。

通过IE浏览器启动FTP的方法尽管可以使用,但是速度较慢,还会将密码暴露在IE浏览器中,很不安全。因此,一般都安装并运行专门的FTP客户程序,操作步骤如下所述。

(1) 在本地计算机上登录到国际互联网。

(2) 搜索有文件共享的主机或者个人计算机(一般由专门的FTP服务器网站公布,上面有进入该主机或个人计算机的名称、口令和路径)。

(3) 当与远程主机或者对方的个人计算机建立连接后,用对方提供的用户名和口令登录到该主机或对方的个人计算机。

(4) 在远程主机或对方的个人计算机登录成功后,上传想分享的东西,或者下载授权共享的东西(这里的东西,是指能放到计算机里,又能在显示屏上看到的东西,主要指文件资源)。

(5) 完成工作后关闭FTP下载软件,然后切断连接。

4. 传输方式

FTP的传输有两种方式:ASCII和二进制。

(1) ASCII传输方式。假定用户正在复制的文件包含简单ASCII码文本。如果在远程机器上运行的不是UNIX,当文件传输时,FTP通常会自动地调整文件的内容,以便把文件解释成另外那台计算机存储的文本文件的格式。

但是常常有这样的情况:用户正在传输的文件包含的不是文本文件,而可能是程序、数据库、字处理文件或者压缩文件等。在复制任何非文本文件之前,用binary命令告诉FTP逐字拷贝。

(2) 二进制传输模式。在二进制传输中,保存文件的位序,以便原始文件和拷贝文件逐位一一对应,即使目的地机器上包含的位序列的文件是没意义的。例如,macintosh 以二进制方式传送可执行文件到 Windows 系统,在对方系统上,此文件不能执行。

如在 ASCII 方式下传输二进制文件,即使不需要,仍会转译。这会损坏数据(ASCII 方式一般假设每一个字符的第一有效位无意义,因为 ASCII 字符组合不使用它。如果传输二进制文件,所有的位都是重要的)。

5. 支持模式

FTP 支持两种模式:Standard(PORT 方式、主动方式)和 Passive(PASV、被动方式)。

(1) Standard 模式(Port 方式)。FTP 客户端首先和服务器的 TCP 21 端口建立连接,用来发送命令。客户端需要接收数据的时候,在此通道上发送 PORT 命令。PORT 命令包含客户端用什么端口接收数据。在传送数据的时候,服务器端通过自己的 TCP 20 端口连接至客户端的指定端口发送数据。FTP 服务器必须和客户端建立一个新的连接来传送数据。

(2) Passive 模式。建立控制通道和 Standard 模式类似,但建立连接后发送 Pasv 命令。服务器收到 Pasv 命令后,打开一个临时端口(端口号大于 1023,小于 65535),并且通知客户端在此端口上传送数据的请求。客户端连接 FTP 服务器的该端口,FTP 服务器将通过该端口传送数据。

很多防火墙在设置的时候都不允许接收外部发起的连接,所以许多位于防火墙后或内网的 FTP 服务器不支持 PASV 模式,因为客户端无法穿过防火墙打开 FTP 服务器的高端端口;而许多内网的客户端不能用 PORT 模式登录 FTP 服务器,因为从服务器的 TCP 20 端口无法和内部网络的客户端建立新的连接,造成无法工作。

6.4.2 匿名 FTP

使用 FTP 时,首先必须登录,在远程主机上获得相应的权限以后,方可下载或上传文件。也就是说,要想向哪一台计算机传送文件,必须具有哪一台计算机的适当授权。换言之,除非有用户 ID 和口令,否则无法传送文件。这种情况违背了 Internet 的开放性。Internet 上的 FTP 主机何止千万,不可能要求每个用户在每一台主机上都拥有账号。匿名 FTP 就是为解决这个问题而产生的。

匿名 FTP 是这样一种机制,用户可以通过它连接到远程主机,并从远程主机下载文件,无须成为其注册用户。系统管理员建立了一个特殊的用户 ID,名为 anonymous。Internet 上的任何人在任何地方都可使用该用户 ID。

通过 FTP 程序连接匿名 FTP 主机的方式同连接普通 FTP 主机的方式差不多,只是在要求提供用户标识 ID 时必须输入"anonymous"。该用户 ID 的口令可以是任意字符串。习惯上,使用用户自己的 E-mail 地址作为口令,使系统维护程序记录下来谁在存取这些文件。

值得注意的是,匿名 FTP 不适用于所有 Internet 主机,它只适用于那些提供了这项服务的主机。

当远程主机提供匿名 FTP 服务时,会指定某些目录向公众开放,允许匿名存取。系统中的其余目录处于隐匿状态。作为一种安全措施，大多数匿名 FTP 主机都允许用户从其下载文件，而不允许用户向其上传文件。也就是说，用户可将匿名 FTP 主机上的所有文件全部拷贝到自己的机器上，但不能将自己机器上的任何一个文件拷贝至匿名 FTP 主机。即使有些匿名 FTP 主机确实允许用户上传文件，用户也只能将文件上传至某一指定目录中。随后，系统管理员会去检查这些文件，将这些文件移至另一个公共下载目录，供其他用户下载。通过这种方式，远程主机的用户得到了保护，避免有人上传有问题的文件，如带病毒的文件。

6.4.3 简单文件传送协议 TFTP 和网络文件系统 NFS

TCP/IP 协议族中还有一个简单文件传送协议 TFTP(trivial file transfer protocol)。它是个很小，且易于实现的文件传送协议(RFC 1350,783)。虽然 TFTP 也使用客户机/服务器方式，但它使用 UDP 数据报，因此 TFTP 要有自己的差错改正措施。TFTP 只支持文件传输，不支持交互，并且没有庞大的命令集。TFTP 没有列目录的功能，也不能对用户进行身份鉴别。

TFTP 的主要优点有两个：第一，TFTP 可用于 UDP 环境。例如，当要将程序或文件同时向许多机器下载时，往往需要使用 TFTP。第二，TFTP 代码所占的内存较小。这对较小的计算机或某些特殊用途的设备是很重要的。这些设备不需要硬盘，只需要固化了 TFTP、UDP 和 IP 的小容量只读存储器。接通电源后，设备执行只读存储器中的代码，在网络广播一个 TFTP 请求，网络上的 TFTP 服务器就发送响应，其中包括可执行二进制程序的设备。收到此文件后，将其放入内存，然后开始运行程序。这种方式增加了灵活性，也减少了开销。

TFTP 的主要特点如下所述。

(1) 每次传送的数据 PDU 中有 512 字节的数据，最后一次可以不足 512 字节。

(2) 数据 PDU 也称文件块(block)。每个块按序编号，从 1 开始。

(3) 支持 ASCII 码或二进制传送。

(4) 可读或写文件。

(5) 使用很简单的首部。

TFTP 的工作很像停止等待协议，发送完一个文件块后，等待对方确认。确认时，应指明所确认的块编号。发送数据后，若在规定时间内收不到确认，重发数据 PDU；发送确认 PDU 的一方若在规定时间内收不到下一个文件块，也要重发确认 PDU，以保证文件传送不致因某一个数据报的丢失而告失败。

TCP/IP 协议族中的另一个文件传送协议是网络文件系统 NFS。NFS 最初是在 UNIX 操作系统环境下用来实现文件和目录共享。NFS 可使本地计算机共享远程资源，就像这些资源在本地一样。由于 NFS 原先是 SUN 公司在 TCP/IP 网络上创建的，因此目前 NFS 主要应用在 TCP/IP 网络上。现在，NFS 也可在 OS/2、MS Windows、NetWare 等操作系统上运行。关于 NFS 的标准，可参考 RFC 1094。

FTP 并非对所有数据传输都是最佳的。例如，计算机 A 上运行的应用程序要在远程计算机 B 的一个很大的文件末尾添加一行信息。若使用 FTP，应先将此文件从计算机 B

传送到计算机 A。添加上这一行信息后，再用 FTP 将此文件传送到计算机 B。来回传送这样大的文件很费时间，而且这种传送是不必要的，因为计算机 A 并没有使用该文件的内容。

网络文件系统 NFS 采用另一种思路。NFS 允许应用进程打开一个远程文件，并能在该文件的某一个特定位置开始读写数据。这样，NFS 可使用户只复制大文件中一个很小的片段，而不需要复制整个大文件。对于上述例子，计算机 A 中的 NFS 客户软件将要添加的数据和在文件后面写数据的请求一起发送到远程计算机 B 中的 NFS 服务器。NFS 服务器更新文件后返回应答信息。在网络上传送的只是少量的修改数据。

实际上，计算机 B 上的文件可以被多个客户存取。NFS 允许客户对文件加锁。当客户完成修改后，就对文件解锁，使其他客户能够存取。

NFS 的界面与 FTP 不同。从用户的观点看，NFS 几乎是不可见的，它被集成在操作系统的文件系统中，用普通的系统调用即可访问 NFS 文件。通过对 NFS 的配置，可使计算机的文件系统创建一个特殊的目录与远程计算机相关联，所有在该目录中的文件都被认为是远程文件。每当一个应用程序请求一个文件操作时，计算机的文件系统根据被操作文件所在目录，就知道应将此请求传递给本地文件系统或 NFS 客户软件。若属于后一种情况，则 NFS 客户软件利用网络对远程计算机文件系统进行操作。因此，只要安装和配置了 NFS，计算机的文件系统就包含相当于远程文件系统的目录。显然，这种方案相当灵活，因为应用程序执行的标准文件操作使得任何一个应用程序都可使用远程文件。

6.5 万维网与超文本传输协议 HTTP

WWW 是环球信息网的缩写（亦作 Web、WWW、W3，英文全称 World Wide Web），中文名字为万维网、环球网等，常简称为 Web 或 WWW，分为 Web 客户端和 Web 服务器程序。WWW 可以让 Web 客户端（常用浏览器）访问、浏览 Web 服务器上的页面。它是一个由许多互相链接的超文本组成的系统，通过互联网访问。在这个系统中，每个有用的事物称为一样“资源”，由一个全局的“统一资源标识符”（URI）标识。这些资源通过超文本传输协议传送给用户，后者通过点击链接来获得资源。

万维网联盟（World Wide Web Consortium，W3C）又称 W3C 理事会，于 1994 年 10 月在美国麻省理工学院（MIT）计算机科学实验室成立。万维网联盟的创建者是万维网的发明者蒂姆·伯纳斯-李。

万维网并不等同互联网，它只是互联网所能提供的服务之一，是依靠互联网运行的一项服务。

6.5.1 体系架构

万维网 WWW（world wide web）并非某种特殊的计算机网络，它是一个大规模的、联机式的信息储藏所，简称 Web。万维网用链接的方法能非常方便地从因特网上的一个站点访问另一个站点（也就是所谓的“链接到另一个站点”），从而主动地按需获取丰富的信息。图 6-15 说明了万维网提供分布式服务的特点。

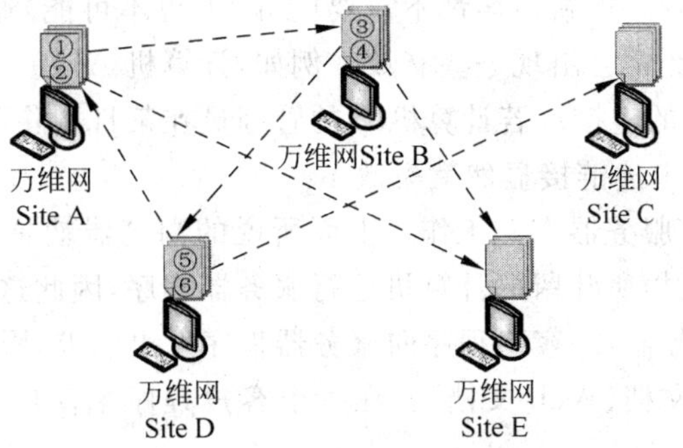

图 6-15 万维网分布式服务

图 6-15 中画出了 5 个万维网上的站点，它们可以相隔数千千米，但都必须连接在因特网上。每一个万维网站点都存放了很多文档。在这些文档中，可能有一些地方的文字用特殊方式显示(例如用不同的颜色，或添加了下划线)，而当人们将鼠标移动到这些地方时，鼠标的箭头就变成了一只手的形状，表明这些地方有一个链接(这种链接由于能够连接到声音和图像文档，有时也称之为超链接)。如果在这样的地方点击鼠标，可以从该文档链接到另一个文档(可能相隔很远)。经过一定的时延(几秒钟、几分钟，甚至更长，取决于所链接文档的大小和信息在网络上传输的快慢)，在屏幕上就能将远方传送过来的文档显示出来。例如，站点 A 的某个文档中有两个地方可以链接到其他站点。当点击该文档中靠上面的一个链接时(图中①所示)，就可以链接到站点 B 的某个文档；站点 B 的文档也有两个地方有链接，点击左面的一个链接(图中③所示)，就链接到站点 D 的一个文档；点击站点 B 的文档靠右边的一个链接(图中④所示)，链接到站点 E；E 的文档没有可链接的地方，表示从该文档无法继续链接到其他站点。

由于万维网的出现，使因特网从仅由少数计算机专家使用，变为普通百姓也能利用的信息资源。万维网使网络站点数呈指数规律增长。据统计，在 1998 年，万维网的通信量超过整个因特网通信量的 75%。因此，万维网的出现是因特网发展中一个非常重要的里程碑。

理解万维网最好的方法就是上因特网操作。本章不介绍万维网的具体操作步骤，而是着重讨论万维网的基本概念和原理。

万维网出现于 1989 年 3 月。1993 年 2 月，第一个图形界面的浏览器(browser)开发成功，名字叫作 Mosaic。1995 年，著名的 Netscape Navigator 浏览器上市。目前使用最多的浏览器是微软公司的 Internet Explorer。

万维网是一个分布式的超媒体(hypermedia)系统，它是超文本(hypertext)系统的扩充。一个超文本由多个信息源链接而成，这些信息源的数目实际上是不受限制的。利用一个链接，可使用户找到世界上连接在因特网上的任何一个超文本系统，而且可以继续链接下去。超文本是万维网的基础。

超媒体与超文本的区别是文档内容不同。超文本文档仅包含文本信息，而超媒体文档包含其他表示方式的信息，如图形、图像、声音、动画，甚至活动视频图像。

万维网将大量信息分布在整个因特网上。每台计算机上的文档都独立管理。对这些文档的增加、修改、删除或重新命名都不需要(实际上也不可能)通知其他节点。这样,万维网文档之间的链接经常会出现一些麻烦。例如,计算机 A 上的文档 X 本来包含一个指向计算机 B 的文档 Y 的链接。若计算机 B 的管理员在某日删除了 Y(B 并不需要为此发出通告),计算机 A 的上述链接显然就失效了。

万维网以客户机/服务器方式工作。上面所说的浏览器就是在用户计算机上的万维网客户程序,万维网文档所驻留的计算机运行服务器程序,因此这台计算机也称为万维网服务器(亦称 Web 服务器)。客户程序向服务器程序发出请求,服务器程序向客户程序返回客户所要的万维网文档(Web 文档)。在一个客户程序主窗口上显示出的万维网文档称为页面(page)。

从上述内容可以看出,万维网必须解决以下几个问题。

(1) 怎样标识分布在整个因特网中的万维网文档?

(2) 用什么样的协议来实现万维网上各种链接的链接?

(3) 怎样使不同作者创作的不同风格的万维网文档都能在因特网上的各种计算机上显示出来?同时使用户清楚地知道在什么地方存放着链接?

(4) 怎样使用户很方便地找到所需信息?

为了解决第一个问题,万维网使用统一资源定位符(uniform resource locator,URL)来标识万维网上的各种文档,并使每一个文档在整个因特网范围内具有唯一的标识符 URL。为了解决第二个问题,要使万维网客户程序与万维网服务器程序之间的交互遵守严格的协议,这就是超文本传送协议(hyper text transfer protocol,HTTP)。HTTP 是一个应用层协议,它使用 TCP 连接进行可靠的传送。为了解决第三个问题,万维网使用超文本标记语言(hyper text markup language,HTML),使得万维网页面的设计者可以很方便地用一个链接从本页面的某处链接到因特网上的任何一个万维网页面,并且能够在自己的计算机屏幕上将这些页面显示出来。最后,为了在万维网上方便地查找信息,用户可使用各种搜索工具(搜索引擎)。

下面进一步讨论万维网的几个重要概念,如 URL、HTTP 和 HTML 等。

6.5.2 Web 文档

1. 超文本标记语言 HTML

在万维网中,要使因特网上任何一台计算机都能显示出任意万维网服务器上的页面,必须解决页面制作的标准化问题。超文本标记语言 HTML 是一种制作万维网页面的标准语言,它消除了不同计算机之间信息交流的障碍。

HTML 中的 Markup 表示"设置标记",因此 HTML 也常译为超文本置标语言,就像在出版行业,编辑经常要在文档上标注各种标准化记号,指明在何处、应使用何种字体等。因此,也有人将 HTML 译为超文本排版语言。

ISO 早在 1986 年就制定了一个标准 ISO 8879,即 SGML(standard generalized markup language)。这是一个描述标记语言的标准。但 SGML 过分复杂,使它很不适用于简单、快捷的 Web 排版。这导致 HTML 问世。HIML 是一种特定的 SGML 文档类型。由于 HTML 非常易于掌握,且实施简单,因此很快成为万维网的重要基础[RFC

1866]。官方 HTML 标准由 W3C(WWW Consortium)负责制定，最新版本是 HTML 5.0，还在不断更新。

HTML 定义了许多用于排版的命令，即标签(tag)。例如，<I>表示后面开始用斜体字排版，</I>表示斜体字排版到此结束。利用 HTML，将各种标签嵌入万维网的页面，构成所谓的 HTML 文档。HTML 文档是一种可以用任何文本编辑器(例如 Windows 的记事本 Notepad)创建的 ASCII 码文件。但应注意，仅当 HTML 文档是以.html 或.htm 为后缀时，浏览器才对这样的 HTML 文档的各种标签进行解释。如果 HTML 文档以.txt 为后缀，HTML 解释程序就不对标签进行解释，通过浏览器只能看见原来的文本文件。

当浏览器从服务器读取某个页面的 HTML 文档后，就按照 HTML 文档中的各种标签，根据浏览器使用的显示器尺寸和分辨率大小重新排版、恢复所读取的页面。现有的一些字处理软件都不具有像 HTML 这样的功能。

目前人们已开发出很好的制作 Web 页面的软件工具，使用户能够像使用 Word 字处理软件那样，很方便地制作页面。然而，学习一些 HTML 的基本知识仍是必要的。因为在对已有万维网页面进行修改时，往往要查看其源代码，即需查看其 HIML 文档。直接在 HTML 文档上修改页面，有时是很必要的。

建议每一位初学者使用浏览器上的编辑器来编写一个很简单的页面，然后仔细观察浏览器显示的页面和相应的 HTML 文档的关系，同时和编辑器上显示的内容进行对比。下面是一个 HTML 文档示例。

```
<html>
    <head>
        <title>一个 HTML 的示例</title>
    </head>
    <body>
        <h1>My First Heading</h1>
        <p>My first paragraph.</p>
    </body>
</html>
```

其中，

(1) <html>与</html>之间的文本描述网页。

(2) <body>与</body>之间的文本是可见的页面内容。

(3) <h1>与</h1>之间的文本被显示为标题。

(4) <p>与</p>之间的文本被显示为段落。

(5) <head>与</head>之间是所有头部元素的容器。

(6) <title>与</title>是文档的标题。

在 IE 浏览器中浏览时，效果如图 6-16 所示。

制作超级文本标记语言文档不是很复杂，但功能强大，支持不同数据格式的文件嵌入，这也是万维网(WWW)盛行的原因之一，其主要特点如下所述。

(1) 简易性：超级文本标记语言版本升级采用超集方式，更加灵活、方便。

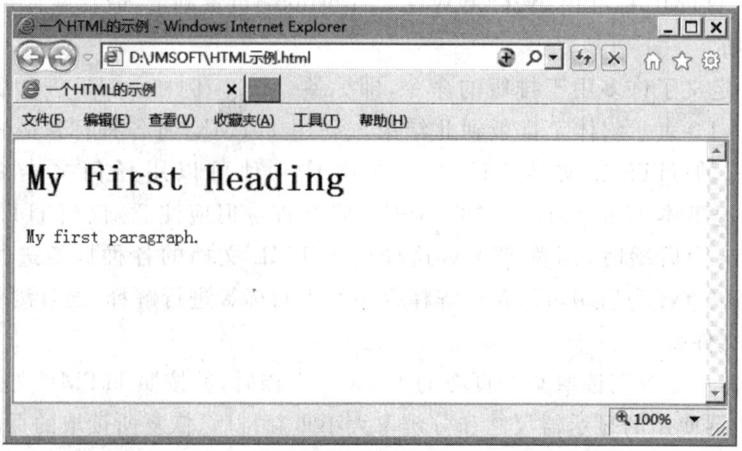

图 6-16 HTML 文档浏览示例

(2) 可扩展性：超级文本标记语言的广泛应用带来了加强功能，增加了标识符等要求；超级文本标记语言采取子类元素的方式，为系统扩展带来保证。

(3) 平台无关性：虽然个人计算机大行其道，但使用 MAC 等其他机器的大有人在，超级文本标记语言可以使用在广泛的平台上，这也是万维网(WWW)盛行的另一个原因。

(4) 通用性：HTML 是网络的通用语言，是一种简单、通用的全置标记语言。它允许网页制作人建立文本与图片相结合的复杂页面，这些页面可以被网上任何其他人浏览到，无论使用的是什么类型的计算机或浏览器。

超级文本标记语言文档其实是文本，它需要浏览器的解释，其编辑器大体分为以下 3 种。

(1) 基本文本、文档编辑软件，使用微软自带的记事本或写字板都可以编写。当然，也可以用 WPS 来编写，不过存盘时请使用.htm 或.html 作为扩展名，以便浏览器识别并直接解释执行。

(2) 半所见即所得软件，如 FCK-Editer、E-webediter 等在线网页编辑器；尤其推荐 Sublime Text 代码编辑器(由 Jon Skinner 开发，Sublime Text 2 收费，但可以无限期试用)。

(3) 所见即所得软件，是使用最广泛的编辑器，即使完全不懂 HTML 也可以利用它做出网页，如 AMAYA(出品单位：万维网联盟)、FRONTPAGE(出品单位：微软)和 Dreamweaver(出品单位：Adobe)。所见即所得软件与半所见即所得的软件相比，开发速度更快，效率更高，且表现更直观，任何地方需要修改，只直接刷新即可；其缺点是生成的代码结构复杂，不利于大型网站多人协作和精准定位等高级功能的实现。

一个网页对应多个 HTML 文件，超文本标记语言文件以.htm 或.html 为扩展名。可以使用任何能够生成 TXT 类型源文件的文本编辑器来产生超文本标记语言文件，修改文件名后缀即可。

标准的超文本标记语言文件都具有一个基本的整体结构，标记一般都成对出现(部分标记除外，例如：＜br/＞)，即超文本标记语言文件的开头与结尾标志和超文本标记语言的头部与实体两大部分。有以下 3 个双标记符用于页面整体结构的确认。

(1) 标记符<html>，说明该文件是用超文本标记语言来描述的，它是文件的开头；</html>表示文件的结尾。它们是超文本标记语言文件的开始标记和结尾标记。

(2) <head>和</head>，这 2 个标记符分别表示头部信息的开始和结尾。头部中包含的标记是页面的标题、序言、说明等内容，它本身不作为内容来显示，但影响网页显示的效果。头部中最常用的标记符是标题标记符和 meta 标记符，其中标题标记符用于定义网页的标题，其内容显示在网页窗口的标题栏中，网页标题可被浏览器用作书签和收藏清单；meta 标签用来描述一个 HTML 网页文档的属性，例如作者、日期和时间、网页描述、关键词、页面刷新等，也可设置文档标题和其他在网页中不显示的信息，比如 direction(方向)、Language Code(语言代码)或指定字典中的元信息等。

(3) <body>和</body>，网页中显示的实际内容均包含在这 2 个正文标记符之间。正文标记符又称实体标记。

HTML 允许在万维网页面中插入图像。一个页面本身带有的图像称为内含图像(inline image)。标签<IMG>表明在当前位置插入一个内含图像(IMage)，其来源(Source)是文件。HTML 标准并没有规定该图像的格式。实际上，大多数浏览器都支持 GIF 和 JPEG 文件。从理论上讲，用户可以设计一个浏览器，使它能够支持多种格式的图像文件。但按照这种浏览器创作出的万维网页面很可能用别人的浏览器什么也看不见，原因是很多种格式的图像占据的存储空间太大，这种图像在因特网传送时很浪费时间。例如，一幅位图文件(.bmp)可能要占用 500～700KB 存储空间，若将此图像改存为压缩的.gif 格式，可能只需要十几 KB，大大减少了存储空间。

在插入图像时，在标签<IMG>中可以使用一些参数。例如，参数 ALIGN 给图像定位，并将与图像一起出现的文字放在适当的地方(与图像的顶部，或中部，或底部对齐)。参数 HEIGHT 和 WIDTH 指明装入图像在屏幕上显示时的大小，一般用像素(pixel)表示。如<IMG SRC=portrait.gif HEIGHT=100 WIDTH=65>，表示装入一个文件名为 portrait.gif 的图像，其高度和宽度分别为 100 个像素和 65 个像素。

HTML 还可插入表格(table)，使用标签<TABLE>。与此标签配合使用的还有<CAPTION>(表格的标题)、<TR>(表格的行)、<TH>或<TD>(表格的每格中应填入的数据)等。

没有链接，就没有万维网。每个链接有一个起点和终点。链接的起点说明在万维网页面中的什么地方可引出一个链接。在一个页面中，链接的起点可以是一个字、几个字，或一幅图，甚至是一段文字。在浏览器显示的页面上，链接的起点很容易识别。对于以文字作为链接的起点，这些文字往往用不同的颜色显示(例如，一般的文字用黑色时，链接起点使用蓝色字)，甚至加上下划线(一般由浏览器设置)。将鼠标移动到一个链接的起点时，表示鼠标位置的箭头变成小手。只要单击鼠标左键，该链接就被激活。

定义一个链接的标签是<A>。字符 A 表示锚(Anchor)。建立一个链接，好像抛出一个锚，并将这个锚扎到链接的终点。

HTML 规定，在 HTML 文档中定义一个链接的语法是：

```
<A HREF="…">Link text</A>
```

这里一定要弄清链接的起点和终点。

链接的起点就是上式中的 Link text，它可以是一个或多个字符。注意，“链接文本”不必一定是文本，图片或其他 HTML 元素都可以成为链接。

链接的终点放在上式中 HREF=“…”的引号中，引号中的“…”就是链接终点的统一资源定位符 URL。HREF 与前面的字符 A 之间应有一个空格。H 代表超文本，REF 代表 REFerence，是“访问”或“引用”的意思。

例如，有一个页面的文档中的某一行提到清华大学，但没有详细介绍。这时可以将该行中“清华大学”这 4 个字作为一个链接的起点。在浏览时，只要将鼠标放在该链接起点，单击一下，就可以进入清华大学的主页，了解清华大学的详细情况。该链接的 HTML 文档就是

```
< A HREF = http://www.tsinghua.edu.cn >清华大学</A >
```

XML 即可扩展标记语言(extensible markup language)。标记是指计算机所能理解的信息符号。通过此标记，计算机之间可以处理包含各种信息的文章。如何定义这些标记？既可以选择国际通用的标记语言，比如 HTML；也可以使用像 XML 这样由相关人士自由决定的标记语言，这就是语言的可扩展性。XML 是从 SGML 简化、修改而来的，主要用到的有 XML、XSL 和 XPath 等。

简单地说，XML 是一种数据的描述语言，虽然它是语言，但是通常情况下，它并不具备常见语言的基本功能——被计算机识别并运行。只有依靠另一种语言来解释它，使它达到用户想要的效果，或被计算机接受。

XML 应用主要分为两种类型，即文档型和数据型。下面介绍几种常见的 XML 应用。

(1) 自定义 XML+XSLT ⇨ HTML，最常见的文档型应用之一。XML 存放整个文档的 XML 数据；然后，XSLT 将 XML 转换、解析，结合 XSLT 中的 HTML 标签，最终成为 HTML，显示在浏览器上。典型的例子就是 CSDN 上的帖子。

(2) XML 作为微型数据库，是最常见的数据型应用之一。利用相关的 XML API (MSXML DOM、JAVA DOM 等)对 XML 进行存取和查询。在留言板的实现中，经常可以看到用 XML 作为数据库。同时，数据库和数据库系统这两个概念是不同的。这里顺便提一下 XML 对数据库系统的影响。在新版本的传统数据库系统中，XML 成为一种数据类型。和“传统”相对的，是一种新形态的数据库，完全以 XML 相关技术为基础的数据库系统，目前比较知名的是 eXist。

(3) 作为信息传递的载体。为什么说是载体呢？因为这些应用虽然还是以 XML 为基本形态，但是都已经发展出具有特定意义的格式形态。最典型的就是 WEB SERVICE，将数据包装成 XML 来传递，但是这里的 XML 有了特定的规格，即 SOAP。还有 AJAX，在 AJAX 应用中，有一部分是以自定义 XML 为数据，不过没有成为工业标准，这里不做详述。

(4) 应用程序的配置信息数据。最典型的就是 J2EE 配置 Web 服务器时用的 web.XML。只要将需要的数据存入 XML，然后在应用程序运行载入，就可以根据不同的数据

实施相应的操作。这和应用(2)类似，不同之处在于，数据库中的数据变化是个常态，而配置信息往往是静态的，缺少变化。

(5) 其他一些文档的XML格式，如Word、Excel等。

(6) 保存数据间的映射关系，如Hibernate。

在上述几种常见应用中，还可以根据其广泛程度，分为自定义XML和特定意义XML。(1)和(2)属于自定义XML的范畴；(3)～(6)属于特定意义XML，或者说是XML的延伸。

XML的简单特性使其易于在任何应用程序中读写数据，这使得XML很快成为数据交换的唯一公共语言，虽然不同的应用软件也支持其他的数据交换格式，但不久之后，它们都将支持XML，意味着程序可以更容易地与Windows、Mac OS、Linux以及其他平台下产生的信息结合，很容易加载XML数据到程序中并进行分析，然后以XML格式输出结果。

现在都讲究标准建站，标准建站使用的技术主要是XHTML+CSS，而现在普遍使用的是HTML代码。那么，该如何转换呢？HTML和XHTML有什么不同呢？

XHTML是可扩展超文本标记语言(extensible hyper text markup language)的缩写，而HTML是超文本标记语言(hyper text markup language)的缩写，名字不同。其实，这里说的标准应该是XML，那为什么要学习XHTML呢？因为现在的HTML代码烦琐，危机四伏，当初XML使用环境还不成熟，所以推出了一个过渡的产品，就是XHTML，它起着承上启下的作用。也有人认为XHTML是HTML的一个升级版本，其实是正确的，可以理解为XHTML是把HTML做得更加规范的一个标记语言，使HTML变得功能强大，减少了代码的烦琐，尤其对于表格。

XHTML是在2000年1月26日被国际标准组织机构W3C定义为标准的，认为它是HTML的最新版本，并且将逐渐替换HTML。现在所有的浏览器都支持XHTML，XHTML兼容HTML 4.0。也有人认为，XHTML就是，HTML 4.01。

XHTML是HTML升级为XML的过渡产品，被定为一个标准，XHTML完全兼容HTML 4.01，并且具有XML的语法。下面来看一个含有错误代码的HTML：

```
<html>
<head>
    <title>This is bad HTML</title>
  <body>
    <h1>Bad HTML
</body>
```

虽然含有错误代码，但是在浏览器中浏览时，能够正常显示。XML是一个标记语言，但是它要求在网页中出现的任何元素都应该被标记出来。XML用于描述网页中的数据，而HTML用于显示网页中的元素。目前上网使用的各种浏览器技术，包括手提计算机、手机上网浏览等，都要求浏览的一些内容被正确标记。如果有错误的标记，可能使显示特别混乱，甚至不能正常显示。因此，联合HTML和XML，还有其他一些技术，得到了一种现在有用，而且将来也有用的语言——XHTML。

HTML5 是 HTML 的最新标准，目前仍在完善中。它的诞生得益于 WHATWG（Web 超文本应用程序技术工作组）。该组织中的成员认为，此前以文档为中心的理念无法有效地满足现代 Web 应用的需要，HTML 的改进应以互联网应用为中心，并在未来的 Web 世界中扮演更重要的角色。

2007 年，在 Mozilla、Opera、苹果公司等力量的共同努力下，WHATWG 接受了 W3C 的维护，并成立了 HTML5 工作组，并在后来的标准之争中打赢了 XHTML，成为下一代 HTML 标准。新标准将包括更强大的用户交互、多媒体和本地化等方面的标签以及应用编程接口（API）。

目前最引人注目的变化要数＜video＞和＜audio＞这两个标签的引入。在 HTML5 之前，很多多媒体功能，如视频、动画、交互，通常都需要 Flash、QuickTime 等插件来实现。HTML5 获得批准，音频和视频就会像今天的文本和图片一样，成为任何网页的标准部分，意味着网页不需要加载任何播放器就能插放声音和视频，这将大大减轻浏览器的工作负担，提高用户体验。这个变化导致的结果之一是浏览器可以摆脱很多插件而独立运行。另外，HTML5 突破了其作为标记语言的界限，增加了很多颇具实用价值的 API。例如，Web SQL Database API 可以创建数据库对象，从而长期保留当前会话下的数据，为浏览器的离线工作扫清了道路；再例如 File API 等。

2. 动态网页

所谓动态网页，是指跟静态网页相对应的一种网页编程技术。对于静态网页，随着 HTML 代码生成，页面的内容和显示效果基本上不会发生变化，除非修改页面代码。动态网页则不然，页面代码虽然没有变，但是显示的内容可以随着时间、环境或者数据库操作的结果而发生改变。

需要强调的是，不要将动态网页和页面内容是否有动感混为一谈。这里说的动态网页，与网页上的各种动画、滚动字幕等视觉上的动态效果没有直接关系。动态网页可以纯文字内容的，也可以包含各种动画内容，这些只是网页具体内容的表现形式，无论网页是否具有动态效果，只要是采用动态网站技术生成的网页都可以称为动态网页。

总之，动态网页是基本的 HTML 语法规范与 Java、VB、VC 等高级程序设计语言、数据库编程等多种技术的融合，以期实现对网站内容和风格的高效、动态和交互式管理。因此，从这个意义上来讲，凡是结合 HTML 以外的高级程序设计语言和数据库技术设计的网页都是动态网页。

从网站浏览者的角度来看，无论是动态网页，还是静态网页，都可以展示基本的文字和图片信息，但从网站开发、管理、维护的角度来看，有很大的差别。

早期的动态网页主要采用公用网关接口（common gateway interface，CGI）技术。可以使用不同的程序编写适合的 CGI 程序，如 Visual Basic、Delphi 或 C/C++等。虽然 CGI 技术发展成熟，而且功能强大，但由于编程困难、效率低下、修改复杂，所以有逐渐被新技术取代的趋势。

动态网页是与静态网页相对应的，能与后台数据库交互，实现数据传递。也就是说，网页的统一资源定位地址 URL 的后缀不是. htm、. html、. shtml、. xml 等静态网页的常见网页制作格式，而是以. aspx、. asp、. jsp、. php、. perl、. cgi 等为后缀，并且在动态网页网址中有一个标志性的符号——"?"。

动态网页的特征简要归纳如下。

(1) 动态网页一般以数据库技术为基础,可以大大降低网站维护的工作量。

(2) 采用动态网页技术的网站可以实现更多的功能,如用户注册、用户登录、在线调查、用户管理、订单管理等。

(3) 动态网页实际上并不是独立存在于服务器上的网页文件,只有当用户请求时,服务器才返回一个完整的网页。

(4) 动态网页中的"?"对搜索引擎检索存在一定的问题。搜索引擎一般不可能从一个网站的数据库中访问全部网页,或者出于技术方面的考虑,搜索时不去抓取网址中"?"后面的内容,因此采用动态网页的网站在进行搜索引擎推广时需要做一定的技术处理,才能适应搜索引擎的要求。

一个在 Web(网络)服务器上运行的程序(服务器端脚本)用来改变在不同的网页之上的网页内容,或调节序列,或重新加载网页。由服务器响应来确定这种情况,比如页面中显示的超文本标记语言表单里的数据,URL 中的参数,所使用的浏览器类型,时间流逝,或者数据库或服务器的状态。

这些网页通常使用 ASP、ColdFusion、Perl、PHP、WebDNA,或者其他服务器端语言。这些服务器端语言经常使用通用网关接口(CGI)产生动态网页。有两个明显的例外是 asp. net 和 JSP(Java 服务器页面),在它们的 API(程序编程接口)里会重复使用 CGI 的概念,但实际上所有的 Web(网络)请求分派到一台共享的虚拟机。动态网页有很少或没有预期变化时,会高速缓存页面预计会接收的网络流量,会缓慢地加载至服务器。

客户端脚本在一个特定的 Web 页面改变界面以及行为,或者响应鼠标或键盘操作,或指定时间事件。在这种情况下,动态行为发生时,客户端生成的内容显示在用户的本地计算机系统里。

常用动态网页技术有 4 种:超文本预处理器(hypertext preprocessor,PHP)是当今 Internet 上最为火热的脚本语言,其语法借鉴了 C、Java、PERL 等语言,用户只需要很少的编程知识,就能使用 PHP 建立一个真正交互的 Web 站点;活跃服务器页(active server pages,ASP)是微软公司开发的一种类似超文本标识语言(HTML)、脚本(Script)与 CGI(公用网关接口)的结合体,它没有提供专门的编程语言,允许用户使用多种已有的脚本语言编写 ASP 的应用程序;Java 服务器页面(java server pages,JSP)是由 Sun Microsystem 公司于 1999 年 6 月推出的技术,是基于 Java Servlet 以及整个 Java 体系的 Web 开发技术;公用网关接口(common gateway interface,CGI)是较早用来建立动态网页的技术。

6.5.3 超文本传输协议

超文本传输协议(hyper text transfer protocol,HTTP)是一种详细规定浏览器和万维网服务器之间的通信规则,通过因特网传送万维网文档的数据传送协议。

1. 概述

超文本传输协议的前身是世外桃源(Xanadu)项目,超文本的概念是泰德·纳尔森

(Ted Nelson)在1960年提出的。进入哈佛大学以后，纳尔森一直致力于超文本协议和该项目的研究，但他从未公开发表过资料。1989年，蒂姆·伯纳斯·李(Lee TB)在欧洲原子核研究委员会(European Organization for Nuclear Research，CERN)担任软件咨询师的时候，开发了一套程序，奠定了万维网(world wide web，WWW)的基础。1990年12月，超文本在CERN首次上线。1991年夏天，继Telnet等协议之后，超文本传输协议成为互联网诸多协议的一分子。

当时，Telnet协议解决了一台计算机和另外一台计算机之间一对一的控制型通信的要求。邮件协议解决了一个发件人向少量人员发送信息的通信要求。文件传输协议解决一台计算机从另外一台计算机批量获取文件的通信要求，但是它不具备一边获取文件一边显示文件，或对文件进行某种处理的功能。新闻传输协议解决了一对多新闻广播的通信要求。而超文本要解决的通信要求是：在一台计算上获取并显示存放在多台计算机里的文本、数据、图片和其他类型的文件，它包含两大部分：超文本转移协议和超文本标记语言(HTML)。HTTP、HTML以及浏览器的诞生给互联网的普及带来了飞跃。

2. 协议简介

超文本传输协议(hyper text transfer protocol，HTTP)的发展是万维网协会(World Wide Web Consortium，3WC)和Internet工作小组(Internet Engineering Task Force，IETF)合作的结果，他们最终发布了一系列RFC。RFC 1945定义了HTTP 1.0版本。最著名的是RFC 2616，定义了今天普遍使用的HTTP 1.1。为纪念Tim Berners-Lee提出HTTP后对互联网发展的贡献，万维网协会保留他最早提交的版本。

HTTP协议是用于从WWW服务器传输超文本到本地浏览器的传送协议。它使浏览器更加高效，使网络传输减少。它不仅保证计算机正确、快速地传输超文本文档，还确定传输文档中的哪一部分，以及哪部分内容首先显示(如文本先于图形)等。

HTTP是一个应用层协议，由请求和响应构成，是一个标准的客户机/服务器模型。HTTP还是一个无状态的协议。

3. 协议特点

HTTP协议的主要特点如下所述。

(1) 支持客户机/服务器(C/S)模式，支持基本认证和安全认证，如图6-17所示。

(2) 简单、快速。客户向服务器请求服务时，只需传送请求方法和路径。常用的请求方法有GET、HEAD、POST。每种方法规定了客户机与服务器联系的不同类型。由于HTTP协议简单，使得HTTP服务器的程序规模小，因而通信速度很快。

(3) 灵活。HTTP允许传输任意类型的数据对象。正在传输的类型由Content-Type标记。

(4) HTTP 0.9和1.0使用非持续连接。限制每次连接只处理一个请求，服务器处理完客户的请求，并收到客户的应答后，即断开连接。采用这种方式，可以节省传输时间。

HTTP 1.1使用持续连接。不必为每个Web对象创建一个新的连接，一个连接可以传送多个对象。

(5) 无状态。HTTP协议是无状态协议。无状态是指协议对于事务处理没有记忆能

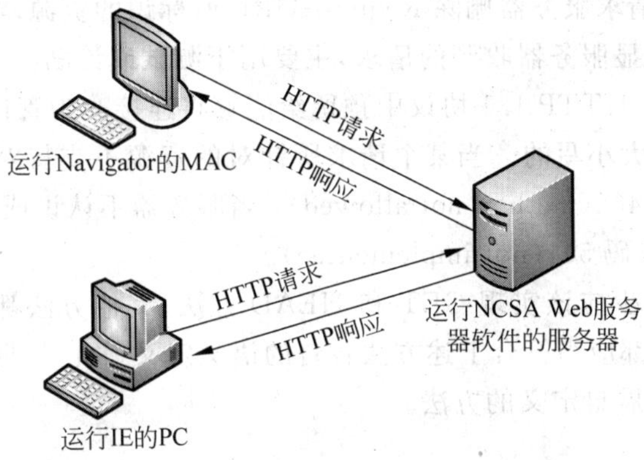

图 6-17 HTTP 协议

力。缺少状态意味着如果后续处理需要前面的信息，则它必须重传，这可能导致每次连接需要传送的数据量增大。

另一方面，在服务器不需要先前信息时，它的应答较快。

4. 请求信息

客户机发出的请求信息包括以下内容。

(1) 请求行，例如 GET/images/logo.gif HTTP 1.1，表示从/images 目录下请求 logo.gif 这个文件。

(2) (请求)头，例如 Accept-Language:en。

(3) 空行。

(4) 可选的消息体。

请求行和标题必须以<CR><LF>作为结尾(也就是，按 Enter 键后换行)。空行内必须只有<CR><LF>，无其他空格。在 HTTP 1.1 协议中，所有的请求头，除 post 外，都是可选的。

5. 请求方法

HTTP 1.1 协议中共定义了 8 种方法(有时也叫"动作")来表明 Request-URL 指定资源的不同操作方式。

(1) OPTIONS：返回服务器针对特定资源所支持的 HTTP 请求方法。也可以利用向 Web 服务器发送'*'的请求来测试服务器的功能性。

(2) HEAD：向服务器索要与 GET 请求相一致的响应，只不过响应体将不会被返回。这一方法可以在不必传输整个响应内容的情况下，获取包含在响应消息头中的元信息。

(3) GET：向特定的资源发出请求。注意，GET 方法不应当用在产生"副作用"的操作中，例如在 Web APP. 中。其中一个原因是，GET 可能被网络蜘蛛等随意访问。

(4) POST：向指定资源提交数据进行处理请求(例如提交表单或者上传文件)。数据包含在请求体中。POST 请求可能导致新资源的建立和/或已有资源的修改。

(5) PUT：向指定资源位置上传最新内容。

(6) DELETE：请求服务器删除 Request-URL 所标识的资源。

(7) TRACE：回显服务器收到的请求，主要用于测试或诊断。

(8) CONNECT：HTTP 1.1 协议中预留给能够将连接改为管道方式的代理服务器。

方法名称是区分大小写的。当某个请求所针对的资源不支持对应的请求方法时，服务器应当返回状态码 405(method not allowed)；当服务器不认识或者不支持对应的请求方法时，应当返回状态码 501(not implemented)。

HTTP 服务器至少应该实现 GET 和 HEAD 方法，其他方法都是可选的。当然，所有的方法支持的实现都应当符合上述方法各自的语义定义。此外，除了上述方法，特定的 HTTP 服务器还能扩展自定义的方法。

6. 响应头

客户端向服务器发送一个请求，服务器以一个状态行作为响应。响应内容包括：消息协议的版本、成功或者错误编码、服务器信息、实体元信息以及必要的实体内容。根据响应类别，服务器响应里可以包含实体内容，但不是所有的响应都有实体内容。这里仅简述响应头。

1) 响应头的第一行

响应头的第一行也称状态行，格式如下。

```
HTTP-Version 空格 Status-Code 空格 Reason-Phrase CRLF
```

HTTP-Version 表示 HTTP 版本，例如为 HTTP 1.1。Status-Code 是结果代码，用 3 个数字表示。Reason-Phrase 是个简单的文本描述，解释 Status-Code 的具体原因。Status-Code 用于机器自动识别，Reason-Phrase 用于人工理解。Status-Code 的第一个数字代表响应类别，可能取 5 个不同的值。后 2 个数字没有分类作用。Status-Code 后续 2 位描述在该类响应下发生的具体状况，具体请参见 HTTP 状态码。

2) 响应头域

服务器需要传递许多附加信息，这些信息不能全放在状态行里。因此，需要另行定义响应头域，用来描述这些附加信息。响应头域主要描述服务器的信息和 Request-URL 的信息。响应头举例、实体头以及实体，请参见服务器头文件响应。

7. 安全协议

安全超文本传输协议(secure hypertext transfer protocol，S-HTTP)是一种结合 HTTP 设计的消息安全通信协议。S-HTTP 协议为 HTTP 客户机和服务器提供了多种安全机制，这些安全服务选项适用于 Web 上的各类用户，还为客户机和服务器提供了对称能力(及时处理请求和恢复，以及两者的参数选择)，同时维持 HTTP 的通信模型和实施特征。

S-HTTP 不需要客户方的公用密钥证明，但它支持对称密钥的操作模式。这意味着，在没有要求用户个人建立公用密钥的情况下，会自发地发生私人交易。它支持端对端安全传输，客户机可能首先启动安全传输(使用报头的信息)，用来支持加密技术。

在语法上，S-HTTP 报文与 HTTP 相同，由请求行或状态行组成，后面是信息头和主体。请求报文由请求行、通用信息头、请求头、实体头、信息主体组成。响应报文由响应行、通用信息头、响应头、实体头、信息主体组成。

目前有两种方法用于建立连接：HTTPSURI 方案（RFC 2818）和 HTTP 1.1 请求头，由（RFC 2817）引入。由于浏览器对后者几乎没有任何支持，因此 HTTPS URL 方案仍是建立安全超文本协议链接的主要手段。安全超文本链接协议使用 https://代替 http://。

6.6 简单网络管理协议 SNMP

6.6.1 网络管理基本概念

随着计算机和通信技术的飞速发展，网络管理技术成为重要的前沿技术。目前还没有对网络管理的精确定义。例如，对于公用交换网，网络管理通常指实时网络监控，以便在不利的条件下（如过载、故障）使网络性能仍能达到最佳。又如，狭义的网络管理仅仅指网络的通信量管理，广义的网络管理指网络的系统管理。通常所说的网络管理一般是指包括对硬件、软件和人力的使用、综合与协调，以便对网络资源进行监视、测试、配置、分析、评价和控制，以便能以合理的价格满足网络的一些需求，如实时运行性能、服务质量等。另外，当网络出现故障时，能及时报告和处理，并协调、保持网络系统高效运行等。网络管理常简称为网管。网络管理功能可概括为 OAM&P，即网络运行（operation）、处理（administration）、维护（maintenance）、服务提供（provisioning）等所需要的各种活动。有时考虑前 3 种，把网络管理功能归结为 OAM。

网络管理通常用到以下术语。

1. 网络元素（network element）

网络元素是计算机网络中的专业术语。网络元素是指网络中的被管设备，有时简称网元，可以是主机、路由器、网桥、交换机、集线器、打印机、调制解调器等设备。

2. 对象（object）

对象是通信和信息处理范畴里可标识的，且拥有一定信息特性的资源。但应注意，这里所用的"对象"与面向对象系统中定义的对象并不完全一样。

3. 被管理对象（managed object）

被管理对象指可使用管理协议进行管理和控制的网络资源的抽象表示。例如，一个层的实体或一个连接。

4. 管理信息库 MIB

所谓管理信息，是指在因特网的网管框架中被管对象的集合。被管对象必须维持可供管理程序读写的若干控制和状态信息。这些被管对象构成了一个虚拟的信息存储器，所以才称为管理信息库 MIB。MIB 是网络管理系统中的重要构件，它由一个系统内的许多被管对象及其属性组成。MIB 这个概念实际上是一个虚拟数据库。该数据库提供有关被管理网络元素的信息，而这些信息由管理进程和各个代理进程共享。MIB 由管理进程和各个代理进程共同使用。

5. 综合网络管理 INM

综合网络管理是指用统一的方法在一个异构网络中管理多厂商生产的计算机硬件和软件资源,也称为一体化网络管理。综合网络管理包括对硬件、软件和人力的使用、综合与协调,以便对网络资源进行监视、测试、配置、分析、评价和控制,以便能以合理的价格满足网络的一些需求,如实时运行性能、服务质量等。

OSI 很早就在其总体标准中提出了网络管理标准的框架,即 ISO 7498-4。ITU-T 在网络管理方面紧密地与 ISO 合作,制定了与 ISO 7498-4 相对应的 X. 700 系列建议书。

ISO 和 ITU-T 制定的两个重要标准如下所示。

(1) ISO 9595　　ITU-T X. 710　　公共管理信息服务定义(CMIS)

(2) ISO 9596　　ITU-T X. 711　　公共管理信息协议规格说明(CMIP)

6.6.2 简单网络管理协议(SNMP)概述

简单网络管理协议(SNMP)是目前 TCP/IP 网络中应用最广泛的网络管理协议。1990 年 5 月,RFC 1157 定义了 SNMP(Simple Network Management Protocol)的第一个版本 SNMP v1。RFC 1157 和另一个关于管理信息的文件 RFC 1155 一起,提供了一种监控和管理计算机网络的系统方法。因此,SNMP 得到了广泛应用,并成为网络管理事实上的标准。

SNMP v1 在 20 世纪 90 年代初发展迅猛,同时暴露出明显的不足。比如,难以实现大量的数据传输,缺少身份验证(authentication)和加密(privacy)机制。因此,1993 年发布了 SNMP v2,该版本具有以下特点。

(1) 支持分布式网络管理。

(2) 扩展了数据类型。

(3) 可以实现大量数据同时传输,提高了效率和性能。

(4) 丰富了故障处理能力。

(5) 增加了集合处理功能。

(6) 加强了数据定义语言。

但是,SNMP v2 没有完全实现预期的目标,尤其是安全性能没有提高,身份验证(如用户初始接入时的身份验证、信息完整性分析、重复操作预防)、加密、授权和访问控制、适当的远程安全配置和管理能力等都没有实现。1996 年发布的 SNMP v2c 是 SNMP v2 的修改版本,其功能增强了,但是安全性能仍没有改善,继续使用 SNMP v1 的基于明文密钥的身份验证方式。IETF SNMP v3 工作组于 1998 年元月提出了互联网建议 RFC 2271～2275,正式形成 SNMP v3。这一系列文件定义了包含 SNMP v1、SNMP v2 所有功能在内的体系框架,以及包含验证服务和加密服务在内的全新的安全机制,同时规定了一套专门的网络安全和访问控制规则。可以说,SNMP v3 在 SNMP v2 基础上增加了安全和管理机制。

Internet 还有一个远期的网络管理标准 CMOT(common management information service and protocol over TCP/IP),意思是“在 TCP/IP 上的公共管理信息服务与协议”。

虽然 CMOT 使用了 OSI 的网络管理标准 CMIS/CMIP,但现在还未达到实用阶段。

SNMP 最重要的设计思想就是要尽可能简单,以便缩短研制周期。SNMP 的基本功能包括监视网络性能、检测分析网络差错和配置网络设备等。在网络正常工作时,SNMP 可实现统计、配置和测试等功能。当网络出故障时,可实现各种差错检测和恢复功能。虽然 SNMP 是在 TCP/IP 基础上的网络管理协议,但可扩展到其他类型的网络设备上。

图 6-18 所示是使用 SNMP 的典型配置。整个系统必须有一个管理站(management station)。它实际上是网控中心。在管理站内运行管理进程。在每个被管对象中一定要有代理进程。管理进程和代理进程利用 SNMP 报文通信,SNMP 报文使用 UDP 传送。图中有两台主机和一个路由器。这些协议栈中带有阴影的部分是原来的主机和路由器具有的,没有阴影的部分是为实现网络管理新增加的。

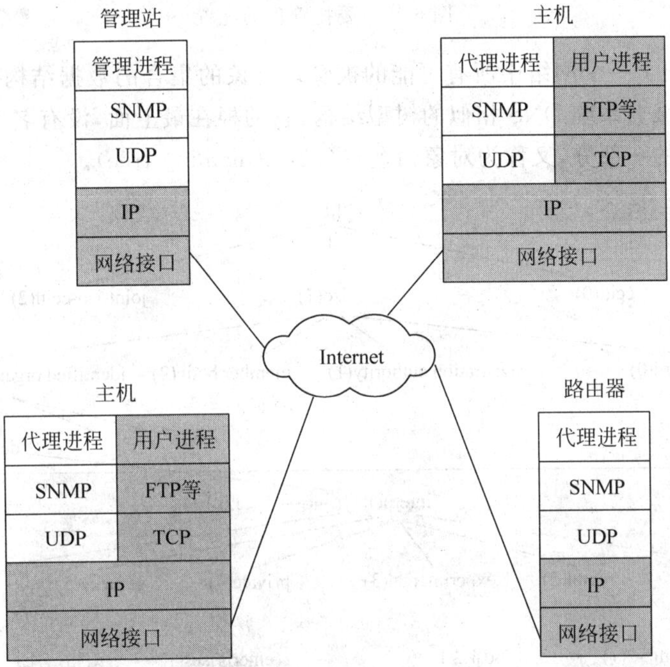

图 6-18 SNMP 的配置

有时,网络管理协议无法控制某些网络元素,例如该网络元素使用的是另一种网络管理协议。这时可使用委托代理(proxy agent)。委托代理能提供如协议转换和过滤操作等汇集功能,然后委托代理来对管理对象进行管理。图 6-19 所示为委托管理的配置情况。

SNMP 的网络管理由 3 个部分组成,即管理信息库 MIB、管理信息结构 SMI 以及 SNMP 本身。

6.6.3 管理信息库 MIB

管理信息库 MIB 指明了网络元素所维持的变量(即能够被管理进程查询和设置的信

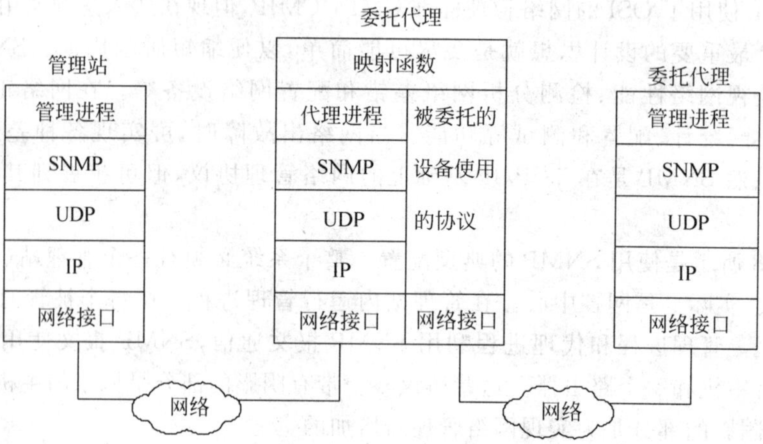

图 6-19 委托管理的配置

息)。MIB 给出了一个网络中所有可能的被管理对象的集合的数据结构。SNMP 的管理信息库采用和域名系统 DNS 相似的树型结构,它的根在最上面,没有名字。图 6-20 所示是管理信息库的一部分,又称为对象命名树(object naming tree)。

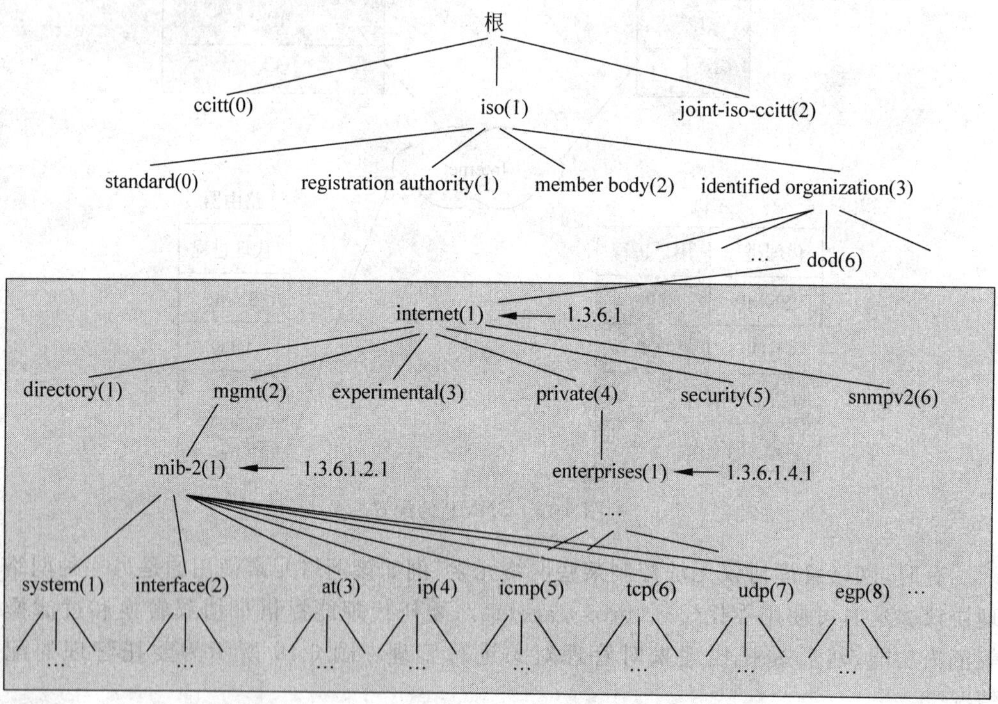

图 6-20 管理信息库的对象命名举例

对象命名树的顶级对象有 3 个,即 ISO、ITU-T 和这 2 个组织的联合体。在 ISO 的下面有 4 个节点,其中的一个(标号 3)是被标识的组织。在其下有一个美国国防部(Department of Defense)的子树(标号是 6),再下面就是 Internet(标号是 1)。若只讨论

Internet 中的对象,可以只画出 Internet 以下的子树(图中带阴影的虚线方框),并在 Internet 节点旁边标注{1.3.6.1}。

在 Internet 节点下的第 2 个节点是 mgmt(管理),标号是 2。再下面是管理信息库,原先的节点名是 mib。1991 年定义了新的版本 MIB-II,故节点名改为 mib-2,其标识为{1.3.6.1.2.1},或{Internet(1).2.1}。这种标识为对象标识符。

最初的节点 mib 将其管理的信息分为 8 个类别,如表 6-7 所示。现在的 mib-2 包含的信息类别超过 40 个。

表 6-7 节点 mib 最初的管理信息类别

类　别	标号	包含的信息
system	(1)	主机或路由器的操作系统
interfaces	(2)	各种网络接口及其测定通信量
address translation	(3)	地址转换(例如 ARP 映射)
ip	(4)	Internet 软件(IP 分组统计)
icmp	(5)	ICMP 软件(已收到 ICMP 消息的统计)
tcp	(6)	TCP 软件(算法、参数和统计)
udp	(7)	UDP 软件(UDP 通信量统计)
egp	(8)	EGP 软件(外部网关协议通信量统计)

应当指出,MIB 的定义与具体的网络管理协议无关,这对于厂商和用户都有利。厂商可以在产品(如路由器)中包含 SNMP 代理软件,并保证在定义新的 MIB 项目后,该软件仍遵守标准。用户可以使用同一种网络管理客户软件来管理具有不同版本的 MIB 的多个路由器。当然,一个没有新的 MIB 项目的路由器不能提供这些项目的信息。

这里要提一下 MIB 中的对象{1.3.6.1.4.1},即 enterprises(企业),其所属节点数已超过 3000。例如,IBM 为{1.3.6.1.4.1.2},Cisco 为{1.3.6.1.4.1.9},Novell 为{1.3.6.1.4.1.23}等。世界上任何一个公司、学校,只要用电子邮件发往 iana-mib@isi.edu 进行申请,即可获得一个节点名。这样,各厂家就可以定义自己产品的被管理对象名,使它能用 SNMP 进行管理。

6.6.4 SNMP 的 5 种协议数据单元

SNMP 规定了 5 种协议数据单元 PDU(也就是 SNMP 报文),用于管理进程和代理之间的交换。

(1) get-request 操作:从代理进程处提取一个或多个参数值。

(2) get-next-request 操作:从代理进程处提取,紧跟当前参数值的下一个参数值。

(3) set-request 操作:设置代理进程的一个或多个参数值。

(4) get-response 操作:返回一个或多个参数值。该操作由代理进程发出,它是前面 3 种操作的响应操作。

(5) trap 操作:代理进程主动发出报文,通知管理进程有某些事情发生。

前面的 3 种操作是由管理进程向代理进程发出的,后面的 2 个操作是代理进程发给管理进程的。为了简化起见，前面 3 个操作今后叫作 get、get-next 和 set 操作。图 6-21 描述了 SNMP 的这 5 种报文操作。请注意，在代理进程端是用熟知端口 161 来接收 get 或 set 报文，在管理进程端是用熟知端口 162 来接收 trap 报文。

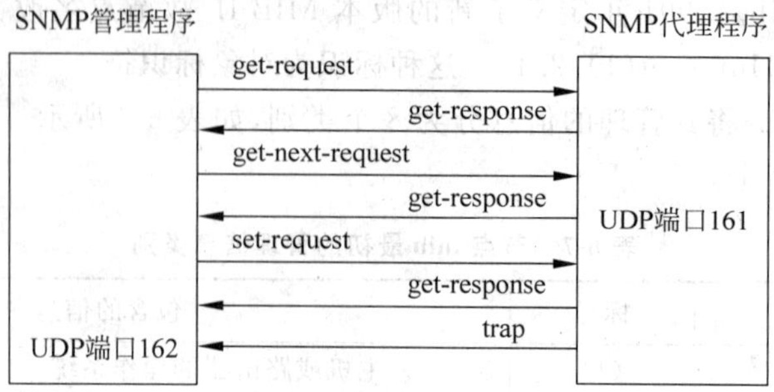

图 6-21 SNMP 的 5 种报文操作

图 6-22 所示是封装成 UDP 数据报的 5 种操作的 SNMP 报文格式。由图 6-22 可见，一个 SNMP 报文共由 3 个部分组成，即公共 SNMP 首部、get/set 首部和变量绑定。

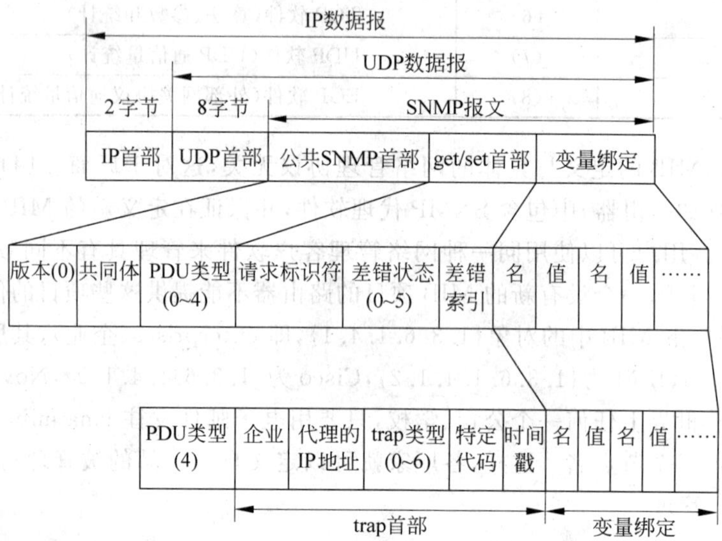

图 6-22 SNMP 报文格式

1. 公共 SNMP 首部

由图 6-22 可知，SNMP 首部共有 3 个字段。

(1) 版本。写入版本字段的是版本号减 1。对于 SNMP(即 SNMPV1)，应写入 0。

(2) 共同体(community)。共同体就是一个字符串，作为管理进程和代理进程之间的明文口令。常用的是 6 个字符“public”。

(3) PDU 类型。根据 PDU 的类型，填入 0～4 中的一个数字，其对应关系如表 6-8 所示。

表 6-8 PDU 类型

PDU 类型	名　　称
0	get-request
1	get-next-request
2	get-response
3	set-request
4	trap

2. get/set 首部

(1) 请求标识符(request ID)：这是由管理进程设置的一个整数值。代理进程在发送 get-response 报文时，也要返回此请求标识符。管理进程可同时向许多代理发出 get 报文，这些报文都使用 UDP 传送，先发送的有可能后到达。设置了请求标识符，可使管理进程能够识别返回的响应报文是针对哪一个请求报文。

(2) 差错状态(error status)：由代理进程回答时，填入 0～5 中的一个数字，如表 6-9 所示。

表 6-9 差错状态描述

差错状态	名　　字	说　　明
0	noError	一切正常
1	tooBig	代理无法将回答装入一个 SNMP 报文
2	noSuchName	操作指明了一个不存在的变量
3	badValue	一个 set 操作指明了一个无效值或无效语法
4	readOnly	管理进程试图修改一个只读变量
5	genErr	某些其他差错

3. trap 首部

(1) 企业(enterprise)：填入 trap 报文的网络设备的对象标识符。此对象标识符肯定是在图 6-26 所示对象命名树上的 enterprise 节点{1. 3. 6. 1. 4. 1}下面的一棵子树上。

(2) trap 类型：此字段正式的名称是 generic-trap，共分 7 种，如表 6-10 所示。

表 6-10 trap 类型描述

trap 类型	名　　字	说　　明
0	coldStart	代理进行了初始化
1	warmStart	代理进行了重新初始化
2	linkDown	一个接口从工作状态变为故障状态
3	linkUp	一个接口从故障状态变为工作状态
4	authenticationFailure	从 SNMP 管理进程接收到具有一个无效共同体的报文
5	egpNeighborLoss	一个 EGP 相邻路由器变为故障状态
6	enterpriseSpecific	代理自定义的事件，需要用后面的“特定代码”来指明

当使用表6-10中所示类型2、3、5时，在报文后面变量部分的第一个变量应标识响应的接口。

(3) 特定代码(specific-code)：指明代理自定义的时间(若trap类型为6)，否则为0。

(4) 时间戳(timestamp)：指明自代理进程初始化到trap报告的事件发生所经历的时间，单位为10ms。例如，时间戳为1908，表明在代理初始化后1908ms发生了该事件。

4. 变量绑定(variable-bindings)

变量绑定指明一个或多个变量的名称和对应的值。在get或get-next报文中，变量的值应忽略。

6.6.5 管理信息结构SMI

管理信息结构(structure of management information，SMI)是简单网络管理协议(SNMP)的一部分，指定了在SNMP的MIB中用于定义管理目标的规则。SMI是一种语言，是为了确保网络管理数据的语法和语义明确和无二义性而定义的语言。它是定义被管理网络实体中特定数据的语言。它定义了数据类型、对象模型，以及写入和修改管理信息的规则。

在SNMP中，数据类型不太多。本节将简单讨论这些数据类型，而不关心这些数据类型在实际中是如何编码的。

(1) INTEGER：一个变量虽然定义为整型，但也有多种形式。有些整型变量没有范围限制，有些整型变量定义为特定的数值(例如，IP的转发标志只有允许转发时的和不允许转发时的两种)，有些整型变量定义一个特定的范围(例如，UDP和TCP的端口号为0～65535)。

(2) OCTER STRING：0或多个8b字节，每个字节值在0～255之间。对于这种数据类型和下一种数据类型的BER编码，字符串的字节个数要超过字符串本身的长度。这些字符串不以NULL结尾。

(3) DisplayString：0或多个8b字节，但是每个字节必须是ASCII码。在MIB-II中，所有该类型的变量不能超过255个字符(0个字符是可以的)。

(4) OBJECT IDENTIFIER：对象识别符，由一列整数组件组成，用于识别一个对象，如算法、属性类型，或定义了其他对象识别符的注册机构。

(5) NULL：代表相关的变量没有值。例如，在get或get-next操作中，变量的值就是NULL。因为这些值有待到代理进程处去取。

(6) IpAddress：4字节长度的OCTER STRING，以网络序号表示的IP地址。每个字节代表IP地址的一个字段。

(7) PhysAddress：OCTER STRING类型，代表物理地址(例如，以太网物理地址为6字节长度)。

(8) Counter：非负整数，可从0递增到$2^{32}-1$(4294976295)。达到最大值后归0。

(9) Gauge：非负整数，取值范围为0～4294976295(或增，或减)。达到最大值后锁定，直到复位。例如，MIB中的tcpCurrEstab就是这种类型的变量，它代表目前在ESTABLISHED或CLOSE_WAIT状态的TCP连接数。

(10) TimeTicks：时间计数器，以 0.01s 为单位递增，但是不同的变量可以有不同的递增幅度。在定义这种类型的变量时，必须指定递增幅度。例如，MIB 中的 sysUpTime 变量就是这种类型的，代表代理进程从启动开始的时间长度，以百分之一秒的数目来表示。

(11) SEQUENCE：这一数据类型与 C 程序设计语言中的 structure 类似。一个 SEQUENCE 包括 0 个或多个元素，每一个元素又是另一个 ASN.1 数据类型。例如，MIB 中的 UdpEntry 就是这种类型的变量。它代表在代理进程目前"激活"的 UDP 数量(激活表示目前被应用程序所用)。在这个变量中包含以下两个元素。

① IpAddress 类型中的 udpLocalAddress，表示 IP 地址。

② INTEGER 类型中的 udpLocalPort，0～65535，表示端口号。

(12) SEQUENDEOF：这是一个向量的定义，其所有元素具有相同的类型。如果每一个元素都具有简单的数据类型，例如整数类型，得到一个简单的向量(一维向量)。但是，SNMP 在使用这个数据类型时，其向量中的每一个元素是一个 SEQUENCE(结构)。因而可以将它看成是一个二维数组或表。

6.6.6 SNMP v2 协议

简单性是 SNMP 标准取得成功的主要原因，因为在大型的、多厂商产品构成的复杂网络中，管理协议的明晰是至关重要的，但这又是 SNMP 的缺陷所在——为了使协议简单易行，SNMP 简化了一部分功能，如下所述。

(1) 没有提供成批存取机制，对存取大块数据效率很低。

(2) 没有提供足够的安全机制，安全性很差。

(3) 只在 TCP/IP 协议上运行，不支持其他网络协议。

(4) 没有提供 manager 与 manager 之间通信的机制，只适合集中式管理，不利于分布式管理。

(5) 只适于监测网络设备，不适于监测网络本身。

针对这些问题，对它的改进工作一直在进行。如 1991 年 11 月，推出了 RMON (remote netw ork monitoring)MIB，加强 SNMP 对网络本身的管理能力。它使得 SNMP 不仅可管理网络设备，还能收集局域网和互联网上的数据流量等信息。1992 年 7 月，针对 SNMP 缺乏安全性的弱点，又公布了 S-SNMP(Secure SNMP)草案。

1993 年年初，推出 SNMP Version 2，即 SNMP v2(推出了 SNMP v2 以后，SNMP 就被称为 SNMP v1)。SNMP v2 包容了以前对 SNMP 所做的各项改进工作，并在保持 SNMP 清晰性和易于实现的特点以外，功能更强，安全性更好，具体表现如下。

(1) 提供了验证机制、加密机制、时间同步机制等，安全性大大提高。

(2) 提供了一次取回大量数据的能力，效率大大提高。

(3) 增加了 manager 和 manager 之间的信息交换机制，从而支持分布式管理结构。由中间(intermediate) manager 来分担主 manager 的任务，增加了远程站点的局部自主性。

(4) 可在多种网络协议上运行，如 OSI、Appletalk 和 IPX 等，适用多协议网络环境

(但它的默认网络协议仍是 UDP)。

根据 Carnegie-Mellin 大学(SNMP v2 标准的制定者之一)Steven Waldbusser 的测试结果,SNMP v2 的处理能力明显强于 SNMP v1,大约是 SNMP v1 的 15 倍。

SNMP v2 一共由 12 份协议文本组成(RFC 1441～RFC 1452),已作为 Internet 的推荐标准公布。可以看出,它支持分布式管理。一些站点既充当 manager,又充当 agent,同时扮演两个角色。作为 agent,它们接受更高一级管理站的请求命令,其中一部分与 agent 本地的数据有关,这时直接应答即可;另一部分与远地 agent 上的数据有关。这时,agent 以 manager 的身份向远地 agent 请求数据,再将应答传给更高一级的管理站。在后一种情况下,它们起的是 proxy(代理)的作用。

下面将详细介绍 SNMP v2 标准,包括 SNMP v2 标准中的安全机制、Party 实体,以及如何从通信协议操作、SMI、MIB 三方面来看 SNMP v2 标准。

1. SNMP v2 标准中的安全机制

SNMP v2 对 SNMP v1 的重大改进,就是增强了安全机制。对管理系统安全的威胁主要有下面几种。

1) 信息篡改(modification)

在 SNMP v2 标准中,允许管理站(manager)修改 agent 上的一些被管理对象的值。破坏者可能会改变传输中的报文,改成非法值,进行破坏。因此,协议应该能够验证收到的报文是否在传输过程中被修改过。

2) 冒充(masquerade)

SNMP v2 标准中虽然有访问控制能力,但主要是从报文的发送者来判断。那些没有访问权的用户可能会冒充别的合法用户进行破坏活动。因此,协议应该能够验证报文发送者的真实性,判断是否有人冒充。

3) 报文流的改变(message stream modification)

由于 SNMP v2 标准是基于无连接传输服务的,报文的延迟、重发以及报文流顺序的改变都有可能发生。某些破坏者可能会故意将报文延迟、重发,或改变报文流的顺序,以达到破坏的目的。因此,协议应该能够防止报文的传输时间过长,以免给破坏者留下机会。

4) 报文内容的窃取(disclosure)

破坏者可能截获传输中的报文,窃取它的内容。特别是在创建新的 SNMP v2 Party 时,必须保证它的内容不被窃取,因为以后关于这个 Party 的所有操作都依赖于它。因此,协议应该能够对报文的内容进行加密,保证它不被窃听者获取。

针对上述安全性问题,SNMP v2 中增加了验证(authentication)机制、加密(privacy)机制以及时间同步机制来保证通信的安全。

2. SNMP v2 Party

SNMP v2 标准中增加了一种叫做 Party 的实体。Party 是具有网络管理功能的最小实体,它的功能是一个 SNMP v2 entity(管理实体)所能完成的全部功能的一个子集。每个 manager 和 agent 上都分别有多个 Party,每个站点上的各个 Party 彼此是平等的关系，各自完成自己的功能。实际的信息交换都发生在 Party 与 Party 之间(在每个发送的报文里，都要指定发送方和接收方的 Party)。每个 Party 都有唯一的标识符(party identity)、一个验证算法和参数，以及一个加密算法和参数。Party 的引入增加了系统的灵活性和安全性，可以赋予不同的人员以不同的管理权限。SNMP v2 中有 3 种安全性机制：验证(authentication)机制、加密(privacy)机制和访问控制(access control)机制。这些机制都工作在 Party 一级，而不是 manager/agent 一级。

3. SNMP v2 协议操作

SNMP v2 标准的核心就是通信协议，它是一个请求/应答式的协议。该协议提供了在 manager 与 agent、manager 与 manager 之间交换管理信息的直观、基本的方法。

如果发送方和接收方的两个 Party 都采用验证(authentication)机制，它就包含与验证有关的信息，否则它为空(取值为 NULL)。验证的过程如下：发送方和接收方的 Party 都分别有一个验证用的密钥(secret key)和一个验证用的算法。报文发送前，发送方先将密钥值填入 digest 域，作为报文的前缀；然后根据验证算法，对报文中 digest 域以后(包括 digest 域)的报文数据进行计算，得出一个摘要值(digest)；再用摘要值取代密钥，填入报文中的 digest 域。接收方接收到报文后，先将报文中的摘要值取出来，暂存在一个位置；然后用发送方的密钥放入报文中的 digest。将这两个摘要值进行比较，如果一样，证明发送方确实是 srcParty 域中指明的那个 Party，报文是合法的；如果不一样，接收方断定发送方非法。验证机制可以防止非法用户“冒充”某个合法 Party 来进行破坏。

authInfo 域中还包含两个时间戳(time stamp)，用于发送方与接收方之间的同步，防止报文被截获和重发。

SNMP v2 的另一大改进是可以对通信报文加密，防止监听者窃取报文内容。除了 privDst 域外，报文的其余部分可以被加密。发送方与接收方采用同样的加密算法(如 DES)。

通信报文可以不加任何安全保护，或只进行验证，也可以二者都包括。

6.6.7 SNMP v3 的体系结构

RFC 2271 定义的 SNMP v3 体系结构体现了模块化的设计思想，可以简单地实现功能的增加和修改，其特点如下所述。

(1) 适应性强：适用于多种操作环境。既可以管理最简单的网络，实现基本的管理功能；又能够提供强大的网络管理功能，满足复杂网络的管理需求。

(2) 扩充性好：可以根据需要增加模块。

(3) 安全性好：具有多种安全处理模块。

SNMP v3 主要有 3 个模块：信息处理和控制模块、本地处理模块和用户安全模块。

1. 信息处理和控制模块

信息处理和控制模块(message processing and control model)在 RFC 2272 中定义，它负责信息的产生和分析，并判断信息在传输过程中是否要经过代理服务器等。在信息产生过程中，该模块接收来自调度器(dispatcher)的 PDU，然后由用户安全模块在信息头中加入安全参数。在分析接收的信息时，先由用户安全模块处理信息头中的安全参数，然后将解包后的 PDU 送给调度器处理。

2. 本地处理模块

本地处理模块(local processing model)的功能主要是进行访问控制，处理打包的数据和中断。访问控制是指通过设置代理的有关信息，使不同的管理站的管理进程在访问代理时具有不同的权限。它在 PDU 这一级完成。常用的控制策略有两种：限定管理站可以向代理发出的命令，以及确定管理站可以访问代理的 MIB 的具体部分。访问控制的策略必须预先设定。SNMP v3 通过使用带有不同参数的原语，来灵活地确定访问控制方式。

3. 用户安全模块

与 SNMP v1 和 SNMP v2 相比，SNMP v3 增加了 3 个新的安全机制：身份验证、加密和访问控制。其中，本地处理模块完成访问控制功能，用户安全模块(user security model)提供身份验证和数据保密服务。身份验证是指代理(管理站)接到信息时，首先必须确认信息是否来自有权的管理站(代理)，并且信息在传输过程中未被改变。实现这个功能，要求管理站和代理必须共享同一密钥。管理站使用密钥计算验证码(它是信息的函数)，然后将其加入信息，代理则使用同一密钥从接收的信息中提取验证码，从而得到信息。加密的过程与身份验证类似，也需要管理站和代理共享同一个密钥，来实现信息的加密和解密。

下面简要介绍 SNMP v3 的身份验证和加密。SNMP v3 使用私钥(privKey)和验证密钥(authKey)来实现这两种功能。

(1) 身份验证：RFC 2104 中定义了 HMAC。这是一种使用安全哈希函数和密钥来产生信息验证码的有效工具，在互联网中应用广泛。SNMP 使用的 HMAC 分为两种：HMAC-MD5-96 和 HMAC-SHA-96。前者的哈希函数是 MD5，使用 128 位 authKey 作为输入；后者的哈希函数是 SHA-1，使用 160 位 authKey 作为输入。

(2) 加密：采用数据加密标准(DES)的密码组链接(CBC)码，使用 128 位的 privKey 作为输入。

6.6.8 公共管理信息协议 CMIP

1. CMIP 协议简介

CMIP 协议是在 OSI 制定的网络管理框架中提出的网络管理协议。与其说它是一个网络管理协议，不如说它是一个网络管理体系。该体系包含以下组成部分：一套用于描述协议的模型；一组用于描述被管对象的注册、标识和定义的管理信息结构，被管对象的详细说明以及用于远程管理的原语和服务。可以看出，CMIP 与 SNMP 一样，也是由被管代理和管理者、管理协议与管理信息库组成。在 CMIP 中，被管代理和管理者没有明确的指定，任何一个网络设备既可以是被管代理，也可以是管理者。

CMIP 管理模型可以用 3 种模型描述：组织模型用于描述管理任务如何分配；功能模型描述了各种网络管理功能和它们之间的关系；信息模型提供了描述被管对象和相关

管理信息的准则。从组织模型来说，所有CMIP的管理者和被管代理者存在于一个或多个域中，域是网络管理的基本单元。从功能模型来说，CMIP主要实现失效管理、配置管理、性能管理、记账管理和安全性管理。每种管理均由一个特殊管理功能领域(special management functional area，SMFA)负责完成。从信息模型来说，CMIP的MIB库是面向对象的数据存储结构，每一个功能领域以对象为MIB库的存储单元。

CMIP是一个完全独立于下层平台的应用层协议，它的5个特殊管理功能域由多个系统管理功能(SMF)支持。相对来说，CMIP是一个相当复杂和详细的网络管理协议。它的设计宗旨与SNMP相同，但用于监视网络的协议数据报文要多一些。CMIP共定义了11类PDU。在CMIP中，变量以非常复杂和高级的对象形式出现，每一个变量包含变量属性、变量行为和通知。CMIP中的变量体现了CMIP MIB库的特征，并且这种特征表现了CMIP的管理思想，即基于事件，而不是基于轮询。每个代理独立完成一定的管理工作。

CMIP的优点如下所述。

(1) 它的每个变量不仅传递信息，而且完成一定的网络管理任务。这是CMIP协议的最大特点，在SNMP中是不可能的。这样可减少管理者的负担，并减少网络负载。

(2) 完全安全性。它拥有验证、访问控制和安全日志等一整套安全管理方法。

CMIP的缺点如下所述。

(1) 它是一个大而全的协议，所以使用时，其资源占用量是SNMP的数十倍。它对硬件设备的要求比人们所能提供的要高得多。

(2) 由于它在网络代理上要运行相当数量的进程，所以大大增加了网络代理的负担。

(3) 它的MIB库过分复杂，难以实现。迄今为止，还没有任何一个符合CMIP的网络管理系统。

2. SNMP与CMIP的比较

SNMP与CMIP是计算机网络领域最主要的两种网络管理协议。在未来的网络管理中，究竟哪一种将占据优势，一直是业界争论的话题。

总的来说，SNMP和CMIP两种协议是同大于异。两者的管理目标、基本组成部分基本相同。在MIB库的结构方面，很多厂商将SNMP的MIB扩展成与CMIP的MIB结构相类似，而且两种协议的定义都采用相同的抽象语法符号(ASN.1)。

对于不同之处，首先，SNMP面向单项信息检索，而CMIP面向组合项信息检索；其次，在信息获得方面，SNMP主要基于轮询方式，而CMIP主要采用报告方式；再次，在传送层支持方面，SNMP基于无连接的UDP，而CMIP倾向于有连接的数据传送。此外，两者在功能、协议规模、性能、标准化、产品化方面还有相当多的不同点。

6.6.9 网络管理协议的前景

在计算机网络领域，除SNMP、SNMP v2、CMIP以外，现在正兴起一些新的网络管理协议和环境。其中，以分布式计算环境(distributed management environment，DME)最为著名。DME是由OSF(开放软件基金会)提出的。OSF是一个非营利的研究和开发组织，其目标是提供一个软件解决方案，使来自不同厂家的计算机可以协同工作于一个真正的开放系统计算环境，其文档以 RFT(request for technology)的形式提供。

DME 代表了一种结构。在此结构下，管理系统和网络可以很好地结合。它可以构成分布式系统管理的基础，并保持与现有网络管理方案的结合。它独立于操作系统，并支持事实上的和正式的网络与系统管理标准。DME 的结构有许多新颖之处。以前，无论是网络管理，还是系统管理，管理员通过修改与一个资源或服务相关的数据，通过对一些服务和数据进行操作来实施管理。而在 DME 环境下，信息和操作都被划分为对象。DME 以对象为单位对系统进行管理。所有 DME 管理操作有一致的界面和风格：与对象通信。这种设计的很大好处是模块性很强，完全是一种面向对象的管理方式，系统易于管理和开发。独立软件供应商(independent software vendors，ISV)可以建立自己的某些特定管理功能的对象库或被管对象库，然后将其加入到已有的管理应用程序中。这一切由于 DME 面向对象的管理方式而变得简单。

DME 有两个关键概念：应用程序服务和框架(framework)。应用程序服务提供一些最重要的系统管理功能，框架提供开发系统管理应用程序所用的构造模块(building block)。这种设计提供了与现有解决方案的一致性，并可在多厂商分布式网络环境中实现互操作。DME 应用程序服务包括软件管理(software management)、许可权管理(license management)、打印服务(printing services)和事件管理(event management)。它们以一组模块和应用程序编程接口(application programming interface，API)的形式提供，有一致的用户界面。DME 还提供机制，使开发商可以很容易地加入新的服务。DME 框架由一组功能全面的构造模块组成，使新网管应用程序的开发变得简单。这些组成包括如下内容。

(1) 管理请求代理(management request brokers，MRB)：是 DME 框架的核心组成。在 DME 下，所有对对象的请求都被 MRB 接收。MRB 负责找到该对象在网络中的位置，然后转发请求。MRB 支持现有的网络管理协议 SNMP、CMIP，用它们收集网络中的设备信息。MRB 还支持基于 RPC(remote procedure call，远程过程调用)的管理协议。

(2) 对象服务器：用来管理和维护网络中的对象。DME 提供两种类型的对象服务器，一个用于短期任务(如更换口令等)；另一个用于长期任务(如监视一个网络)。

(3) 事件管理服务：当网络中出现问题或发生变化时，需要通知管理应用程序。DME 的事件管理服务提供了转发、登录和过滤这类通知的功能，可以对过滤器编程，来分析一个事件通告的属性，并将此事件与某个特定的动作联系起来。另外，为了使此服务易于使用，DME 还提供了用于定义事件的高级模板语言。

(4) 数据管理服务：DME 提供了一个管理数据库，用来存放网络被管对象的有关数据信息。此管理数据库存放在磁盘上。

目前，DME 的主要问题是缺乏支持，尚未得到进一步的实践检验。

6.6.10 SNMP 协议的应用

本节结合实际情况，介绍 SNMP 协议在网络管理中的应用。

目前，各个型号的网络设备都支持 SNMP 的不同版本。如果要应用 SNMP 协议，首先需要解决以下几个问题：

(1) 确认设备是否支持SNMP,支持SNMP哪个版本的协议;设备是否开启SNMP。各厂商的设备的配置界面和配置方式不同,具体配置方式请参考相关技术资料。

(2) 确认防火墙是否打开响应端口。默认端口号为udp161和udp162。如修改过,需按修改后的端口号开启。

(3) 确定一个用于SNMP集中管理的NMS平台。目前有较多商业软件,如Solarwinds,HP的Openview,IBM的Netview。

(4) 把响应设备添加到NMS平台。根据监控需求,设置相应的报警需求,提高对数据的实时响应。

现在,几乎所有的网络设备生产厂家都实现对SNMP的支持。领导潮流的SNMP是一个从网络设备收集管理信息的公用通信协议。设备的管理者收集这些信息,并记录在管理信息库(MIB)中。这些信息报告设备的特性、数据吞吐量、通信超载情况和错误等。MIB有公共的格式,所以来自多个厂商的SNMP管理工具可以收集MIB信息,并在管理控制台上呈现给系统管理员。

通过将SNMP嵌入数据通信设备,如路由器、交换机或集线器中,可以从一个中心站管理这些设备,并以图形方式查看信息。现在可获取的很多管理应用程序通常可在大多数当前使用的操作系统下运行,如不同版本的Windows和各种版本的UNIX等。

习题

一、填空题

1. 为了解决具体的应用问题而彼此通信的进程称为________。

2. Internet的域名系统DNS被设计为一个联机分布式数据库系统,并采用________模式。

3. ________是一个简单的远程终端协议。

4. ________是用来浏览Internet上的主页的客户端软件。

5. 用于实现网络设备名到IP地址映射的网络服务是指________。

二、单项选择题

1. 最符合WWW浏览器的概念是(　　)。

A. 客户端程序就是WWW浏览器

B. WWW客户机就是WWW浏览器

C. 网页编辑软件就是WWW浏览器

D. 用于观察网页的工具软件就是WWW濒临器

2. 当浏览器帮用户制作了一个请求并发送给某台服务器后,收到从服务器传回的相应文件。为了把该文件完全地展现出来,浏览器需要(　　)。

A. 仅仅呈交HTML文档

B. 对直接图像适当解码,并呈交HTML文档

C. 对直接图像适当解码、呈交HTML文档,并传递各种文件给相应的“观察器”

D. 呈交HTML文档,并传递各种文件给相应的“观察器”

3. (　　)不属于浏览器可以浏览的对象。

A. 硬盘上的超文本文件

B. 磁盘信息

C. WWW 服务器上的文件

D. 硬盘上的.exe 文件

4. 最符合 WWW 服务器概念的选项是(　　)。

A. 用于编辑网页的计算机叫作 WWW 服务器

B. 任何一台联入 Internet 并存储了网页的计算机就叫作 WWW 服务器

C. 能够接收请求并发送网页的计算机叫作 WWW 服务器

D. 安装了 WWW 服务器程序的计算机叫作 WWW 服务器

5. 以下对超文本和超媒体的描述,正确的是(　　)。

A. 超文本就是超媒体　　B. 超文本是超媒体的一个子集

C. 超媒体是超文本的一个子集　　D. 超文本和超媒体没有关系

6. WWW 的工作模式是(　　)。

A. 客户机/客户机　　B. 客户机/服务器

C. 服务器/服务器　　D. 分布式

7. 在 WWW 服务器和浏览器之间传输数据,主要遵循的协议是(　　)。

A. HTTP　　B. TCP　　C. IP　　D. FTP

8. 下面给出一个 URL 地址:http://www.tsinghua.edu.cn/docs/cindex.html。对它的描述,错误的是(　　)。

A. http 表示使用超文本传输协议

B. www.tsinghua.edu.cn 标识了要访问的主机名

C. www.tsinghua.edu.cn/docs 标识了要访问的主机名

D. 整个地址定位了要访问的特定网页的位置

9. 关于 FTP 主要应用功能的叙述,正确的是(　　)。

A. FTP 是指用户和远程主机相连,从而对主机内的各种资源进行各种操作,如文件的读、写、执行、修改等

B. FTP 的功能类似于 Telnet

C. FTP 的主要功能在于文件传输,但 FTP 客户端在一定的范围内也有执行、修改等其他文件功能

D. FTP 是指用户同远程主机相连,类似于远程主机的仿真终端用户,从而应用远程主机内的资源

10. 远程登录协议 Telnet、电子邮件协议 SMTP、文件传送协议 FTP 依赖(　　)协议。

A. TCP　　B. UDP　　C. ICMP　　D. IGMP

11. 下列文件中,(　　)可以不使用二进制模式传输。

A. 可执行程序　　B. 文本文件

C. 压缩文件　　D. 声音和图像等多媒体文件

12. 要在 Internet 上使用 FTP，需要与其他 FTP 服务器建立连接。那么，下列选项中不能用来建立一个 FTP 程序的是（　　）。

A. 在命令方式下，输入“ftp 服务器主机名”

B. 在命令方式下，输入“ftp IP 地址”

C. 先输入“ftp”；当系统进入 ftp 服务状态后，使用 open 命令建立一个主机连接，格式为“open ftp 服务器主机名或 IP 地址”

D. 在命令方式下，输入“open ftp 服务器主机名或 IP 地址”

13. 下面的协议中，与 FTP 相关的是（　　）。

A. DLC（数据链路控制）　　B. SNMP（简单网络管理协议）

C. RIP（路由信息协议）　　D. TCP 协议

14. FTP、Telnet 和 SMTP 属于 TCP/IP 协议集中第（　　）层的协议。

A. 1　　B. 3　　C. 4　　D. 7

15. 标准的 URL 由 3 个部分组成：服务器类型、主机名和路径及（　　）。

A. 客户名　　B. 浏览器名　　C. 文件名　　D. 进程名

16. 为传送数据，FTP 客户机与服务器之间需要建立的与其他客户机/服务器模型不同的双重连接是（　　）。

A. 控制连接和 TCP 连接　　B. 数据连接和端到端连接

C. 控制连接和数据连接　　D. TCP 连接和端到端连接

17. TCP/IP 应用层相当于 OSI 模型的（　　）层。

A. 物理层、数据链路层、网络　　B. 传输层和网络

C. 会话层和传输　　D. 会话层、表示层和应用

18. E-mail 不能传送的情况为（　　）。

A. 假如发送端不使用 TCP/IP　　B. 假如接收端不使用 TCP/IP

C. 通过专网　　D. 以上 3 项都不是

19. 一个 E-mail 信箱地址为 abc@tsinghua. edu. cn，其域名是（　　）。

A. abc　　B. tsinghua. edu. cn

C. abc@tsinghua. edu. cn　　D. A 和 B

20. 电子邮件程序向邮件服务器中发送邮件时，使用的是简单邮件传送协议 SMTP；电子邮件程序从邮件服务器中读取邮件时，使用（　　）协议。

A. PPP　　B. POP3　　C. P-to-P　　D. NEWS

三、简答题

1. 在 TCP/IP 协议族中，根据高层协议对低层协议的单向依赖关系，应用层协议分为哪 3 种类型？

2. 选择域名服务器的结构的原则是什么？

3. 域名系统的主要功能是什么？域名系统中的本地域名服务器、根域名服务器、顶级域名服务器以及权限域名权服务器有何区别？

4. 因特网的域名结构是怎样的？它与目前电话网的号码结构有何异同之处？

5. 电子邮件（E-mail）服务中的 Internet 报文存取协议 IMAP 与 POP3 协议的差别主

要表现在哪几个方面？

6. 简单文件传送协议 TFTP 与 FTP 的主要区别是什么？各用在什么场合？

7. 什么是远程登录？它的主要特点有哪些？什么叫作虚拟终端 NVT？

8. 什么是动态页面？它与静态页面有何异同之处？试举一个万维网使用动态页面的例子。

9. E-mail(电子邮件)的地址格式是怎样的？请简要说明各部分的含义。

10. 什么是网络管理？网络管理的功能有哪些？

11. 什么是管理信息库(MIB)？

12. 电子邮件系统使用 TCP 传送邮件。为什么有时我们会遇到邮件发送失败的情况？为什么有时对方会收不到我们发送的邮件？

13. 举例说明域名转换的过程。域名服务器中的高速缓存的作用是什么？

14. SNMP 使用哪个传输协议传送报文？为什么使用该协议？

15. MIME 与 SMTP 的关系是怎样的？

参考文献

[1] ANDREW S TANENBAUM,DAVID J WETHERALL. 计算机网络[M]. 严伟,潘爱民,译. 5 版. 北京: 清华大学出版社,2012.

[2] JAMES F KUROSE,KEITH W ROSS. 计算机网络[M]. 陈鸣,译. 6 版. 北京: 机械工业出版社,2014.

[3] LARRY L PETERSON,BRUCE S DAVIE. 计算机网络[M]. 王勇,张龙飞,李明,等译. 5 版. 北京: 机械工业出版社,2015.

[4] BEHROUZ A FOROUZAN. 数据通信与网络(英文版)[M]. 5 版. 北京: 机械工业出版社,2013.

[5] WILLIAM STALLINGS. 数据与计算机通信[M]. 王海,张娟,周慧,赵红宇,译. 10 版. 北京: 电子工业出版社,2015.

[6] 刘衎衎. 数据通信[M]. 北京: 机械工业出版社,2013.

[7] STEVE RACKLEY. 无线网络技术原理与应用[M]. 吴怡,朱晓荣,宋铁成,等译. 北京: 电子工业出版社,2012.

[8] KAVEH PAHLAVAN,PRASHANT KRISHNAMURTHY. [M]. 刘剑,译. 无线网络通信原理与应用. 北京: 清华大学出版社,2002.

[9] 雷震甲. 网络工程师教程[M]. 4 版. 北京: 清华大学出版社,2014.